高等教育安全科学与工程类系列教材

机械工程基础

第 2 版

主　编　陈德生　曹志锡

参　编　潘浓芬　马德仲　楼飞燕　方云中　康泉胜

主　审　陈万金　王新泉　王明贤

机 械 工 业 出 版 社

本书是高等教育安全科学与工程类系列规划教材之一。本书的出版和再版均是在安全科学与工程类专业教材编审委员会组织相关专家进行顶层设计、整体规划以及专业指导下完成的。本书主要内容有：概论、工程材料及钢的热处理、常用机构、机械传动、轴系、联接、极限与配合、液压传动、毛坯制造、金属切削加工、机器制造工艺基础、机器设备寿命估算和设备故障诊断技术。

本书着力对基本概念和知识、基本过程和基本方法做深入浅出的讲授，并力求"少而精"。本书内容系统、全面，各章配有一定数量的复习思考题，便于学生进行复习、练习和细节的讨论。

本书主要作为普通高等院校非机械类专业的机械工程基础课程教材，特别适合作为需要了解机械设计、机械制造、机械设备质量及安全评估知识的安全科学与工程、化工、土木、电子、电气等工程类和相关管理类专业的本科教材。

图书在版编目（CIP）数据

机械工程基础/陈德生，曹志锡主编. —2 版. —北京：机械工业出版社，2017.9（2023.12 重印）
高等教育安全科学与工程类系列教材
ISBN 978-7-111-58008-9

Ⅰ.①机…　Ⅱ.①陈…　②曹…　Ⅲ.①机械工程-高等学校-教材
Ⅳ.①TH

中国版本图书馆 CIP 数据核字（2017）第 227978 号

机械工业出版社（北京市百万庄大街 22 号　邮政编码 100037）
策划编辑：冷　彬　责任编辑：冷　彬　朱琳琳　刘丽敏
责任校对：刘秀芝　封面设计：张　静
责任印制：常天培
北京机工印刷厂有限公司印刷
2023 年 12 月第 2 版第 7 次印刷
184mm×260mm · 24 印张 · 580 千字
标准书号：ISBN 978-7-111-58008-9
定价：54.80 元

电话服务	网络服务
客服电话：010-88361066	机 工 官 网：www.cmpbook.com
010-88379833	机 工 官 博：weibo.com/cmp1952
010-68326294	金 书 网：www.golden-book.com
封底无防伪标均为盗版	机工教育服务网：www.cmpedu.com

安全科学与工程类专业教材
编审委员会

序一

"安全工程"本科专业是在 1958 年建立的"工业安全技术""工业卫生技术"和 1983 年建立的"矿山通风与安全"本科专业基础上发展起来的。1984 年，国家教委将"安全工程"专业作为试办专业列入普通高等学校本科专业目录之中。1998 年 7 月 6 日，教育部发文颁布《普通高等学校本科专业目录》，"安全工程"本科专业（代号：081002）属于工学门类的"环境与安全类"（代号：0810）学科下的两个专业之一[⊖]。据高等学校安全工程学科教学指导委员会 1997 年的调查结果显示，自 1958 到 1996 年年底，全国各高校累计培养安全工程专业本科生 8130 人。近年，安全工程本科专业得到快速发展，到 2005 年年底，在教育部备案的设有安全工程本科专业的高校已达 75 所，2005 年全国安全工程专业本科招生人数近 3900 名[⊜]。

按照《普通高等学校本科专业目录》的要求，原来已设有与"安全工程"专业相近但专业名称有所差异的高校，现也大都更名为"安全工程"专业。专业名称统一后的"安全工程"专业，专业覆盖面大大拓宽[⊜]。同时，随着经济社会发展对安全工程专业人才要求的更新，安全工程专业的内涵也发生了很大变化，相应的专业培养目标、培养要求、主干学科、主要课程、主要实践性教学环节等都有了不同程度的变化，学生毕业后的执业身份是注册安全工程师。但是，安全工程专业的教材建设与专业的发展出现了不适应的新情况，无法满足和适应高等教育培养人才的需要。为此，组织编写、出版一套新的安全工程专业系列教材已成为众多院校的翘首之盼。

机械工业出版社是有着悠久历史的国家级优秀出版社，在高等学校安全工程学科教学指导委员会的指导和支持下，根据当前安全工程专业教育的发展现状，本着"大安全"的教育思想，进行了大量的调查研究工作，聘请了安全科学与工程领域一批学术造诣深、实践经验丰富的教授、专家，组织成立了教材编审委员会（以下简称编审委），决定组织编写"高等教育安全工程系列'十一五'教材"[⊜]。并先后于 2004 年 8 月（衡阳）、2005 年 8 月（葫芦岛）、2005 年 12 月（北京）、2006 年 4 月（福州）组织召开了一系列安全工程专业本科教材建设研讨会，就安全工程专业本科教育的课程体系、课程

⊖ 按《普通高等学校本科专业目录》（2012 版），"安全工程"本科专业（专业代码：082901）属于工学学科的"安全科学与工程类"（专业代码：0829）下的专业。

⊜ 这是安全工程本科专业发展过程中的一个历史数据，没有变更为当前数据是考虑到该专业每年的全国招生数量是变数，读者欲加了解，可在具有权威性的相关官方网站查得。

⊜ 自 2012 年更名为"高等教育安全科学与工程类系列教材"。

教学内容、教材建设等问题反复进行了研讨，在总结以往教学改革、教材编写经验的基础上，以推动安全工程专业教学改革和教材建设为宗旨，进行顶层设计，制订总体规划、出版进度和编写原则，计划分期分批出版30余门课程的教材，以尽快满足全国众多院校的教学需要，以后再根据专业方向的需要逐步增补。

由安全学原理、安全系统工程、安全人机工程学、安全管理学等课程构成的学科基础平台课程，已被安全科学与工程领域学者认可并达成共识。本套系列教材编写、出版的基本思路是，在学科基础平台上，构建支撑安全工程专业的工程学原理与由关键性的主体技术组成的专业技术平台课程体系，编写、出版系列教材来支撑这个体系。

本套系列教材体系设计的原则是，重基本理论，重学科发展，理论联系实际，结合学生现状，体现人才培养要求。为保证教材的编写质量，本着"主编负责，主审把关"的原则，编审委组织专家分别对各门课程教材的编写大纲进行认真仔细的评审。教材初稿完成后又组织同行专家对书稿进行研讨，编者数易其稿，经反复推敲定稿后才最终进入出版流程。

作为一套全新的安全工程专业系列教材，其"新"主要体现在以下几点：

体系新。本套系列教材从"大安全"的专业要求出发，从整体上考虑、构建支撑安全工程学科专业技术平台的课程体系和各门课程的内容安排，按照教学改革方向要求的学时，统一协调与整合，形成一个完整的、各门课程之间有机联系的系列教材体系。

内容新。本套系列教材的突出特点是内容体系上的创新。它既注重知识的系统性、完整性，又特别注意各门学科基础平台课之间的关联，更注意后续的各门专业技术课与先修的学科基础平台课的衔接，充分考虑了安全工程学科知识体系的连贯性和各门课程教材间知识点的衔接、交叉和融合问题，努力消除相互关联课程中内容重复的现象，突出安全工程学科的工程学原理与关键性的主体技术，有利于学生的知识和技能的发展，有利于教学改革。

知识新。本套系列教材的主编大多由长期从事安全工程专业本科教学的教授担任，他们一直处于教学和科研的第一线，学术造诣深厚，教学经验丰富。在编写教材时，他们十分重视理论联系实际，注重引入新理论、新知识、新技术、新方法、新材料、新装备、新法规等理论研究、工程技术实践成果和各校教学改革的阶段性成果，充实与更新了知识点，增加了部分学科前沿方面的内容，充分体现了教材的先进性和前瞻性，以适应时代对安全工程高级专业技术人才的培育要求。本系列教材中凡涉及安全生产的法律法规、技术标准、行业规范，全部采用最新颁布的版本。

安全是人类最重要和最基本的需求，是人民生命与健康的基本保障。一切生活、生产活动都源于生命的存在。如果人们失去了生命，一切都无从谈起。全世界平均每天发生约68.5万起事故，造成约2200人死亡的事实，使我们确认，安全不是别的什么，安全就是生命。安全生产是社会文明和进步的重要标志，是经济社会发展的综合反映，是落实以人为本的科学发展观的重要实践，是构建和谐社会的有力保障，是全面建成小康社会、统筹经济社会全面发展的重要内容，是实施可持续发展战略的组成部分，是各级政府履行市场监管和社会管理职能的基本任务，是企业生存、发展的基本要求。国内外实践证明，安全生产具有全局性、社会性、长期性、复杂性、科学性和规律性的特点，随着社会的不断进步，工业化进程的加快，安全生产工作的内涵发生了重大变化，它突破了时间和空间的限制，存在于人们日常生活和生产活动的全过程中，成为一个复杂多变的社会问题在安全领域的集中反映。安全问题不仅对生命个体非常重要，而且对社会稳定和经济发展产生重要影响。党的十六届五中全会提出"安全发展"的重要战略理念。安全发展是科学发展观理论体系的重要组成部分，安全发展与构建和谐社会有着密切的内在联系，以人为本，首先就是要以人的生命为本。"安全·生命·稳定·发展"是一个良性循环。安全科技工作者在促进、保证这一良性循环中起着重要作用。安全科技人才匮乏是我国安全生产形势严峻的重要原因之一。加快培养安全科技人才也是解开安全难题的钥匙之一。

高等院校安全工程专业是培养现代安全科学技术人才的基地。我深信，本系列教材的出版，将对我国安全工程本科教育的发展和高级安全工程专业人才的培养起到十分积极的推进作用，同时，也为安全生产领域众多实际工作者提高专业理论水平提供学习资料。当然，由于这是第一套基于专业技术平台课程体系的教材，尽管我们的编审者、出版者夙兴夜寐，尽心竭力，但由于安全工程学科具有在理论上的综合性与应用上的广泛性相交叉的特性，开办安全工程专业的高等院校所依托的行业类型又涉及军工、航空、化工、石油、矿业、土木、交通、能源、环境、经济等诸多领域，安全科学与工程的应用也涉及人类生产、生活和生存的各个方面，因此，本系列教材依然会存在这样和那样的缺点、不足，难免挂一漏万，诚恳地希望得到有关专家、学者的关心与支持，希望选用本系列教材的广大师生在使用过程中给我们多提意见和建议。谨祝本系列教材在编者、出版者、授课教师和学生的共同努力下，通过教学实践，获得进一步的完善和提高。

"嘤其鸣矣，求其友声"，高等院校安全工程专业正面临着前所未有的发展机遇，在此我们祝愿各个高校的安全工程专业越办越好，办出特色，为我国安全生产战线输送更多的优秀人才。让我们共同努力，为我国安全工程教育事业的发展做出贡献。

中国科学技术协会书记处书记[⊖]

中国职业安全健康协会副理事长

中国灾害防御协会副会长

亚洲安全工程学会主席

高等学校安全工程学科教学指导委员会副主任

安全科学与工程类专业教材编审委员会主任

北京理工大学教授、博士生导师

冯长根

⊖ 曾任中国科协副主席。

序二

当我打开李振明先生邮寄来的由陈德生、曹志锡先生主编的《机械工程基础》厚厚的书稿时，很是兴奋，喜悦之情溢于言表。这本教材是安全科学与工程类专业教材编审委员会组织编写的系列教材之一。从 2006 年策划组稿、主编拟纲、主审审纲，到一稿、二稿……编审者夙兴夜寐、殚精竭虑、精益求精，数易其稿后始定稿付梓。面对这摞书稿，让笔者怎能不为之击掌而歌，于是提笔展纸，欣然为之作序。

自进入 21 世纪以来，安全科学与工程学科蓬勃发展，呈现出一派欣欣向荣的景象。据统计，至 2011 年年底，经教育部批准和备案的开设安全工程本科专业的普通高等学校（包括独立学院）已达 133 所。这些高校的安全工程专业人才培养方案（教学计划）和教育部安全科学与工程教学指导委员会制定的《安全工程专业规范》中，都设置有"机械安全"类课程，但名称鲜有一致者。有称之为"机械安全技术""机械安全工程"，有谓之曰"机械设备安全学"，还有名之以"起重机安全技术"或"起重机安全"等。加之，安全科学与工程学科自身在理论上的综合性与应用上的广泛性相交叉的特性，各开设安全工程专业的高校所依托的行业领域不同，所以各高校对"机械安全"知识要求的深度、广度也不同，进而导致安全工程专业的"机械安全"类课程在教学内容、教学要求上的差别。有的侧重于起重机械、压力容器、电梯等特种设备的使用、维护安全技术，有的侧重于机械加工过程中安全技术，有的侧重于机械设备的安全检测和故障诊断技术等。为了满足教学急需，部分高校编写出版了相应的教材，这些教材为安全工程专业本科教学的顺利进行提供了支撑，但也都或多或少地带有各自的专业背景；其内容体系的架构，内容的通用性，知识点的分布，基础理论的引导、引申与应用等方面都稍欠统筹规划设计，特别是与相关先修课程、后续课程内容衔接及相互支撑的关系，不够明确、清晰。

为了便于学生学习"机械安全"类课程，各个学校通常都开设有先修课"机械设计""机械原理""机械零件"等名称不同的"机械工程"类课程。但由于先修课与后续课内容没有很好地衔接，不仅没有形成课程体系，而且课程的内容体系也没有很好地设计，使用的教材也多是采用其他非机械类专业相近课程的教材，完全没有考虑安全工程专业人才培养的实际知识背景和特殊的应用需要。

为了培养出适应经济社会发展需要的优秀的安全工程专业高级技术人才，在安全工程本科专业教育教学突破了行业限制的前提下，应重新审视过去教授"机械安全"类知识的教学目的、知识体系、课程体系、内容体系和教材建设。于是，安全科学与工程类专业教材编审委员会根据学科要求，按照人才培养规律和"机械安全"类知识的教学目的、教学要求，在重新认识机械安全的科学内涵的基础上，经反复研究探讨，对安全工程本科生获得"机械安全"技能训练的知识体系、课程体系、内容体系进行统一规划及重新构建，保证学生在有限的教学时间内掌握有关机械安全的基本理论和基本技能，以便能在以后的实际工作中处理有关机械安全的技术问题与技术管理问题，并决定编写系列教材予以支撑。由陈德生、曹志锡主编的《机械工程基础》是按照这个规划编写的机械安全类课程教材之一。

机械在现实生活中具有相当重要的基础地位，是现代社会进行生产和服务的五大要素（人、资金、能量、材料和机械）之一。任何现代产业和工程领域都在应用机械，各个工程领域的发展都要求机械工程有与之相适应的发展，都需要机械工程提供所必需的机械。即使在我们日常生活中，也越来越多地应用各种各样的机械，这些数不清的各类机械的安全正常的工作，给我们人类的生产、生活提供了极大的便利。"机械是为人所使用的劳动工具，在这个劳动工具中，形状和尺寸适合的部分是由能经受很高压力（阻力）的材料所制成；在引入能量不断作用下，能完成适合的实际上有利的运动和动作；这些运动和动作是人们为完成技术的工艺目的所必要的。"（乌克兰/多布罗沃利斯基，1955）机械是人手的延伸，"它武装了人类，使虚弱无力的双手变得力大无穷。"（摘自英国/J.瓦特（1736—1819）的讣告）"有械于此，一日浸百畦，用力甚寡而见功多。"（《庄子·天地》）我们在享受机械之利的同时，也在承受着机械制造与运行过程中产生的负效应（危害）及其对人造成的伤害。据资料介绍，全世界发生的机械事故约占事故总数的1/3。机械安全是人类生活、生产活动中一个非常重要的安全问题。机械事故的表现形式也是林林总总，五花八门，但也不是毫无规律可言。机械安全是一门科学，它主要研究在一定的条件下，机械在工作或在装拆、调试、运输等状况时，对操作者产生伤害的规律及其相应的技术保护措施。所以，在给安全工程专业设计的教育教学课程体系中，应设有"机械安全"类课程，使安全工程专业的学生具备分析机械系统危险因素、制定机械系统安全技术措施的能力。

从机械的生命周期来看，机械安全的研究内容包括机械制造过程中的安全问题和机械使用过程中的安全问题。

机械制造过程中的安全问题是把机械制造过程作为研究对象，针对这个对象所涉及的安全问题进行研究，以预防机械制造过程中发生各类事故为目的，即研究机械制造行业的安全问题。就机械制造的一般过程而言，任何行业机械的制造过程都不外是铸造、锻造、金属切削、焊接以及热处理等工艺过程。其中，金属切削有车、铣、磨、刨、镗等工序；机械制造过程的加工设备有传统的车床、铣床、磨床、镗床等，也有现代的数控加工设备、激光加工设备、电火花加工设备等大型设备，设备、设施种类多样，工艺流程也繁简不一；在机械制造过程中，除了需要使用金属材料、工程塑料等工程材料之外，还需要使用除锈剂、乙炔气体等多种危险化学品。所以，机械生产制造过程的危险因素较多，涉及材料、设备、化学品等多个方面，易发生生产安全事故。因此，国内外众多学者对机械制造过程中存在的安全问题、多发易发事故的规律、预防控制事故的技术措施和管理措施等进行了研究。

机械使用过程中的安全问题是把机械本身作为研究对象，研究机械在工作或在装拆、调试、运输、保养、维修等状况时，对操作者伤害、对周围环境污染以及对机械自身损坏的规律，以预防机械使用过程中各类事故发生为目的。机械使用过程中的安全问题包括机械安全设计，机械安全检测技术以及机械维护、保养三方面。为了保证机械使用安全，首先在机械设计时，应具有机械安全设计的思想。机械设计师在设计时应采用当代先进、成熟、可靠的机械安全技术，事先对机械系统内容可能发生的危险及事故隐患进行识别、分析和评价，然后再根据其评价结果来进行具体的结构设计，以保证所设计的机械能够安全地度过整个生命周期。

在机械投入正常运行后，应对其运行状态的安全性进行检测，即机械的安全检测技术。机械安全检测技术归纳起来主要有设备故障诊断技术和设备安全检测技术。设备故障诊断技术大体上可以分为电子和计算机技术、声音与振动测试分析技术、温度测量技术、油液分析技术、应力与应变测试技术、无损检测技术等。机械投入运行后，为了使其能长期可靠运行，避免发生各类事故，还应根据运行环境、工况对其进行保养、维护、维修，其中保养工作包括对机械进行润滑、防腐等方面的日常工作；维护主要是根据机械载荷变化、构件磨损等情况对有关零件进行调节；维修主要是及时更换损坏的零部件。由于机械工作状况不同，其危险程度也有所差别，其中特别危险的机械（谓之"特种机械设备"）有锅炉、压力容器、压力管道、起重机械、电梯、客运索道等。但是，机械安全并不仅局限于这些特种机械设备的安全。

因此，要使安全工程专业的学生具备分析机械系统危险因素、制定保证机械系统安全的技术措施、管理措施的能力，如没有系列相关课程支撑，仅依靠一门孤立的所谓"机械安全技术"（或其他名称）的课程是很难实现的。我们认为，无论是针对机械制造过程还是机械使用过程的机械安全，都需要有以下几个方面的知识予以支撑。

1）工程类基础知识。如"化学""工程力学""流体力学""工程热力学""传热学""电工电子学""工程图学""流体机械""机械振动""材料防腐"等。这类知识属于工程基础知识，是学生必须掌握的基本知识。

2）机械类知识。如"机械原理""机械零件""机械设计""机械制造工艺""工程材料""机械可靠性理论""机械故障诊断"等。这类知识属于机械方面的基础知识，是学生学好机械安全知识的前提保证条件。

3）安全工程基础知识。如"安全原理""安全系统工程""安全管理""安全人机工程""安全检测技术"等。这类知识是保证学生具有分析机械系统安全性能的基本知识和技能的基础。

4）安全工程专业知识。如"电气安全""火灾爆炸预防控制理论与应用""通风工程""噪声控制技术""特种机械设备（锅炉、压力容器等）安全技术"等。学生只有具备这些安全工程专业知识，才能具体应用机械安全知识，分析解决安全生产领域中的机械系统方面的安全问题。

5）工程实践。如"金工实习""安全检测课程实验""机械设计课程设计"等。这些实践教学环节，一方面可以增加学生对机械装置的感官认识，另一方面可以培养学生分析机械安全性能的实践技能。

陈德生、曹志锡主编的《机械工程基础》就是基于安全工程专业的特点及其本科生的知识背景，为了便于学生学习上述"2）机械类知识"而编写的教材。编者本着"少而精"的原则，着重能力培养的教学理念，结合多年教学经验和教学改革实践成果，设计了一个全新的"机械工程基础"课程内容体系。这个课程内容体系涵盖了机械原理、机械零件、机械设计、机械制造工艺等基本知识。在介绍机械设计知识时，主要介绍机械工作原理、结构特点及应用场合，不以机械设计理论和计算方法为重点；在介绍机械制造时，主要介绍工艺过程、加工方法及所用设备，不以工艺设计理论和质量保证为重点。全书系统性好，内容精练，理论联系实际，深度适中，叙述简明，在突出课程所必需的基本概念、基本过程、基础理论及基本方法的前提下，适当反映学科新成就，注意到教材的先进性，教学适应性强，便于组织教学。

我十分赞赏这个由老中青优秀教师组成的教材编写班子。本教材的两位主编都毕业于国内著名高校机械工程专业，且一直在高校从事机械类、近机类课程的教学与研究工作，后来又都投身于安全科学与工程学科，从事机械安全类课程教学与机械系统安全研究工作。本教材的其他编者也都是基础理论扎实，工程实践经验丰富，长期在教学、科研第一线的老师。他们优势互补，密切合作，共同编著了这部全新的教材。

与同类教材相比，《机械工程基础》一书更结合安全工程专业教学实际，较好地体现了加强基础、面向前沿、突出思想、关注应用、方便阅读的原则，是安全工程专业学生在学习机械安全知识之前，学习掌握机械工程知识的一本好教材。我很高兴向广大安全工程专业的学子们推荐本教材。

预祝本教材在教学实践过程中不断完善、提高。

全国机械安全标准化技术委员会（SAC/TC208）委员
教育部高等学校安全工程学科教学指导委员会委员（1996—2004年）
安全工程专业教材编审委员会副主任委员

第 2 版前言

《机械工程基础》第 2 版是在第 1 版的基础上，结合主编及参编院校的使用经验和其他使用院校的反馈意见修订而成的。本书此次修订，突出安全工程专业的特色，贴近安全工程实际，完善体系和内容，纠正疏漏和错误，加强教学和自学适用性。第 2 版的主要修订内容如下：

1. 增加了"机械制造工艺基础"一章，使教材内容更完整和丰富。

2. 修改了部分章节内容的叙述方式，力求做到概念准确、深入浅出、层次分明、详略得当、文句通顺，较好地体现"可教性"和"可读性"。

3. 采用了已正式颁布的现行国家标准及国家标准规定的名词术语和符号。

4. 更正了第 1 版中的文字、图及表的疏漏和错误。

本书由陈德生和曹志锡担任主编，具体的编写分工为：陈德生编写第一、九～十一章，曹志锡编写第二、八章，潘浓芬编写第三～五章，马德仲编写第六章，楼飞燕编写第七章，方云中编写第十二章，康泉胜编写第十三章。

全书由陈万金、王新泉和王明贤担任主审，三位教授认真阅读并提出许多宝贵意见和建议，在此表示衷心的感谢。

在本书的编写过程中，参阅了其他版本的同类教材、相关的技术标准和文献资料等，在此对其编著者表示衷心的感谢。

在本书的编写过程中系列教材编审委员会积极组织专家对本书的编写大纲和书稿进行审纲和审稿工作，与此同时得到了许多专家，同仁的关心和指点，在此向他们表示衷心的感谢。

受作者水平和时间的限制，错误之处在所难免，恳请广大读者批评和指正。

编　者

第1版前言

本书是为了适应正蓬勃发展的安全科学与工程学科及高等院校安全工程专业本科教学的需要，由安全工程专业教材编审委员会组织编写的。它是高等教育安全科学与工程类系列教材中"机械安全"类教材（包括《机械安全技术》《工业特种设备安全》等）之一，是为安全工程专业学生学习机械安全相关课程提供机械工程基础知识的先修课程的教材。

安全工程本科专业要求学生掌握的机械设计和机械制造知识与其他非机械类专业差别不大。基于此，本书的主要内容包括机械设计、机械制造的基本知识。机械设计以介绍机械的工作原理、结构特点及应用场合为主，不以机械设计理论和计算方法为重点；机械制造以介绍工艺过程、加工方法及所用设备为主，不以工艺设计理论和质量保证为重点，以适应非机械类专业的教学特点和需要。

本书由浙江工业大学陈德生、曹志锡任主编，陈德生负责全书的统稿工作。编写人员及分工如下：第一、九、十章由陈德生编写；第二章由曹志锡编写；第三、四、五章由浙江工业大学潘浓芬编写；第六章由潘浓芬和哈尔滨理工大学马德仲共同编写；第七章由浙江工业大学楼飞燕编写；第八章由陈德生和马德仲共同编写。第十一章由浙江省安全生产科学研究院方云中编写；第十二章由浙江工业大学康泉胜编写。全书由江苏大学陈万金教授、王明贤副教授及中原工学院王新泉教授担任主审。

本书在计划、编写及出版过程中得到了安全工程领域专家、学者王新泉以及李振明两位先生的悉心指导和热情帮助，也得到了安全工程专业教材编审委员会、浙江工业大学教育科学与技术学院领导的大力支持，同时获得了浙江工业大学重点建设教材项目的资助，在此编者深表感谢。

由于编者水平有限，书中难免存在缺点和错误，恳请读者和学界同仁批评、指正。

编　者

目 录

第一章

概论

人类通过长期的生产和生活实践发明和创造了各种机械，用以减轻人的体力劳动，提高生产率，保证产品质量，完成各种复杂工作。远在古代，人类就知道了利用杠杆、滚子及绞盘等简单机械从事建筑和运输工作。早在公元前 3000 年，人们就使用了简单的纺织机械。在夏朝时代，人类已经发明了车子。在晋朝时的连机碓和水碾上，人们就应用了凸轮机构。在西汉时的指南车和记里鼓车上，人们已经应用了轮系。直至现代，随着科学技术与生产力的发展，人们设计、制造了采掘机、机床、汽车、洗衣机等各式各样的机器以促进生产和便利生活。计算机控制系统和伺服电动机的引入，使机器的组成、面貌和功能发生了革命性的变化。所以，机器已成为人类生产和生活中不可缺少的工具，同时也是社会生产力发展的重要标志之一。

机械在给人们带来高效、快捷和便利的同时，也会产生一定的副作用或负效应，甚至给人类及环境带来一些危险或伤害。这主要是指机械在制造、使用、维护、保养及报废等过程中可能发生的各种危险或伤害。这些危险或伤害不仅造成机械本身的危险或损坏，而且还可能给使用者带来人身危险或伤害，对周围环境或生态造成污染或破坏。

第一节　机械的组成

一、机器和机构

机械是什么？机械是机器和机构的总称。

机器的种类很多，在日常生活和生产中，经常会用到许多机器，如洗衣机、发电机、内燃机、机床、汽车和起重机等。虽然各种机器的用途、性能和构造各不相同，但都具有以下三个共同特征。

1）机器都是由多个实体组合而成的。如图 1-1 所示的单缸四冲程内燃机，它是由气缸体、活塞、连杆和曲轴等构件组合而成的。

2）各构件之间具有确定的相对运动。如图 1-1 所示，单缸四冲程内燃机中活塞相对气缸体做往复运动，曲轴相对气缸体做相对转动。

3）能进行能量转换（如内燃机把热能转换为机械能），或完成有效机械功（如起重机提升重物）。

凡同时具有上述三个特征的机械称为机器，仅具有上述前两个特征的机械称为机构。可见，机构是用以实现某种确定运动的构件组合体，而机器则是用来完成机械功或转化机械能的机构。然而，从基本组成、运动特性和受力状态等方面进行分析，机器和机构并没有区别，故一般常以机械作为机器和机构的统称。

由于机器的特征包含着机构的特征，所以机器不能没有机构。一部完整的机器可以由一种机构组成，也可以是多种机构的组合。不同的机器也可能包括相同的主体机构，如蒸汽机、内燃机和压力机等机器的主体机构都是曲柄滑块机构。

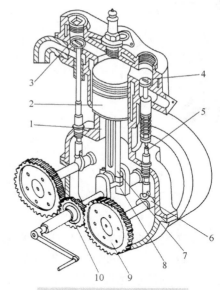

图 1-1　单缸四冲程内燃机

1—气缸体　2—活塞　3—进气阀　4—排气阀
5—推杆　6—凸轮　7—连杆　8—曲轴
9—大齿轮　10—小齿轮

二、构件、零件和部件

组成机构且相互间做确定运动的各个实体称为构件。构件可以是单一的整体，也可以是几个元件的组合体。为了便于制造和安装，可以将一个或几个元件组成一个构件。组成构件的元件称为零件，如图 1-2 所示的内燃机连杆构件就是由连杆体 1、连杆盖 3、螺栓 2 和螺母 4 等几个零件组成的。故构件是运动的基本单元，零件是制造的基本单元。

零件分两类：凡是在各种机器中经常使用的零件称为通用零件，如带轮、齿轮、轴承和螺栓等；只有在特定机器中使用的零件称为专用零件，如内燃机中的活塞、曲轴和汽轮机中的叶片等。

为了独立制造、独立装配和运输及使用上的方便，常把机械中为完成同一功能的一组构件组合在一起形成一个协同工作的整体，如减速器、离合器和制动器等。这种为完成同一功能而在结构上组合在一起协同工作的构件总体，称为部件。

三、机器的组成

在如图 1-3 所示的卷扬机中，电动机 1 通过联轴器 2、减速器 3、离合器 6、驱动卷筒 4 及钢丝绳滑轮组 7，带动吊钩及重物 8 以一定的速度做垂直的上下直线运动。离合器 6 用于传递或切断来自电动机的动力。当离合器合上时，电动机通过减速器带动卷筒正转以提升重物；当离合器脱开时，卷筒脱离电动机的动力

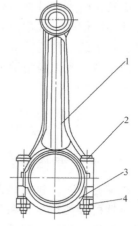

图 1-2　内燃机连杆构件的组成

1—连杆体　2—螺栓
3—连杆盖　4—螺母

而在重物重力的作用下反转，以提高重物的下降速度或空钩的下降速度。图中 5 为制动器。

从卷扬机的实例可知，任何一台完整的机器，通常都由动力部分、工作部分、传动部分和操纵控制部分组成。

1．动力部分

动力部分又称为原动机，是驱动机器运动并提供动力的部分，如电动机、内燃机等。

2．工作部分

工作部分又称为执行部分，指的是直接从事工作、完成机器功能的执行机构和执行构件，是区分不同机器的特征部分。图 1-3 中的驱动卷筒、钢丝绳滑轮组构成卷扬机的执行机构，吊钩为执行构件。

3．传动部分

传动部分是将原动机的运动和动力传递给工作部分的中间环节，如图 1-3 中的减速器。传动部分的主要功用为：

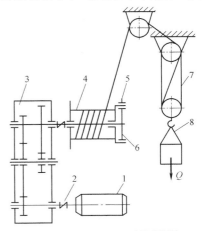

图 1-3　卷扬机传动示意图

1—电动机　2—联轴器　3—减速器
4—驱动卷筒　5—制动器　6—离合器
7—钢丝绳滑轮组　8—重物

1）传递动力。将原动机的动力和运动传递给执行部分，提供执行部分完成预定任务所需的机械能（功率、转矩或力）。

2）减速和增速。将原动机所输出的速度减小或增大（对应地，所输出的转矩必然增大或减小），以适应执行部分工作的需要。

3）变速。当通过原动机变速不经济、不可能或不能满足要求时，常通过传动部分实现变速（有级或无级），以满足执行部分多种速度的要求。

4．操纵控制部分

操纵控制部分使动力部分、工作部分和传动部分彼此协调工作，实现机器的起动、停止、制动及工作参数调节等功能，如图 1-3 所示的离合器 6、制动器 5。

第二节　机械设计与机械制造

机械工程基础是关于机械设计和机械制造的一门综合性技术基础课程。本节将简要介绍机械设计的基本准则及机械制造的一般过程。

一、机械设计的基本准则

1．机械设计的基本要求

机械是为人们的生产和生活服务的，所以设计一台机器整体上应满足以下基本要求。

（1）满足使用要求　所设计的机械在预期的寿命内应有效地完成人们预定的功能要求，包括执行预定功能的可能性和可靠性。例如，汽车应在规定的行驶里程内正常行驶，金属切削机床在正常寿命内应保持规定范围内的精度要求。

（2）满足经济性的要求　机械力求结构简单，制造、使用和维护成本低廉。

（3）满足安全性要求　这一要求包括人身和机械设备两个方面。

（4）满足其他特殊要求　例如，航天航空机械要求重量轻、强度高，化工机械要求防腐蚀，高温下工作的机械要求耐热，民用产品等要求噪声低等。

2. 机械零件的设计准则

机械零件由于某些原因而不能正常工作，称之为失效。零件的主要失效形式有断裂、过量变形、磨损和表面疲劳等。零件的工作能力是指在一定的运动、载荷和工作环境下，在预定的使用期限内，不发生失效的安全工作限度。衡量零件工作能力的指标称为零件的工作能力准则或设计准则。机械零件常用的设计准则有下列四项。

1）强度准则。强度是指零件在载荷（力、力矩）的作用下，抵抗断裂、塑性变形及表面破坏的能力。它是机械零件首先应满足的基本要求。强度准则要求零件的工作应力小于许用应力，其表达式为 $\sigma \leqslant [\sigma]$。

2）刚度准则。刚度是指机械零件受载后抵抗弹性变形的能力。刚度准则要求零件在载荷作用下的弹性变形量小于许用变形量，其表达式为 $y \leqslant [y]$。

3）寿命准则。影响寿命的主要因素是磨损、腐蚀和疲劳。按磨损和腐蚀计算寿命，目前还无实用的计算方法和数据。关于疲劳寿命，通常是求出使用寿命时的疲劳极限，以此作为计算依据。

4）振动稳定性准则。当作用在零件上的周期性载荷之频率等于机械系统或零件的固有频率时，将产生共振，这时零件的振动幅度将急剧增大，这种现象称为失去振动稳定性。因此对高速运转的机械（如高速风机的主轴）应进行稳定性计算，以控制转速，确保机械或零件的稳定性。

3. 机械设计的一般过程

机械设计是指规划和设计实现预定功能的新机械或改进原有机械性能的过程。

在明确设计要求之后，机械设计包括以下主要内容：确定机械的工作原理，选择合适的机构；拟订总体设计方案；进行运动分析和动力分析；计算作用在各构件上的载荷；进行零部件工作能力的计算；进行结构设计（总装图、零件图和技术文件）。

二、机械制造的一般过程

将设计好的机器和机械零件，经过试制和全面的技术经济分析和鉴定以后，就可以投入生产。机械制造的一般过程可以概括为：一般先将材料用铸造、锻压和焊接等方法制成与零件的形状、尺寸基本接近的毛坯，再经过切削加工，从而获得一定尺寸精度和表面质量的零件。为了改善材料或零件的性能，通常在制造过程中穿插热处理。最后将零件装配成机器。所以，任何一种机械产品的生产过程大都可分为毛坯制造、机械加工和装配、试验三个阶段。

机械制造的基本准则是在保证零件、机器质量的基础上，尽可能地提高生产率，降低生产成本。

第三节 课程的性质、目的和任务

机械工程基础是一门技术基础课。它在培养非机械类专业，如化工、土建、电子和安全等各种工程技术人才掌握机械的基础知识方面起着重要的作用，是必不可少的课程。

随着科学技术的发展，生产过程机械化、自动化水平的不断提高，机械设备在各行各业中的应用越来越广泛。对于从事各行业工作的工程技术人员来说，在生产管理中，必然会遇到关于机械设备的各种问题；在生产过程中，必然会遇到关于机械设备的正确使用、维护和充分发挥其效能的问题；在技术革新和改造中，也必然要相应地解决有关机械设备方面的问题。从现代技术发展趋势看，学科之间的相互渗透更加频繁、更加重要。总之，为了保证生产的正常进行、不断地改进工艺和提高技术水平，各种专业的工程技术人员都必须掌握有关机械方面的基本知识。

本课程的任务和要求：

1）了解机械常用工程材料和钢的热处理的基本知识。

2）掌握常用机构、机械传动和通用零部件的类型、工作原理、特点、应用及简单的设计与计算，并具有分析和运用简单机构和传动装置的能力。

3）了解液压传动中常用液压元件及典型基本回路的工作原理、特点和应用，并具有阅读简单液压系统图的初步能力。

4）了解常用的毛坯制造方法、金属切削加工方法及其所用设备的工作原理、结构及应用场合。

5）了解极限与配合的相关基本概念；了解机械加工工艺过程概况；了解机器装配工艺过程及工艺方法。

6）了解机械设备寿命的估算方法和设备故障诊断技术。

第四节　课程学习方法

要学好本课程，首先要给予必要的重视，提高对本门课程的学习兴趣。

机械工程基础是关于机械设计和机械制造的一门综合性课程。它涉及知识面广，应用性、实践性极强。学习时应多观察各种机械和零件，增加感性认识有助于本门课程的学习。并尽可能多地做实验和进行机械的拆装，加深对其了解。结合课程内容多思考，多归纳，培养综合运用知识，解决实际问题的能力。

复习思考题

1-1　解释名词：机械、机器、机构、构件、零件。

1-2　试述机器通常由哪几部分组成？各部分各起什么作用？

1-3　试述机械设计的一般过程。

1-4　试述机械制造的一般过程。

第二章

工程材料及钢的热处理

材料是人类社会发展的重要物质基础，也是现代科学技术和生产发展的重要支柱之一。工程材料通常可分为金属材料、高分子材料、陶瓷材料和复合材料四大类。在现代工业中，特别是在各种机械设备中，目前应用最多、最广的仍然是金属材料，约占整个用材的80%～90%。

金属材料的各种性能取决于它的内部组织结构。因此，在选用金属材料时，必须熟悉金属材料内部组织与性能之间的关系及其相互的影响，才能根据零件的技术要求正确选用所需要的金属材料。

第一节　金属材料的性能

在机械工业中，金属材料获得广泛的应用，这是由于金属材料具有各种优良的性能。金属材料的性能包含两类：一是使用性能，二是工艺性能。使用性能是指各个零件或构件在正常工作时金属材料应具备的性能，它决定了金属材料的应用范围，使用的可靠性和寿命。金属材料的使用性能包括力学性能、物理性能和化学性能。工艺性能是指金属材料在加工过程中对各种加工方法（铸造、锻造、焊接和切削加工等）的适应性，包括可铸性、可锻性、焊接性和可加工性等。

一、金属材料的力学性能

金属材料的力学性能是指金属材料在外力作用下所表现出来的特性，如强度、塑性、弹性、硬度、韧性、疲劳和蠕变等。力学性能指标反映了金属材料在各种形式外力作用下抵抗变形或破坏的能力，是金属构件及金属零件选材及进行强度计算的主要依据。

1. 强度

金属材料在静载荷作用下抵抗永久塑性变形和断裂的能力称为强度。由于所受载荷形式不同，材料所表现出的强度也不同，其主要有抗拉强度、抗压强度和抗弯强度等。上述强度指标可以通过材料的相应试验来测得。这些试验中，金属材料的拉伸试验应用较广，它可以测定金属材料的抗拉强度、刚度、弹性及塑性等指标。下面简要介绍拉伸试验及由此得出的材料性能指标。

首先，将金属材料制成具有一定形状和尺寸的标准试样（拉伸试样），常用的试样截面为圆形，称为圆形拉伸试样，如图 2-1 所示，图中 d_0 为试样的原始直径，l_0 为试样的原始标距。

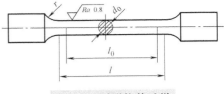

图 2-1 圆形拉伸试样

试验时，将标准试样装夹在拉伸试验机上，缓慢加载。随着载荷的不断增加，试样的伸长量逐渐增大，直至试样被拉断为止。然后将所加载荷与试样的相应伸长量画在以载荷 F 为纵坐标、伸长量 Δl 为横坐标的坐标图上，便得到拉伸曲线，如图 2-2 所示。

从图 2-2 中可以看出，试样所受拉力 F 与伸长量 Δl 之间有如下关系。

Op 段为一条直线，说明材料拉伸变形量 Δl 与拉力 F 成正比关系，完全符合胡克定律。在此拉力和变形范围内去除拉力，材料能恢复到原来的尺寸和形状，称为弹性变形阶段。

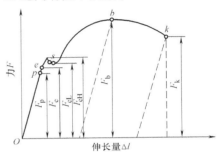

图 2-2 低碳钢拉伸曲线

pe 段载荷与伸长量已不成正比关系，伸长量比载荷量增加得快，但此时变形仍属于弹性变形阶段。

曲线通过 e 点后呈现水平或锯齿形，说明载荷不增加，伸长量却继续增加。此时去除载荷，材料已不能恢复原状，称此种变形为塑性变形，称该阶段为屈服阶段。

在 sb 段若要使试样继续伸长，则载荷也得继续增加，这说明经过屈服阶段后，材料的变形抗力增加，直至 b 点时，试样某处横截面将发生明显的收缩变形，出现了"缩颈"现象，此时的载荷达到金属材料所能抵抗破坏的最大载荷，该阶段称为强化阶段。

当试样伸长量超过 b 点后，随着试样某处横截面的缩小，材料的变形抗力逐渐减小，最后在 k 点被拉断。

对于同样的材料，这种以纵坐标表示拉力 F，以横坐标表示绝对伸长量 Δl 的曲线，将随着试件尺寸的改变而不同。为了消除试件尺寸的影响，常以轴向拉力 F 除以试样原始横截面积 S_0（即拉应力 R）作为纵坐标；以绝对伸长量 Δl 除以试样的原始长度 l_0（即应变 ε）作为横坐标，绘成应力-应变曲线图。图 2-3 所示为低碳钢的应力-应变曲线。

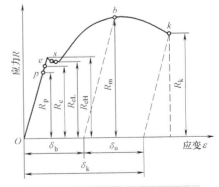

图 2-3 低碳钢应力-应变曲线

试样承受的载荷除以试样的原始横截面积 S_0，则得到试样的应力 R，即

$$R = F/S_0 \qquad (2\text{-}1)$$

试样的伸长量除以试样的原始长度 l_0，则得到试样的应变 ε，即

$$\varepsilon = \Delta l/l_0 \qquad (2\text{-}2)$$

弹性极限 R_e 是指材料产生完全弹性变形时所能承受的最大应力，它可按下式计算

$$R_e = F_e / S_0 \tag{2-3}$$

式中　F_e——试样产生完全弹性变形时的最大载荷；

　　　S_0——试样的原始横截面面积。

屈服强度是指材料在拉伸试验期间发生塑性变形而力不增加时的应力，包括上屈服强度 R_{eH} 和下屈服强度 R_{eL}。在金属材料中，一般用下屈服强度代表其屈服强度。因此，屈服强度的计算公式为

$$R_{eL} = \frac{F_{eL}}{S_0} \tag{2-4}$$

式中　F_{eL}——试样产生屈服时的最小载荷；

　　　S_0——试样原始横截面面积。

屈服强度是工程技术上非常重要的性能指标之一，是设计绝大部分结构和零件时选用材料的主要依据。对于屈服现象不明显的低弹塑性材料，规定把试样产生 0.2% 残余伸长量时的应力作为屈服强度，称之为条件屈服强度，用 $R_{p0.2}$ 表示。

抗拉强度 R_m 是指材料承受最大均匀塑性变形的抗力，也表征材料断裂前的最大应力值，即

$$R_m = F_b / S_0 \tag{2-5}$$

式中　F_b——试样在断裂前所承受的最大载荷；

　　　S_0——试样的原始横截面面积。

抗拉强度表示材料抵抗断裂的能力，也是设计结构和零件、评定金属材料的重要指标之一。

2. 塑性

塑性是指金属材料在载荷作用下产生塑性变形而不破坏的能力。常用的塑性指标是伸长率 A 和断面收缩率 Z，两个指标均用百分率（%）表示。

伸长率 A 是指试样拉断后的伸长量与原始标距之比的百分数，即

$$A = \frac{l_u - l_0}{l_0} \times 100\% \tag{2-6}$$

式中　l_u——试样断裂后的标距；

　　　l_0——试样原始标距。

断面收缩率 Z 是指试样被拉断后，缩颈处横截面面积的最大缩减量与原始横截面面积的百分比，即

$$Z = \frac{S_0 - S_u}{S_0} \times 100\% \tag{2-7}$$

式中　S_u——试样断裂处的最小横截面面积；

　　　S_0——试样的原始横截面面积。

断面收缩率不受试样尺寸的影响，因此能较准确地反映出材料的塑性。

塑性指标在工程技术中具有重要的实际意义。塑性好的材料，适宜于各种压力加工，如冲压、挤压、冷拔、热轧及锻造等；所制成的零件在使用时，万一超载，也能因塑性变形而使材料强化，避免突然断裂。

3．硬度

硬度是指材料抵抗其他硬物压入其表面的能力，它反映了材料抵抗局部塑性变形的能力。因硬度试验设备简单、操作方便、迅速、不破坏工件，且硬度值和抗拉强度值之间存在一定的对应关系，因此硬度指标往往作为技术要求被标在零件图上。

常用的硬度指标有布氏硬度、洛氏硬度和维氏硬度。

（1）布氏硬度　布氏硬度试验是以直径为 D 的硬质合金球作压头，在压力 F 作用下压入金属表面，保持一定时间后卸去载荷，此时试样表面出现直径为 d 的压痕。由压痕直径计算出压痕的球缺面积 S，再用压力 F 除以压痕球缺面积 S 求得压痕单位面积所承受的平均压力（F/S），以此作为被测材料的布氏硬度值，单位为 N/mm^2，如图 2-4 所示。布氏硬度的计算公式为

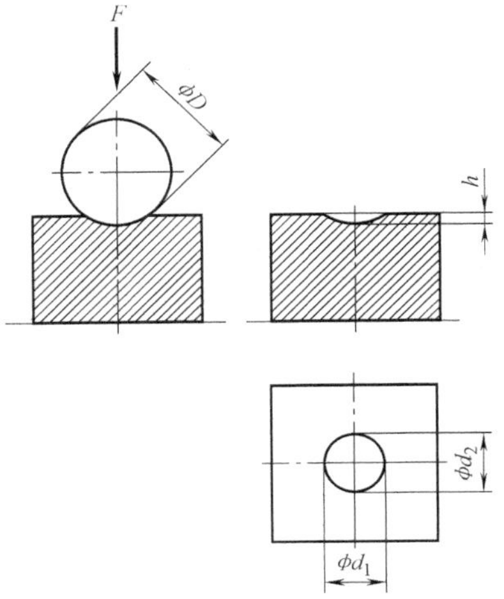

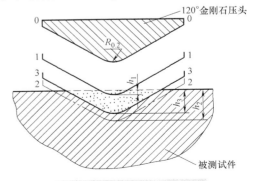

$$布氏硬度 = \frac{F}{S} = 0.102 \frac{2F}{\pi D(D - \sqrt{D^2 - d^2})}$$

式中　D——球体直径，单位为 mm；

F——试验力，单位为 N；

d——压痕平均直径，单位为 mm。

图 2-4　布氏硬度试验原理

布氏硬度用符号 HBW 表示，习惯上只写明硬度的数值而不标出单位。硬度符号 HBW 前面的数值为硬度值，符号后面的数值表示试验条件的指标，依次为球体直径、试验力大小及试验力保持时间（10 ~ 15s 时不标注）。例如，600HBW1/30/20 表示用直径为 1mm 的硬质合金球，在 294N（30kgf）的试验力作用下保持 20s，测得的布氏硬度值为 600。

布氏硬度试验法因压痕面积较大，能反映出较大范围内被测金属的平均硬度，故试验结果较精确。但因压痕较大，所以不宜测试成品或薄片金属的硬度。

（2）洛氏硬度　当材料硬度较高或试样过小、过薄时，常用洛氏硬度计进行硬度测试。

洛氏硬度试验是用顶角为 120° 的金刚石圆锥或直径为 1.588mm（1/16″）的淬火钢球或硬质合金球作压头，在初始试验力 F_0 及总试验力 F（初始试验力 F_0 与主试验力 F_1 之和）分别作用下压入金属表面，然后卸除主试验力 F_1，在初始试验力 F_0 作用下测定残余压入深度，用压痕深度的大小来表示材料的洛氏硬度值，并规定每压入 0.002mm 为一个硬度单位。洛氏硬度试验原理如图 2-5 所示。图中 0—0 为金刚石圆锥压头没有和试样接触时的位置，1—1 为压头在初始试验力 F_0（100N）作用下，压入深度为 h_1 时的位置；2—2 为压头在总试验力 F 作用下，压入深度为 h_2 时的位置；3—3 为卸除主试验力 F_1 保留初始试验力 F_0 后压头的位置 h_3。这样，压痕深度 $h = h_3 - h_1$，洛氏硬度的计算公式为

图 2-5　洛氏硬度试验原理

$$洛氏硬度 = N - \frac{h}{0.002}$$

式中　　h——压痕深度；

　　　　N——给定标尺的数值。A、C 标尺为 100；B 标尺为 130。

材料越硬，h 便越小，而所测得的洛氏硬度值越大。

淬火钢球压头用于退火件、非铁金属材料等较软材料的硬度测定；金刚石压头适用于淬火钢等较硬材料的硬度测定。洛氏硬度所加载荷根据被测材料本身硬度不同而组成不同的洛氏硬度标尺，洛氏硬度有十五种标尺，其中最常用的是 A、B、C 三种标尺，分别用 HRA、HRB、HRC 表示，其试验规范见表 2-1（摘自 GB/T 230.1—2009）。

表 2-1　洛氏硬度符号、试验条件和应用举例

硬度符号	压头类型	总试验力/N	硬度值有效范围[①]	应用举例
HRC	金刚石圆锥	1471	20~70HRC	淬火钢件
HRB	ϕ1.5875mm 球	980.7	20~100HRB	软钢、退火钢、铜合金
HRA	金刚石圆锥	588.4	20~88HRA	硬质合金、表面淬火钢

① HRA、HRC 所用刻度盘满刻度为 100，HRB 为 130。

常用洛氏硬度的表示方法如下：

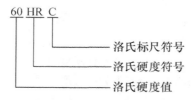

60 HR C
洛氏标尺符号
洛氏硬度符号
洛氏硬度值

洛氏硬度试验的优点是操作迅速、简便，可以表盘上直接读出硬度值，不必查表或计算，而且压痕小，可测量较小、较薄工件的硬度。其缺点是精确性较差，硬度值重复性差，需要在材料的不同部位测试数次，取其平均值来表示材料的硬度。

（3）维氏硬度　维氏硬度的测定原理基本上和布氏硬度相同，区别在于压头采用锥面夹角为 136° 的金刚石正四棱锥体，压痕是四方锥形，如图 2-6 所示。维氏硬度值用 HV 表示，单位为 MPa。

维氏硬度测定所用载荷小，压痕浅，适用于测量零件薄的表面硬化层（渗碳、氮化层）、金属镀层及薄片金属的硬度。此外，因压头是金刚石角锥，载荷可调范围大，故对软、硬材料均适用，测定范围为 0~1000HV。

应该指出，各硬度试验测得的硬度值不能直接进行比较，必须通过硬度换算表换算成同一种硬度值后，方可比较其大小。

硬度反映了材料表面抵抗局部塑性变形的能力，因此，硬度越高，塑性变形抗力就越高，强度也就越高。工程上，常应用如下经验公式，将布氏硬度换算成抗拉强度：

低碳钢　　$R_m \approx 3.53HBW$

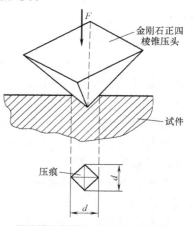

图 2-6　维氏硬度试验原理

中碳钢　　$R_m \approx 3.33HBW$

碳铸钢　　$R_m \approx 0.98HBW$

合金调质钢　$R_m \approx 3.19HBW$

退火铝合金　$R_m \approx 4.70HBW$

4. 冲击韧性

冲击韧性是指金属材料抵抗冲击力而不被破坏的能力。许多零件和工具在工作过程中，常常受到冲击载荷的作用，如压力机的冲头、锻锤的锤杆、内燃机的活塞杆及连杆以及风动工具零件等，这些零件不仅要求具有足够的静载荷强度，而且要具有足够的抵抗冲击载荷的能力。冲击韧性常用冲击韧度 a_K 表示，单位为 J/cm^2。根据 GB/T 229—2007 规定，将试件做成标准试样，在摆锤式冲击试验机上完成，如图 2-7 所示，冲击韧度值 a_K 用下式计算

$$a_K = \frac{A_K}{S} \tag{2-8}$$

式中　　A_K——冲击吸收功（冲击试样被破坏时所消耗的功），单位为 J；

　　　　S——冲击试样断口处的截面积，单位为 cm^2。

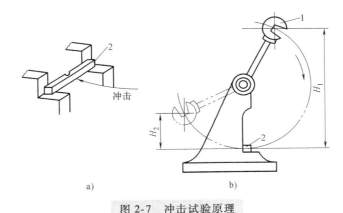

图 2-7　冲击试验原理

a）试样安装方式　b）冲击示意图

1—摆锤　2—试样

A_K 越大，冲击韧性越好。冲击韧性值低的材料即为脆性材料，铸铁的 A_K 值很低，因此不能用来制造需承受冲击载荷的零件。冲击韧性还与试样的形状、尺寸、表面粗糙度、内部微观组织和缺陷等因素有关。另外，温度对冲击韧性也有明显的影响，温度下降，则冲击韧性降低。一般材料存在脆性临界转变温度，在该温度区间材料的冲击韧性显著下降，脆性变大。因此，冲击韧性一般作为选材的参考，而不能直接用于强度计算。

5. 疲劳强度

许多机械零件，如轴、齿轮、弹簧等，在交变应力下工作，虽然它们所承受的应力通常远低于材料的屈服强度，但在交变应力的长期作用下，材料在不发生明显的塑性变形及事前无察觉的情况下突然断裂，此现象称为疲劳断裂。由于疲劳断裂是突发性的，所以具有很大的危险性。

材料抵抗疲劳断裂的能力，可通过疲劳试验测定。图 2-8 所示为金属的疲劳曲线，即

σ-N曲线，纵坐标为材料所受的交变应力，横坐标为应力循环次数。由图可知，交变应力 σ 值越小，疲劳寿命 N 值越大。当应力低于某一数值时，经无数次应力循环也不会发生疲劳断裂，此应力就称为材料的疲劳极限，通常用 σ_r 表示，下标 r 表示应力循环特征系数。对于对称循环，其疲劳强度用 σ_{-1} 表示；对于脉动循环，其疲劳强度用 σ_0 表示。事实上疲劳试验不可能做无数次循环，根据国家标准规定，一般钢铁材料取循环周次为 10^7 次（非铁金属材料取 10^8 次）。

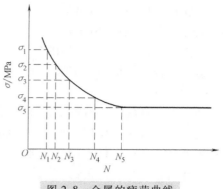

图 2-8 金属的疲劳曲线

二、金属材料的物理、化学和工艺性能

1. 金属材料的物理性能

金属材料的物理性能是指不发生化学反应就表现出来的一些性能，如密度、熔点、导电性、导热性、磁性和热膨胀性等。由于机器零件的用途不同，对于金属材料的物理性能要求也不相同。例如，飞机和汽车上的许多零件和构件，需要选用密度比较小的铝镁合金来制造。又如，电动机、电器上的一些零件，通常要考虑材料的导电性能等。

2. 金属材料的化学性能

金属材料的化学性能是指发生化学反应时才能表现出来的性能，如金属材料在室温或高温条件下被活泼介质所侵蚀。金属材料的化学性能包括抗氧化性能、耐蚀性和化学稳定性等。

在腐蚀介质或高温条件下工作的零件，比在空气中或室温环境下的腐蚀更为强烈。在设计这类零件时，应特别注意金属材料的化学性能。例如，化工机械及设备、医疗器械及食品机械等，不仅要考虑金属材料的力学性能，而且还要考虑金属材料的化学性能。

3. 金属材料的工艺性能

金属材料的工艺性能是指金属材料适应加工工艺要求的能力。在设计机械零件和选择其加工方法时，都要考虑金属材料的工艺性能。按工艺方法不同，工艺性能有可铸性、可锻性、焊接性和可加工性等。例如，灰铸铁具有优良的可铸性和可加工性，常用来铸造机器零件；但它的可锻性很差，不能进行锻造；焊接性也较差。

第二节　金属的晶体结构

金属材料的优良性能是与金属原子的聚集状态和组织有关的。

固态物质根据其内部原子的聚集状态不同，分为晶体和非晶体两大类。所谓非晶体是指其内部原子杂乱无章地不规则地堆积，如玻璃、松香、沥青和石蜡等；晶体则指其内部原子在空间有规则地排列，如食盐、金刚石和石墨等，所有的固态金属等都是晶体。

一、金属的晶体结构

1. 晶体、晶格、晶胞的概念

用 X 射线结构分析技术研究金属晶体内部原子的排列规律证实，晶体是由许多金属原子（或离子）在空间按一定几何形式规则地紧密排列而成的，如图 2-9a 所示。为了便于研究晶体内部原子排列的形式，把每一个原子看成一个小球，把这些小球用线条连接起来，这样就得到一个空间格架，这种空间格架称为晶格，如图 2-9b 所示。

晶格实质上是由一些最基本的几何单元重复堆砌而成的。因此，只要取晶格中的一个最基本的几何单元进行分析，便能从中找出整个晶格的排列规律，如图 2-9c 所示。这种构成晶格的最基本的几何单元称为晶胞。晶胞中各棱边的长度分别用 a、b、c 表示；各棱边之间的夹角分别用 α、β、γ 表示。a、b、c 和 α、β、γ 称为晶格常数。

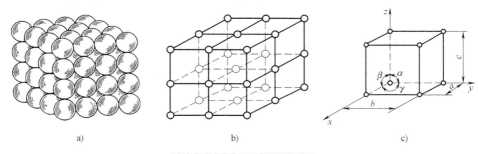

图 2-9　晶体结构示意图

a）晶体结构　b）晶格　c）晶胞及晶格常数

2. 金属中常见的晶体结构

在已知的 80 余种金属元素中，大多数金属都具有比较简单的晶体结构。最常见的金属晶格有三种类型。

（1）体心立方晶格　体心立方晶格的晶胞是一个立方体，在立方体的八个顶角上各有一个原子，在立方体的中心还有一个原子，如图 2-10a 所示。具有体心立方晶格的金属有

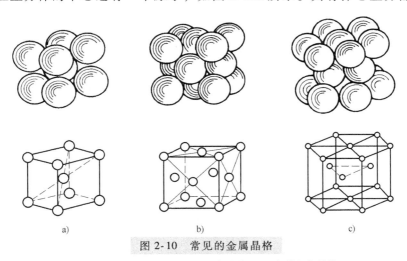

图 2-10　常见的金属晶格

a）体心立方晶格　b）面心立方晶格　c）密排六方晶格

铬、钨、钼、钒及 α-铁等。

（2）面心立方晶格 面心立方晶格的晶胞也是一个立方体，在立方体的八个顶角上各有一个原子，同时在立方体的六个面的中心又各有一个原子，如图 2-10b 所示。具有这种晶格的金属有铜、铝、银、金、镍及 γ-铁等。

（3）密排六方晶格 密排六方晶格的晶胞是一个正六棱柱体，在柱体的 12 个顶角上各有一个原子，上下底面的中心也各有一个原子；晶胞内部还有三个呈品字形排列的原子，如图 2-10c 所示。具有这种晶格的金属有铍、镁、锌和钛等。

二、纯金属的结晶

1. 纯金属的冷却曲线及过冷度

金属材料通常经过熔炼和铸造，经历从液态到固态的凝固过程，这个过程称为结晶。这实际是金属原子由不规则排列过渡到规则排列的过程。它可用液态金属缓慢冷却时所得的温度与时间的关系曲线（即冷却曲线）来表示。

纯金属的冷却曲线如图 2-11a 所示，金属液缓慢冷却时，随着热量向外散失，温度不断下降，当液态金属冷却到 T_0 时，开始结晶。由于结晶时放出的结晶潜热补偿了其冷却时向外散失的热量，故结晶过程中温度不变，即冷却曲线出现了一水平线段，水平线段所对应的温度 T_0 称为理论结晶温度。结晶结束后，固态金属的温度继续下降，直至室温。

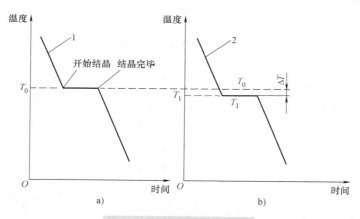

图 2-11 纯金属的冷却曲线

实际上液态金属往往在低于 T_0 的 T_1 温度时开始结晶，这一现象称为过冷现象。理论结晶温度与实际结晶温度之差（$\Delta T = T_0 - T_1$）称为过冷度（图 2-11b），过冷度与冷却速度有关，冷却速度越快，过冷度越大。

2. 纯金属的结晶过程

实验证明，金属的结晶过程是由两个密切联系的基本过程来实现的。首先在液体金属内部，有一些原子自发地聚集在一起，并按金属晶体的固有规律排列起来，形成规则排列的原子团而成为结晶核心，这些核心称为晶核。然后，原子按一定的规律向这些晶核聚集而不断长大，形成晶粒。晶核可能是由金属内部许多类似于晶体中原子排列的小集团形成的稳定晶核，称为自发晶核；也可能是由金属液中一些未熔解的杂质作为晶核，这些晶核称为非自发晶核。这两种晶核都是结晶过程中晶粒发展和成长的基础。

在新的晶体长大的同时，金属液中新的晶核又不断地产生并长大。这样发展下去，当全部长大的晶体都相互接触时，金属液体消失，结晶过程也就完成。由此可见，结晶过程是不断地形成晶核和晶核不断地长大的过程。整个过程如图 2-12 所示。

晶粒在长大过程中，向着散热的反方向，按一定的方式，像树枝一样，先长出枝干，再长出分枝，最后将枝间填满，形成树枝状晶体。

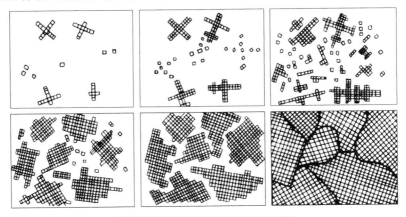

图 2-12　纯金属结晶过程示意图

结晶后，每个晶核长成的晶体，称为单晶体，如图 2-13a 所示。而实际使用的金属大多数为多晶体，它是由许多外形不规则、大小不等、排列位向不相同的小颗粒晶体组成的。在多晶体中，这些小颗粒晶体称为晶粒，晶粒与晶粒之间的界面称为晶界，如图 2-13b 所示。

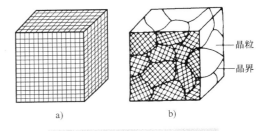

图 2-13　单晶体与多晶体结构

a）单晶体　b）多晶体

金属的晶粒大小对金属材料的力学性能、化学性能和物理性能影响很大。在一般情况下，晶粒越细小，则金属材料的强度和硬度越高，塑性和韧性越好。因为晶粒细小，晶界就多。晶界处的晶体排列极不规则，界面犬牙交错，相互咬合，因而加强了金属之间的结合力。在工业生产过程中，常用细化晶粒的方法来提高金属材料的力学性能，这种方法称为细晶强化。生产中常采用以下措施来控制晶粒的大小。

（1）增加过冷度　金属液的过冷度越大，产生的晶核越多。晶核越多，每个晶核的长大空间就受到限制，形成的晶粒就越细小。

增加过冷度就是要提高凝固时的冷却速度。实际生产过程中，常采用金属型铸造来提高冷却速度。

（2）变质处理　在液态金属结晶前加入一些细小的难熔质点（变质剂），以增加形核率或降低长大速率，从而细化晶粒的方法，称为变质处理。例如，往铝液中加钛、硼；往钢液中加入钛、锆、铝等；往铸铁液中加入硅铁、硅钙合金，都能使晶粒细化，从而提高金属的力学性能。

（3）附加振动 金属结晶时，对金属液附加机械振动、超声波振动和电磁振动等措施，使生长中的枝晶破碎，而破碎的枝晶尖端又可起晶核作用，增加了形核率，从而达到细化晶粒的目的。

三、金属的同素异构转变

大多数金属在结晶完之后其晶格类型不再变化，但有些金属如铁、锰、钛、钴等在结晶成固态后继续冷却，还将发生晶格类型的变化。

金属在固态下随温度的改变，由一种晶格类型转变为另一种晶格类型的变化，称为金属的同素异构转变。

铁是典型的具有同素异构转变特性的金属。图 2-14 所示为纯铁的冷却曲线图，它表示了纯铁在不同温度下的结晶和同素异构转变过程。由图可见，液态纯铁在 1538℃ 开始结

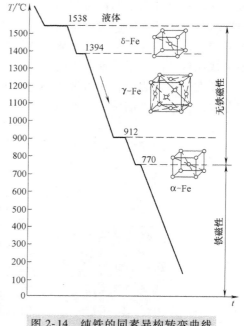

图 2-14　纯铁的同素异构转变曲线

晶，得到具有体心立方晶格的 δ-Fe，继续冷却到 1394℃ 时发生同素异构转变，δ-Fe 转变为具有面心立方晶格的 γ-Fe，再继续冷却到 912℃ 时又发生同素异构转变，γ-Fe 转变为具有体心立方晶格的 α-Fe，再继续冷却到室温，晶格类型不再发生变化。这些转变可以用下式表示

$$\underset{\text{（体心立方晶格）}}{\delta\text{-Fe}} \rightleftharpoons \underset{\text{（面心立方晶格）}}{\gamma\text{-Fe}} \rightleftharpoons \underset{\text{（体心立方晶格）}}{\alpha\text{-Fe}}$$

此外，纯铁在 770℃ 还发生磁性转变，即在 770℃ 以上纯铁没有铁磁性，在 770℃ 以下具有强的铁磁性。

金属的同素异构转变是通过原子的重新排列来完成的，因此其实质也是一个结晶过程，遵守结晶的一般规律，但其又具有本身特点，即新晶格优先在晶界处形核；转变需要较大的过冷度；晶格的变化伴随金属体积的变化，转变时会产生较大的内应力。例如，δ-Fe 转变为 α-Fe 时，铁的体积会膨胀约 1%，这是钢在热处理时产生应力、导致工件变形开裂的重要原因。

铁的同素异构转变是钢材能进行热处理的重要依据。

四、合金的结构

纯金属虽然得到了一定的应用，但它的力学性能较差，而且价格昂贵。因此，在工业生产上应用的大多是合金。

一种金属元素与其他金属或非金属元素通过熔化或其他方法结合成的具有金属特性的物质称为合金。工业上广泛应用的碳素钢和铸铁就是由铁和碳两种元素为主要成分的合金，黄铜则是铜和锌组成的合金。合金除具有纯金属的特性以外，还具有更好的力学性能，并可以

通过调节组成元素的比例来获得一系列性能各不相同的合金，以满足工业生产上提出的众多性能要求。

组成合金的最基本的、独立的单元称为组元。组元可以是金属、非金属（如碳）或化合物（如渗碳体）。按组元的数目，合金可以为二元合金、三元合金或多元合金。

由两个或两个以上的组元按不同的含量配制的一系列不同成分的合金，称为一个合金系，简称系，如 Cu-Zn 系、Pb-Sn 系、Fe-C 系等。

合金中具有同一化学成分，同一晶格形式，并以界面的形式分开的各个均匀组成部分称为相。例如，纯铁在不同温度下的相是不同的，它有液相、δ-Fe 相、γ-Fe 相和 α-Fe 相。合金的基本相有固溶体和金属化合物。

所谓组织，是指用肉眼或借助显微镜观察到的具有某种形态特征的微观形貌。实质上它是一种或多种相按一定的方式相互结合所构成的整体的总称。它直接决定合金的性能。

合金的结构比纯金属复杂，根据组成合金的组元之间在结晶时的相互作用，合金的组织可以形成固溶体、金属化合物和混合物。

1. 固溶体

固溶体是溶质的原子溶入溶剂晶格中，但仍保持溶剂晶格类型的金属晶体。在固溶体中，保持晶格类型不变的组元称为溶剂，而分布于溶剂中的另一组元称为溶质，固溶体一般用 α、β、γ 等符号表示。根据溶质原子在溶剂晶格中所处位置不同，固溶体可分为间隙固溶体和置换固溶体两类。

图 2-15a 所示为置换固溶体结构示意图，溶质原子在溶剂晶格中部分地置换了溶剂原子（即占有溶剂原子原来的位置）而形成的固溶体。置换固溶体的溶解度取决于两者晶格类型、电子结构、原子半径及在周期表中的位置。置换固溶体的溶解度可以达到很高，温度越高，溶解度越大。

图 2-15b 所示为间隙固溶体结构示意图，由于溶剂晶格的空隙尺寸较小，所以溶质原子的尺寸不能过大，一般原子半径小于 0.1nm(1Å)，如碳、氮、硼等，铁碳合金中的固溶体属于这一类。

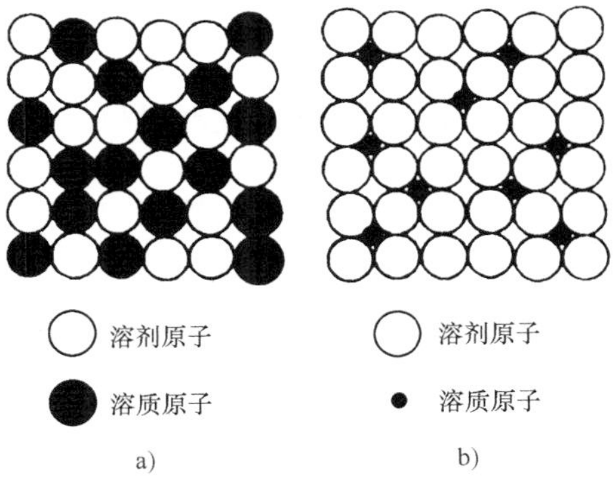

○ 溶剂原子　　　　○ 溶剂原子
● 溶质原子　　　　· 溶质原子
a)　　　　　　　b)

图 2-15　固溶体的两种基本类型
a）置换固溶体　b）间隙固溶体

由于溶质原子的溶入，使溶剂晶格发生畸变，从而使合金对塑性变形的抗力增加，使材料的强度、硬度提高。这种由于溶入溶质元素形成固溶体，使材料力学性能变好的现象，称为固溶强化。固溶强化是提高金属材料力学性能的重要途径之一。

2. 金属化合物

金属化合物是指合金组元之间，按一定的原子数量比相互化合生成的一种具有金属特性的新相，一般可用分子式表示。金属化合物的晶格类型与组成它的任一组元的晶格类型完全不同，一般比较复杂，性质也与组成它的组元完全不同，其熔点高，硬而脆，塑性和韧性差，不能直接使用。金属化合物存在于合金中，可以使合金的强度、硬度、耐磨性提高，但塑性、韧性有所下降。金属化合物是合金的重要组成相。

3. 混合物

混合物是由两种以上的相机械地混合在一起而组成的一种多相组织。在混合物中，它的各组成相仍保持各自的晶格类型和性能。

工业中广泛应用的合金，多数是由两种或两种以上的固溶体组成的机械混合物，或者是由固溶体和金属化合物组成的机械混合物。混合物的性能主要取决于组成它的各相的性能以及各相在混合物中的数量、大小、形状和分布状况。

第三节　铁碳合金

铁碳合金是以铁和碳为基本组元组成的合金，是钢和铸铁的统称。由于钢铁材料具有优良的力学性能和工艺性能，在现代工业中被称为应用最广泛的金属材料。

一、铁碳合金的基本组织及性能

在铁碳合金中，铁和碳在液态时能够相互溶解成为一个均匀的液相。在结晶和随后的冷却过程中，由于铁和碳的相互作用，可以形成固溶体、金属化合物及由固溶体和金属化合物组成的混合物。其中，铁素体、奥氏体和渗碳体为铁碳合金的基本相，珠光体和莱氏体为铁碳合金的基本组织。

1. 铁素体（F）

碳溶入 α-Fe 中的间隙固溶体称为铁素体，用 F 表示。它保持 α-Fe 的体心立方晶格。

碳在 α-Fe 中的溶解度很小，室温下只能溶解 0.006% 的碳，在 727℃ 时溶碳量为 0.0218%。所以，铁素体室温时的力学性能与工业纯铁接近，其强度和硬度较低，塑性、韧性良好。

2. 奥氏体（A）

碳溶入 γ-Fe 中的间隙固溶体称为奥氏体，用 A 表示。它仍保持 γ-Fe 的面心立方晶格。

奥氏体内原子间的空隙较大，碳在 γ-Fe 中的溶解度也较大，1148℃ 时溶碳量达 2.11%，在 727℃ 时溶碳量降为 0.77%。

奥氏体的存在温度为 727～1495℃，是铁碳合金一个重要的高温相。

奥氏体具有良好的塑性和低的变形抗力，易于承受压力加工，生产中常将钢材加热到奥氏体状态进行压力加工。

3. 渗碳体（Fe_3C）

渗碳体是铁与碳的化合物，碳的质量分数为 6.69%，它的晶体是复杂的斜方晶格，与铁和碳的晶体结构完全不同。根据形成条件的不同，显微形态可分为片状、网状、球状和条状等。渗碳体硬度很高，塑性几乎为零。因此，渗碳体不能单独使用，一般在铁碳合金中与铁素体等固溶体构成混合物。钢中含碳量越高，渗碳体的量越多，硬度越高，而塑性、韧性越低。

渗碳体在适当条件下（如高温长期停留或缓慢冷却）能分解为铁和石墨，这对铸铁的处理有重要意义。

4. 珠光体（P）

珠光体是铁素体和渗碳体的混合物，碳的质量分数为 0.77%，显微形态一般是一片铁素体与一片渗碳体相间呈片状存在。由于珠光体是由硬的渗碳体片与软的铁素体片相间组成的混合物，故其力学性能介于两者之间。

5. 莱氏体（Ld）

奥氏体和渗碳体组成的机械混合物称为莱氏体。它是碳的质量分数为 4.3% 的铁碳合金液相冷却到 1148℃ 时的结晶产物。由于奥氏体在 727℃ 时还将转变为珠光体，所以室温下莱氏体由珠光体和渗碳体组成，此时的显微形态是在白亮的 Fe_3C 基体上分布着粒状的珠光体。莱氏体的力学性能和渗碳体相似，硬度很高，塑性、韧性很差。

二、铁碳合金相图

纯金属的结晶过程可以用冷却曲线或温度坐标来表示组织与温度之间的变化。合金的结晶过程比纯金属复杂，一是纯金属的结晶是在恒温下进行的，而合金却不一定在恒温下进行；二是纯金属在结晶过程中只有一个液相和一个固相，而合金在结晶过程中，在不同的温度范围内会有不同数量的相，而且各相的成分有时也随温度变化；三是同一合金系，成分不同，其组织也不同，即所形成的相的结构或相的数量也不相同。因此，合金的结晶过程要用相图才能表示清楚。相图是表示在平衡状态（极其缓慢冷却或加热状态）下，合金的成分、温度与组织之间关系的简明图示。利用相图，可以方便地掌握合金的结晶过程和组织变化规律。

铁碳合金相图表述了在平衡状态下合金的成分、温度与组织之间的关系。目前所应用的铁碳合金，其碳的质量分数不超过 5%，碳的质量分数超过 6.69% 的铁碳合金脆性很大，没有实用价值。当碳的质量分数小于 6.69% 时，碳以渗碳体（Fe_3C）的形式存在。因此，铁碳合金只研究 $Fe\text{-}Fe_3C$ 部分。铁碳合金相图又称为 $Fe\text{-}Fe_3C$ 相图。

图 2-16 所示为国际通用的 $Fe\text{-}Fe_3C$ 相图。图中纵坐标表示温度，横坐标表示成分（含

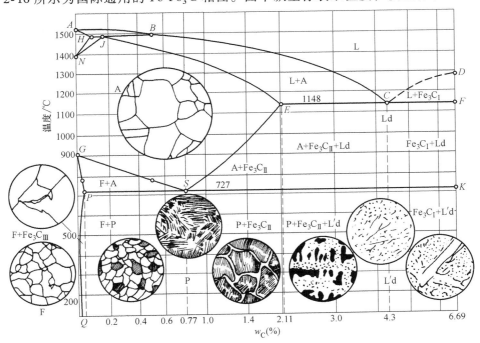

图 2-16　$Fe\text{-}Fe_3C$ 相图

碳量）。由于图中左上角部分实际应用较少，故可将相图简化，如图2-17所示。

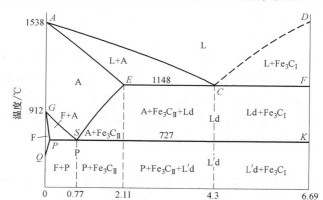

图2-17 简化后 Fe-Fe₃C 相图

1. Fe-Fe₃C 相图分析

图2-17所示相图可视为由两个简单的典型二元相图组合而成，图中的右上半部分为共晶转变类型的相图，左下半部分为共析转变类型的相图。

1）Fe-Fe₃C 相图中各主要点的含碳量、温度值及其物理意义见表2-2。

表2-2 Fe-Fe₃C 相图中的特性点

符号	温度/℃	碳的质量分数（%）	含义	符号	温度/℃	碳的质量分数（%）	含义
A	1538	0	纯铁的熔点	G	912	0	α-Fe 与 γ-Fe 同素异构转变点
C	1148	4.3	共晶点	P	727	0.0218	碳在 α-Fe 中的最大溶解度
D	1227	6.69	渗碳体的熔点	S	727	0.77	共析点
E	1148	2.11	碳在 γ-Fe 中的最大溶解度	Q	600	<0.008	碳在 α-Fe 中的最大溶解度

2）Fe-Fe₃C 相图中的主要特性曲线如下。

① ACD 为液相线。各种成分的合金在此线以上均为液体，冷却到此线开始结晶。

② $AECF$ 为固相线。合金冷却到此线全部结晶为固态，或合金加热到此线开始熔化。

③ ECF 为共晶线，温度为1148℃。当碳的质量分数为2.11%～6.69%的铁碳合金冷却到该线时都将发生共晶转变，即从金属液中同时结晶出奥氏体和渗碳体的共晶混合物——莱氏体。

④ PSK 为共析线，通常称为 A_1 线，温度为727℃。当碳的质量分数为0.0218%～6.69%的铁碳合金冷却到此线时，将发生共析转变，都从奥氏体中析出铁素体和渗碳体的共析混合物——珠光体。

⑤ ES 为碳在奥氏体中的溶解度变化曲线，通常称为 A_{cm} 线。随着温度的降低，碳在奥氏体中的溶解度逐渐减小。当温度降到该线以下时，奥氏体中便开始析出二次渗碳体。

⑥ GS 为奥氏体开始转变为铁素体的温度线，通常称为 A_3 线。

3）Fe-Fe₃C 相图中的主要相区见表2-3。

表 2-3　Fe-Fe₃C 相图中的主要相区

相区	区域	存在的相	相区	区域	存在的相
单相区	AC、CD 线以上	L	双相区	$DFCD$	L+Fe₃C
单相区	$AESGA$	A	双相区	$GSPG$	F+A
单相区	$GPQG$	F	双相区	$ESKFE$	A+Fe₃C
双相区	$AECA$	L+A	双相区	PSK 线以下	F+Fe₃C

2. Fe-Fe₃C 相图中铁碳合金的分类

Fe-Fe₃C 相图中，不同成分的铁碳合金具有不同的显微组织和性能。通常，根据相图中 P 点和 E 点，可将铁碳合金分为三大类：即工业纯铁、碳钢和白口铸铁。

（1）工业纯铁　成分为 P 点左面（$w_C<0.0218\%$）的铁碳合金，其室温组织为铁素体。

（2）碳钢　成分为 P 点与 E 点之间（$w_C=0.0218\%\sim2.11\%$）的铁碳合金。其特点是高温固态组织为塑性很好的奥氏体，因而可进行压力加工。根据相图中 S 点，碳钢又可分为以下三类。

1）共析钢。成分为 S 点（$w_C=0.77\%$）的合金，室温组织为珠光体。

2）亚共析钢。成分为 S 点左面（$w_C=0.0218\%\sim0.77\%$）的合金，室温组织为珠光体+铁素体。

3）过共析钢。成分为 S 点右面（$w_C=0.77\%\sim2.11\%$）的合金，室温组织为珠光体+二次渗碳体。

（3）白口铸铁　成分为 E 点右面（$w_C=2.11\%\sim6.69\%$）的铁碳合金，其特点是液态结晶时都发生共晶转变，因而与钢相比有较好的铸造性能。但在其高温组织中性能硬而脆的渗碳体量很多，故不能进行压力加工。以相图上的 C 点为界，白口铸铁又可分为以下三类。

1）共晶白口铸铁。成分为 C 点（$w_C=4.3\%$）的合金，室温组织为低温莱氏体。

2）亚共晶白口铸铁。成分为 C 点左面（$w_C=2.11\%\sim4.3\%$）的合金，室温组织为低温莱氏体+珠光体+二次渗碳体。

3）过共晶白口铸铁。成分为 C 点右面（$w_C=4.3\%\sim6.69\%$）的合金，室温组织为低温莱氏体+一次渗碳体。

3. 典型铁碳合金的结晶过程分析

为了进一步认识、理解 Fe-Fe₃C 相图，现以碳钢和白口铸铁的几种典型合金为例，分析其结晶过程及室温下的显微组织。

（1）共析钢　图 2-18 所示为典型铁碳合金结晶过程分析，其中合金 I 为共析钢，其结晶过程如图 2-19 所示。

合金在 1 点温度以上全部为液相，当缓冷至与 AC 线相交的 1 点温度时，开始从液相中结晶出奥氏体，奥氏体的量随温度下降而增多，其成分沿 AE 线变化，剩余液相逐渐减少，其成分沿 AC 线变化。冷至 2 点温

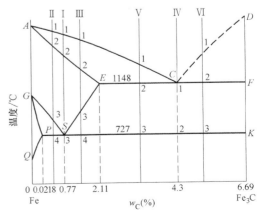

图 2-18　典型铁碳合金结晶过程分析

度时，液相全部结晶为与原合金成分相同的奥氏体。2~3点温度范围内为单一奥氏体。冷至3点时，发生共析转变，获得珠光体。在3点以下继续缓冷，铁素体成分沿 PQ 线变化，将有少量三次渗碳体从铁素体中析出，并与共析渗碳体混在一起，不易分辨，而且在钢中影响不大，故可忽略不计。

因此，共析钢室温平衡组织为珠光体，其显微组织如图2-20所示。

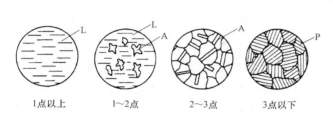

1点以上　　1~2点　　2~3点　　3点以下

图2-19　共析钢结晶过程示意图

图2-20　共析钢的显微组织

（2）亚共析钢　图2-18中的合金Ⅱ为亚共析钢，其结晶过程如图2-21所示。

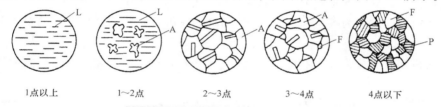

1点以上　　1~2点　　2~3点　　3~4点　　4点以下

图2-21　亚共析钢结晶过程示意图

合金Ⅱ在3点以上的冷却过程与合金Ⅰ在3点以上相似。当合金冷却至与 GS 线相交的3点时，开始从奥氏体中析出铁素体。随着温度的降低，铁素体量不断增多，其成分沿 GP 线变化，而奥氏体量逐渐减少，其成分沿 GS 线向共析成分接近，3~4点间组织为奥氏体和铁素体。温度缓冷至4点时，剩余奥氏体的含碳量达到共析成分，发生共析转变，形成珠光体。温度继续下降，由铁素体中析出极少量的三次渗碳体，可忽略不计。

因此，所有亚共析钢室温平衡组织为铁素体+珠光体。所不同的是随含碳量的增加，珠光体量增多，铁素体量减少。亚共析钢的显微组织如图2-22所示，图中白色部分为铁素体，黑色部分为珠光体。

（3）过共析钢　图2-18中的合金Ⅲ为过共析钢，其结晶过程如图2-23所示。

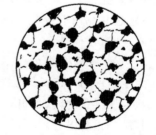

图2-22　亚共析钢的显微组织

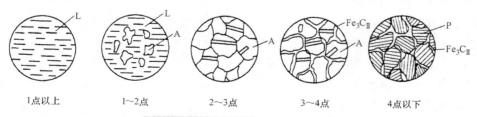

1点以上　　1~2点　　2~3点　　3~4点　　4点以下

图2-23　过共析钢结晶过程示意图

合金Ⅲ在 3 点以上的冷却过程与合金Ⅰ在 3 点以上相似。当合金冷却至与 ES 线相交的 3 点时，奥氏体中含碳量达到饱和，碳以二次渗碳体的形式析出，呈网状沿奥氏体晶界分布。继续冷却，二次渗碳体量不断增多，奥氏体量不断减少，剩余奥氏体的成分沿 ES 线变化。当冷却到与 PSK 线相交的 4 点时，剩余奥氏体中含碳量达到共析成分，发生共析转变，形成珠光体。继续冷却，组织基本不变。

因此，过共析钢室温平衡组织为珠光体+二次渗碳体。不同的是随含碳量的增加，网状二次渗碳体量增多，珠光体量减少。过共析钢的显微组织如图 2-24 所示，图中呈片状黑白相间的组织为珠光体，白色网状组织为二次渗碳体。

（4）共晶白口铸铁　图 2-18 中的合金Ⅳ为共晶白口铸铁，其结晶过程如图 2-25 所示。

图 2-24　过共析钢的显微组织

合金在 1 点温度以上为液相。缓冷至 1 点温度时，发生共晶转变，形成莱氏体。继续冷却，从共晶奥氏体中不断析出二次渗碳体，奥氏体中的含碳量沿 ES 线向共析成分接近，当缓冷至 2 点时，奥氏体的含碳量达到共析成分，发生共析转变，形成珠光体，二次渗碳体保留至室温。

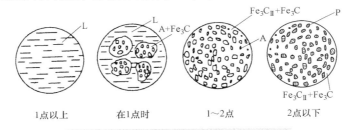

图 2-25　共晶白口铸铁结晶过程示意图

因此，共晶白口铸铁的室温平衡组织为珠光体+渗碳体，即低温莱氏体。共晶白口铸铁的显微组织如图 2-26 所示，图中黑色部分为珠光体，白色基体为渗碳体。

（5）亚共晶白口铸铁　图 2-18 中的合金Ⅴ为亚共晶白口铸铁，其结晶过程如图 2-27 所示。

合金在 1 点温度以上为液相。缓冷至与 AC 线相交的 1 点温度时，从液相中开始结晶出奥氏体，随温度降低，奥氏体量不断增多，其成分沿 AE 线变化，而液相逐渐减少，其成分沿 AC 线变化。冷却至与 ECF 线相交的 2 点时，剩余液相成分达到共晶成

图 2-26　共晶白口铸铁的显微组织

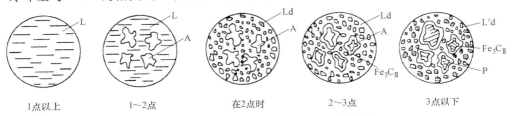

图 2-27　亚共晶白口铸铁结晶过程示意图

23

分，发生共晶转变，形成莱氏体。在 2~3 点之间冷却时，奥氏体的成分沿 *ES* 线变化，并不断析出二次渗碳体，冷至与 *PSK* 线相交的 3 点温度时，奥氏体的含碳量达到共析成分，发生共析转变，形成珠光体。

因此，所有亚共晶白口铸铁的室温平衡组织为珠光体+二次渗碳体+低温莱氏体。不同的是随含碳量的增加，组织中低温莱氏体量增多，其他量相对减少。亚共晶白口铸铁的显微组织如图 2-28 所示，图中黑色块状或树枝状为珠光体，黑白相间的基体为低温莱氏体，二次渗碳体和共晶渗碳体混在一起，无法分辨。

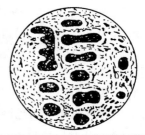

图 2-28 亚共晶白口铸铁的显微组织

（6）过共晶白口铸铁 图 2-18 中的合金 Ⅵ 为过共晶白口铸铁，其结晶过程如图 2-29 所示。

合金在 1 点温度以上为液相。缓冷至 1 点温度时，从液相中结晶出板条状一次渗碳体，随温度降低，一次渗碳体量不断增多，液相不断减少，其成分沿 *DC* 线变化，冷至 2 点时，液相成分达到共晶成分，发生共晶转变，形成莱氏体。在 2~3 点温度之间冷却时，同样由奥氏体中析出二次渗碳体，但二次渗碳体在组织中难以辨认。继续冷却到 3 点时，奥氏体发生共析转变，形成珠光体。

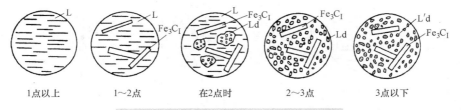

| 1点以上 | 1~2点 | 在2点时 | 2~3点 | 3点以下 |

图 2-29 过共晶白口铸铁结晶过程示意图

因此，所有过共晶白口铸铁的室温平衡组织为低温莱氏体+一次渗碳体。不同的是随含碳量的增加，组织中一次渗碳体量增多。过共晶白口铸铁的显微组织如图 2-30 所示，图中白色条状为一次渗碳体，黑白相间的基体为低温莱氏体。

4. 含碳量对铁碳合金平衡组织和力学性能的影响

（1）含碳量对铁碳合金平衡组织的影响 综上所述，任何成分的铁碳合金在室温下的组织均由铁素体和渗碳体两相组成。只是随含碳量的增加，铁素体量相对减少，而渗碳体量相对增多，并且渗碳体的形状和分布也发生变化，因而形成不同的组织。一般认为，在铁碳合金中，渗碳体是一个强

图 2-30 过共晶白口铸铁的显微组织

化相。当它与铁素体相形成层片状珠光体时，合金的强度和硬度得到提高，合金中珠光体组成物越多，其硬度和强度越高。但当渗碳体明显地以网状形态分布在珠光体边界上时，将使铁碳合金的塑性和韧性大大下降，以致合金强度也随之下降。这是高碳钢和白口铸铁脆性高的原因。室温时，随含碳量的增加，铁碳合金的组织变化如下：

$$F \rightarrow F+P \rightarrow P \rightarrow P+Fe_3C_{\rm II} \rightarrow P+Fe_3C_{\rm II}+L'd \rightarrow L'd \rightarrow L'd+Fe_3C_{\rm I} \rightarrow Fe_3C$$

（2）含碳量对铁碳合金力学性能的影响 如图 2-31 所示，当 $w_C < 0.9\%$ 时，随含碳量的增加，钢的强度和硬度直线上升，而塑性和韧性不断下降。这是由于随含碳量的增加，钢中渗碳体量增多，铁素体量减少造成的；$w_C > 0.9\%$ 以后，二次渗碳体沿晶界已形成较完整的网，因此钢的强度开始明显下降，但硬度仍在增高，塑性和韧性继续降低。

为保证钢有足够的强度和一定的塑性及韧性，机械工程中使用的钢，其碳的质量分数一般不大于 1.4%。$w_C > 2.11\%$ 的白口铸铁，由于组织中渗碳体量多，硬度高而脆性大，难于切削加工，在实际中很少直接应用。

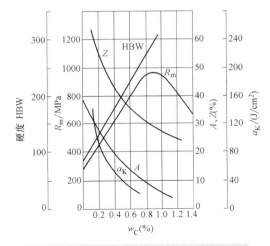

图 2-31 含碳量对碳钢力学性能的影响

5. 铁碳合金相图的应用

（1）在选材方面的应用 铁碳合金相图所表明的成分、组织与性能之间的关系，为合理选用钢铁材料提供了依据。例如，要求塑性、韧性好的各种型材和建筑用钢，应选用碳的质量分数低的低碳钢（$w_C = 0.12\% \sim 0.25\%$）；承受冲击载荷，并要求较高强度、塑性和韧性的机械零件，应选用碳的质量分数为 0.25% ~ 0.55% 的钢；要求硬度高、耐磨性好的各种工具，应选用碳的质量分数大于 0.55% 的钢；形状复杂、不受冲击且要求耐磨的铸件，应选用白口铸铁。

（2）在铸造方面的应用 根据铁碳相图可确定合金的浇注温度，浇注温度一般在液相线以上 50 ~ 100℃。由铁碳相图可知，共晶成分的合金熔点最低，结晶温度范围最小，故流动性好，分散缩孔少，偏析小，因而铸造性能最好。所以，在铸造生产中，共晶成分附近的铸铁得到了广泛的应用。常用铸钢碳的质量分数为 0.15% ~ 0.6%，在此范围的钢，其结晶温度范围较小，铸造性能较好。

（3）在锻造方面的应用 碳钢在室温时是由铁素体和渗碳体组成的复相组织，塑性较差，变形困难，当将其加热到单相奥氏体时，可获得良好的塑性，易于锻造成形。含碳量越低，其锻造性能越好。而白口铸铁无论是在低温还是在高温，组织中均有大量硬而脆的渗碳体，故不能铸造。

（4）在焊接方面的应用 焊接时从焊缝到母材各区域的加热温度是不同的，由铁碳相图可知，受不同加热温度的各区域在随后的冷却中可能会出现不同的组织与性能。这就需要在焊接后采用热处理方法加以改善。

（5）在热处理方面的应用 由于铁碳合金在加热或冷却过程中有相的变化，故钢和铸铁可通过不同的热处理来改善性能。根据铁碳相图可确定各种热处理操作的加热温度，这将在后续章节中详细介绍。

第四节 钢的热处理

金属材料在固态下进行加热、保温和冷却，以改变其内部组织，获得所需性能的一种方法称为热处理。

热处理的方法很多，根据其目的、加热和冷却方法的不同，可以分为普通热处理、表面热处理及其他热处理。普通热处理有退火、正火、淬火、回火；表面热处理有表面淬火（感应加热、火焰加热等）和化学热处理（渗碳、渗氮等）；其他热处理有真空热处理、变形热处理和激光热处理等。

热处理方法虽然很多，但都是由加热、保温和冷却三个阶段组成的。因此，要了解各种热处理工艺方法，必须首先研究加热（包括保温）和冷却过程中组织变化的规律。

一、钢在加热时的组织转变

加热是热处理的第一道工序，其目的是使钢奥氏体化。从 $Fe-Fe_3C$ 相图上可知，共析钢、亚共析钢和过共析钢分别被加热到 PSK 线、GS 线和 ES 线以上温度才能获得单相奥氏体组织。为了方便，常把 PSK 线称为 A_1 线，GS 线称为 A_3 线，ES 线称为 A_{cm} 线。在 $Fe-Fe_3C$ 相图中，A_1、A_3、A_{cm} 线称为平衡相变点，是在极其缓慢加热和缓慢冷却条件下得到的。而在实际生产中，加热和冷却并不是极其缓慢的，因此钢并不是在平衡相变点立即进行组织转变，都要滞后于平衡相变点，故实际加热时的相变点为 Ac_1、Ac_3、Ac_{cm}；实际冷却时的相变点为 Ar_1、Ar_3、Ar_{cm}，如图 2-32 所示。

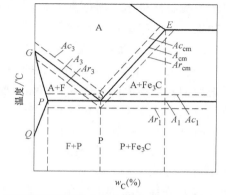

图 2-32　加热和冷却时相变温度的变化

任何成分的钢加热到 A_1 点以上时，都要发生珠光体向奥氏体转变过程（即奥氏体化）。下面以共析钢为例，来分析奥氏体化过程。

共析钢加热到 Ac_1 温度时，便会发生珠光体向奥氏体的转变。转变的过程遵从结晶的普遍规律。奥氏体的形成过程可分四个阶段，如图2-33所示。

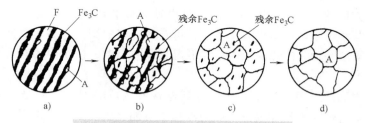

图 2-33　共析钢奥氏体形成过程示意图

a）A 晶核形成　b）A 晶核长大　c）残余 Fe_3C 溶解　d）A 均匀化

1. **奥氏体晶核的形成**

奥氏体的晶核优先形成于铁素体和渗碳体的相界面上，这是因为相界面上原子排列不规则，空位和位错密度高，成分不均匀，处于铁素体和渗碳体的中间值。

2. **奥氏体晶核的长大**

奥氏体晶核形成后逐渐长大。晶核的长大是依靠与其相邻的铁素体向奥氏体的转变和渗碳体的不断溶解来完成的。这样，奥氏体晶核就向渗碳体和铁素体两个方面长大。

3. 剩余渗碳体的溶解

由于渗碳体的晶体结构和含碳量与奥氏体有很大的差异，所以当铁素体全部消失后，仍有部分渗碳体尚未溶解，这部分渗碳体随着保温时间的延长，将逐渐溶入奥氏体中，直至完全消失为止。

4. 奥氏体成分的均匀化

当剩余渗碳体全部溶解后，奥氏体中的碳浓度仍然是不均匀的，在原渗碳体处比原铁素体处的含碳量要高一些。因此，需要继续延长保温时间，依靠碳原子的扩散，使奥氏体的成分逐渐趋于均匀。

亚共析钢和过共析钢的奥氏体形成过程与共析钢基本相似，不同的是亚共析钢需加热到 Ac_3 线以上和过共析钢需加热到 Ac_{cm} 以上时，才能获得单一的奥氏体组织，即完全奥氏体化，但对过共析钢而言，此时奥氏体晶粒已粗化。

二、钢在冷却时的组织转变

钢在加热时的奥氏体化，一般只是为随后的冷却转变做准备，钢的最终性能主要取决于奥氏体的冷却过程。钢经奥氏体化后的冷却速度不同，其转变产物在组织和性能上有很大差别。因此，工件欲获得预期的力学性能，必须采用相应的冷却方式和冷却速度。

在热处理生产中，常用的冷却方式有两种，即等温冷却和连续冷却，如图 2-34 所示。

钢在连续冷却或等温冷却时，由于冷却速度较快，其组织的转变均不能用 Fe-Fe$_3$C 相图分析。

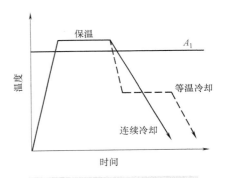

图 2-34　两种冷却方式示意图

奥氏体在 A_1 线以上是稳定相，当冷却到 A_1 线以下则是不稳定相，有发生转变的倾向。但过冷到 A_1 线以下的奥氏体并不立即发生转变，而需经过一段时间后才开始转变。这种在 A_1 线以下暂时存在的、处于不稳定状态的奥氏体称为过冷奥氏体。

1. 过冷奥氏体等温转变

（1）共析钢过冷奥氏体等温转变图的建立

1）将共析钢制成若干小圆形薄片试样，加热至奥氏体化后，分别迅速放入 A_1 点以下不同温度的恒温盐浴槽中进行等温转变。

2）分别测出在各温度下，过冷奥氏体转变开始时间、终止时间以及转变产物。

3）将其画在温度-时间坐标图上，并把各转变开始点和终止点分别用光滑曲线连接起来，便得到共析钢过冷奥氏体等温转变图，如图 2-35 所示。

（2）共析钢过冷奥氏体等温转变图的分析　如图 2-36 所示，左边的曲线为过冷奥氏

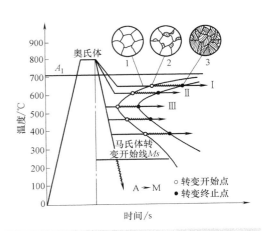

图 2-35　共析钢过冷奥氏体等温转变图的建立

体等温转变开始线，右边的曲线为等温转变终止线。在转变开始线的左方是过冷奥氏体区，在转变终止线的右方是转变产物区，两条曲线之间是转变区。在曲线下部有两条水平线，一条是马氏体转变开始线（用 Ms 表示），另一条是马氏体转变终止线（用 Mf 表示）。$Ms \sim Mf$ 线之间是马氏体和过冷奥氏体共存区，Mf 线以下是马氏体和残留奥氏体区。

由共析钢的等温转变图可以看出：

1）在 A_1 温度以上，奥氏体处于稳定状态。

2）在 $A_1 \sim Ms$ 温度之间，过冷奥氏体在各个温度下的等温转变并非瞬时就开始，而是经过一段"孕育期"（用转变开始线与纵坐标之间的距离表示）。孕育期越长，过冷奥氏体越稳定；反之，则不稳定。孕育期的长短随过冷度而变化，在靠近 A_1 线处，过冷度较小，孕育期较长。随着过冷度的增大，孕育期缩短，在 550℃ 时孕育期最短。此后，孕育期又随过冷度的增大而增大。孕育期最短处，即等温转变图的"鼻尖"处过冷奥氏体最不稳定，转变最快。

3）在 Ms 温度以下存在的奥氏体称为残留奥氏体（A'）。它是指工件淬火冷却至室温后残存的奥氏体。

（3）共析钢过冷奥氏体等温转变产物的组织和性能

1）珠光体型转变。转变温度为 $A_1 \sim$ 550℃。过冷奥氏体向珠光体的转变是扩散型相变，要发生铁、碳原子扩散和晶核改组，其转变过程也是通过形核和核长大完成的。

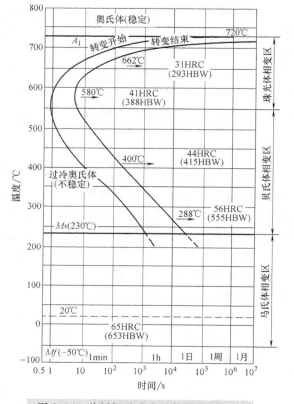

图 2-36　共析钢过冷奥氏体等温转变图

珠光体中的铁素体和渗碳体片层间距与过冷度大小有关。

① 在 $A_1 \sim 650℃$ 范围内，由于过冷度较小，故得到片层间距较大的珠光体，在 500 倍的光学显微镜下就能分辨出片层形态。

② 在 $650 \sim 600℃$ 范围内，因过冷度增大，转变速度加快，故得到片层间距较小的细珠光体，称为索氏体，用符号 S 表示，只有在 800 ~ 1000 倍光学显微镜下才能分辨出片层形态。

③ 在 $600 \sim 550℃$ 范围内，因过冷度更大，转变速度更快，故得到片层间距更小的极细珠光体，称为托氏体，用符号 T 表示，只有在电子显微镜下才能分辨清片层形态。

这三种组织没有本质区别，也没有严格的界限。只是珠光体片层间距越小，强度、硬度越高，塑性、韧性也有所提高。

2）贝氏体型转变。转变温度为 $550℃ \sim Ms$。过冷奥氏体在此温度区间转变为贝氏体，用符号 B 表示。贝氏体是由过饱和 α-Fe 固溶体和碳化物组成的复相组织。由于转变时过冷度较大，只有碳原子扩散，铁原子不扩散，因此过冷奥氏体向贝氏体的转变是半扩散型相变。

按贝氏体转变温度和组织形态不同，可分为上贝氏体（$B_\pm$）和下贝氏体（$B_\mp$）两种。

① 上贝氏体形成温度范围为 $550 \sim 350℃$，其显微组织特征呈羽毛状，它是由成束的铁素体条和断续分布在条间的短小渗碳体组成的，如图 2-37 所示。

② 下贝氏体形成温度范围为 $350℃ \sim Ms$，其显微组织特征是黑色针状，它是由针叶状铁素体和分布在针叶内的细小渗碳体粒子组成的，如图 2-38 所示。

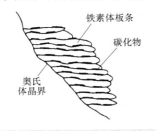

图 2-37　上贝氏体组织示意图

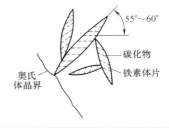

图 2-38　下贝氏体组织示意图

贝氏体的性能与其形态有关。由于上贝氏体中，碳化物分布在铁素体片层间，脆性大，故基本上无实用价值。下贝氏体中，铁素体片细小，且无方向性，碳的过饱和度大，碳化物分布均匀，弥散度大，故具有较高的强度、硬度、塑性和韧性相配合的优良力学性能。生产中常采用贝氏体等温淬火获得下贝氏体。

3）马氏体型转变。过冷奥氏体在 Ms 点以下转变为马氏体组织，由于这种转变是在连续冷却过程中进行的，因此，将在过冷奥氏体连续冷却转变中介绍。

2. 过冷奥氏体的连续冷却转变

（1）等温转变图在连续冷却转变中的应用　由于连续冷却转变曲线测定比较困难，而目前等温转变图的资料又比较多。因此，生产中，常用等温转变图来定性地、近似地分析同一种钢在冷却时的转变过程。

以共析钢为例，将连续冷却速度线画在等温转变图上，根据与等温转变图相交的位置，可估计出连续冷却转变的产物，如图 2-39 所示。

1）v_1 相当于炉冷，根据它与等温转变图相交的位置，可估计出连续冷却后转变为珠光体，硬度 170～220HBW。

2）v_2 相当于空冷，可估计出转变产

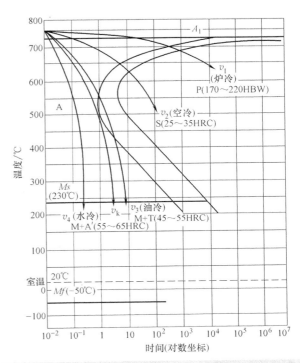

图 2-39　在共析钢等温转变图上估计连续冷却转变产物

物为索氏体，硬度25~35HRC。

3）v_3相当于油冷，它只与等温转变图转变开始线相交于550℃左右处，未与转变终止线相交，并通过Ms点，这表明只有一部分过冷奥氏体转变为托氏体，剩余的过冷奥氏体到Ms点以下转变为马氏体，最后得到托氏体和马氏体及残留奥氏体的复相组织，硬度45~55HRC。

4）v_4相当于水冷，它不与等温转变图相交，直接通过Ms点，转变为马氏体，得到马氏体和残留奥氏体，硬度55~65HRC。

5）v_k为临界冷却速度，它与等温转变图鼻尖相切，是获得全部马氏体组织的最小冷却速度。

（2）马氏体转变 当冷却速度大于v_k时，奥氏体很快被冷却到Ms点以下，发生马氏体转变。由于过冷度很大，铁、碳原子均不能扩散，只有依靠铁原子的移动完成γ-Fe向α-Fe的晶格改组，但原来固溶于奥氏体中的碳仍全部保留在α-Fe中，这种由过冷奥氏体直接转变为碳在α-Fe中的过饱和固溶体，称为马氏体，用符号M表示。

1）马氏体的组织形态。

① 片状马氏体。奥氏体中$w_C > 1.0\%$时，马氏体呈凸透镜状，称片状马氏体，又称高碳马氏体，观察金相磨片其断面呈针状。片状马氏体的性能特点是硬度高而脆性大，如图2-40a所示。

② 板条马氏体。奥氏体中$w_C < 0.25\%$时，马氏体呈板条状，故称板条马氏体，又称低碳马氏体，板条马氏体的性能特点是具有良好的强度及较好的韧性，如图2-40b所示。

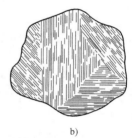

a)   b)

图2-40 马氏体的显微组织

a）片状马氏体 b）板条马氏体

2）马氏体的性能。马氏体的硬度和强度主要取决于马氏体的含碳量。马氏体的硬度和强度随着马氏体含碳量的增加而升高，但当马氏体的$w_C > 0.6\%$后，硬度和强度提高得并不明显。马氏体的塑性和韧性也与其含碳量有关。片状马氏体的塑性和韧性差，而板条状低碳马氏体的塑性和韧性好。

3）马氏体转变的特点。

① 在一定温度范围内（$Ms \sim Mf$）连续冷却中进行，马氏体的数量随转变温度的下降而不断增多，如果冷却在中途停止，则转变也基本停止。

② 马氏体转变速度极快。

③ 由于转变温度低，故转变时没有铁、碳原子的扩散。

④ 马氏体转变时体积发生膨胀，因而产生很大的内应力。

⑤ 马氏体转变不能进行到底，即使过冷到Mf以下温度，仍有一定量的奥氏体存在，这部分奥氏体称为残留奥氏体。

三、钢的普通热处理

根据加热及冷却的方法不同，获得金属材料的组织及性能也不同。普通热处理可分为退火、正火、淬火和回火四种。普通热处理是钢制零件制造过程中非常重要的工序。

1. 退火

（1）退火工艺及其目的　退火是将工件加热到适当温度，保温一定时间，然后缓慢冷却，实际生产中常采取随炉冷却的方式。

退火的主要目的是降低硬度，改善钢的成形性能和切削加工性能；均匀钢的化学成分和组织；消除内应力。

（2）常用退火方法　根据热处理的目的和要求的不同，钢的退火可分为完全退火、球化退火和去应力退火等。常用退火方法的工艺、目的及应用见表2-4。

表 2-4　常用退火方法的工艺、目的与应用

退火方法	工　艺	目　的	应　用
完全退火	将钢加热至 Ac_3 以上 $30\sim50℃$，保温一定时间，炉冷至室温（或炉冷至600℃以下，出炉空冷）	细化晶粒，消除过热组织，降低硬度和改善切削加工性能	主要用于亚共析钢的铸、锻件，有时也用于焊接结构
球化退火	将钢加热至 Ac_1 以上 $20\sim40℃$，保温一定时间，炉冷至室温，或快速冷至略低于 Ar_1 温度，保温后出炉空冷，使钢中碳化物球状化	使钢中的渗碳体球状化，以降低钢的硬度，改善切削加工性，并为以后的热处理做好组织准备。若钢的原始组织中有严重的渗碳体网，则在球化退火前应进行正火消除，以保证球化退火效果	主要用于共析钢和过共析钢
均匀化退火	将钢加热至略低于固相线温度（Ac_3 或 Ac_{cm} 以上 $150\sim300℃$），长时间保温（$10\sim15h$），随炉冷却	使钢的化学成分和组织均匀化	主要用于质量要求高的合金铸锭、铸件或锻坯
去应力退火（低温退火）	将钢加热至 Ac_1 以下某一温度（一般约为 $500\sim600℃$），保温一段时间，然后炉冷至室温	为了消除残留应力	主要用于消除铸、锻、焊接件、冲压件以及机加工件中的残留应力
再结晶退火	将钢加热至再结晶温度以上 $100\sim200℃$，保温一定时间，然后随炉冷却	为了消除冷变形强化，改善塑性	主要用于经冷变形的钢

2. 正火

（1）正火工艺及其目的　正火是将钢加热到 Ac_3（或 Ac_{cm}）以上 $30\sim50℃$，保温一定时间，出炉后在空气中冷却。对于含有 V、Ti、Nb 等碳化物形成元素的合金钢，可采用更高的加热温度（Ac_3 以上 $100\sim150℃$）。为了消除过共析钢的网状碳化物，也可适当提高加热温度，让碳化物充分溶解。其主要目的是：

1）对力学性能要求不高的结构、零件，可将正火作为最终热处理，以提高其强度、硬度和韧性。

2）对低、中碳钢，可将正火作为预备热处理，以调整硬度，改善切削加工性。

3）对于过共析钢，正火可抑制渗碳体网的形成，为球化退火做好组织准备。

（2）退火与正火的选用　正火与退火的主要差别是，前者冷却速度较快，得到的组织比较细小，强度和硬度也稍高一些。常用退火、正火的加热温度范围和工艺曲线如图2-41

所示。

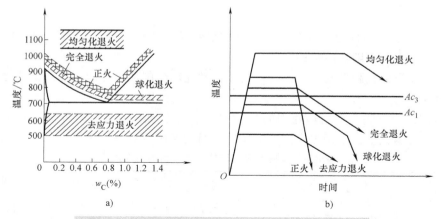

图 2-41 常用退火、正火的加热温度范围和工艺曲线

a）加热温度范围 b）热处理工艺曲线

1）从改善钢的切削加工性能方面考虑。一般认为，钢的硬度在 170~230HBW 时具有良好的切削加工性能。

碳的质量分数低于 0.25% 的碳素钢和低合金钢，退火后硬度偏低，切削加工时易于"粘刀"，如采用正火处理，则可适当提高硬度，改善钢的切削加工性能。

碳的质量分数为 0.25%~0.5% 的中碳钢也可用正火代替退火，虽然接近上限碳量的中碳钢正火后硬度偏高，但尚能进行切削加工，而且正火成本低、生产率高。

碳的质量分数为 0.5%~0.75% 的钢，因含碳量较高，正火后的硬度显著高于退火的情况，难以进行切削加工，故一般采用完全退火，降低硬度，改善切削加工性。

碳的质量分数为 0.75% 以上的高碳钢或工具钢一般均采用球化退火作为预备热处理。如有网状二次渗碳体存在，则应先进行正火消除。

2）从使用性能方面考虑。一些受力不大的工件，力学性能要求不高，可用正火作为最终热处理，对某些大型或形状复杂的零件，当淬火有开裂的危险时，可用正火代替淬火、回火处理。

3）从经济性方面考虑。由于正火比退火生产周期短，操作简便，工艺成本低。因此，在满足钢的使用性能和工艺性能的前提下，应尽可能用正火代替退火。

3. 淬火

淬火是将钢件加热到奥氏体化后以适当方式冷却，获得马氏体或（和）贝氏体组织的热处理方法。淬火可以显著提高钢的强度和硬度，是赋予钢件最终性能的关键性工序。

（1）淬火工艺

1）淬火加热温度。钢的淬火加热温度可按 Fe-Fe$_3$C 相图来选定，图 2-42 中阴影线所示为碳

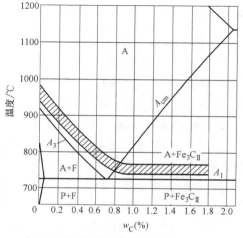

图 2-42 碳钢的淬火加热温度范围

钢的淬火加热温度范围。

① 亚共析钢。亚共析钢淬火加热温度一般在 Ac_3 以上 30～50℃，得到单一细晶粒的奥氏体，淬火后为均匀细小的马氏体和少量残留奥氏体。若加热温度在 $Ac_1 \sim Ac_3$ 之间，淬火后组织为铁素体、马氏体和少量残留奥氏体，由于铁素体的存在，钢的硬度降低。若加热温度超过 Ac_3 以上 30～50℃，奥氏体晶粒粗化，淬火后得到粗大的马氏体，钢的性能变差，且淬火应力增大，易导致变形和开裂。

② 共析钢和过共析钢。共析钢和过共析钢的淬火温度为 Ac_1 以上 30～50℃，淬火后得到细小的马氏体和少量残留奥氏体，或细小的马氏体、少量渗碳体和残留奥氏体。由于渗碳体的存在，钢的硬度和耐磨性提高。若加热温度在 Ac_{cm} 以上，由于渗碳体完全溶于奥氏体，奥氏体含碳量提高，淬火后残留奥氏体量增多，钢的硬度和耐磨性降低。此外，因温度高，奥氏体晶粒粗化，淬火后得到粗大的马氏体，脆性增大。若加热温度低于 Ac_1 点，组织没发生相变，达不到淬火目的。

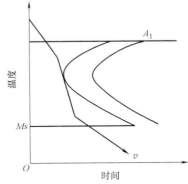

图 2-43　理想淬火冷却速度曲线

2）淬火冷却介质。工件进行淬火冷却所用的介质称为冷却介质。为保证工件淬火后得到马氏体，又要减小变形和防止开裂，必须正确选用冷却介质。由等温转变图可知，理想的淬火冷却介质应保证：650℃以上由于过冷奥氏体比较稳定，因此冷却速度可慢些，以减少工件内外温差引起热应力，防止变形；650～400℃范围内，由于过冷奥氏体很不稳定，只有冷却速度大于马氏体临界冷却速度，才能保证过冷奥氏体在此区间不形成珠光体；300～200℃范围内应缓冷，以减少热应力和相变应力，防止产生变形和开裂。理想的淬火冷却速度如图 2-43 所示。生产中，常用的冷却介质有水、油、碱或盐水溶液等，表 2-5 列出了常用的几种冷却介质的比较。

表 2-5　常用的几种冷却介质的比较

冷却介质	水	油	食盐水溶液	碱水溶液
优点	水价廉易得，且具有较强的冷却能力。使用安全，无燃烧、腐蚀等危险	在 300～200℃ 温度范围内，冷却速度远小于水，这对减少淬火工件的变形与开裂是很有利的	冷却能力提高到约为水的 10 倍，而且最大冷却速度所在温度正好处于 650～400℃ 温度范围内	在 650～400℃ 温度范围内，冷却速度比食盐水溶液还大，而在 300～200℃ 温度范围内，冷却速度比食盐水溶液稍低
缺点	在 650～400℃ 范围内需要快冷时，水的冷却速度相对比较小；300～200℃ 范围内需要慢冷时，其冷却速度又相对较大	在 650～400℃ 温度范围内，冷却速度比水小得多	在 300～200℃ 温度范围内的冷却速度过大，使淬火工件中相变应力增大，而且食盐水溶液对工件有一定的锈蚀作用，淬火后工件必须清洗干净	腐蚀性大
应用	主要用于碳素钢	主要用于合金钢	主要用于形状简单而尺寸较大的低、中碳钢零件	主要用于易产生淬火裂纹的零件

目前，一些冷却特性接近于理想淬火冷却介质的新型淬火冷却介质，如水玻璃-碱水溶液、过饱和硝盐水溶液、氧化锌-碱水溶液和合成淬火冷却介质等已被广泛使用。

（2）常用淬火方法

1）单液淬火法。单液淬火法是将钢件加热至淬火温度，保温适当时间，投入一种淬火冷却介质中连续冷却至室温。如图2-44中的曲线①所示。

其特点是操作简单，易于实现机械化和自动化。但也有不足之处，即易产生淬火缺陷。水中淬火易产生变形和裂纹，油中淬火易产生硬度不足或硬度不均匀等现象。

这种淬火方法适用于形状简单的碳素钢和合金钢工件。形状简单、尺寸较大的碳素钢工件多采用水淬，而小尺寸碳素钢件和合金钢件一般用油淬。

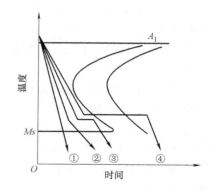

图 2-44 常用淬火方法示意图

2）双液淬火法（双介质淬火法）。双液淬火是将钢件加热到奥氏体化后，先浸入冷却能力强的介质中，在组织即将发生马氏体转变时立即转入冷却能力弱的介质中冷却的淬火方法。如先水后油，先水后空气等，如图2-44中的曲线②所示。

这种淬火方法能把两种不同冷却能力介质的长处结合起来，既保证获得马氏体组织，又减小了淬火应力，防止工件的变形与开裂。但难以控制工件由第一种介质转入第二种介质时的温度。

这种淬火方法主要用于中等复杂形状的高碳钢零件和尺寸较大的合金钢零件。

3）马氏体分级淬火法。马氏体分级淬火法是将钢件加热到奥氏体化后，浸入温度稍高于或稍低于 Ms 点的碱浴或盐浴中保持适当时间，在工件整体达到介质温度后取出空冷以获得马氏体的淬火，如图2-44中的曲线③所示。

这种淬火方法能有效地避免变形和裂纹的产生，而且比双介质淬火易于操作。但碱浴或盐浴的冷却能力较小，容易使过冷奥氏体稳定性较小的钢，在分级过程中形成珠光体。

这种淬火方法主要用于形状较复杂、尺寸较小的工件。

4）贝氏体等温淬火法。贝氏体等温淬火法是将钢件加热到奥氏体化后，浸入稍高于 Ms 点温度的盐浴中等温保持足够长时间，使奥氏体转变为下贝氏体组织，然后在空气中冷却的淬火方法，如图2-44中的曲线④所示。

这种淬火方法产生的淬火内应力很小，工件不易发生变形和开裂。同时所得到的下贝氏体组织又具有良好的综合力学性能，其强度、硬度、韧性和耐磨性都较高。一般情况下，等温淬火后可不再进行回火处理。但此法淬火生产周期长，效率低。

这种淬火方法主要用于形状复杂，尺寸要求精确，并要求有较高强度、韧性的小型工模件及弹簧。

4. 回火

（1）回火工艺 回火是将钢件淬硬后，再加热到 Ac_1 以下某一温度，保温后冷却至室温的热处理。回火一般在淬火后随即进行。淬火与回火常作为零件的最终热处理。

（2）回火目的

1）减小和消除淬火时产生的应力和脆性，防止和减小工件变形与开裂，获得稳定组织，保证工件在使用中形状和尺寸不发生改变。

2）获得工件所要求的使用性能。

（3）回火种类及其应用　按回火温度不同，回火分为以下三种：

1）低温回火（150~250℃）。回火后组织为回火马氏体。其目的是减小淬火应力和脆性，保持淬火后的高硬度（58~64HRC）和耐磨性。主要用于处理量具、刃具、模具、滚动轴承以及渗碳、表面淬火的零件。

2）中温回火（350~500℃）。回火后组织为回火托氏体。其目的是获得高的弹性极限、屈服强度和较好的韧性。硬度一般为 35~50HRC。主要用于处理各种弹簧、锻模等。

3）高温回火（500~650℃）。钢件淬火并高温回火的复合热处理方法称为调质。调质后的组织为回火索氏体，硬度一般为 200~350HBW。其目的是获得强度、塑性、韧性都较好的综合力学性能。广泛用于各种重要结构件（如轴、齿轮、连杆和螺栓等），也可作为某些精密零件的预备热处理。

四、钢的表面热处理

如齿轮、轴等这类承受弯扭交变应力及冲击载荷的零件，其表面的应力高于内部应力，并且还要承受磨损破坏，因此要求这类零件表面具有高的强度、硬度、耐磨性和抗疲劳性，而心部又要具有足够的塑性和韧性。这就需要进行表面热处理。表面热处理分为表面淬火热处理和化学热处理两种。

1. 钢的表面淬火

表面淬火是通过快速加热钢件表层达到淬火温度，不等热量传至内部就立即淬火冷却，从而使表层获得高硬度、高耐磨性的马氏体组织，而内部仍保持原始的组织状态及性能的热处理方法。为保证表层及内部的组织与性能，表面淬火钢一般取碳的质量分数为 0.4%~0.5% 的钢材为宜。

根据加热方法不同，表面淬火方法有感应淬火、火焰淬火及激光淬火等。最常用的是感应淬火。

（1）感应加热的基本原理　如图 2-45 所示，将工件放入铜管制成的感应器（线圈）中，感应器通入一定频率的交流电，以产生交变磁场，于是在工件内产生同频率的感应电流，并自成回路，故称"涡流"。"涡流"在工件截面上分布不均匀，表面密度大，内部密度小。电流频率越高，"涡流"集中的表面层越薄，称此现象为"趋肤效应"。由于工件本身有电阻，因而集中于工件表层的涡流，可使表层迅速被加热到淬火温度，而心部仍接近于室温，在随即喷水快冷后，工件表层被淬硬，达到表面淬火目的。

（2）感应淬火的特点

1）感应淬火加热速度极快（一般只需几秒~几十秒），加热温度高（高频感应淬火为 Ac_3 以上100~200℃）。

2）奥氏体晶粒均匀细小，淬火后可在工件表面获得极细马氏体，硬度比普通淬火高 2~3HRC，且脆性低。

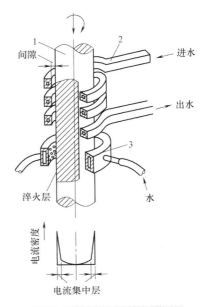

图 2-45　感应淬火示意图

1—工件　2—感应器　3—喷水套

3）因马氏体体积膨胀，工件表层产生残留压应力，疲劳强度提高 20%~30%。

4）工件表层不易氧化和脱碳，变形小，淬硬层深度易控制。

5）易实现机械化和自动化，生产率高。

6）设备较贵，维修调整较困难，对形状复杂的零件不易制造感应器，不适于单件生产。

感应淬火最适宜的钢种是中碳钢（如 40 钢、45 钢）和中碳合金钢（如 40Cr 钢等），也可用于高碳工具钢、含合金元素较少的合金工具钢及铸铁等。

一般表面淬火前应对工件正火或调质，以保证心部有良好的力学性能，并为表层加热做好组织准备。表面淬火后应进行低温回火，以降低淬火应力和脆性。

2. 钢的表面化学热处理

化学热处理是将工件置于一定的活性介质中，通过适当的手段，使一种或几种元素渗入工件表面，以改变表面化学成分、组织和性能的一种热处理方法。

无论是哪一种化学热处理，活性原子渗入工件表层都是由以下三个基本过程组成的。

1）分解。由化学介质分解出能够渗入工件表层的活性原子。

2）吸收。活性原子由钢的表面进入铁的晶格中形成固溶体，甚至可能形成化合物。

3）扩散。渗入的活性原子由表面向内部扩散，形成一定厚度的扩散层。

目前常用的化学热处理方法有：渗碳、渗氮和碳氮共渗等。

（1）钢的渗碳

1）工艺及目的。渗碳是将工件置于富碳的介质中，向钢表层渗入碳原子，从而使表面获得一定深度的高含碳层，然后再进行淬火、回火的热处理方法。其目的是使增碳的表面层经淬火和低温回火后，获得更高的硬度、耐磨性和疲劳强度。

2）渗碳用钢。为保证渗碳后表面具有高硬度和耐磨性，心部具有良好的韧性，渗碳用钢一般是碳的质量分数为 0.1%~0.25% 的低碳钢或低碳合金钢，如 20 钢、20Cr 钢、20CrMnTi 钢等。

3）渗碳方法。根据渗剂的不同，渗碳方法有固体渗碳、气体渗碳和液体渗碳。其中气体渗碳的应用最为广泛。

4）渗碳后热处理。工件渗碳后必须进行淬火和低温回火。

（2）钢的渗氮

1）工艺及目的。渗氮是将工件在一定的工艺条件下，将活性氮原子渗入表层，使表面产生一层坚硬的稳定的氮化物的热处理方法。其目的是提高工件表面硬度、耐磨性、疲劳强度、热硬性和耐蚀性。

2）渗氮用钢。为了保证渗氮后工件表层具有高的硬度和耐磨性，心部具有足够的强度和韧性，用于渗氮的钢必须含有铝、钒、钨、钼、铬、锰等易形成氮化物和提高淬透性的合金元素。常用的渗氮用钢有 38CrMoAl 钢、35CrMo 钢等。渗氮层深度一般不超过 0.60~0.70mm。

3）渗氮方法。常用的渗氮方法主要有气体渗氮、液体渗氮及离子渗氮等。目前广泛应用的渗氮方法是气体渗氮，它是在可提供活性氮原子的气体中进行的渗氮。渗氮温度一般为 500~560℃，渗氮时间一般为 30~50h，常用的渗氮介质是氨气（NH_3）。氨气在 450℃ 以上温度时与铁接触后即发生分解：

$$2NH_3 \rightarrow 3H_2 + 2[N]$$

活性氮原子被工件表面吸附后，首先形成氮在 α-Fe 中的固溶体，当含氮量超过 α-Fe 的溶解度时，便形成氮化物 Fe_4N 和 Fe_2N。氮和许多合金元素都能形成氮化物，如 CrN、Mo_2N、AlN 等，这些弥散的合金氮化物具有高的硬度和耐磨性，同时具有高的耐蚀性。

4）渗氮的特点及应用。气体渗氮的特点有以下几点。

① 与渗碳相比，渗氮工件的表面硬度较高，可达 1000~1200HV（相当于 69~72HRC）。

② 渗氮温度较低，并且渗氮件一般不再进行其他热处理，因此工件变形很小。

③ 渗氮后工件的疲劳强度可提高 25%~35%。

④ 渗氮层具有高耐蚀性，这是由于氮化层是由致密的、耐腐蚀的氮化物所组成的，能有效地防止某些介质（如水、碱性溶液等）的腐蚀作用。

渗氮虽有上述特点，但由于其工艺复杂，生产周期长，成本高，氮化层薄而脆，不宜承受集中的重载荷，并需要专用的渗氮用钢。所以只用于要求高耐磨性和高精度的零件，如精密机床的丝杠、镗床主轴和重要的阀门等。

第五节　常用金属材料

工业上常用的金属材料分为钢铁材料和非铁金属材料两大类。钢铁材料是指钢和铸铁，非铁金属材料则包括除钢铁以外的金属及其合金。

一、碳素钢

碳素钢是指 $w_C \leq 2.11\%$，并含少量硅、锰、磷、硫等杂质元素的铁碳合金。碳素钢具有一定的力学性能和良好的工艺性能，且价格低廉，在工业中广泛应用。

1. 钢中杂质对其性能的影响

钢中的杂质元素对钢材的性能影响很大，下面简述四种主要元素对钢的影响。

（1）硫的影响　硫在钢中是有害杂质。硫不溶于铁，而以化合物 FeS 形式存在，FeS 与 Fe 形成低熔点（985℃）的共晶物，分布在晶界上，当钢材在 1000~1200℃下进行压力加工时，使共晶体熔化，变脆开裂，这种现象称为热脆。所以钢中的硫必须严格控制。钢中加锰，可消除硫的有害作用，因 Mn 与 S 能形成 MnS，熔点达 1620℃，高温下塑性好的 MnS 呈点状分布，避免热脆的影响。

（2）磷的影响　磷也是一种有害杂质，它部分溶于铁素体中，部分形成脆性很大的化合物 Fe_3P，使室温下钢的塑性、韧性急剧下降。这种脆化现象在低温时尤为严重，故称为冷脆。磷使钢的焊接性能变坏。虽然磷在改善可加工性及耐蚀性方面对钢有好处，但相对于明显的不利方面，一般钢中都需严格控制磷的含量。

（3）锰的影响　锰在钢中是有益元素。碳钢中锰的质量分数通常在 0.25%~0.8%，在含锰合金钢中，一般控制在 1.0%~1.2%。锰除了脱氧，清除钢中的 FeO 产生的影响外，锰大部分溶于铁素体中，形成置换固溶体，使铁素体强化。锰能增加珠光体相对量并细化它，使钢的强度提高；锰也能与硫化合生成高熔点的硫化锰（MnS），以减轻硫的有害作用。

（4）硅的影响　硅在钢中也是一种有益元素。它一般是用硅铁脱氧而残留在钢中的，与锰一样，能溶于铁素体，使钢的强度、硬度提高，塑性、韧性降低。当硅在钢中作为杂质元素时，它的质量分数应控制在 0.5% 以下。

另外，氧、氢等对钢的性能带来不利影响，是有害杂质。

2. 碳素钢的分类及牌号

碳素钢的种类很多，常按以下方法分类。

（1）按钢中碳的质量分数分类

低碳钢（$0.0218\% < w_C \leq 0.25\%$）；

中碳钢（$0.25\% < w_C \leq 0.60\%$）；

高碳钢（$0.60\% < w_C \leq 2.11\%$）。

（2）按钢的主要质量等级分类

普通质量碳素钢（$w_S \leq 0.050\%$，$w_P \leq 0.045\%$）；

优质碳素钢（$w_S \leq 0.035\%$，$w_P \leq 0.035\%$）；

特殊质量碳素钢（$w_S \leq 0.020\%$，$w_P \leq 0.020\%$）。

（3）按钢的用途分类

1）碳素结构钢：主要用于制造机械零件和工程构件，一般属于低、中碳钢。

2）碳素工具钢：主要用于制造量具、刃具和模具，一般属于高碳钢。

此外，按冶炼方法的不同，可分为转炉钢和电炉钢；按冶炼时脱氧程度的不同，可分为沸腾钢、镇静钢、半镇静钢和特殊镇静钢等。

生产中，常用的碳素钢类别、牌号表示方法见表2-6。

表2-6 常用的碳素钢类别、牌号表示方法

分 类	编号方法	
	举 例	说 明
普通碳素结构钢	Q235AF	"Q"为"屈"字的汉语拼音首字母,后面的数字为屈服强度(MPa)。A、B、C、D表示质量等级,从左至右质量依次提高。F、Z、TZ 依次表示沸腾钢、镇静钢和特殊镇静钢。Q235AF 表示屈服强度为 235MPa,质量为 A 级的沸腾钢
优质碳素结构钢	45 40Mn	两位数字表示钢的平均碳的质量分数的万分数。如钢号 45 表示平均碳的质量分数为 0.45% 的优质碳素结构钢。化学元素符号 Mn 表示钢的含锰量较高
碳素工具钢	T8 T8A	"T"为"碳"字的汉语拼音首字母,后面的数字表示钢的平均碳的质量分数的千分数。如 T8A 表示平均碳的质量分数为 0.8% 的碳素工具钢。"A"表示高级优质
铸钢	ZG200-400	"ZG"代表铸钢,其后面第一组数字为屈服强度(MPa);第二组数字为抗拉强度(MPa)。如 ZG200-400 表示屈服强度为 200MPa,抗拉强度为 400MPa 的铸钢

3. 碳素钢的种类、性能和应用

（1）普通碳素结构钢 普通碳素结构钢中硫、磷等杂质含量较多，质量较差，但价格便宜，并具有一定的力学性能，常用作性能要求不高、不需做热处理的机械零件和结构件，是碳素钢中用量最大的一类。

常用普通碳素结构钢的牌号和化学成分见表2-7，普通碳素结构钢的力学性能和应用见表2-8。

（2）优质碳素结构钢 这类钢中硫、磷含量较低，质量较好，含碳量波动较小，性能较稳定，并可通过热处理进行强化，常用来制造比较重要的机械零件。

常用优质碳素结构钢的牌号、成分、性能和应用见表2-9。

表 2-7　常用普通碳素结构钢的牌号和化学成分（摘自 GB/T 700—2006）

牌号	统一数字代号①	等级	厚度（或直径）/mm	脱氧方法	化学成分（质量分数）(%)，不大于				
					C	Si	Mn	P	S
Q195	U11952	—	—	F、Z	0.12	0.30	0.50	0.035	0.040
Q215	U12152	A		F、Z	0.15	0.35	1.20	0.045	0.050
	U12155	B							0.045
Q235	U12352	A		F、Z	0.22	0.35	1.40	0.045	0.050
	U12355	B			0.20②				0.045
	U12358	C		Z	0.17			0.040	0.040
	U12359	D		TZ				0.035	0.035
Q275	U12752	A		F、Z	0.24	0.35	1.50	0.045	0.050
	U12755	B	≤40	Z	0.21			0.045	0.045
			>40		0.22				
	U12758	C		Z	0.20			0.040	0.040
	U12759	D		TZ				0.035	0.035

① 表中镇静钢、特殊镇静钢牌号的统一数字，沸腾钢牌号的统一数字代号如下：
　Q195F——U11950；
　Q215AF——U12150，Q215BF——U12153；
　Q235AF——U12350，Q235BF——U12353；
　Q275AF——U12750。
② 经需方同意，Q235B 中碳的质量分数可不大于 0.22%。

表 2-8　普通碳素结构钢的力学性能和应用（摘自 GB/T 700—2006）

牌号	等级	屈服强度① R_{eL}/(N/mm²)，不小于						抗拉强度② R_m/(N/mm²)	断后伸长率 A (%)，不小于					冲击试验（V 型缺口）		应用举例
		厚度（或直径）/mm							厚度（或直径）/mm					温度/℃	冲击吸收功（纵向）/J，不小于	
		≤16	>16~40	>40~60	>60~100	>100~150	>150~200		≤40	>40~60	>60~100	>100~150	>150~200			
Q195	—	195	185	—	—	—	—	315~430	33	—	—	—	—	—	—	用于制造受力不大的零件,如螺钉、螺母、垫圈等,焊接件、冲压件及桥梁建设等金属结构件
Q215	A	215	205	195	185	175	165	335~450	31	30	29	27	26	—	—	
	B													+20	27	
Q235	A	235	225	215	215	195	185	370~500	26	25	24	22	21	—	—	
	B													+20	27③	
	C													0		
	D													−20		
Q275	A	275	265	255	245	225	215	410~540	22	21	20	18	17	—	—	用于制造承受中等载荷的零件,如小轴、销子、连杆和农机零件等
	B													+20	27	
	C													0		
	D													−20		

① Q195 的屈服强度值仅供参考，不作为交货条件。
② 厚度大于 100mm 的钢材，抗拉强度下限允许降低 20N/mm²。宽带钢（包括剪切钢板）抗拉强度上限不作为交货条件。
③ 厚度小于 25mm 的 Q235B 级钢材，如供方能保证冲击吸收功值合格，经需方同意，可不做检验。

表 2-9　常用优质碳素结构钢的牌号、成分、性能和应用

牌号	化学成分（质量分数，%）						力学性能			应用举例
	C	Si	Mn	Cr	Ni	Cu	R_m/MPa	R_{eL}/MPa	A/%	
				≤			≤			
08	0.05~0.11	0.17~0.37	0.35~0.65	0.10	0.30	0.25	325	195	33	冷塑性变形能力和焊接性好,常用来制造受力不大,韧性要求高的冲压件和焊接件,如螺钉、螺母和杠杆等。经渗碳等热处理后,用来制造承受冲击载荷的零件,如齿轮、凸轮和销等
10	0.07~0.13	0.17~0.37	0.35~0.65	0.15	0.30	0.25	335	205	31	
15	0.12~0.18	0.17~0.37	0.35~0.65	0.25	0.30	0.25	375	225	27	
20	0.17~0.23	0.17~0.37	0.35~0.65	0.25	0.30	0.25	410	245	25	
25	0.22~0.29	0.17~0.37	0.50~0.80	0.25	0.30	0.25	450	275	23	
30	0.27~0.34	0.17~0.37	0.50~0.80	0.25	0.30	0.25	490	295	21	
35	0.32~0.39	0.17~0.37	0.50~0.80	0.25	0.30	0.25	530	315	20	经调质处理,可获得良好的综合力学性能,主要用来制造齿轮、连杆、轴类和套筒等零件
40	0.37~0.44	0.17~0.37	0.50~0.80	0.25	0.30	0.25	570	335	19	
45	0.42~0.50	0.17~0.37	0.50~0.80	0.25	0.30	0.25	600	355	16	
50	0.47~0.55	0.17~0.37	0.50~0.80	0.25	0.30	0.25	630	375	14	
55	0.52~0.60	0.17~0.37	0.50~0.80	0.25	0.30	0.25	645	380	13	
60	0.57~0.65	0.17~0.37	0.50~0.80	0.25	0.30	0.25	675	400	12	经热处理后,可获得较高的弹性极限、足够的韧性和一定的强度,用于弹性零件和易磨损的零件,如弹簧、轧辊等
50Mn	0.48~0.56	0.17~0.37	0.70~1.00	0.25	0.30	0.25	645	390	13	
65Mn	0.62~0.70	0.17~0.37	0.90~1.20	0.25	0.30	0.25	735	430	9	
70Mn	0.67~0.75	0.17~0.37	0.90~1.20	0.25	0.30	0.25	785	450	8	

（3）碳素工具钢　这类钢中碳的质量分数较高,一般为 0.65%~1.35%,经适当热处理后,具有高强度、高硬度及高耐磨性,常用来制造各种工具（刃具、量具和模具）。

常用碳素工具钢的牌号、成分、性能和应用见表 2-10。

表 2-10　常用碳素工具钢的牌号、成分、性能和应用

牌号	化学成分(质量分数,%)			硬度			用途举例
				退火后	试样淬火		
	C	Mn	Si	HBW,不大于	淬火温度/℃和冷却剂	HRC,不小于	
T7 T7A	0.65~0.74	≤0.40	≤0.35	187	800~820 水	62	用来制造能承受振动、冲击,并且在硬度适中情况下有较好韧性的工具,如錾子、冲头、木工工具等
T8 T8A	0.75~0.84	≤0.40	≤0.35	187	780~800 水	62	常用于制造要求有较高硬度和耐磨性的工具,如冲头、木工工具、剪切金属用的剪刀等
T9 T9A	0.85~0.94	≤0.40	≤0.35	192	760~780 水	62	用于制造要求有一定硬度和韧性的工具,如冲模、冲头、錾岩石用錾子等

（续）

牌号	化学成分（质量分数，%）			硬度			用途举例
	C	Mn	Si	退火后	试样淬火		
				HBW，不大于	淬火温度/℃ 和冷却剂	HRC， 不小于	
T10 T10A	0.95~1.04	≤0.40	≤0.35	197	760~780 水	62	用于制造耐磨性要求较高、不受剧烈振动、具有一定韧性及具有锋利刃口的各种工具，如刨刀、车刀、钻头、丝锥、手锯锯条、冲模等
T12 T12A	1.15~1.24	≤0.40	≤0.35	207	760~780 水	62	用于制造不受冲压、要求高硬度的各种工具，如丝锥、锉刀、刮刀、铰刀、板牙、量具等

（4）铸钢 铸钢中碳的质量分数一般为 0.15%~0.6%。铸钢的铸造性能比铸铁差，但力学性能比铸铁好。铸钢主要用于制造形状复杂，力学性能要求高，而在工艺上又很难用锻压等方法成形的比较重要的机械零件。例如，汽车的变速器壳、机车车辆的车钩和联轴器等。常用工程用铸钢的牌号、化学成分、力学性能见表 2-11。

表 2-11 常用工程用铸钢的牌号、化学成分、力学性能

牌号	主要化学成分（≤，质量分数，%）				室温力学性能（≥）				
	C	Si	Mn	P，S	R_{eL}，$R_{p0.2}$ /MPa	R_m /MPa	A（%）	Z（%）	A_{kV}/J
ZG200-400	0.20	0.60	0.80	0.035	200	400	25	40	30
ZG230-450	0.30	0.60	0.90	0.035	230	450	22	32	25
ZG270-500	0.40	0.60	0.90	0.035	270	500	18	25	22
ZG310-570	0.50	0.60	0.90	0.035	310	570	15	21	15
ZG340-640	0.60	0.60	0.90	0.035	340	640	10	18	10

ZG200-400 具有良好的塑性、韧性和焊接性，用于受力不大的机械零件，如机座、变速器壳等。

ZG230-450 有一定的强度和好的塑性、韧性，焊接性良好。用于受力不大、韧性好的机械零件，如砧座、外壳、轴承盖、阀体和犁柱等。

ZG270-500 有较高的强度和较好的塑性，铸造性良好，焊接性尚好，切削性好。用于轧钢机机架、轴承座、连杆、箱体、曲柄和缸体等。

ZG310-570 的强度和切削性良好，塑性、韧性较低。用于载荷较高的大齿轮、缸体、制动轮和辊子等。

ZG340-640 有高的强度和耐磨性，切削性好，焊接性较差，流动性好，裂纹敏感性较强。用作齿轮、棘轮等。

二、合金钢

为了提高钢的力学性能、工艺性能或某种特殊性能，在碳素钢基础上有目的地加入一种

或几种合金元素所形成的铁基合金，称为合金钢。生产中常加入的合金元素有硅、锰、铬、镍、钼、钨、钒、钛、硼、铝、铌、锆等。不同元素的组合，不同的元素含量，可得到不同的合金及性能。合金元素在钢中的基本作用是强化铁素体，形成合金碳化物，细化晶粒，提高钢的淬透性和耐回火性。

1. 合金钢的分类

（1）按用途分类

1）合金结构钢。指用于制造各种机械零件和工程结构的钢。主要包括低合金高强度结构钢、合金渗碳钢、合金调质钢、合金弹簧钢和滚动轴承钢等。

2）合金工具钢。指用于制造各种工具的钢。主要包括合金刃具钢、合金模具钢和合金量具钢等。

3）特殊性能钢。指具有某种特殊物理或化学性能的钢。主要包括不锈钢、耐热钢和耐磨钢等。

（2）按合金元素的总含量分类

1）低合金钢。合金元素总含量 $w_{Me} < 5\%$。

2）中合金钢。$w_{Me} \geqslant 5\% \sim 10\%$。

3）高合金钢。$w_{Me} > 10\%$。

2. 合金钢的编号

钢的牌号应反映其主要成分和用途。我国合金钢编号方法的原则是以钢中碳含量、合金元素的种类和含量及质量级别来表示的。

在牌号首部用数字标明钢的含碳量。为了表明钢的用途，规定结构钢的首部以碳的质量分数的万倍值（两位数）表示，而工具钢和特殊性能钢则以碳的质量分数的千倍值（一位数）表示，但当工具钢的碳的质量分数超过1%时，碳的质量分数不标出。在表明碳的质量分数的数字之后，用元素符号标明钢中主要合金元素，质量分数由其后的数字标明。当钢中合金元素的 $w_{Me} < 1.5\%$ 时，钢号中只标出元素符号，不标明合金元素平均质量分数；当 $w_{Me} \geqslant 1.5\%$、2.5%、3.5%、…时，在该元素后面相应的标出2、3、4、…。另外，低合金高强度结构钢还可以用其屈服强度表示；滚动轴承在钢号前面标以"G"字母。合金钢的具体编号方法见表2-12。

表 2-12　合金钢的编号方法

分类	编号方法	举例
低合金高强度结构钢	钢的牌号由代表屈服强度的汉语拼音字母（Q）、屈服强度数值、质量等级符号（A、B、C、D、E）三个部分按顺序排列	Q345C 表示屈服强度为 345MPa、质量为 C 级的低合金高强度结构钢
合金渗碳钢、合金调质钢、合金弹簧钢	合金渗碳钢等钢的牌号用"两位数字+元素符号+数字"表示，前面两位数字表示钢中平均碳的质量分数的万分数；元素符号表示钢中所含的合金元素；元素符号后面的数字表示该元素平均质量分数的百分数。若为高级优质钢则在牌号后面加"A"	60Si2Mn 表示钢中平均碳的质量分数为 0.6%、硅的质量分数为 2%、锰的质量分数小于 1.5% 的合金结构钢 40CrNiMoA

（续）

分类	编号方法	举例
滚动轴承钢	滚动轴承钢的牌号用"G+Cr+数字"表示，G表示"滚"，合金元素铬后面的数字表示平均铬质量分数的千分数	GCr15 表示铬的质量分数为 1.5% 的滚动轴承钢
合金工具钢	合金工具钢的编号方法与合金结构钢相似。区别仅在于：若钢中 $w_C < 1\%$ 时，牌号前面用一位数字表示平均碳的质量分数的千分数；若 $w_C \geq 1\%$ 时，则不标出	9Mn2V 表示碳的质量分数为 0.9%，锰的质量分数为 2%，钒的质量分数小于 1.5% 的合金工具钢 CrWMn
高速工具钢	高速工具钢的编号方法与合金工具钢略有不同，主要区别是钢中 $w_C < 1\%$ 时也不标出数字	W18Cr4V 表示钨的质量分数为 18%，铬的质量分数为 4%，钒的质量分数小于 1.5% 的高速工具钢
特殊性能钢	特殊性能钢的牌号表示方法与合金结构钢基本相同。当碳的质量分数大于或等于 0.04% 时，推荐取两位小数，当碳含量不大于 0.03% 时，取三位小数	4Cr13 表示碳的质量分数为 0.4%，铬的质量分数为 13% 的特殊性能钢 022Cr19Ni5Mo3Si2N

3. 合金结构钢

（1）低合金高强度结构钢　低合金高强度结构钢是在普通碳素结构钢（$w_C = 0.1\%$ ~ 0.2%）的基础上加入少量锰、硅等（$w_{Me} \leq 3\%$）元素而制成的。通常在热轧、正火状态下使用，产品同时保证力学性能和化学成分。

低合金高强度结构钢的屈服强度较普通碳素结构钢高 30% ~ 50%，并具有良好的塑性、韧性、焊接性及较好的耐蚀性。列入国家标准的低合金高强度结构钢有 5 个级别，其牌号、成分、性能和用途见表 2-13。

表 2-13　常用低合金高强度结构钢的牌号、成分、性能和用途

牌号	化学成分 w(质量分数,%)							力学性能			用途
	C ≤	Mn	Si ≤	V	Nb	Ti	Cr ≤	R_m /MPa	R_{eL} /MPa	A(%)	
Q345	0.20	1.00 ~ 1.60	0.50	0.02 ~ 0.15	0.015 ~ 0.06	0.02 ~ 0.20	0.30	470 ~ 630	345	22	油罐、锅炉、桥梁、车辆、压力容器、输油管道、建筑构件等
Q390	0.20	1.00 ~ 1.60	0.50	0.02 ~ 0.15	0.015 ~ 0.06	0.02 ~ 0.20	0.30	490 ~ 650	390	20	油罐、锅炉、桥梁、车辆、压力容器、输油管道、建筑构件等
Q420	0.20	1.00 ~ 1.60	0.50	0.02 ~ 0.15	0.015 ~ 0.06	0.02 ~ 0.20	0.30	520 ~ 680	420	19	船舶、压力容器、电站设备、车辆、起重机械等
Q460	0.20	1.00 ~ 1.60	0.60	0.02 ~ 0.15	0.015 ~ 0.06	0.02 ~ 0.20	0.30	520 ~ 680	460	17	船舶、压力容器、电站设备、车辆、起重机械等

（2）合金渗碳钢　合金渗碳钢是指经渗碳、淬火+低温回火后使用的合金钢。

合金渗碳钢主要用于表面要求硬且有较好耐磨性，而心部具有足够的强度和韧性以承受冲击载荷的零件，如汽车、拖拉机变速器齿轮及活塞销等。

渗碳体钢中碳的质量分数为 0.10%~0.25%，以保证零件心部有足够的塑性和韧性。主加元素 Cr、Mn、B、Ni 等主要用于增加钢的淬透性；辅加元素 Ti、V 等可形成碳化物，从而提高钢的耐磨性。

合金渗碳钢的热处理一般为渗碳后直接淬火+低温回火。热处理后渗碳层的组织由回火马氏体+粒状合金碳化物+少量残留奥氏体组成，表面硬度一般为 58~64HRC。心部组织与钢的淬透性及工件截面尺寸有关，完全淬透时为低碳回火马氏体，硬度为 40~48HRC；多数情况下，是由托氏体+回火马氏体+少量铁素体组成，硬度为 25~40HRC。

常用的合金渗碳钢有 20Cr、20CrMnTi、20Cr2Ni4 等。其牌号、热处理、性能及用途见表 2-14。

表 2-14　常用渗碳钢的牌号、热处理、性能及用途

钢号	热处理/℃			力学性能				用　途
	第一次淬火	第二次淬火	回火	R_m/MPa	R_{eL}/MPa	$A(\%)$	$Z(\%)$	
20Cr	880 水、油	780~820 水、油	200 水、空	835	540	10	40	小齿轮、小轴、活塞销等
20CrMnTi	880 油	870 油	200 水、空	1080	850	10	45	汽车、拖拉机变速器齿轮等
18Cr2Ni4WA	950 空	850 空	200 水、空	1180	835	10	45	大型渗碳齿轮和轴等

（3）合金调质钢　合金调质钢是指经淬火+高温回火（调质）后使用的合金钢。

合金调质钢主要用于制造在多种载荷（如扭转、弯曲、冲击等）下工作，受力比较复杂，要求具有良好综合力学性能的重要零件，如汽车、拖拉机、机床上的齿轮、轴类件、连杆、高强度螺栓等。它是机械结构用钢的主体。

合金调质钢中平均碳的质量分数为 0.25%~0.50%。碳含量过低，不易淬硬，回火后达不到所需硬度；碳含量过高，则韧性不足。主加元素有铬、镍、锰、硅、硼等，以增加钢的淬透性，同时还强化铁素体；辅加元素有钼、钨、钒、钛等，主要是防止淬火加热产生过热现象，细化晶粒和提高耐回火性，进一步改善钢的性能。

合金调质钢的最终热处理一般为淬火后高温回火（调质），组织为回火索氏体，具有高的综合力学性能。

常用的合金调质钢有 40Cr、35CrMo、38CrMoAl、40CrNiMoA 等。其牌号、热处理、性能及用途见表 2-15。

表 2-15　常用调质钢的牌号、热处理、性能及用途

钢号	热处理/℃		力学性能					用　途
	淬火	回火	R_m/MPa	R_{eL}/MPa	$A(\%)$	$Z(\%)$	HBW	
40Cr	850 油	520 水、油	980	785	9	45	207	轴、齿轮、连杆、螺栓、蜗杆等

（续）

钢号	热处理/℃		力学性能					用　途
	淬火	回火	R_m/MPa	R_{eL}/MPa	$A(\%)$	$Z(\%)$	HBW	
35CrMo	850 油	550 水、油	980	835	12	45	229	主轴、大电动机轴、曲轴等
38CrMoAl	940 水、油	640 水、油	980	835	14	50	229	磨床主轴、自动车床主轴、精密丝杠等
40CrNiMoA	850 油	600 水、油	980	835	12	55	269	高强度耐磨齿轮等

（4）合金弹簧钢　弹簧是各种机器、仪表和日常生活中广泛使用的零件之一。利用弹簧的弹性变形可实现缓冲、减振和储能的目的。因此，合金弹簧钢应具有高的弹性极限 σ_e、屈服强度 R_{eL} 及屈强比（R_{eL}/R_m）。同时，弹簧钢还要求具有高的疲劳强度和足够的塑性与韧性。

合金弹簧钢中平均碳的质量分数为 0.45%~0.70%，以保证高的弹性极限与疲劳强度。弹簧钢根据弹簧尺寸和成形方法的不同，其热处理方法也不同。

1）热成形弹簧。当弹簧丝直径或钢板厚度大于 10~15mm 时，一般采用热成形方法。其热处理是在成形后进行淬火和中温回火，获得回火托氏体组织，具有高的弹性极限与疲劳强度，硬度为 40~45HRC。

2）冷成形弹簧。对于直径小于 8~10mm 的弹簧，一般采用冷拔钢丝冷卷而成。若弹簧钢丝是退火状态，则冷卷成形后还需淬火和中温回火；若弹簧钢丝是铅浴索氏体化状态或油淬回火状态，则在冷卷成形后不需再进行淬火和回火处理，只需进行一次 200~300℃的去应力退火，以消除内应力，使弹簧定形。

弹簧经热处理后，一般还要进行喷丸处理，使表面强化，并在表面产生残留压应力，以提高弹簧的疲劳强度和寿命。

常用的合金弹簧钢有 60Si2Mn、50CrVA、30W4Cr2VA 等。常用弹簧钢的牌号、热处理、性能及用途见表 2-16。

表 2-16　常用弹簧钢的牌号、热处理、性能及用途

钢号	热处理温度		力学性能			用　途
	淬火/℃	回火/℃	R_m/MPa	R_{eL}/MPa	$Z(\%)$	
60Si2Mn	870 油	480	1275	1180	25	用途广，汽车、拖拉机、机车上的减振板簧和螺旋弹簧，气缸溢流阀簧等
60Si2CrA	870 油	420	1765	1570	20	用作承受高应力及 300~350℃以下的弹簧，如汽轮机气封弹簧
50CrVA	850 油	500	1275	1130	40	用作高载荷重要弹簧及工作温度<300℃的阀门弹簧、活塞弹簧等
30W4Cr2VA	1050~1100 油	600	1470	1325	40	用于工作温度≤500℃的耐热弹簧，如锅炉主安全阀弹簧

（5）滚动轴承钢　滚动轴承钢主要用于制造滚动轴承的内、外圈以及滚动体，此外还

可用于制造冲模、冷轧辊、精密量具、机床丝杠和球磨机磨球等。

滚动轴承工作时，内、外圈与滚动体的高速相对运动使接触面间产生强烈的摩擦，因此要求所用材料具有高耐磨性和高硬度；内、外圈与滚动体的接触位置不断变化，受力位置和应力大小也随之不断变化，在这种周期性的交变载荷作用下，要求所用材料具有高的接触疲劳强度。此外，轴承钢还应有一定的韧性和淬透性。

滚动轴承钢是高碳铬钢，平均碳的质量分数为 0.95% ~ 1.15%，以保证轴承钢具有高的强度、硬度和形成足够的碳化物以提高耐磨性。

合金元素铬的作用是提高淬透性，并形成细小均匀分布的合金渗碳体，以提高钢的硬度、接触疲劳强度和耐磨性。在制造大型轴承时，为了进一步提高淬透性，还向钢中加入硅、锰等合金元素。

滚动轴承钢的热处理主要为球化退火、淬火和低温回火。

球化退火为预备热处理，其目的是降低钢的硬度，以利于切削加工，并为淬火做好组织上的准备。

淬火和低温回火是决定轴承钢性能的最终热处理，获得的组织为极细的回火马氏体、细小而均匀分布的粒状碳化物和少量的残留奥氏体，硬度为 61~65HRC。

对于精密轴承零件，为了保证尺寸的稳定性，可在淬火后进行一次冷处理，以减少残留奥氏体的量，然后低温回火、磨削加工，最后再进行一次人工时效，消除磨削产生的内应力，进一步稳定尺寸。

常用滚动轴承钢的牌号、热处理、性能及用途见表 2-17。

表 2-17　常用滚动轴承钢的牌号、热处理、性能及用途

钢号	热处理温度		回火硬度 HRC	用　途
	淬火/℃	回火/℃		
GCr6	850 油	560 水、油	62 ~ 64	直径<10mm 的滚珠、滚柱及滚针
GCr9	850 油	500 水、油	62 ~ 64	直径<20mm 的滚珠、滚柱及滚针
GCr9SiMn	850 油	600 水、油	62 ~ 64	壁厚<12mm、外径<250mm 的套圈件；直径为 25 ~ 50mm 的钢球；直径<22mm 的滚子

4. 合金工具钢

合金工具钢包括合金量具钢、合金刃具钢和合金模具钢。

（1）合金量具钢　量具工作时，主要承受磨损，承受外力很小，因而要求量具用钢要有高硬度和高耐磨性。为保证测量的准确性，还要求量具用钢具有良好的尺寸稳定性。

量具用钢没有专用钢。对于形状简单、尺寸较小、精度要求不高的量具，可用碳素工具钢（T10A、T12A）制造；或用渗碳钢（20、15Cr 等）制造，并经渗碳淬火处理；或用中碳钢（50、60 等）制造，并经高频感应淬火处理。精度要求高或形状复杂的量具，一般选用低合金刃具钢（如 9SiCr、Cr2、CrWMn 等）或滚动轴承钢（如 GCr15 等）制造。为了保证量具用钢具有高的尺寸稳定性，可采用冷处理和进行稳定化处理。

（2）合金刃具钢　刃具工作时，刃部与切屑以及刃部与毛坯之间产生强烈摩擦，使刃部磨损并产生高温（可达 500 ~ 600℃）。另外，刃具还承受冲击和振动。因此，要求刃具钢具有以下性能：高的硬度和耐磨性；高的热硬性；足够的强度和韧性，以防在受冲击和振动

时，刀具突然断裂和崩刃。

合金刃具钢又分低合金刃具钢和高速钢两大类。

1）低合金刃具钢。低合金刃具钢是在碳素工具钢的基础上加入少量合金元素的钢，常用于制造低速切削的刀具。

低合金刃具钢中碳的质量分数为 0.80%~1.50%，以保证高硬度和耐磨性。主加合金元素 Cr、Mn、Si 可提高淬透性、耐回火性和改善热硬性，W、V 可提高钢的热硬性和耐磨性。

低合金刃具钢的预备热处理为球化退火，以改善切削加工性能。低合金刃具钢的最终热处理为淬火+低温回火，其组织为细的回火马氏体+合金碳化物+少量残留奥氏体，硬度为 60~65HRC。

常用低合金刃具钢的牌号、成分、热处理及用途见表 2-18。

表 2-18　常用低合金刃具钢的牌号、成分、热处理及用途

牌号	化学成分（质量分数，%）						热处理		用途举例
	C	Si	Mn	Cr	P　　S		淬火/℃	淬火硬度 HRC ≥	
					≤				
9SiCr	0.85 ~ 0.95	1.20 ~ 1.60	0.30 ~ 0.60	0.95 ~ 1.25	0.03		820~860 油	62	板牙、丝锥、铰刀、搓丝板、冲模等
Cr06	1.30 ~ 1.45	≤0.40	≤0.40	0.50 ~ 0.70	0.03		780~810 水	64	外科手术刀、剃刀、割刀、刻刀、锉刀等
Cr2	0.95 ~ 1.10	≤0.40	≤0.40	1.30 ~ 1.65	0.03		830~860 油	62	车刀、插刀、铰刀、钻套、量具、样板等
9Cr2	0.80 ~ 0.95	≤0.40	≤0.40	1.30 ~ 1.70	0.03		820~850 油	62	木工工具、冲模、钢印、冷轧辊等

2）高速工具钢。高速工具钢具有较高的热硬性，当切削温度高达 500~600℃ 时硬度仍不降低，能以比量具钢、低合金刃具钢更高的切削速度进行切削，因而被称为高速工具钢。高速工具钢主要用来制造中速切削刀具，如车刀、铣刀、铰刀、拉刀和麻花钻等。

高速工具钢碳的质量分数为 0.70%~1.25%，以保证获得高碳马氏体并能形成足够的碳化物，获得较高的硬度及耐磨性。主加合金元素 W、Mo、V 可提高热硬性，V 可形成高硬度的碳化物，显著提高钢的硬度及耐磨性，Cr 可提高淬透性。

高速工具钢属于莱氏体钢，铸态组织中有粗大鱼骨状的合金碳化物。这种碳化物硬而脆，不能用热处理方法消除，必须用反复锻打的方法将其击碎，使碳化物细化并均匀分布在基体上。

高速工具钢的预备热处理为球化退火，使碳化物细化并均匀分布在基体上，降低硬度改善切削加工性能，并为淬火做好组织准备。高速工具钢的最终热处理为淬火+多次高温回火。

我国目前应用最广泛的高速工具钢是 W18Cr4V，W6Mo5Cr4V2 和 W9Mo3Cr4V，这三个钢号的产量占目前国内生产和使用的 95% 以上。常用高速工具钢的牌号、化学成分、热处理及用途见表 2-19。

（3）模具钢　根据工作条件不同，模具钢可分为冷作模具钢和热作模具钢。

表 2-19 常用高速工具钢的牌号、化学成分、热处理及用途

名称	牌号	化学成分（质量分数）(%)										退火硬度 HBW ≤	热处理						应用举例
		C	Mn	Si	S	P	Cr	V	W	Mo	Co		预热温度/℃	淬火温度/℃ 盐浴炉	淬火温度/℃ 箱式炉	淬火介质	回火温度/℃	硬度 HRC ≥	
钨高速工具钢	W18Cr4V	0.73 ~ 0.83	0.10 ~ 0.40	0.20 ~ 0.40	≤ 0.03	≤ 0.03	3.80 ~ 4.50	1.00 ~ 1.20	17.20 ~ 18.70	—	—	255	800 ~ 900	1250 ~ 1270	1260 ~ 1280	油或盐浴	550 ~ 570	63	制造一般高速切削用车刀、刨刀、钻头和铣刀等
钨钼高速工具钢	W6Mo5Cr4V2	0.80 ~ 0.90	0.15 ~ 0.40	0.20 ~ 0.45	≤ 0.03	≤ 0.03	3.80 ~ 4.40	1.75 ~ 2.20	5.50 ~ 6.75	4.50 ~ 5.50	—	255		1200 ~ 1220	1210 ~ 1230		540 ~ 560	64	制造要求耐磨性和韧度配合很好的高速切削刀具，如丝锥、钻头等
高钒的钨钼高速工具钢	W6Mo5Cr4V3	1.15 ~ 1.25	0.15 ~ 0.40	0.20 ~ 0.45	≤ 0.03	≤ 0.03	3.80 ~ 4.50	2.70 ~ 3.20	5.90 ~ 6.70	4.70 ~ 5.20	—	262		1190 ~ 1210	1200 ~ 1210		540 ~ 560	64	制造要求耐磨性和热硬性较高、耐磨性和韧性较好、形状较为复杂的刀具，如拉刀、铣刀等

1）冷作模具钢。冷作模具钢用于制造在冷态下使工件变形或分离的模具，如冲模、冷镦模和冷挤压模等。

冷作模具在工作时承受弯曲应力、压力、冲击及摩擦，因此冷作模具钢应具有高硬度、耐磨性和足够的强度、韧性。大型模具用钢还应具有极好的淬透性、淬火变形小等性能。

冷作模具钢碳的质量分数为 1.0%~2.0%，其目的是获得高硬度和耐磨性。主加合金元素 Cr、Mo、W、V 以提高耐磨性、淬透性和耐回火性。

冷作模具钢的预备热处理为加工前进行反复锻打后球化退火。冷作模具钢的最终热处理为淬火+低温回火。回火后组织为回火马氏体、碳化物和残留奥氏体，硬度为 60~62HRC。

常用合金冷作模具钢的牌号、化学成分、热处理及用途见表 2-20。

表 2-20　常用合金冷作模具钢的牌号、化学成分、热处理及用途

牌号	化学成分（质量分数，%）							热处理		用途举例
	C	Si	Mn	Cr	W	Mo	V	淬火/℃	HRC≥	
Cr12	2.00~2.30	≤0.40	≤0.40	11.50~13.00				950~1000 油	60	用于制作耐磨性高、尺寸较大的模具，如冲模、冲头、钻套、量规、螺纹滚丝模、拉丝模、冷切剪刀等
Cr12MoV	1.45~1.70	≤0.40	≤0.40	11.00~12.50		0.04~0.60	0.15~0.30	950~1000 油	58	用于制作截面较大、形状复杂、工作条件繁重的各种冷作模具及螺纹搓丝板、量具
9Mn2V	0.85~0.95	≤0.40	1.70~2.00				0.10~0.25	780~810 油	62	用于制作要求变形小、耐磨性高的量规、量块、磨床主轴等
CrWMn	0.90~1.05	≤0.40	0.80~1.10	0.90~1.20	1.20~1.60			800~830 油	62	用于制作淬火要求变形很小、长而形状复杂的切削刀具，如拉刀、长丝锥及形状复杂、高精度的冲模

2）热作模具钢。热作模具钢用来制造在热状态下使金属或合金在压力下成形的模具，如热锻模、热挤压模和压铸型等。

热作模具在工作时承受很大的压力和冲击，并反复受热和冷却，因此要求模具钢在高温下具有足够的强度、硬度、耐磨性和韧性，以及良好的耐热疲劳性，即在反复的受热、冷却循环中，表面不易产生热疲劳（龟裂），还应具有良好的导热性及高淬透性。

热作模具钢碳的质量分数为 0.3%~0.6%，若过高，则塑性、韧性不足；若过低，则硬度、耐磨性不足。主加合金元素 Cr、Mn、Ni 以提高淬透性，W、Mo 以提高耐回火性并防止回火脆性，Cr、W、Mo、Si 可提高钢的耐热疲劳性。

热作模具钢的预备热处理为完全退火，以消除锻造应力，降低硬度，利于切削加工。热作模具钢的最终热处理为淬火+高温（或中温）回火。回火后获得均匀的回火索氏体或回火托氏体，其硬度为 40HRC 左右。

常用热作模具钢的牌号、化学成分、热处理及用途见表 2-21。

表 2-21　常用热作模具钢的牌号、化学成分、热处理及用途

牌号	化学成分（质量分数，%）							交货状态（退火 HBW）	热处理 淬火/℃	用途举例
	C	Si	Mn	Cr	W	Mo	V			
5CrMnMo	0.50 ~0.60	0.25 ~0.60	1.20 ~1.60	0.60 ~0.90		0.15 ~0.30		197~241	820~850 油	边长≤300~400mm 的中、小型热锻模、热切边模等
5CrNiMo	0.50 ~0.60	≤0.40	0.50 ~0.80	0.50 ~0.80		0.15 ~0.30		197~241	830~860 油	形状复杂、冲击载荷重的各种大、中型锤锻模
3Cr2W8V	0.30 ~0.40	≤0.40	≤0.40	2.20 ~2.70	7.50 ~9.00		0.20 ~0.50	≤255	1075~1125 油	高温高应力低冲击的凸凹模、镶块、热剪切刀等
4Cr5W2VSi	0.32 ~0.42	0.80 ~1.20	≤0.40	4.50 ~5.50	1.60 ~2.40		0.60 ~1.00	≤229	1030~1050 油或空	热锻模具、冲头、热挤压模具、非铁金属材料压铸型等

5. 特殊性能钢

特殊性能钢具有某些特殊的物理、化学、力学性能，因而能在特殊的环境、工作条件下使用，工程中常用的特殊性能钢有耐磨钢、耐热钢和不锈钢等。

（1）不锈钢　通常将具有抵抗空气、水、酸、碱或其他介质腐蚀能力的钢称为不锈钢。常用不锈钢有：

1）马氏体型不锈钢。这类钢的 $w_C = 0.10\% \sim 0.40\%$，随含碳量的增加，钢的强度、硬度和耐磨性提高，但耐蚀性下降。为提高耐蚀性，钢中加入 $w_{Cr} = 12\% \sim 18\%$。这类钢在大气、水蒸气、海水和氧化性酸等氧化性介质中有较好的耐蚀性。主要用于制造要求力学性能较高，并有一定耐蚀性的零件，如汽轮机叶片、阀门、医疗器械、喷嘴和滚动轴承等。一般淬火、回火后使用。常用牌号有 12Cr13、30Cr13 等。

2）铁素体型不锈钢。这类钢的 $w_C < 0.12\%$，$w_{Cr} = 16\% \sim 18\%$，加热时组织无明显变化，为单相铁素体组织，故不能用热处理强化，通常在退火状态下使用。这类钢的耐蚀性、高温抗氧化性、塑性和焊接性好，但强度低。主要用于制造化工设备的容器和管道等。常用牌号有 10Cr17 等。

3）奥氏体型不锈钢。这类钢的 $w_{Cr} = 18\%$，$w_{Ni} = 8\% \sim 11\%$，含碳量很低，也称为18-8型不锈钢。镍可使钢在室温下呈单一奥氏体组织。铬、镍使钢有好的耐蚀性和耐热性，较高的塑性和韧性。

为得到单一的奥氏体组织，提高耐蚀性，应采用固溶处理，即将钢加热到 1050 ~ 1150℃，使碳化物全溶于奥氏体中，然后水淬快冷至室温，得到单相奥氏体组织。经固溶处理后的钢具有高的耐蚀性，好的塑性和韧性，但强度低。这类钢主要用于制造在强腐蚀性介质中工作的零件，如管道、容器和储槽等。常用的牌号有 12Cr18Ni9 和 07Cr19Ni11Ti。

（2）耐热钢　耐热钢是指在高温下具有较好的抗氧化性并兼有高温强度的钢。

1）耐热性的概念。钢的耐热性包含高温抗氧化性和高温强度两方面的综合性能。高温抗氧化性是指钢材在高温下对氧化作用的稳定性；高温强度是指钢材在高温下对机械载荷的

承载能力。

一般钢铁材料在较高温度下（570℃以上）表面易氧化，这主要是由于在较高温度下生成疏松多孔的 FeO，氧原子容易通过 FeO 进行扩散，使钢的内部不断被氧化，温度越高，氧化速度越快，甚至起皮而不断剥落，致使零件破坏。为了提高钢材在高温时的抗氧化能力，向钢中加入合金元素铬、硅、铝等，它们与氧的亲和力大，能在钢的表面形成一层钝化膜，从而保护金属不再继续氧化。

金属在高温条件下的强度有两个特点：一是随着温度的升高，金属原子间结合力减弱，强度降低；二是产生蠕变。所谓蠕变是指金属在一定温度（再结晶温度以上）与应力作用下发生缓慢变形，且变形量随时间的增长而增大的现象。为了提高钢的高温强度，可向钢中加入提高再结晶的合金元素（如钨、钼等），或向钢中加入钛、铌、钒、钨、钼、铬等形成稳定而又弥散分布的碳化物，利用析出碳化物产生强化来提高高温强度。

2）常用耐热钢。

① 珠光体型耐热钢。这类钢合金元素总含量小于 3%～5%，是低合金耐热钢。常用牌号有 15CrMo、12CrMoV、25Cr2MoVA、35CrMoV 等，主要用于制造锅炉炉管、耐热紧固件、汽轮机转子和叶轮等。此类钢是使用温度小于 600℃ 的耐热钢。

② 马氏体型耐热钢。这类钢通常是在 Cr13 不锈钢的基础上加入一定量的钼、钨、钒等元素。钼、钨可提高再结晶温度，钒可提高高温强度。此类钢使用温度小于 650℃，为保证在使用温度下钢的组织和性能稳定，需进行淬火和回火处理。常用于制造承载较大的零件，如汽轮机叶片等。常用牌号有 13Cr13Mo 和 15Cr12MoV。

③ 奥氏体型耐热钢。这类钢含有较多的铬和镍。铬可提高钢的高温强度和抗氧化性，镍可促使形成稳定的奥氏体组织。此类钢工作温度为 650～700℃，常用于制造锅炉、汽轮机零件和化工容器。常用牌号有 07Cr18Ni11Nb 和 45Cr14Ni14W2Mo。这类钢与奥氏体不锈钢一样，需进行固溶处理和时效处理，以进一步稳定组织。

④ 铁素体型耐热钢。这类钢主要含有铬，以提高钢的抗氧化性。钢经退火后可制造在 900℃以下工作的耐氧化零件，如散热器等。常用牌号有 10Cr17 等，10Cr17 可长期在 580～650℃使用。

（3）耐磨钢　耐磨钢是指在巨大压力和强烈冲击载荷作用下才能发生硬化的高锰钢。

耐磨钢铸件的牌号前冠以"ZG"字母（"铸钢"两字汉语拼音首字母），其后为化学元素符号"Mn"，最后为平均锰的质量分数百分比值。如 ZGMn13-1 钢表示平均锰的质量分数为 13%，"1"表示序号。

高锰钢铸态组织中存在许多碳化物，故性能硬而脆。当将铸件加热到 1060～1100℃ 时，碳化物全部溶入奥氏体中，水中淬火可得到单相奥氏体组织，这种处理称为水韧处理。高锰钢经水韧处理后强度、硬度不高，而塑性、韧性良好。但在工作时如受到强烈的冲击、巨大的压力和摩擦，表面因塑性变形而产生明显的加工硬化，同时还会发生奥氏体向马氏体的转变，因而表面硬度大大提高（52～56HRC），从而使表面层金属具有高的耐磨性，而心部保持原来奥氏体所具有的高韧性和塑性。

高锰钢主要用于制造在工作中受冲击和压力并要求耐磨的零件，如坦克、拖拉机的履带板，铁路道岔、破碎机颚板、掘土机铲斗和防弹板等。常用牌号有 ZGMn13-1，ZGMn13-4。

三、铸铁

铸铁是 $w_C > 2.11\%$ 的铁碳合金，工业用铸铁碳的质量分数一般为 $2.5\% \sim 4\%$。一般铸铁除铁、硅、碳、锰以外，还含有较高的硫、磷等杂质元素，在合金铸铁中，还加入一定量的其他合金元素。铸铁在工业中应用量较大，按质量百分比，在一般机械中，铸铁件约占 $40\% \sim 70\%$，在机床和重型机械中达 $60\% \sim 90\%$。

铸铁中碳除极少量固溶于铁素体外，一般均以游离状态的石墨或化合状态的渗碳体存在。根据碳在铸铁中存在的形式不同，可分为以下几种。

1）白口铸铁。这种铸铁中的碳主要以游离碳化物（渗碳体）的形式析出，断口呈银白色。由于大量硬而脆的渗碳体存在，白口铸铁硬度高、脆性大，难以切削加工。

2）麻口铸铁。这种铸铁中的碳部分以游离碳化物形式析出，部分以石墨形式析出，断口灰、白色相间。此类铸铁硬脆性较大，故工业上很少使用。

3）灰铸铁。这种铸铁中的碳大部分或全部以石墨的形式析出，断口呈暗灰色，是工程中应用最多的铸铁。

铸铁组织中石墨的形成过程称为"石墨化"过程，铸铁的石墨化过程比较复杂，与许多因素有关，其中化学成分和冷却速度是影响石墨化的主要因素。成分中，碳与硅的含量越高越有利于石墨化，硫是妨碍石墨化的元素，而锰又可显著减小硫在石墨化过程中的有害作用。冷却速度越慢，越有利于石墨化。

一般工程用的灰铸铁按石墨形态不同，又分为灰铸铁、球墨铸铁、可锻铸铁和蠕墨铸铁等。

1. 灰铸铁

灰铸铁是应用最广泛的一种铸铁。

（1）灰铸铁的成分　灰铸铁的化学成分范围一般为：$w_C = 2.5\% \sim 3.6\%$，$w_{Si} = 1.0\% \sim 2.5\%$，$w_P \leqslant 0.3\%$，$w_{Mn} = 0.5\% \sim 1.3\%$，$w_S \leqslant 0.15\%$。

（2）灰铸铁的组织　灰铸铁的组织可看成碳素钢的基体加片状石墨，如图 2-46 所示。按基体组织不同分为铁素体基体灰铸铁、铁素体-珠光体基体灰铸铁和珠光体基体灰铸铁。

图 2-46　灰铸铁的显微组织

（3）灰铸铁的性能　灰铸铁的性能主要取决于基体的组织和片状石墨的形态与分布。因石墨的强度极低，相当于在钢的基体上分布了许多孔洞和裂纹，分割、破坏了基体的连续性，减小了基体的有效承载截面，而且石墨的尖角外易产生应力集中，所以灰铸铁的抗拉强度比相应基体的钢低很多，塑性、韧性极低。石墨片数量越多，尺寸越大、分布越不均匀，灰铸铁的抗拉强度越低。灰铸铁的抗压强度、硬度主要取决于基体，石墨对其影响不大，故灰铸铁的抗压强度和硬度与相同基体的钢相似。灰铸铁的抗压强度一般是其抗拉强度的 $3 \sim 4$ 倍。当石墨存在形态一定时，灰铸铁的力学性能取决于基体组织，珠光体基体灰铸铁比铁素体基体灰铸铁的强度、硬度、耐磨性均高，但塑性、韧性低；铁素体-珠光体基体灰铸铁的性能介于前两者之间。

石墨虽然降低了灰铸铁的力学性能，但却给灰铸铁带来一系列其他的优良性能，如良好的铸造性能，良好的减振性，良好的耐磨性能，良好的切削加工性能和较小的缺口敏感性等。

由于灰铸铁具有以上一系列性能特点，因此被广泛地用来制造各种受压应力作用和要求减振的机床床身与机架、结构复杂的壳体与箱体、承受摩擦的缸体与导轨等。

（4）灰铸铁的牌号及用途 灰铸铁的牌号由"HT"（"灰铁"两字汉语拼音首字母）和其后一组数字组成，数字表示 $\phi30mm$ 试棒的最小抗拉强度值（MPa）。灰铸铁的牌号、力学性能和用途见表 2-22。设计铸件时，应根据铸件受力处的主要壁厚或平均壁厚选择铸铁牌号。

2. 球墨铸铁

（1）球墨铸铁的获得 球墨铸铁是通过铁液的球化处理获得的。浇注前向铁液中加入球化剂，促使石墨呈球状析出。这种处理方法称为球化处理。目前常用的球化剂有镁、稀土元素和稀土镁合金三种，其中稀土镁合金球化剂应用最广泛。稀土镁合金球化剂多采用冲入法加入，即先将球化剂放在铁液包内，然后将铁液冲入，使球化剂逐渐熔化。

表 2-22 灰铸铁的牌号、力学性能和用途

牌号	铸件壁厚 /mm		最小抗拉强度 R_m（强制性值）（min）/MPa		铸件本体预期抗拉强度 R_m（min）/MPa	布氏硬度 HBW	应用举例
	>	≤	单铸试棒	附铸试棒或试块			
HT100	5	40	100	—	—	≤170	
HT150	5	10	150	—	155	125~205	端盖、汽轮泵体、轴承座、阀壳、管子及管路附件、手轮；一般机床底座、床身及其他复杂零件、滑座、工作台等
	10	20		—	130		
	20	40		120	110		
	40	80		110	95		
	80	150		100	80		
	150	300		90	—		
HT200	5	10	200	—	205	180~230	气缸、齿轮、底架、机件、飞轮、齿条、衬筒；一般机床床身及中等压力液压筒、液压泵和阀的壳体等
	10	20		—	180		
	20	40		170	155		
	40	80		150	130		
	80	150		140	115		
	150	300		130	—		
HT225	5	10	225	—	230	170~240	
	10	20		—	200		
	20	40		190	170		
	40	80		170	150		
	80	150		155	135		
	150	300		145	—		

（续）

牌号	铸件壁厚 /mm		最小抗拉强度 R_m（强制性值）（min）/MPa		铸件本体预期抗拉强度 R_m（min）/MPa	布氏硬度 HBW	应用举例
	>	≤	单铸试棒	附铸试棒或试块			
HT250	5	10	250	—	250	180~250	阀壳、液压缸、气缸、联轴器、机体、齿轮、齿轮箱外壳、飞轮、衬筒、凸轮和轴承座等
	10	20		—	225		
	20	40		210	195		
	40	80		190	170		
	80	150		170	155		
	150	300		160	—		
HT275	10	20	275	—	250	190~260	
	20	40		230	220		
	40	80		205	190		
	80	150		190	175		
	150	300		175	—		
HT300	10	20	300	—	270	200~275	齿轮、凸轮、车床卡盘、剪床、压力机的机身；导板、转塔、自动车床及其他重载荷机床的床身；高压液压筒、液压泵和滑阀的壳体等
	20	40		250	240		
	40	80		220	210		
	80	150		210	195		
	150	300		190	—		
HT350	10	20	350	—	315	220~290	
	20	40		290	280		
	40	80		260	250		
	80	150		230	225		
	150	300		210	—		

由于镁及稀土元素都强烈阻碍石墨化，因此在进行球化处理的同时，必须进行孕育处理，其作用是削弱白口倾向，以免得到白口组织，同时孕育处理可以改善石墨的结晶条件，使石墨球径变小，数量增多，形状圆整，分布均匀，从而提高铸铁的力学性能。

（2）球墨铸铁的成分 球墨铸铁的化学成分是：$w_C = 3.8\% \sim 4.0\%$，$w_{Si} = 2.0\% \sim 2.8\%$，$w_{Mn} = 0.6\% \sim 0.8\%$，$w_S \leqslant 0.04\%$，$w_P \leqslant 0.1\%$，$w_{Mg} = 0.03\% \sim 0.05\%$，$w_{Re} \leqslant 0.03\% \sim 0.05\%$。

（3）球墨铸铁的组织 球墨铸铁的组织可看成是碳素钢的基体加球状石墨，如图 2-47 所示。按基体组织的不同，常用的球墨铸铁有铁素体球墨铸铁、铁素体-珠光体球墨铸铁、珠光体球墨铸铁和贝氏体球墨铸铁等。

（4）球墨铸铁的性能 球墨铸铁中由于石墨

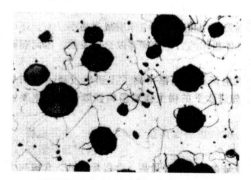

图 2-47 球墨铸铁的显微组织

呈球状，对基体的割裂作用和引起应力集中现象明显减小，基体对铸铁的性能影响起到了支配性的作用，因而球墨铸铁的强度、塑性与韧性都大大优于灰铸铁，可与相应组织的铸钢媲美，并可以通过各种热处理，改善力学性能。球墨铸铁中石墨球越圆整、球径越小、分布越均匀，其性能就越好。

球墨铸铁同样具有灰铸铁的一系列优点，如良好的铸造性、减振性、减摩性、可加工性及低的缺口敏感性等，但凝固收缩较大，容易出现缩松与缩孔，熔化工艺要求高。

（5）球墨铸铁的牌号及用途 球墨铸铁的牌号由 "QT"（"球铁"两字汉语拼音首字母）和其后的两组数字组成，两组数字分别表示最低抗拉强度和最低伸长率。如 QT600-3 表示 $R_m \geqslant 600MPa$、$A \geqslant 3\%$ 的球墨铸铁。

由于球墨铸铁价格比钢便宜，且具有良好的性能，因此不仅广泛替代了灰铸铁和可锻铸铁，并在一定程度上替代了钢，用于制造负荷大、受力复杂的各种铸钢件。

球墨铸铁的牌号、力学性能及用途见表 2-23。

表 2-23 球墨铸铁的牌号、力学性能及用途

牌号	基体组织类型	力学性能				用途举例
		R_m/MPa	$R_{p0.2}$/MPa	$A(\%)$	HBW	
		不小于				
QT400-18	铁素体	400	250	18	130~180	承受冲击、振动的零件，如汽车、拖拉机的轮毂、驱动桥壳、差速器壳、拨叉，农机具零件，中、低压阀门，上、下水及输气管道，压缩机上高低压气缸，电机机壳，齿轮箱，飞轮壳等
QT400-15	铁素体	400	250	15	130~180	
QT450-10	铁素体	450	310	10	160~210	
QT500-7	铁素体+珠光体	500	320	7	170~230	机器座架、传动轴、飞轮、电动机机架、内燃机的机油泵齿轮、铁路机车车辆轴瓦等
QT600-3	珠光体+铁素体	600	370	3	190~270	载荷大、受力复杂的零件，如汽车、拖拉机的曲轴、连杆、凸轮轴、气缸套，部分磨床、铣床、车床的主轴，机床蜗杆、蜗轮，轧钢机轧辊、大齿轮，小型水轮机主轴，气缸体，桥式起重机大小滚轮等
QT700-2	珠光体	700	420	2	225~305	
QT800-2	珠光体或索氏体	800	480	2	245~335	
QT900-2	回火马氏体或屈氏体+索氏体	900	600	2	280~360	高强度齿轮，如汽车后桥弧齿齿轮，大减速齿轮，内燃机曲轴、凸轮等

3. 可锻铸铁

（1）可锻铸铁的获得 可锻铸铁是由白口铸铁经石墨化退火而获得的。石墨化退火的工艺过程是：将白口铸铁加热到 900~980℃，使铸铁组织转变为奥氏体加渗碳体，在此温度下长时间保温后，渗碳体分解为团絮状石墨，这时铸铁组织为奥氏体加石墨，此为第一阶段石墨化。在随后的缓冷过程中，奥氏体中过饱和的碳将充分析出并附在已形成的团絮状石墨表面，使石墨长大，完成第二阶段石墨化（760~720℃），形成铁素体和石墨，再缓冷至 700~650℃，出炉空冷（图 2-48 所示曲线①），最后得到铁素体可锻铸铁，又称黑心可锻铸

铁。如果在第一阶段石墨化后，以较快的速度冷却通过共析温度转变区（图2-48所示曲线②），使第二阶段石墨化不能进行，则得到珠光体可锻铸铁。

（2）可锻铸铁的组织和性能 可锻铸铁的组织可看成碳素钢的基体加团絮状石墨，如图2-49所示。按基体组织不同分为铁素体可锻铸铁和珠光体可锻铸铁。

可锻铸铁由于石墨呈团絮状，大大减弱了对基体的割裂作用，与灰铸铁相比，具有较高的力学性能，尤其具有较高的塑性和韧性，因此被称为"可锻铸铁"，但实际上可锻铸铁并不能锻造。

（3）可锻铸铁的牌号及用途 可锻铸铁的牌号、力学性能及用途见表2-24。牌号中"KT"是"可铁"两字的汉语拼音首字母，后面的"H"表示"黑心""Z"表示"珠光体"，两组数字分别表示最低抗拉强度和最低伸长率。

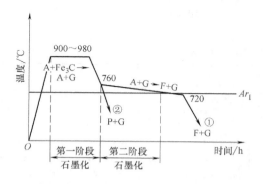

图 2-48 可锻铸铁的石墨化退火

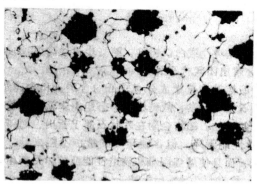

图 2-49 可锻铸铁的显微组织

表 2-24 可锻铸铁的牌号、力学性能及用途

类别	牌号	试样直径 /mm	力学性能				用途举例
			R_m/MPa	$R_{p0.2}$/MPa	A(%)	HBW	
黑心可锻铸铁	KTH300-06	12 或 15	300	—	6	≤150	弯头、三通管件、中低压阀门等
	KTH330-08		330	—	8		扳手、犁刀、犁柱、车轮壳等
	KTH350-10		350	200	10		汽车、拖拉机前后轮壳、减速器壳、万向联轴器壳、制动器及铁道零件等
	KTH370-12		370	—	12		
珠光体可锻铸铁	KTZ450-06	12 或 15	450	270	6	150~200	载荷较高和耐磨损零件,如曲轴、凸轮轴、连杆、齿轮、活塞环、轴套、耙片、万向接头、棘轮、扳手、传动链条等
	KTZ550-04		550	340	4	180~230	
	KTZ650-02		650	430	2	210~260	
	KTZ700-02		700	530	2	240~290	

因可锻铸铁的生产周期长、工艺复杂、成本高，目前的生产中已逐步被球墨铸铁代替。

4. 蠕墨铸铁

蠕墨铸铁是近代发展起来的高强度铸铁，其石墨介于片与球之间，呈蠕虫状。

（1）蠕墨铸铁的获得 蠕墨铸铁的获得方法与球墨铸铁相似，是通过铁液的蠕化处理获得的。浇注前向铁液中加入蠕化剂，促使石墨呈蠕虫状析出，就得到了蠕墨铸铁，这种处理方法称为蠕化处理。目前常用的蠕化剂有稀土镁钛合金、稀土硅铁合金和稀土钙镁铁合金等。

（2）蠕墨铸铁的组织和性能 蠕墨铸铁的组织可看成碳素钢的基体加蠕虫状石墨，如图2-50所示。蠕墨铸铁中石墨形态介于片状与球状之间，石墨的形态决定了蠕墨铸铁的力学性能介于相同基体组织的灰铸铁和球墨铸铁之间，其铸造性能、减振性和导热性都优于球墨铸铁，与灰铸铁相近。

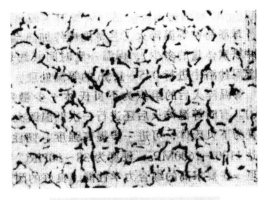

图 2-50 蠕墨铸铁的显微组织

（3）蠕墨铸铁的牌号及用途 蠕墨铸铁的牌号由"RuT"（"蠕"字的汉语拼音加"铁"字的汉语拼音首字母）和其后一组数字组成，数字表示最低抗拉强度。如牌号RuT260表示最低抗拉强度为260MPa的蠕墨铸铁。

蠕墨铸铁的牌号及性能见表2-25。

表 2-25 蠕墨铸铁的牌号及性能

基本组织	牌号	温度/℃	性能				
			抗拉强度 $R_m^{①}$ /MPa	0.2%屈服强度 $R_{p0.2}$/MPa	伸长率 A （%）	弹性模量[②] /GPa	热导率 /[W/(m·K)]
铁素体	RuT300	23	300~375	210~260	2.0~5.0	130~145	47
		100	275~350	190~240	1.5~4.5	125~140	45
		400	225~300	170~220	1.0~4.0	120~135	42
铁素体+珠光体	RuT350	23	350~425	245~295	1.5~4.0	135~150	43
		100	325~400	220~270	1.5~3.5	130~145	42
		400	275~350	195~245	1.0~3.0	125~140	40
珠光体+铁素体	RuT400	23	400~475	280~330	1.0~3.0	140~150	39
		100	375~450	255~305	1.0~3.0	135~145	39
		400	300~375	230~280	1.0~2.5	130~140	38
珠光体	RuT450	23	450~525	315~365	1.0~2.5	145~155	38
		100	425~500	290~340	1.0~2.0	140~150	37
		400	350~425	265~315	0.5~1.5	135~145	36
	RuT500	23	500~575	350~400	0.5~2.0	145~160	36
		100	475~550	325~375	0.5~1.5	140~155	35
		400	400~475	300~350	0.5~1.5	135~150	34

① 壁厚15mm，模数 $m=0.75$mm。

② 割线模数（200~300MPa）。

四、非铁金属材料

相对于钢铁材料，非铁金属材料有许多优良的特性，是现代工业中不可缺少的材料，在国民经济中占有十分重要的地位。例如，铝、镁、钛等具有相对密度小，比强度高的特点，广泛应用于航天、航空、汽车和船舶等行业；铜有优良的导电性和低温韧性；铅能防辐射、耐稀硫酸等多种介质的腐蚀等。

1. 铝及铝合金

纯铝是一种银白色的轻金属，它的密度约为铜的三分之一，质量轻，比强度高，具有良好的导电、导热性。纯铝在低温下，甚至在超低温下都具有良好的塑性和韧性。同时，纯铝的加工工艺性能也较好，易于铸造和切削，也可承受压力加工。

纯铝在氧化性介质中，其表面会形成一层 Al_2O_3 保护膜。因此，在干燥或潮湿的大气中，在氧化剂的盐溶液中，在浓硝酸以及干氯化氢、氨气介质中，都是耐腐蚀的。但含有卤素离子的盐类、氢氟酸以及碱溶液都会破坏铝表面的氧化膜，所以纯铝不宜在这些介质中使用。

工业纯铝的强度虽可经过加工硬化予以提高，但终因强度和硬度都较低，难以作为工程结构材料使用。但在铝中加入适量的合金元素，即可配制成各种成分的铝合金，并通过冷变形加工或热处理提高其力学性能。

根据化学成分和工艺特点的不同，铝合金分为变形铝合金和铸造铝合金。

（1）变形铝合金　按 GB/T 16474—2011 规定，变形铝合金采用四位字符牌号命名，牌号用 2××× ~ 8××× 系列表示。牌号的第一位数字是依主要合金元素 Cu、Mn、Si、Mg、Mg+Si、Zn 及其他元素的顺序来表示变形铝合金的组别。牌号第二位的字母表示原始纯铝的改型情况，如果字母为 A，则表示为原始纯铝；若为其他字母，则表示为原始纯铝的改型。牌号的最后两位数字用来区分同一组中不同的铝合金。如 2A11 表示以铜为主要合金元素的变形铝合金。

根据主要性能特点和用途，变形铝合金分为防锈铝、硬铝、超硬铝和锻造铝等。它们的供应状态是具有各种规格的型材、板材、线材和管材等。防锈铝具有良好的塑性和耐蚀性，可用于制造油箱、油管、铆钉及窗框、餐具等结构件。硬铝及超硬铝经过热处理后可以获得较高的硬度和强度，可用于制造螺旋桨、叶片、飞机大梁、起落架和桁架等高强度结构件。锻造铝具有良好的热塑性，可用于制造复杂的大型锻件。

（2）铸造铝合金　依据化学成分铸造铝合金可分为铝硅铸造合金（如 ZL101、ZL102）、铝铜铸造合金（如 ZL201、ZL203）和铝镁铸造合金（如 ZL301）等。铸造铝合金具有良好的铸造性能，适宜于铸造成形，可用于生产形状复杂的零件。常用于制造电动机壳体、气缸体、油泵壳体、内燃机活塞及仪器、仪表零件等。

2. 铜及铜合金

纯铜呈紫红色，具有良好的塑性、导电性、导热性、耐蚀性及抗磁性，广泛用于制造导电材料及防磁器械等。我国工业纯铜加工产品的代号有 T1、T2、T3 三种。顺序号越大，纯度越低。

铜合金按化学成分可分为黄铜、青铜、白铜三大类。铜与镍组成的合金称为白铜，它是工业铜合金中耐蚀性能最优者，是海水冷凝管的理想材料，而黄铜和青铜在工业中应用最广泛。

（1）黄铜　黄铜是以锌为主要合金元素的铜锌合金。它具有良好的耐蚀性和加工工艺性，但在中性、弱酸性介质中，因锌易溶解而产生腐蚀。

根据化学成分和加工方法的不同，黄铜又可分为普通黄铜、特殊黄铜和铸造黄铜等。普通黄铜牌号如 H70、H62、H58，数字表示铜的百分含量，常用于制造弹壳、冷凝器管、弹簧、垫圈、螺钉和螺母等；特殊黄铜牌号如 HPb59-1，常用于制造高强度及化学性能稳定的零件；铸造黄铜牌号如 ZCuZn38、ZCuZn33Pb2 等，常用于铸造机械、热压轧制零件及轴承、轴套等。

（2）青铜 工业上把以锡、铝、铍、锰、铅等为主要元素的铜合金称为青铜。根据化学成分青铜可分为锡青铜（QSn4-3、ZCuSn10P1）、铝青铜（QAl9-4、ZCuAl10Fe3）和铍青铜（QBe2）等。锡青铜是我国历史上使用最早的有色合金，也是最常用的有色金属合金之一，在大气、海水和无机盐类溶液中有极好耐蚀性，同时还具有良好的耐磨性，常用于制造泵、齿轮、蜗轮及耐磨轴承等；铝青铜具有强度高、耐蚀性好、铸造性能优良等特点，用于制造弹性零件及耐腐蚀、耐磨件等；铍青铜不仅强度高、弹性好，而且耐蚀、耐热、耐磨等性能较好，主要用于制造精密仪器、仪表的弹性元件和耐磨零件等。

3. 粉末冶金材料

粉末冶金材料是由金属粉末或与非金属粉末经混合、压制成形和烧结而获得的材料。用粉末冶金方法制造的零件可以不切削或少切削，从而节约金属、降低能耗和生产成本。粉末冶金材料的应用非常广泛。

机械工业中最常用的粉末冶金材料是铁基粉末冶金材料，硬质合金和烧结减摩材料等也是机械工业中常用的粉末冶金材料。

（1）硬质合金 硬质合金是以难熔金属碳化物（如碳化钨）作为基体，以金属（如钴）作为粘结剂的一种粉末冶金材料。

硬质合金不能进行锻造和切削加工，也不需要热处理，其硬度很高（可达 86~93HRC），并且具有很高的耐热性，故硬质合金制成的刀具比高速工具钢刀具有更高的切削速度。

常用的硬质合金按其成分可分为三类：钨钴类硬质合金、钨钴钛类硬质合金和钨钛钽类硬质合金。

1）钨钴类（YG）。其主要成分为碳化钨（WC）和钴（Co）。这类硬质合金的韧性好，但硬度和耐磨性较差，适用于制作切削铸铁、青铜等脆性材料的刀具。代号：K01、K05、K10、K20。

2）钨钴钛类（YT）。其主要成分为碳化钨（WC）、碳化钛（TiC）和钴（Co）。这类硬质合金的硬度和耐磨性高，但韧性差，加工钢材时刀具表面能形成一层氧化钛薄膜，使切屑不易粘附，适用于制作切削弹塑性材料（如钢等）的刀具。代号：P30、P20、P10。

3）钨钛钽类（YW）。这类合金也称万能硬质合金。其成分为在钨钴钛类硬质合金中加入碳化钽（TaC）以取代部分碳化钛（TiC），主要用于制造切削高锰钢、不锈钢、耐热钢等难加工材料的刀具。代号：M10、M20。

（2）烧结减摩材料 常用的烧结减摩材料多为多孔轴承材料，主要用于制造滑动轴承。这类零件压制成形以后浸入润滑油中，其空隙可吸附大量的润滑油，从而达到减摩及润滑作用。

第六节　非金属材料

非金属材料是指金属及合金以外的一切工程材料，通常具有某些金属所不具备的性能和特点，如耐腐蚀、绝缘、消声、质轻、加工成形容易、生产率高和成本低等，它既可以单独用作结构材料，也可用作金属材料的保护衬里或涂层，还可以用作设备的密封材料、保温材料和耐火材料等，所以非金属材料在工业中的应用日益广泛。随着科学技术的进步，非金属材料将得到更加迅速的发展。

机械工程上使用的非金属材料主要有三大类，即高分子材料、陶瓷和复合材料。高分子材料一般是通过聚合而成，并且其相对分子质量达到使力学性能具有实际意义的一类有机化合物，如工程塑料、合成橡胶和粘结剂等；陶瓷是指用各种粉状原料做成一定形状后，在高温窑炉中烧制而成的一种无机非金属材料。在现代材料领域中陶瓷除了指硅酸盐材料外，还包括由氧化物类、氮化物类、碳化物类、硼化物类和硅化物类等非硅酸盐类材料制作的特种陶瓷材料，陶瓷材料突破了传统的应用范围，成为高温结构材料和功能材料的重要组成部分；复合材料是指为了达到某些特殊性能要求而将两种或两种以上物理、化学性质不同的物质，经人工组合而得到的多相固体材料，它由基体材料和增强材料复合而成，使之取长补短、相得益彰。基体材料有金属、塑料和陶瓷等，增强材料有各种纤维和无机化合物颗粒等。

一、高分子材料

高分子材料按材料来源可分为天然高分子材料（蛋白、淀粉、纤维素等）和人工合成高分子材料（合成塑料、合成橡胶、合成纤维）；按性能及用途可分为塑料、橡胶、纤维、粘结剂和涂料等。人工合成高分子材料又称高聚物材料，是以高分子化合物为主要成分，与各种添加剂配合，经加工而成的有机合成材料。高分子化合物因其相对分子质量大而得名，材料的许多优良性能是因其相对分子质量大而得来。高分子材料具有强度高、质量小、耐腐蚀、电绝缘、易加工等优良性能，广泛用作结构材料、电绝缘材料、耐腐蚀材料，减摩、耐磨、自润滑材料，密封材料，粘结材料及各种功能材料，是发展最快的一类材料。下面简单介绍一下塑料和橡胶这两类高分子材料。

1. 塑料

塑料是在玻璃态下使用，具有可塑性的高分子材料。塑料是以分子量较大的合成树脂为主加入添加剂等制成的，也有些塑料是树脂本身，如有机玻璃。树脂是塑料的主要成分，占塑料组成成分的 $40\% \sim 100\%$，它将填料等其他组分粘接起来，并对塑料性能起决定作用。树脂没有显著的熔点，受热可逐渐软化，能溶于某些有机溶剂之中，但不溶于水。塑料中的添加剂主要有填料、增塑剂、稳定剂、润滑剂、着色剂和固化剂等。填料是为了改善性能或降低成本在塑料中加入的物质，作为填料的材料有木粉、石墨粉、玻璃纤维、棉布和玻璃布等。增塑剂用来提高树脂的可塑性和柔软性，一般在树脂中均加入适量增塑剂。稳定剂是为了防止塑料在光、热或其他条件下性能变坏而加入的物质。润滑剂的作用是防止塑料在成型过程中粘在模具或设备上，并使制品表面光亮美观。着色剂也称染料，使塑料制品有鲜艳的色彩。一般热固性树脂成型时，为使其成为体型结构而加入固化剂。

（1）塑料的分类

1）按热性能分为热塑性塑料和热固性塑料两类。

热塑性塑料在加热时可熔融，并可多次反复加热使用，如聚乙烯、聚氯乙烯、聚丙烯、聚酰胺、聚四氟乙烯、ABS 塑料和聚甲基丙酸甲酯（有机玻璃）等塑料。可采用注射、挤压、吹塑等方法加工成型。

热固性塑料经一次成型后，受热不变形，不软化，无法用溶剂溶解，不能重复使用，如酚醛塑料、氨基塑料、有机硅塑料和环氧塑料等。可用模压、层压或浇注等工艺加工成型。

2）按应用范围分为通用塑料、工程塑料和特种塑料三类。

通用塑料产量大、价格低、应用最广泛，如聚乙烯、聚氯乙烯、聚丙烯和氨基塑料等。它们占塑料总产量的 70% 以上，多用于制造生活用品和农业薄膜等。

工程塑料主要作为结构材料在机械设备和工程结构中使用，主要有聚酰胺、聚甲醛、有机玻璃、聚碳酸酯、ABS 塑料、聚砜、氟塑料等。它们的力学性能较高，耐热、耐蚀性能也比较好，是目前重点发展的塑料品种。

随着高分子合成材料的发展，塑料可以采用各种措施来改性和增强，从而制成各种新品种塑料。这样，工程塑料和通用塑料之间的界限也就很难划分。例如，聚乙烯是通用塑料，但在工程技术中已作为耐腐蚀材料，大量应用于化工机械，因此也可划为工程塑料。

特种塑料是指具有某些特殊性能的塑料，如耐高温、耐腐蚀。像聚四氟乙烯几乎不受任何化学药品的腐蚀，它的化学稳定性超过了玻璃、陶瓷、不锈钢，甚至金、铂等贵金属，能耐强腐蚀性介质（硝酸、浓硫酸、王水、盐酸和苛性碱等）腐蚀，有"塑料王"之称。它可在 $-100 \sim 250℃$ 范围内长期使用，另外还有聚酰亚胺等。但这些塑料的产量低，价格高，仅用于特殊使用的场合。

（2）性能特点及应用 常用塑料的性能特点及应用见表 2-26。

表 2-26 常用塑料的性能特点及应用

塑料名称	性能特点	应用实例
聚乙烯(PE)	绝缘,耐蚀性高;低压 PE:熔点高,力学性能高,高压 PE:透明性高,塑性好	耐蚀件、绝缘件、涂层、薄膜
聚氯乙烯(PVC)	耐蚀、绝缘;易老化	耐蚀件、化工零件、管道、薄膜
聚丙烯(PP)	力学性能优于 PE,耐热性高,可在 120℃下使用,无毒,耐蚀,绝缘,耐磨性差	医疗器械、生活用品、各种机械零件
聚苯乙烯(PS)	耐蚀,绝缘,无色透明,着色性好,吸水性极小,性脆易燃且易被溶剂溶解	绝缘件、仪表外壳、日用装饰品
ABS 塑料	耐冲击,综合力学性能好,尺寸稳定,耐蚀,绝缘,但耐热性不高	一般零件、耐磨件、传动件
聚酰胺(尼龙)(PA)	坚韧,耐磨,耐疲劳,耐蚀,无毒,吸水性强,尺寸稳定性低	耐磨件、传动件
聚四氟乙烯(PTFE)	耐蚀,绝缘,摩擦因数小,不粘水,可在 $-180 \sim 250℃$ 范围内长期使用,又称塑料王	减摩件、耐蚀件、密封件、绝缘件
有机玻璃(PMMA)	透明性高,力学性能、可加工性好,耐磨性差,能溶于某些有机溶剂	光学镜片、仪表外壳及防护罩
酚醛塑料(PF)	较高的机械强度,电绝缘性好,兼有耐热、耐蚀等性能	各种绝缘件、耐蚀件、水润滑轴承
环氧塑料(EP)	强度高,韧性好,具有良好的化学稳定性、绝缘性和耐热耐寒性能	塑料模具、船体、绝缘件
有机硅塑料	绝缘,电阻高,耐热,可在 100 ~ 200℃ 范围内长期使用,耐低温	耐热件、绝缘件

2. 橡胶

橡胶是具有轻度交联的线型高聚物，它的突出特点是在很宽的温度范围（40～120℃）处于高弹态。在较小的外力作用下，能产生很大的变形，外力去除后，能恢复到原来的状态。纯弹性体的性能随温度变化很大，如高温发黏、低温变脆，必须加入各种配合剂，经硫化处理后才能制成各种橡胶制品。硫化处理是使分子链间产生交联形成网状结构。硫化剂加入量大时，橡胶硬度增加，弹性降低。硫化前的橡胶称为生胶。橡胶的配合剂有硫化剂、硫化促进剂、防老剂、软化剂、填充剂、发泡剂和着色剂等。

橡胶具有储能、耐磨、隔音和绝缘等性能，广泛用于制造密封件、减振件、轮胎、电线电缆和传动件等。

橡胶按其应用范围可分为通用橡胶和特种橡胶，按其原材料的来源可分为天然橡胶和合成橡胶。

天然橡胶是由热带植物橡胶树流出的乳胶加工而成的，它是轻度交联的线型高分子聚合物，即生胶。天然橡胶是综合性能最好的橡胶之一，但由于原料的缘故，产量比例逐年降低。

合成橡胶是由石油、天然气等为原材料人工合成的，具有类似橡胶性能的高聚物。合成橡胶主要有丁苯橡胶、顺丁橡胶、异戊橡胶、氯丁橡胶、丁基橡胶、乙丙橡胶和丁腈橡胶七种。其中，产量最大的是丁苯橡胶，占橡胶总产量的 60%～70%；发展最快的是顺丁橡胶。

二、陶瓷

陶瓷是用天然或人工合成的粉状化合物经过成型和高温烧结制成的，是由金属元素和非金属元素的无机化合物构成的多相固体材料。在传统观念上，陶瓷是陶器和瓷器的统称。后来才确立了包括整个硅酸盐材料和氧化物材料在内的陶瓷新概念。陶瓷具有硬度、熔点和抗压强度高，耐磨损，耐氧化，耐腐蚀等优点，但陶瓷性脆易裂，导热性差。作为结构材料在许多场合是金属材料和高分子材料所不能替代的，而陶瓷的某些特殊的光、电、磁等性能又可用作各种功能材料。

陶瓷的种类很多，按照其原料和用途不同，可分为普通陶瓷和特种陶瓷两大类。

1. 普通陶瓷

普通陶瓷主要是以黏土为主要原料的制品，原料经粉碎、成型、烧结而成产品。普通陶瓷产量最大，具有质地坚硬、不会氧化生锈、耐腐蚀、不导电、耐一定高温、加工成型性好、成本低廉等优点，所以广泛用于建筑、日用、卫生、化工、纺织和高低压电气等行业的结构件和用品。如化学工业用的耐酸耐碱容器、管道、反应塔，供电系统用的绝缘子、瓷套等。但是这类陶瓷拉伸强度较低、抗热冲击性较差、热膨胀系数和导热系数均低于金属。

2. 特种陶瓷

特种陶瓷是指采用高纯度人工合成原料制成并具有特殊物理化学性能的新型陶瓷。根据其主要成分，特种陶瓷又可分为氧化物陶瓷、氮化物陶瓷、碳化物陶瓷和金属陶瓷等。

氧化铝陶瓷的主要成分是 Al_2O_3，又称刚玉瓷。它的熔点高、耐高温，能在 1600℃ 的高温下长期使用，硬度高（在 1200℃ 时为 80HRA），绝缘性、耐蚀性优良。其缺点是脆性大，抗急冷急热性差。它被广泛应用于刀具、内燃机火花塞、坩埚、热电偶的绝缘套等。

氮化硅陶瓷的突出特点是耐急冷急热性优良，并且硬度高、化学稳定性好、电绝缘性优良，还有自润滑性，耐磨性好。它广泛用于制造耐磨、耐蚀、耐高温和绝缘的零件，如高温轴承、耐蚀水泵密封环、阀门、刀具等。

另外还有许多与机械工程有关的陶瓷材料，如压电陶瓷、过滤陶瓷和电光陶瓷等，选用时可参考有关资料。

三、复合材料

复合材料是由两种或两种以上不同化学性质或不同组织结构的材料经人工组合而成的合成材料。不同非金属材料之间，不同金属材料之间，以及非金属与各种不同金属材料之间都可以相互复合。实际上人们早就利用复合原理，在生产中创造了各种复合材料，如混凝土是由水泥、沙子、石子组成的复合材料；轮胎是由纤维与橡胶组成的复合材料。

不同材料复合后，通常是其中一种为基体材料，起粘结作用；另一种作为增强剂材料，起承载作用。两种或多种材料保留各自优点，而且还具有单一材料无法具备的优越的综合性能。因此，复合材料发展迅速，在很多领域都得到广泛应用。

复合材料的种类很多，按增强剂的种类和形状可分为纤维增强复合材料、颗粒增强复合材料、层叠增强复合材料和骨架增强复合材料等。

1. 纤维增强复合材料

纤维增强复合材料中承受载荷的主要为增强相纤维，增强相纤维粘结在基体中彼此隔离，且表面受到基体保护不易损伤，而塑性、韧性好的基体又能阻止裂纹的扩展。因此纤维复合材料强度高。

1）玻璃纤维复合材料。它是用合成树脂为粘结剂，以玻璃纤维为增强材料，按一定成型方法制成的，俗称玻璃钢。玻璃钢是一种新型的非金属防腐蚀材料，具有优良的耐蚀性能，较高的强度和良好的加工工艺性能等优点，在生产中应用日益广泛。

根据所用树脂的不同，玻璃钢性能差异很大。可制成板、棒和管材等，也可制造减摩耐蚀件、密封件、仪表零件、管道、泵、阀、汽车和船舶的外壳等。目前应用在化工防腐蚀方面的有环氧玻璃钢、酚醛玻璃钢（耐酸性好）、呋喃玻璃钢（耐蚀性好）和聚酯玻璃钢（施工方便）等。

2）碳纤维复合材料。碳纤维是有机纤维在惰性气体中，经高温碳化而制成的。其相对密度小，弹性模量高，高、低温性能好，在 2500℃ 以上的惰性气体中强度仍保持不变。碳纤维复合材料有碳纤维—树脂复合，碳纤维—金属—树脂复合，碳纤维—陶瓷—树脂复合。它们的密度低、比强度高、线膨胀小、冲击强度好、耐磨损，可制造压气机叶片、发动机壳体、轴瓦和齿轮等，被广泛应用于航空航天结构件中。

3）晶须复合材料。晶须是金属或陶瓷自由长大的针状单晶体，其直径小于 30nm，长度约几毫米。它几乎不存在晶体缺陷，强度极高，接近理论强度。用 Al_2O_3、SiC、AlN 等晶须与环氧树脂制成层压板，可制作涡轮叶片等。

2. 颗粒增强复合材料

颗粒增强复合材料是由一种或多种颗粒均匀分布在基体材料内所组成的材料，材料中承受载荷的主要为基体。颗粒增强的作用在于阻碍基体中位错或分子链的运动，从而达到增强效果。颗粒的尺寸大小影响增强效果，一般说颗粒越小，增强效果越好。颗粒复合材料可分为颗粒增强树脂和颗粒增强金属两类。

1）颗粒与塑料复合。如金属粉粒加入塑料中，可改善其导电和导热性能，降低线膨胀系数。如将铅粉加入氟塑料中，可作为轴承材料；需要导磁性能时可加入 Fe_2O_3 磁粉；加入 MoS_2 可提高材料的减摩性；炭黑加入橡胶中，可提高橡胶的耐磨性等。

2）陶瓷粒与金属复合。陶瓷粒与金属复合就是金属陶瓷，具有高强度、耐热、耐磨、耐腐蚀和热膨。氧化物金属陶瓷，如 Al_2O_3 金属陶瓷，可用作高速切削刀具材料及高温耐磨材料。钛基碳化钨即硬质合金，可制作切削刀具等。

3. 层叠增强复合材料

层叠增强复合材料是由两层或两层以上不同性质的材料复合而成的，以达到增强和满足特殊的物理化学性能目的。

1）塑料复层。钢板上覆一层塑料，可提高耐蚀性，常用于化工食品工业。

2）玻璃复层。两层玻璃板夹一层聚乙烯醇缩丁醛，可制作安全玻璃。

3）多层板。用钢-青铜-塑料三层复合，可制作轴承垫片、球座等耐磨件。

第七节　机械零部件的失效与材料的选用

一、机械零部件的失效

所谓失效是指机械或零部件在使用过程中，由于尺寸、形状或材料的组织与性能等的变化而丧失其规定功能的现象。机械或零部件的失效可归纳为：性能老化不能完全工作，失去安全工作能力或超过规定的失效数据。

1. 失效形式

从形式上看，零部件常见的失效有断裂失效、变形失效、表面损伤失效及材料老化失效等。

（1）断裂失效　断裂失效是零部件失效的主要形式，如主轴断裂、桥梁断裂和容器压力管道突然破裂等，都属于断裂失效。从断裂失效的原因上可分为韧性断裂失效和脆性断裂失效两类。韧性断裂失效是在断裂前宏观塑性变形及所吸收的能量较大的断裂破坏，断口多呈韧窝状，如图 2-51 所示。

脆性断裂失效是在断裂前没有发生塑性变形或塑性变形很小可以忽略的断裂破坏，如疲劳断裂、应力腐蚀断裂、腐蚀疲劳断裂和蠕变断裂等都属于脆性断裂。图2-52所示为轴的宏观疲劳断口，从断口的表面裂纹源和裂纹线能看出疲劳裂纹的扩展过程。图 2-53 所示为疲劳断口上

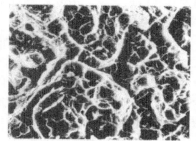

图 2-51　韧窝断口

的疲劳裂纹。在石油化工压力容器、压力锅炉等一些大型锻件或焊接件设备中，材料在工作应力远远低于材料屈服应力时，可能发生突然的、无塑性变形的脆性断裂破坏，这是低应力脆性断裂失效，是由于材料固有的裂纹扩展，使金属原子间的结合键破坏造成穿晶断裂或晶间断裂，其中穿晶断裂又称为解理断裂，图 2-54 和图 2-55 所示分别为解理断裂断口及晶间断裂断口。

图 2-52 轴疲劳断口

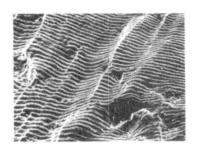

图 2-53 疲劳断口上的疲劳裂纹

图 2-54 解理断裂断口

图 2-55 晶间断裂断口

（2）变形失效 变形失效分为弹性变形失效和塑性变形失效两种。弹性变形失效是由于零部件刚度不足，使零部件弹性范围内的变形超量，造成零部件失去有效工作能力。例如，机床主轴在工作中产生过量的弹性变形，除了使机床产生振动，造成加工的零部件精度下降，还会使轴与轴承配合不良，加剧磨损，甚至造成断裂破坏。塑性变形失效是零部件因载荷过大，超过屈服强度，产生塑性变形而造成的零部件工作能力的丧失。零部件一般不允许出现塑性变形，如压力容器上的紧固螺栓，若因过载引起螺栓塑性伸长，则会使螺栓预紧力下降，配合或密封失效。

（3）表面损伤失效 表面损伤失效是由于磨损、疲劳和腐蚀等原因，使零件表面的形状、尺寸和粗糙度等发生变化而造成的零件失效。其中两接触件的表面磨损是这类失效的主要形式，如轴与轴承、齿轮轮齿表面、活塞环与气缸套之间的损伤，都是这类失效；表面疲劳损伤指的是两接触件相对运动时，因交变接触应力作用而使表面材料疲劳脱落所造成的失效；腐蚀表面失效发生在接触腐蚀介质的零部件表面，如化工容器、压力管道因腐蚀使壁厚变薄，造成承压失效。

（4）材料老化失效 高分子材料在使用或储存中发生材料变脆、变硬、变软和变黏等，从而使材料失去原有的性能指标的现象，称为高分子材料的老化。老化是高分子材料不可避免的现象。

零件的失效，一般是其中一种形式起主导作用，其他因素对失效有一定影响，但也有很多零件失效是由几种因素交叉作用，互相影响，组合成复杂的失效形式。

2. 失效原因

造成零件失效的原因很多，主要有设计、选材、加工、装配和使用等因素。

零件设计上的不合理主要表现在尺寸、结构的设计上可能使应力集中，或未充分考虑载荷、工作条件和工作环境等因素，使零部件的可靠性或使用寿命大大降低；另外，选材上的不合理，使选择材料的性能指标不能满足工作要求，或材料存在各种缺陷；加工因素主要指零部件加工方法选择不当，工艺错误或加工过程中出现缺陷，成为引发零部件失效的危险源；装配、使用中可能造成机器及零部件失效的因素很多，如装配不当、对中不好、配合过紧或过松、不按照工艺规程操作或维护不良等，都是机器及零部件不能正常工作、产生附加应力或振动使机器及零部件失效的原因。

二、工程材料选用的基本原则

工程材料的种类繁多，性能各异，价格不同，正确选择材料，确定毛坯成形方法，对于安全生产，充分发挥工程材料的潜能，节约材料，避免产品早期失效，同时对保证产品质量，降低成本，提高经济效益起着重要作用。材料与毛坯的选择应考虑零件的使用性能、工艺性能、经济性和生产条件等因素。

1. 使用性能原则

材料选择首先应符合使用要求，即保证零件能安全、可靠、有效地正常工作，并具有足够长的寿命。使用性能是指零件在使用状态下应具备的力学性能、化学性能和物理性能等，它是选择材料的最主要依据。在选材时应根据零件的工作条件，确保最主要的性能，同时尽可能兼顾其他性能。

2. 工艺性原则

材料的工艺性是保证材料能否顺利地加工制造成零件的性能。材料仅能符合使用性能是不够的，有些材料虽然从使用性能来看完全适合，但如果无法加工或加工很困难、成本很高，即工艺性不好，将对产品的质量、生产率和成本等产生更重要的影响，特别是大批量生产的零件。所以选材既要考虑使用性能，又要考虑加工工艺性能。

3. 经济性原则

在满足使用性和工艺性原则的前提下，选用的材料与毛坯生产方法要尽量使原材料与工艺成本最低、经济效益最好。使产品获得高的性价比，应考虑下面几点：

1）价格。能够满足使用性能的材料往往不止一种，应尽可能选用价格低廉的原材料，如选用碳素钢和铸铁，不仅原材料价格低，而且工艺性能优良，能取得好的经济效益。

2）资源状态。充分利用资源优势，尽量采用标准化、通用化材料，用含锰的钢代替含铬钢更适合我国的国情，如用 40MnB 代替 40Cr、用 9Mn2 代替 CrWMn；稀土也是我国较富有的元素，微量加入即可改善材料的性能，应提倡使用，铬、镍等则应尽量节约。另外，非金属材料具有许多优异的使用性能和工艺性能，成本较低，可用于代替金属材料。

材料与成形方法的选择还应考虑市场的供应情况和仓库的管理简便，一般机器中选用材料种类应尽可能少，这样便于采购、管理，便于安排毛坯成形，热处理等工艺。

复习思考题

2-1 什么是金属材料的力学性能？根据载荷形式的不同，力学性能主要包括哪些指标？

2-2　什么是疲劳现象？什么是疲劳强度？

2-3　解释下列名词：晶体、晶格、晶胞、晶粒；合金、组元、相、组织、固溶体、金属化合物。

2-4　常见的金属晶体结构类型有哪几种？并说明各自的主要特征。

2-5　何谓金属的同素异构转变？它与液态金属的结晶有何异同？

2-6　何谓固溶强化？何谓细晶强化？

2-7　解释下列概念，并说明其性能和显微组织特征：铁素体、奥氏体、渗碳体、珠光体、莱氏体。

2-8　什么是共晶转变？什么是共析转变？

2-9　一次渗碳体与二次渗碳体的区别是什么？

2-10　根据 Fe-Fe$_3$C 相图，分析 $w_C = 0.45\%$ 和 $w_C = 1.0\%$ 的碳素钢从液态缓冷至室温时的组织转变过程及室温组织。

2-11　解释下列名词：

过冷奥氏体、残留奥氏体、马氏体；临界冷却速度、淬硬性、淬透性、调质处理。

2-12　同一 45 钢，当调质和正火后的硬度基本相同时，两者在组织上和其他力学性能上是否相同？为什么？

2-13　确定下列工件的最终热处理方法：

1）用 20Cr 钢制造汽车用齿轮。

2）用 45 钢制造轴，心部要求有良好的综合力学性能，轴颈部要求硬而耐磨。

3）用 60 钢钢丝热成形弹簧。

4）用 T12 钢制作锉刀，要求硬度为 60~65HRC。

2-14　用 20 钢制造齿轮，其加工路线为：下料→锻造→正火→粗加工、半精加工→渗碳→淬火、低温回火→磨削，试回答下列问题：

1）说明各热处理工序的作用。

2）最终热处理后的表面组织和性能。

2-15　钢中常存的杂质有哪些？硫、磷对钢的性能有什么影响？锰（Mn）在钢中起什么作用？

2-16　在平衡条件下，45 钢、T8 钢、T12 钢的硬度、强度、塑性、韧性哪个大，哪个小？变化规律如何，原因何在？

2-17　说明下列牌号钢的类型、碳及合金元素的含量及用途：

Q235、20、45、65Mn、T12A、ZG310-570、Q345（16Mn）、20MnV、40Cr、60Si2Mn、GCr15、9SiCr、W18Cr4V、Cr12、5CrMnMo、12Cr13、10Cr17、12Cr18Ni9、022Cr18Ni9、06Cr18Ni10Ti、ZGMn13-1。

2-18　高锰钢的耐磨机理与一般淬火工具钢的耐磨机理有何不同？它们的应用场合有何不同？

2-19　下列牌号表示什么铸铁？其符号和数字表示什么含义？

HT150、QT450-10、KTH300-06、KTZ550-04、RuT340。

2-20　指出下列牌号（或代号）的具体名称，说明数字和字母的意义，并各举一例说明其用途。

3A21、ZL102、T2、H68、QSn4-3、ZCuZn16Si4、HPb59-1。

2-21　什么是塑料？按合成树脂的热性能不同，塑料可分为哪两类？各有何特点？

2-22　氧化铝陶瓷的主要成分是什么？其性能又如何？

2-23　什么是复合材料？复合材料有哪几种基本类型？复合材料有什么性能特点？

2-24　机械零部件的失效形式有哪几种？

2-25　工程材料选用的基本原则是什么？

第三章

常用机构

如概论中所述，机构是多个构件的组合体，为了传递运动和力，机构的各构件之间还应具有确定的相对运动。但任意拼凑的构件组合体不一定能发生相对运动；即使能够相对运动，也不一定具有确定的相对运动。讨论机构满足什么条件时构件之间才具有确定的相对运动，对于分析现有机构或设计新机构都具有重要意义。

实际机构的外形和结构都是很复杂的。为了便于分析研究，在工程设计中，通常都用简单线条和符号绘制机构运动简图来表示实际机械。

一、平面运动副及其分类

机构是由若干个构件组合而成的。每个构件都以一定的方式与其他构件相互连接，这种连接不同于铆接和焊接等刚性连接，它能使相互连接的两构件之间存在一定的相对运动。这种使两构件直接接触而又能产生一定相对运动的连接称为运动副。例如，在内燃机中，活塞与缸体间的连接、连杆与曲轴间的连接、凸轮与顶杆间的连接以及轮齿与轮齿间的连接都构成运动副。

运动副中构件与构件的接触形式有点、线、面三种。例如，凸轮与顶杆之间、轮齿与轮齿之间的连接为点接触或线接触；连杆与曲轴之间、活塞与缸体之间的接触则为面接触。通常，把两构件之间构成点或线接触的运动副称为高副，把两构件之间构成面接触的运动副称为低副。

运动副除根据成副两构件的接触情况进行分类外，通常还可根据两构件之间的相对运动是平面运动还是空间运动，把运动副分为平面运动副和空间运动副两类。由于常用机构多为平面机构，所以本书重点讨论平面机构及其运动副的有关问题。

由此，可以归纳平面运动副的种类及定义如下。

1. 高副

两构件构成点、线接触的运动副称为高副。图 3-1 所示的齿轮轮齿啮合为高副。

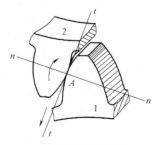

图 3-1　高副

2. 低副

两构件构成面接触的运动副称为低副。如图 3-2a、b 所示。

平面低副按其相对运动形式分为转动副和移动副。

（1）转动副 两构件间只能产生相对转动的运动副称为转动副，如图 3-2a 所示。

（2）移动副 两构件间只能产生相对移动的运动副称为移动副，如图 3-2b 所示。

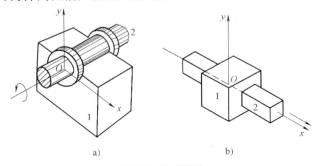

图 3-2 低副

二、平面机构运动简图

在实际机构中，构件的外形结构是比较复杂的。而构件之间的相对运动与构件的外形及断面尺寸、组成构件的零件数目和运动副的具体结构等因素并无关系。因此，在研究机构的运动时，可以略去与运动无关的因素，仅用简单的符号及线条来表示运动副和构件，并按一定比例表示各运动副的相对位置。这种用来表示机构中各构件相对运动关系的简单图形称为机构运动简图。

图 3-3b 所示为图 3-3a 所示机构的机构运动简图，它清楚地表达了活塞泵各构件间的相对运动关系。

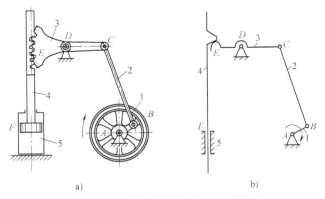

图 3-3 活塞泵及其机构运动简图

1—曲柄 2—连杆 3—齿扇 4—齿条活塞 5—机架

1. 平面运动副的表示方法

两构件组成转动副时，转动副的结构及简化画法如图 3-4 所示。用圆圈表示转动副，其圆心代表相对转动轴线。图 3-4a 表示成副两构件均为活动件。如果成副两构件之一为机架，则把代表机架的构件（图中的构件1）画上斜线，如图3-4b、c所示。

两构件组成移动副时，其表示方法如图3-5所示。画有斜线的构件代表机架。

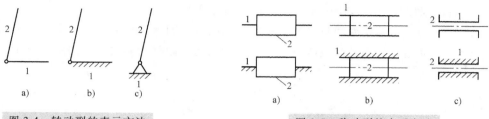

图 3-4　转动副的表示方法　　　　图 3-5　移动副的表示方法

两构件组成高副时，在简图中应画出两构件接触处的曲线轮廓，如图3-6a、b、c所示。

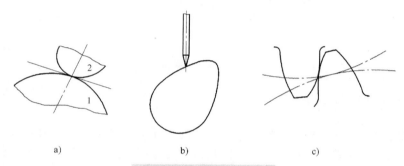

图 3-6　高副的表示方法

a）滚轮副　b）凸轮副　c）齿轮副

2. 构件的表示方法

表达机构运动简图中的构件时，只需将构件上的所有运动副按照它们在构件上的位置用符号表示出来，再用简单的线条把它们连成一体即可。

参与组成两个运动副的构件的表示方法如图3-7所示。当按一定比例绘制机构运动简图时，表示转动副的圆圈，其圆心必须与相对回转轴线重合；表示移动副的滑块、导杆或导槽时，其导路必须与相对移动方向一致；表示平面高副的曲线，其曲率中心的位置必须与构件实际轮廓相符。

参与组成三个转动副的构件的表示方法如图3-8所示。当三个转动副中心不在一条直线上时，可用三条直线连接三个转动副中心组成的三角形表示（图3-8a、b）。为了说明是同

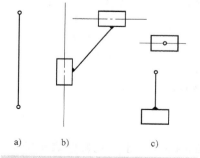

图 3-7　两个运动副构件的表示方法

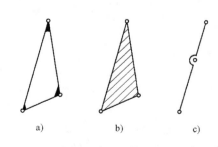

图 3-8　三个转动副构件的表示方法

一构件参与组成三个转动副，在每两条直线相交的部位涂以焊接记号或在三角形中间画上剖面线。如三个转动副的中心处在一条直线上，可用图 3-8c 表示。

三、平面机构的组成

机构是由构件组成的，构件可以分为三种。

1. 固定件（机架）

用来支承活动构件的构件称为固定件。如图 1-1 中的气缸体就是固定件，用它来支承活塞和曲轴等。研究机构中活动件的运动时，常以固定件作为参考系。

2. 原动件

按给定运动规律运动的构件称为原动件。它的运动是由外界输入的，故又称为输入构件。如图 1-1 中的活塞就是原动件。

3. 从动件

机构中随着原动件的运动而运动的其余活动构件称为从动件。如图 1-1 中的连杆、曲轴等均属于从动件。

任何一个平面机构中，必有一个构件被相对地看作固定件。如气缸体虽然随汽车运动，但在研究发动机的运动时，仍然将气缸体当作固定件。在活动构件中必然有一个或几个原动件，其余均为从动件。

四、平面机构的自由度

1. 单个构件的自由度

由力学知识可知，做平面运动的自由构件具有三个自由度（独立运动），即沿 x 轴的移动、沿 y 轴的移动及绕垂直于 xOy 平面轴的转动，如图 3-9 所示。

2. 运动副的约束

当两构件组成运动副以后，构件的某些独立运动将因构件间的直接接触而受限制，即自由度将随之减少。运动副对独立运动所加的限制称为约束。每加上一个约束，构件便失去一个自由度。有运动副就要引入约束，但每个运动副不一

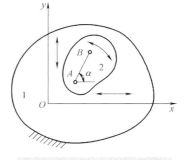

图 3-9　单个构件的自由度

定只引入一个约束，运动副的类型不同，引入约束的数目也不同。平面机构的低副引入 2 个约束，构件的自由度为 1。如图 3-2a 所示，构件 2 沿 x 轴和 y 轴方向的移动都受到限制，而只能在坐标平面内转动，其自由度为 1；如图 3-2b 所示，滑块 2 也受到 2 个约束，其自由度也为 1。平面机构的高副引入 1 个约束，构件的自由度为 2。如图 3-1 所示，构件 2 相对构件 1 在其接触点法线 n—n 方向受到约束，在切线 t—t 方向可以移动，还可以转动，其自由度为 2。

3. 平面机构的自由度

（1）平面机构自由度的计算公式　设一个平面机构由 N 个构件组成，其中必有一个为机架。因机架为固定件，其自由度为零，故活动构件数为 $n = N-1$。这 n 个活动件在没有通过运动副连接时，应该共有 $3n$ 个自由度。当运动副将构件连接起来组成组合体之后，自由

度就要减少。当引入 1 个低副时，自由度就减少 2 个；当引入 1 个高副时，自由度就减少 1 个。如果上述机构引入了 P_L 个低副，P_H 个高副，则自由度减少的总数就为 $2P_L+P_H$，则该机构所剩自由度数（用 F 表示）为

$$F = 3n - 2P_L - P_H \tag{3-1}$$

例 3-1 计算图 3-3 所示活塞泵的自由度。

解 在活塞泵机构中，有四个活动构件，$n=4$；有四个转动副和一个移动副，$P_L=5$；有一个高副，$P_H=1$。由式（3-1）可计算机构的自由度为

$$F = 3n - 2P_L - P_H = 3 \times 4 - 2 \times 5 - 1 \times 1 = 1$$

概括起来，机构的自由度数就是机构具有独立运动的个数。由前述可知，从动件是靠原动件带动的，本身不具备独立运动，只有原动件具有独立运动。通常，原动件和机架相连，所以每个原动件只有一个独立运动，因此为了获得确定的运动，机构的自由度数应该与原动件个数相等。

如果原动件数少于自由度数，则机构会出现运动不确定现象，如图 3-10 所示。

如果原动件数大于自由度数，则机构中最薄弱的构件或运动副可能被破坏，如图 3-11 所示。

如果自由度数等于零，则这些构件组合在一起形成一个刚性结构，各构件之间没有相对运动，不能构成机构，如图 3-12 所示。

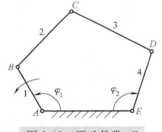

图 3-10　原动件数＜F

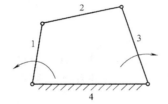

图 3-11　原动件数＞F

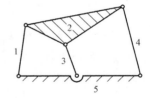

图 3-12　$F=0$ 的构件组合

综上所述，机构具有确定运动的条件是：机构自由度数大于零且等于原动件的个数。

（2）计算机构自由度时应注意的问题　在应用机构的自由度计算公式时，必须对以下几种情况加以注意。

1）复合铰链。两个以上构件同在一处以转动副相连称为复合铰链。

图 3-13a 所示为三个构件在同一处构成复合铰链的机构简图，从图 3-13b 所示的侧视图中可以看出，构件 1 分别与构件 2、构件 3 构成两个转动副。依此类推，如果有 k 个构件同在一处以转动副相连，必然构成 $(k-1)$ 个转动副。

例 3-2 计算图 3-14 所示机构的自由度。

解 图示机构的活动构件数 $n=5$，C 点为复合铰链，该处有两个转动副，所以低副数 $P_L=7$，高副数 $P_H=0$，则该机构的自由度为

$$F = 3n - 2P_L - P_H = 3 \times 5 - 2 \times 7 - 1 \times 0 = 1$$

2）局部自由度。机构中存在的与输出构件运动无关的自由度称为局部自由度。在计算机构自由度时，局部自由度应予以剔除。

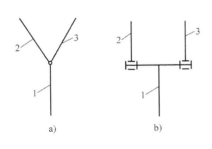

图 3-13　复合铰链

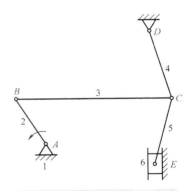

图 3-14　带复合铰链的机构

图 3-15a 所示的凸轮机构，当主动件凸轮 1 绕 O 点转动时，通过滚子 4 使从动件 2 沿机架 3 移动。在此机构中，活动构件数 $n = 3$，低副数 $P_L = 3$，高副数 $P_H = 1$，按式（3-1）得

$$F = 3n - 2P_L - P_H = 3 \times 3 - 2 \times 3 - 1 \times 1 = 2$$

这说明此机构要有确定运动应有两个主动件，而实际上只有一个主动件。这是因为此机构中有一个局部自由度，即滚子 4 绕 B 点转动，此运动与从动件 2 的运动无关，只是为了减少从动件与凸轮间的磨损而增加了滚子。由于局部自由度与机构运动无关，故计算机构自由度时应去掉局部自由度。如图 3-15b 所示，假设把滚子与从动件焊接在一起，这时的机构运动并不改变，则图 3-15b 中 $n = 2$，$P_L = 2$，$P_H = 1$，此时机构的自由度计算结果为

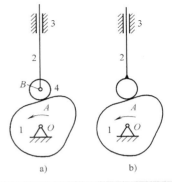

图 3-15　凸轮机构的局部自由度

$$F = 3n - 2P_L - P_H = 3 \times 2 - 2 \times 2 - 1 \times 1 = 1$$

即此机构的自由度数为 1，这说明此机构只要有一个主动件即可实现确定的运动，这与实际情况相符合。

3）虚约束。在机构中，有些运动副所引入的约束与其他运动副所引入的约束相重复。这种形式上存在，但实际上对机构的运动并不起独立限制作用的约束，称为虚约束。

如图 3-16a 所示的平行四边形机构中，连杆 2 做平动，其上各点的轨迹均为圆心在 AD 线上且半径等于 AB 的圆弧，根据式（3-1）得该机构的自由度为

$$F = 3n - 2P_L - P_H = 3 \times 3 - 2 \times 4 - 1 \times 0 = 1$$

假如在图 3-16a 所示机构上增加构件 5，如图 3-16b 所示，则该机构的自由度似乎为

$$F = 3n - 2P_L - P_H = 3 \times 4 - 2 \times 6 - 1 \times 0 = 0$$

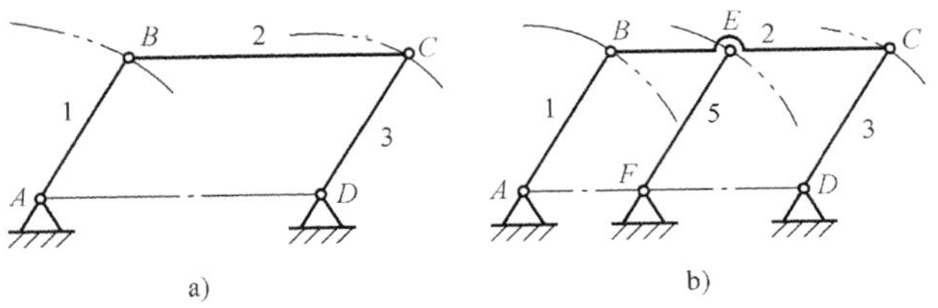

图 3-16　平行四边形机构的虚约束

表明此机构是刚性的，不能动的，这显然与实际情况不符。这就是因为引入了虚约束。由于构件1、3、5相互平行且等长，所以B、C、E点的轨迹都是等半径的圆，如果去掉构件5，构件3的运动轨迹还是不变，但加上构件5后多了三个自由度，而引入两个转动副E和F，则增加了四个约束，所以结果相当于对机构多加了一个约束。如上所述，这个约束对机构的运动并没有起约束作用，所以它是一个虚约束。计算自由度时，应将虚约束除去不计，故该机构的自由度实际上仍为1。

虚约束是机构中构件间满足某些特殊条件的产物。机构中的虚约束常发生在以下情况：

① 轨迹重合。机构中两构件相连，连接前被连接件上连接点的轨迹和连接后连接件上连接点的轨迹重合，如图3-16b所示。

② 两构件同时在几处接触并构成几个移动副，且各移动副的导路相互平行或重合。如图3-17所示，只算一个移动副，其余都是虚约束。

③ 两构件间在几处构成转动副且各转动副轴线重合，只能算一个转动副，其余为虚约束，如图3-18所示。

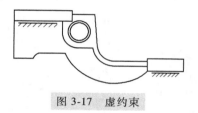

图3-17 虚约束

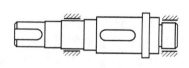

图3-18 虚约束

④ 机构中对传递运动不起独立作用的对称部分。如图3-19所示轮系，太阳轮1经过两个对称布置的小齿轮2和2'驱动内齿轮3，其中有一个小齿轮对传递运动不起独立作用。这是为了改善受力情况而设置的，实际上只需要一个小齿轮就能满足运动要求。

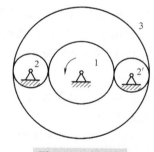

图3-19 虚约束

各类虚约束在机构设计中是常见的。因其可以改善机构的受力情况。在计算机构自由度时，应先分析一下，如有虚约束，可先除去，然后应用式（3-1）计算。

例3-3 计算图3-20所示大筛机构的自由度。

解 机构中的滚子处有一个局部自由度。顶杆与机架在E和E'处组成两个导路平行的移动副，其中之一为虚约束。C处是复合铰链。先将滚子与顶杆焊接成一体，去掉移动副E'，并在C点注明转动副的个数，如图3-21所示。故$n=7$，$P_L=9$（7个转动副和2个移动副），$P_H=1$，故由式（3-1）得

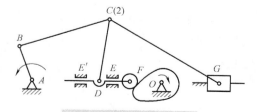

图3-20 原始大筛结构

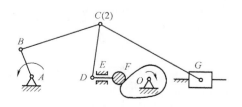

图3-21 变形后大筛结构

$$F = 3n - 2P_L - P_H = 3 \times 7 - 2 \times 9 - 1 \times 1 = 2$$

此机构的自由度数为 2，故有两个原动件。

第二节　平面连杆机构

平面连杆机构是由若干个构件用低副（转动副、移动副）连接的，且各构件均在相互平行平面内运动的机构，又称为平面低副机构。它广泛地应用于各种机械和仪表中，如金属切削机床、起重运输机械、矿山机械、农业机械和仪表等。它在机械中起传递动力和改变运动形式的作用。

平面连杆机构中，以四个构件组成的平面四杆机构用得最多。平面四杆机构不仅应用广泛，而且又是组成多杆机构的基础。在平面四杆机构中，又以铰链四杆机构为基本形式，其他形式均可由铰链四杆机构演化而得到。

一、铰链四杆机构的基本形式及特点

全部用转动副连接的平面连杆机构称为铰链四杆机构。如图 3-22 所示，以固定不动的构件 4 为机架；与机架相连的构件 1 和构件 3 为连架杆，其中能做整周转动的称为曲柄，不能做整周转动的称为摇杆；不与机架直接相连的构件 2 称为连杆，连杆做复杂的平面运动。

根据两连架杆运动形式不同，铰链四杆机构可分为曲柄摇杆机构、双曲柄机构和双摇杆机构三种基本类型。

1. 曲柄摇杆机构

在铰链四杆机构中，若两连架杆中一个为曲柄，另一个为摇杆，则称为曲柄摇杆机构（图 3-23）。在这种机构中，曲柄通常作为主动件，并做等速回转运动，而摇杆为从动件，并做变速往复运动。有时，也可以是摇杆为主动件。

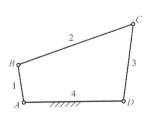

图 3-22　铰链四杆机构

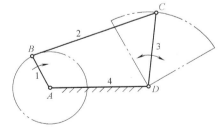

图 3-23　曲柄摇杆机构

图 3-24 所示为雷达天线机构。曲柄缓慢地匀速转动，通过连杆 2 使摇杆 3 在一定角度范围内摆动，从而调整天线俯仰角的大小，扩大雷达的搜索范围。

图 3-25 所示为搅拌器机构。曲柄 1 匀速运动，通过连杆 2 使摇杆 3 摆动，利用连杆 2 上 E 点的轨迹以及容器绕 z—z 轴的转动而将溶液搅拌均匀。

图 3-26 所示为缝纫机脚踏板机构。该机构以摇杆 3（踏板）为主动件，并做往复摆动，通过连杆 2 驱动曲柄及带轮一起转动，从而使机头转动以进行缝纫工作。

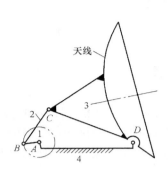

图 3-24　雷达天线机构

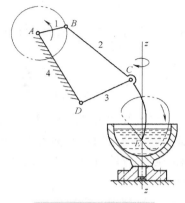

图 3-25　搅拌器机构

2. 双曲柄机构

在铰链四杆机构中，若两连架杆均为曲柄，则称为双曲柄机构（图 3-27）。

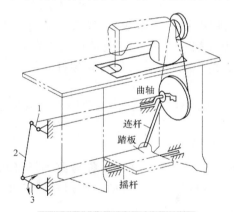

图 3-26　缝纫机脚踏板机构

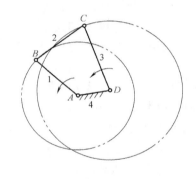

图 3-27　双曲柄机构

图 3-28 所示的惯性筛机构中，*ABCD* 就是双曲柄机构。当曲柄 *AB* 做等角速度转动时，另一曲柄 *CD* 做变角速度转动，再通过构件 *CE* 使筛子产生变速直线运动。这样，便可利用筛上物料的惯性来筛选物料。

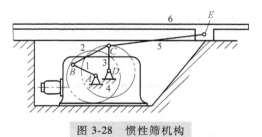

图 3-28　惯性筛机构

在双曲柄机构中，如果组成四边形的对边杆长度分别相等，则构成平行四边形机构。根据曲柄相对位置的不同，可得到如图 3-29a 所示的正平行四边形机构和图 3-29b 所示的反平行四边形机构。前者两连架杆 *AB*、*CD* 的转动方向相同，且角速度时时相等；后者两连架杆转动方向相反且角速度不等。图 3-30 所示的机车驱动轮联动机构及图 3-31 所示的摄影车座斗升降机构均为正平行四杆机构应用的实例。

应当指出，图 3-29a 所示正平行四边形机构在运动过程中，主动曲柄 1 与连杆 2、从动曲柄 3 与连杆 2 将出现两次共线位置。如图 3-32 所示，当主动曲柄 1 从 *B* 转到 B_1（在 *AD*

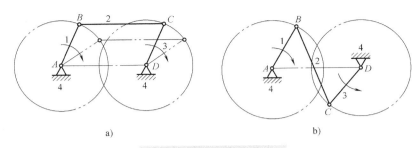

图 3-29 平行四边形机构

a) 正平行四边形机构 b) 反平行四边形机构

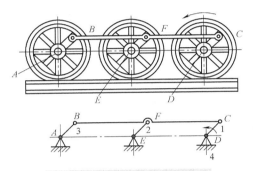

图 3-30 机车驱动轮联动机构

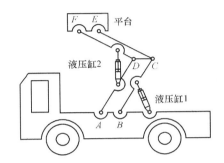

图 3-31 摄影车座斗升降机构

线上）时，从动件 3 从 C 转到 C_1（AD 延长线上），从而使 AB_1、B_1C_1、C_1D、AD 四杆共线；当主动曲柄 AB 再继续沿顺时针方向转至 B_2 时，从动曲柄 3 上的铰链 C 可能由 C_1 沿顺时针转到 C_2，也可能沿逆时针方向反转到 C_2'，即出现从动曲柄运动不确定现象。为防止这一现象的发生，除可以利用从动曲柄本身的质量或附加转动惯量较大的飞轮，依靠其惯性导向外，还可用辅助构件构成多组相同的机构，采用彼此错开一定角度的方法来解决。图 3-33 就是利用两组相同的正平行四杆机构（$ABCD$ 和 $AEFD$），彼此错开 90° 固联组合而成的。当一组处于水平共线位置 AB_1C_1D 时，另一组则处于正常状态，从而消除了机构的运动不确定现象，保证机构按预定要求运动。消除机构运动不确定现象还可以采用其他方法，如图 3-30 所示的机车驱动轮联动机构中，则是采用了加虚约束的方法。

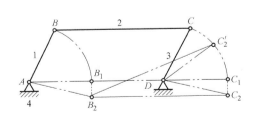

图 3-32 平行四边形机构的运动不确定性

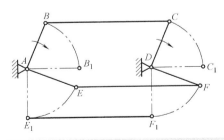

图 3-33 用辅助构件克服运动不确定性

3. 双摇杆机构

在铰链四杆机构中，若两连架杆均为摇杆，则称为双摇杆机构（图 3-34）。

图 3-35 所示为港口用的鹤式起重机，它就是双摇杆机构的应用实例，当摇杆 AB 摆动

时，连杆 *BC* 上的延伸点 *E* 做近似水平的直线运动，使重物水平移动，避免重力做功，以减少功率损耗。

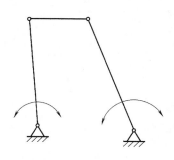

图 3-34 双摇杆机构

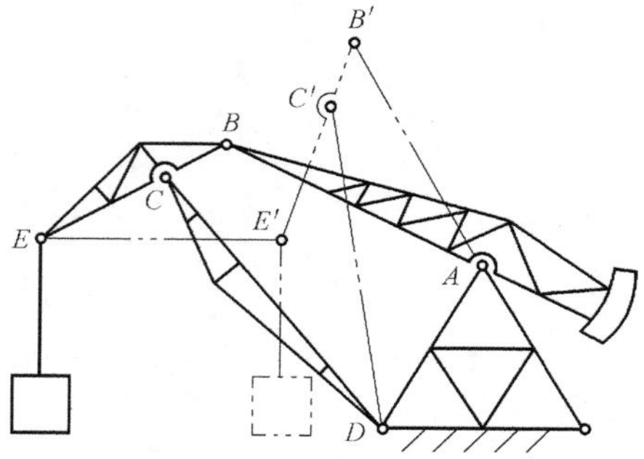

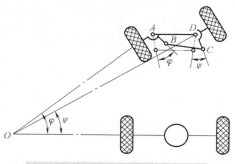

图 3-35 鹤式起重机

在双摇杆机构中，若两摇杆长度相等，则称为等腰梯形机构。如图 3-36 所示，轮式车辆前轮转向机构就是等腰梯形机构的应用实例。当车子转弯时，与两前轮固联的两摇杆摆动的角度 φ 和 ψ 不相等。如果任意位置都能使两前轮轴线的交点 *O* 落在后轮轴线的延长线上，则当整个车身绕点 *O* 转动时，四个车轮均能在地面上纯滚动，避免轮胎的滑动损伤。等腰梯形机构能近似满足这一要求。

图 3-36 轮式车辆前轮转向机构

二、四杆机构的演化

在实际应用的机械中，有各式各样带有移动副的平面四杆机构，这些机构都可以看成是由铰链四杆机构演化而来的。下面分析几种常用的演化机构。

1. 曲柄滑块机构

在图 3-37a 所示的曲柄摇杆机构中，随着摇杆 3 的长度增加，*C* 点的运动轨迹 *m—m* 逐

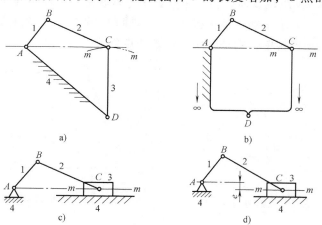

a)　　　　　　　　b)

c)　　　　　　　　d)

图 3-37 曲柄摇杆机构的演化

a) 曲柄摇杆机构　b) 摇杆 3 增至无限长　c) 对心式曲柄滑块机构　d) 偏置式曲柄滑块机构

渐趋于平缓。当摇杆 3 的长度增至无穷大时，C 点的运动轨迹则成为直线 m—m（图 3-37b），这时构件 3 由摇杆演变成滑块，转动副 D 也转化为移动副，于是曲柄摇杆机构演化成曲柄滑块机构，直线 m—m 即为滑块导路的中心线。

当滑块导路中心线 m—m 通过曲柄转动中心 A 时，则称该机构为对心式曲柄滑块机构（图 3-37c）；当滑块导路中心线 m—m 不通过曲柄回转中心 A 而有一偏距时，则称该机构为偏置式曲柄滑块机构（图 3-37d）。曲柄滑块机构广泛应用于活塞式内燃机、空气压缩机、压力机和送料机等机械中。

2. 导杆机构

导杆机构可以看成是通过改变曲柄滑块机构（图 3-38a）中的固定构件演化而来的。演化后在滑块中与滑块做相对移动的构件称为导杆。

（1）曲柄转动导杆机构 如图 3-38a 所示的曲柄滑块机构，当取构件 1 为机架时，由于构件的长度 $l_1 < l_2$，因此构件 2 和构件 4 都做整周转动，这种具有一个曲柄和一个能做整周转动导杆的四杆机构称为曲柄转动导杆机构（图 3-38b）。

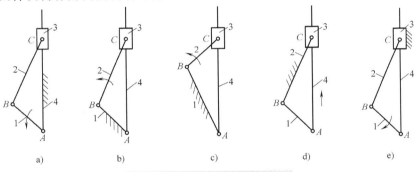

图 3-38 曲柄滑块机构的演化

a）曲柄滑块机构 b）曲柄转动导杆机构 c）曲柄摆动导杆机构 d）摆动导杆滑块机构 e）移动导杆机构

图 3-39 所示的送料机构简图中，采用的就是由构件 1、2、3、4 组成的曲柄转动导杆机构。

（2）曲柄摆动导杆机构 在图 3-38b 中，如果使构件 1 和构件 2 的长度 $l_1 > l_2$，那么机构将演化成图 3-38c 所示的曲柄摆动导杆机构。图 3-40 所示为曲柄摆动导杆机构在牛头刨床中的应用。

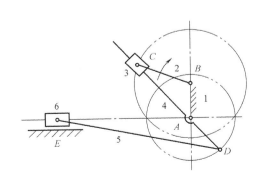

图 3-39 送料机构

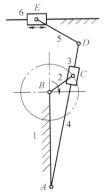

图 3-40 牛头刨床的主体机构

（3）摆动导杆滑块机构（摇块机构） 当取曲柄滑块机构中的连杆 2 为机架时，则演化为图 3-38d 所示的摆动导杆滑块机构。这种机构广泛应用于摆缸式内燃机和液压驱动装置。图 3-41 所示为货车车厢自动翻转卸料机构，当液压缸 3 中的压力油推动活塞 4 在缸体内移动时，车厢 1 被顶起，物料自动卸下，随着车厢的起降，液压缸 3 绕自身的支点 C 摆动。

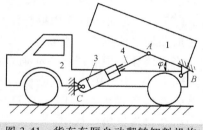

图 3-41 货车车厢自动翻转卸料机构

（4）移动导杆机构（定块机构） 当取曲柄滑块机构中的滑块 3 为机架时，则演化为图 3-38e 所示的移动导杆机构。这种机构常用于老式的手动唧筒，如图 3-42 所示，当摇动手柄 1 时，活塞 4 在缸体 3 中上下移动便可将水抽出。这种机构还可用于抽油泵中。

3. 偏心轮机构

在曲柄滑块机构中，若要求滑块行程较小则必须减小曲柄长度。由于结构上的困难，很难在较短的曲柄上制造出两个转动副，往往采用转动副中心与几何中心不重合的偏心轮来代替曲柄（图 3-43a），两中心间的距离 e 称为偏距，其值即为曲柄长度，图中滑块行程为 $2e$。这种将曲柄做成偏心轮形状的平面四杆机构称为偏心轮机构，它可视为将图 3-43b 中的转动副 B 扩大到包容转动副 A，使构件 1 成为转动中心在 A 点的偏心轮，因此其运动特性与原曲柄滑块机构等效。同理，也可将图 3-43c 所示的另一种偏心轮机构演化为曲柄摇杆机构（图 3-43d），其运动特性与原机构也完全相同。

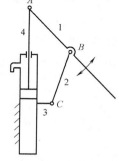

图 3-42 手动唧筒

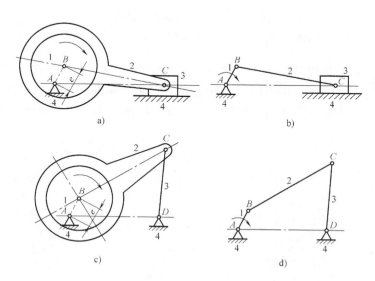

图 3-43 偏心轮机构

a）等效曲柄滑块机构 b）曲柄滑块机构 c）等效曲柄摇杆机构 d）曲柄摇杆机构

偏心轮机构广泛应用于剪床、压力机、颚式破碎机和内燃机等机械中。

三、铰链四杆机构有曲柄存在的条件

在铰链四杆机构中，能做整周转动的连架杆称为曲柄。而曲柄是否存在则取决于机构中各构件的相对长度关系，即欲使曲柄能做整周转动，各构件的长度必须满足一定的条件，即曲柄存在的条件。下面将讨论铰链四杆机构有曲柄存在的条件。

图 3-44 所示为铰链四杆机构，设构件 1、构件 2、构件 3、构件 4 的长度分别为 a、b、c、d，并取 $a<d$。当构件 1 能绕点 A 做整周转动时，构件 1 必须能通过与构件 4 共线的两个位置 AB_1 和 AB_2。据此可导出构件 1 作为曲柄的条件。

当构件 1 转至 AB_1 时，形成 $\triangle B_1C_1D$，根据三角形任意两边长度之和必大于第三边长度的几何关系并考虑到极限情况，得

$$a+d \leqslant b+c \tag{3-2}$$

当构件 1 转至 AB_2 时，形成 $\triangle B_2C_2D$，同理可得

$$b \leqslant (d-a)+c \text{ 及 } c \leqslant (d-a)+b$$

即可写成

$$a+b \leqslant c+d \tag{3-3}$$

$$a+c \leqslant b+d \tag{3-4}$$

将式（3-2）、（3-3）、（3-4）三个不等式相加，化简后得

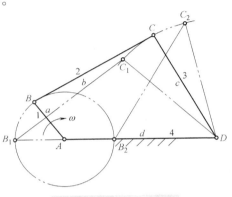

图 3-44　曲柄存在条件

$$a \leqslant b \tag{3-5}$$

$$a \leqslant c \tag{3-6}$$

$$a \leqslant d \tag{3-7}$$

由上述关系可知，在铰链四杆机构中，要使构件 1 为曲柄，它必须是四杆机构中的最短杆，且最短杆与最长杆长度之和小于或等于其余两杆长度之和。考虑到更一般的情形，可将铰链四杆机构曲柄存在的条件概括为：

1）连架杆与机架中必有一杆是最短杆。

2）最短杆与最长杆长度之和必小于或等于其余两杆长度之和。

因此，当各构件长度不变，且满足第 2）条情况时，若取不同构件为机架，可得到以下三种形式的铰链四杆机构。

1）以最短杆的相邻杆为机架时（如构件 4 或构件 2），得曲柄摇杆机构（图 3-45 a、b）。

2）以最短杆为机架（如构件 1）时，得双曲柄机构（图 3-45c）。

3）以最短杆的相对杆（如构件 3）为机架时，得双摇杆机构（图 3-45d）。

应指出的是：当铰链四杆机构中最短杆和最长杆长度之和大于其余两杆长度之和时，则不论以哪一构件为机架，都不存在曲柄，而只能是双摇杆机构。但要注意，该双摇杆机构与前面的双摇杆机构（图 3-45d）有本质上的区别，前面双摇杆机构中的连杆能做整周转动，而该双摇杆机构中的连杆只能做摆动。

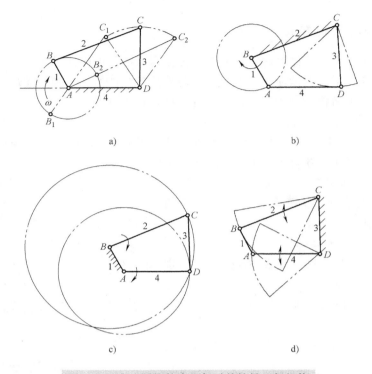

图 3-45 取不同构件为机架时的铰链四杆机构

a) 构件 4 为机架 b) 构件 2 为机架 c) 构件 1 为机架 d) 构件 3 为机架

四、平面四杆机构的动力特性

1. 急回特性

图 3-46 所示为一曲柄摇杆机构，设曲柄 AB 为主动件，摇杆 CD 为从动件。在主动曲柄 AB 以等角速度 ω 顺时针转动一周的过程中，当曲柄 AB 转至 AB_1 位置与连杆 B_1C_1 重叠成一直线时，从动件摇杆 CD 处于左极限位置 C_1D；而当曲柄 AB 转至 AB_2 位置与连杆 B_2C_2 拉成一直线时，从动件摇杆 CD 处于右极限位置 C_2D。因此，当从动摇杆处于左、右两极限位置时，主动曲柄两位置所夹的锐角 θ 称为极位夹角。从动摇杆两极限位置间的夹角 φ 称为摇杆的摆角。

如图 3-46 所示，当曲柄 AB 从 AB_1 位置转至 AB_2 位置时，其对应转角为 $\varphi_1 = 180° + \theta$，而摇杆由位置 C_1D 摆至 C_2D，摆角为 φ，设所需时间为 t_1，C 点的平均速度为 v_1；当曲柄再继续从 AB_2 位置转至 AB_1 位置时，其对应转角为 $\varphi_2 = 180° - \theta$，而摇杆则由 C_2D 位置摆回 C_1D 位置，摆角仍为 φ，设所需时间为 t_2，C 点的平均速度为 v_2。摇杆往复摆动的摆角虽然相同，但是曲柄的相应转角不同，即 $\varphi_1 = (180° + \theta) > \varphi_2 = (180° - \theta)$，而曲柄又是等速转

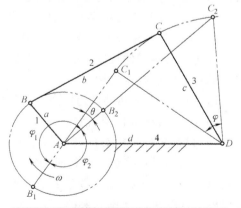

图 3-46 急回特性和行程速度变化系数

动的，所以有 $t_1>t_2$，$v_2>v_1$。由此可见，当曲柄等速转动时，摇杆往复摆动的平均速度是不同的，摇杆的这种运动特性称为急回特性。为了表示该急回特性的相对程度，通常用 v_2 与 v_1 的比值 K 来衡量，K 称为行程速度变化系数，即

$$K=\frac{v_2}{v_1}=\frac{\overparen{C_2C_1}/t_2}{\overparen{C_1C_2}/t_1}=\frac{t_1}{t_2}=\frac{\varphi_1}{\varphi_2}=\frac{180°+\theta}{180°-\theta} \tag{3-8}$$

当给定行程速度变化系数 K 后，机构的极位夹角可由下式计算

$$\theta=\frac{K-1}{K+1}\times180° \tag{3-9}$$

由上述分析可知，平面四杆机构有无急回特性取决于有无极位夹角 θ。不论是曲柄摇杆机构或者其他类型的平面四杆机构，只要机构的极位夹角 θ 不为零，则该机构就有急回特性，其行程速度变化系数 K 可用式（3-8）计算。

四杆机构的这种急回特性，在各种机器中可以用来节省空回行程（非工作行程）的时间，以节省动力并提高生产率。如在牛头刨床和摇摆式输送机中都利用了这一特性。

2. **压力角和传动角**

在生产实际中，既要求平面四杆机构能实现给定的运动规律，又要求机构运动灵活、效率较高，也就是要求机构具有良好的传力性能。而压力角（或传动角）则是判断一个四杆机构传力性能优劣的重要标志。在图 3-47 所示的曲柄摇杆机构中，若忽略各杆的质量和运动副中的摩擦，则主动曲柄 AB 通过连杆 BC 作用于从动摇杆 CD 上的力 F 是沿杆 BC 方向的。从动摇杆 CD 所受的力 F 与作用点 C 的速度 v_c 间所夹的锐角 α 称为压力角。力 F 在 v_c 方向的分力称为切向分力 $F_t=F\cos\alpha$，此力做有效功，为有效分力；沿摇杆 CD 方向的分力称为法向分力 $F_n=F\sin\alpha$，它非但不能做有用功，而且还增大了运动副 C、D 中的径向压力，增大转动副中的摩擦，为有害分力。显然，压力角越小，F_t 越大，所做的有效功也越大，传力性能越好。因此，压力角的大小可以作为判别平面四杆机构传力性能好坏的一个依据。

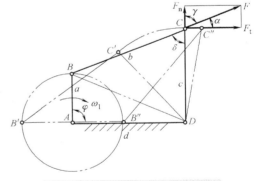

图 3-47 压力角和传动角的分析

作用力 F 与分力 F_n 间所夹的锐角 γ 称为传动角。由图 3-47 可见，$\alpha+\gamma=90°$ 或 $\gamma=90°-\alpha$，故 α 与 γ 互为余角。从图 3-47 可知，当连杆 BC 与摇杆 CD 间的夹角 δ 为锐角时，$\gamma=\delta$；而当连杆 BC 与摇杆 CD 间的夹角 δ 为钝角时，$\gamma=180°-\delta$。由于传动角可以从机构运动简图上直接观察 δ 角的大小来获得，故通常用 γ 值来衡量机构的传力性能。γ 越大，则 α 越小，机构的传力性能越好，反之越差。

在机构运动过程中，传动角 γ 的大小是随机构位置的改变而变化的。为了确保机构能正常工作，应使一个运动循环中最小传动角 γ_{min} 为 $40°\sim50°$，具体数值可根据传递功率的大小而定。传递功率大时，γ_{min} 应取大些，如颚式破碎机、压力机等可取 $\gamma_{min}>50°$。

机构的最小传动角可能出现在主动曲柄与机架两次共线的位置之一处。

3. 死点位置

在图 3-48 所示的曲柄摇杆机构中，若取摇杆 CD 为主动件，而曲柄 AB 为从动件，则当摇杆在两极限位置 C_1D、C_2D 时，连杆 BC 与从动件曲柄 AB 将出现两次共线。这时，若不计各杆的质量和运动副中的摩擦，则摇杆 CD 通过连杆 BC 传给曲柄 AB 的力必通过铰链中心 A，出现 $\gamma = 0°$ 的情况。因该作用力对 A 点的力矩为零，故曲柄不会转动。机构的该位置称为死点位置。而由上述可知，四杆机构中是否存在死点位置，取决于从动件是否与连杆共线。对传动机构来说，机构存在死点是不利的，应

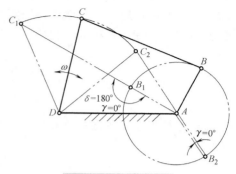

图 3-48　死点位置

该采取措施使机构能顺利通过死点位置。对于连续运转的机器，可以利用从动件的惯性来通过死点位置，如图 3-26 所示的缝纫机脚踏板机构就是借助于带轮的惯性通过死点位置的；也可以采用机构错位排列的方法，即将两组以上的机构组合起来，而使各组机构的死点位置相互错开，如图 3-49 所示的蒸汽机驱动轮联动机构，就是由两组曲柄滑块机构 EFG 和 E′F′G′ 组成的，而两者的曲柄位置相互错开 90°。

机构的死点位置并非总是起消极作用的。在工程实际中，不少场合也利用机构的死点位置来实现一定的工作要求。图 3-50 所示为夹紧工件用的连杆式快速夹具，它就是利用死点位置来夹紧工件的。在连杆 2 的手柄处施以压力 F 之后，连杆 BC 与连架杆 CD 成一直线。撤去外力 F 之后，在工件反弹力 T 的作用下，从动件 3 处于死点位置。即使此反弹力很大，也不会使工件松脱。

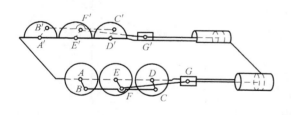

图 3-49　蒸汽机驱动轮联动机构

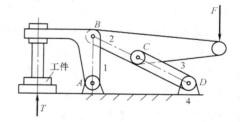

图 3-50　连杆式快速夹具

第三节　凸轮机构

一、凸轮机构的应用和分类

凸轮机构是由凸轮、从动件和机架三个基本构件所组成的一种高副机构。其中凸轮是一个具有某种曲线轮廓或凹槽的构件，通常做等速运动；而从动件是根据使用要求设计的，可获得一定规律的运动，如往复运动、间歇运动或摆动，也可使从动件做连续的或不连续的任意预期的运动。

凸轮机构可实现各种复杂的运动，因而广泛应用于各种机械和自动控制装置中。

图 3-51 所示为内燃机的凸轮配气机构。当凸轮 1 等角速度回转时，其工作轮廓驱使气阀推杆 2 在导路中往复移动，从而使气阀按预期的运动要求启闭阀门。

图 3-52 所示为绕线机中用于排线的凸轮机构。当绕线轴 3 快速转动时，经一对齿轮传动带动凸轮 1 缓慢地转动，通过凸轮的轮廓与顶尖 A 之间的作用，迫使从动件 2 往复摆动，从而使线均匀地绕在绕线轴上。

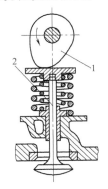

图 3-51　内燃机的凸轮配气机构

1—凸轮　2—气阀推杆

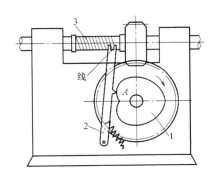

图 3-52　绕线机构

1—凸轮　2—从动件　3—绕线轴

图 3-53 所示为录音机卷带装置中的凸轮机构，凸轮 1 随放音键上下移动。放音时，凸轮 1 处于图示最低位置，在弹簧 6 的作用下，安装于带轮轴上的摩擦轮 4 紧靠卷带轮 5，从而将磁带卷紧。停止放音时，凸轮 1 随按键上移，其轮廓压迫从动件 2 顺时针摆动，使摩擦轮 4 与卷带轮 5 分离，从而停止卷带。

图 3-54 所示为凸轮自动送料机构。当带有凹槽的凸轮 1 转动时，通过槽中的滚子，驱使从动件 2 往复移动。凸轮每转一周，从动件 2 即从储料器中推出一个毛坯，送到加工位置。

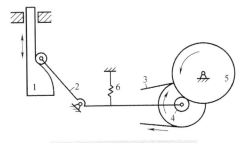

图 3-53　录音机卷带机构

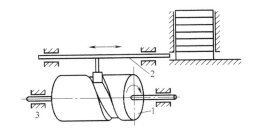

图 3-54　凸轮自动送料机构

凸轮机构的主要优点是只要正确设计凸轮轮廓曲线，就可以使从动件实现任意给定的运动规律，且结构简单、紧凑、工作可靠。缺点是凸轮工作轮廓的加工较为复杂，而且凸轮工作轮廓与从动件之间为点接触或线接触，易于磨损。所以通常多用于传力不大的控制机构和调节机构中。

凸轮机构的种类很多，常用的分类方法有下面几种。

（1）按凸轮的形状分类

1）盘形凸轮。这种凸轮是一个绕固定轴转动，且径向尺寸变化的盘形构件（图 3-51、

图 3-52），盘形凸轮的结构比较简单，应用较多，是凸轮中的最基本形式。

2）移动凸轮。当盘形凸轮的回转中心趋于无穷时，凸轮相对机架做直线运动，这种凸轮称为移动凸轮（图 3-53）。它常用于机床上控制刀具的靠模装置、蒸汽机的气阀机构及其他自动控制装置中。

3）圆柱凸轮。凸轮为一个圆柱体，它可以看成是将移动凸轮卷在圆柱体上而得到的凸轮。曲线轮廓可以在圆柱面上开出凹槽（图 3-54），也可以开在圆柱体的端面。

（2）按从动件端部形式分类

1）尖底从动件。这种从动件结构最简单，且尖底能与较复杂形状的凸轮轮廓保持接触，因而能实现任意预期的运动规律（图 3-55a）。但尖底极易磨损，故只适用于轻载、低速的凸轮和仪表机构中。

2）滚子从动件。在从动件的尖端处装有一个可自由转动的滚子（图 3-55b），变尖底接触时的滑动摩擦为滚动摩擦，减轻了磨损，改善了工作条件，因此，可以承受较大的载荷，应用也最为广泛。

3）平底从动件。从动件的一端做成平底（图 3-55c）。在凸轮轮廓与从动件底面接触时，接触面之间易于形成油膜，故润滑条件较好，磨损小。当不计摩擦时，凸轮对从动件的作用力始终与平底垂直，传力性能好，传动效率较高，所以常用于高速凸轮机构中（如内燃机的配气机构）。但由于从动件为一平底，故不能用于带有内凹轮廓的凸轮机构。

若按从动件的运动方式分类，凸轮机构还可分为直动从动件（图 3-51）和摆动从动件（图 3-52）两种。如果直动从动件的中心线通过凸轮轴心，则称为对心式直动从动件凸轮机构，否则称为偏置式直动从动件凸轮机构。

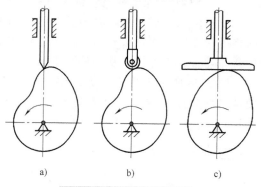

图 3-55　从动件的形式

若按从动件与凸轮始终保持接触形式分类，还可分为力封闭和几何封闭的凸轮机构。前者是利用从动件的重力、弹性力（图 3-51）或其他外力使从动件与凸轮始终保持接触；而后者是依靠高副本身的几何形状来实现从动件与凸轮始终保持接触，图 3-56～图 3-58 所示为几种凸轮机构几何封闭的实例。

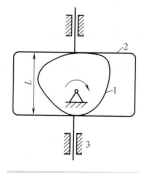

图 3-56　等宽凸轮机构

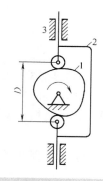

图 3-57　等径凸轮机构

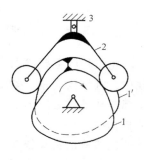

图 3-58　共轭凸轮机构

二、从动件常用运动规律

如前所述，从动件的运动规律取决于凸轮轮廓曲线的形状。如果对从动件运动规律的要求不同，就需要设计具有不同形状轮廓曲线的凸轮。因此，设计凸轮机构时，首先应根据工作要求确定从动件的运动规律，然后按照这一运动规律设计凸轮轮廓曲线。下面以尖底直动从动件盘形凸轮机构为例，说明从动件的运动规律与凸轮轮廓曲线之间的相互关系。

图 3-59 所示为一对心式尖底直动从动件盘形凸轮机构。凸轮的轮廓曲线由非圆曲线 BC 和 DE 以及圆弧曲线 CD 和 EB 组成。以凸轮轮廓曲线的最小向径 r_b 为半径所作的圆称为基圆，r_b 称为基圆半径。凸轮轮廓曲线与基圆相切于 B、E 两点。如图 3-59a 所示，当从动件尖底与凸轮轮廓曲线在 B 点接触时，从动件处于最低位置。当凸轮以等角速度 ω 顺时针方向转动时，从动件首先与凸轮轮廓曲线的非圆曲线 BC 段接触，此时从动件将在凸轮轮廓曲线的作用下由最低位置 B 被推到最高位置 C，从动件的这一行程称为推程，凸轮相应的转角 φ 称为推程运动角。当凸轮继续转动时，从动件与凸轮轮廓曲线的圆弧 CD 段接触，故从动件处于最高位置静止不动，这一过程称为远停，在此过程中凸轮相应的转角 φ_s 称为远休止角。凸轮再继续转动，从动件与凸轮轮廓曲线的非圆曲线 DE 段接触，从动件又由最高位置 D 回到最低位置 E，从动件的这一行程称为回程，凸轮相应的转角 φ' 称为回程运动角。而后，从动件与凸轮轮廓曲线的圆弧 EB 段接触，从动件在最低位置静止不动，这一过程称为近停，凸轮相应的转角 φ'_s 称为近休止角。当凸轮继续转动时，从动件重复上述运动。从动件在推程和回程中移动的距离 h 称为从动件的行程。从动件在运动过程中，其位移 s、速度 v 和加速度 a 随时间 t 的变化规律称为从动件的运动规律。由于凸轮一般以等角速度转动，所以凸轮转角 φ 与时间 t 成正比，故从动件的运动规律也可用从动件的上述运动参数随凸轮转角的变化规律来表示。将这些运动规律在直角坐标系中表示出来，就得到从动件的位移线图、速度线图和加速度线图。图 3-59b 所示即为从动件的位移 s 和凸轮转角 φ 之间关系的位移线图。

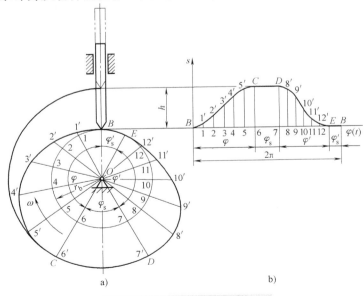

图 3-59　凸轮机构的工作情况

a）对心式尖底直动从动件盘形凸轮机构　b）位移线图

由以上分析可知，从动件的位移线图取决于凸轮轮廓曲线的形状。即从动件的不同运动规律要求凸轮具有不同的轮廓曲线。表 3-1 中列出了从动件常用运动规律的运动线图。

表 3-1　从动件常用运动规律的运动线图

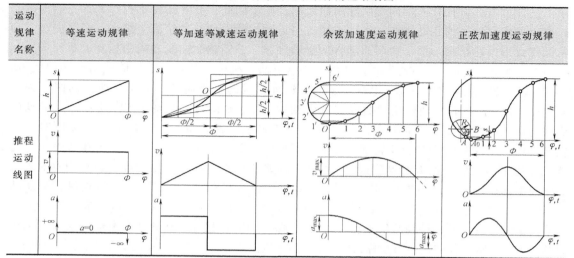

运动规律名称	等速运动规律	等加速等减速运动规律	余弦加速度运动规律	正弦加速度运动规律
推程运动线图				

（1）等速运动规律　当凸轮以等角速度 ω 转动时，从动件的运动速度为常数。而在运动的起点与终点处速度产生突变，加速度理论上为无穷大，产生无穷大的惯性力，机构将产生极大的冲击，称为刚性冲击。因此，这种运动规律只适用于低速运动的场合。

（2）等加速等减速运动规律　当凸轮以等角速度 ω 转动时，从动件的加速度为常数。而在运动的起点、终点和中间位置处加速度产生突变，产生较大的惯性力，由此而引起的冲击称为柔性冲击。因此，这种运动规律只适用于中、低速运动场合。

（3）余弦加速度运动规律　余弦加速度运动规律又称为简谐运动规律。从动件在整个运动过程中，速度皆连续，但在运动的起点、终点处加速度产生突变，产生柔性冲击。因此，这种运动规律只适用于中、低速运动场合。

（4）正弦加速度运动规律　正弦加速度运动规律又名摆线运动规律。从动件在整个运动过程中，速度和加速度皆连续无突变，避免了刚性冲击和柔性冲击。因此，这种运动规律适用于高速运动场合。

第四节　间歇运动机构

在机械中，特别是在各种自动和半自动机械中，常常需要把原动件的连续运动变为从动件的周期性间歇运动，实现这种间歇运动的机构称为间歇运动机构。例如，机床的进给机构、分度机构、自动进料机构、电影放映机的卷片机构和计数器的进位机构等。常见的间歇运动机构有棘轮机构和槽轮机构。

一、棘轮机构

1. 棘轮机构的组成、工作原理及基本类型

图 3-60 所示为单向棘轮机构，主要由棘轮 1、棘爪 2 和机架组成，与曲柄摇杆机构配合

使用。当曲柄 4 连续转动时，空套在轴上的摇杆 3 做往复摆动。摇杆向左摆动，棘爪推动棘轮逆时针方向转动；摇杆向右摆动，棘爪在齿背上滑过，棘轮静止不动。当曲柄连续转动时，棘轮做单向的间歇运动。止回棘爪 5 的作用是防止棘轮反转。

为使棘轮做两个方向的间歇运动，可将棘爪做成对称式，棘轮也做成对称形，需要改变转向时，把棘爪翻过来置于虚线位置，棘轮就做反向间歇运动，如图 3-61 所示。

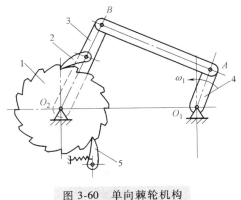

图 3-60　单向棘轮机构

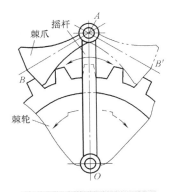

图 3-61　双向棘轮机构

1—棘轮　2—棘爪　3—摇杆　4—曲柄　5—止回棘爪

图 3-62 所示为双动作棘轮机构。其特点是摇杆往复摆动时都能使棘轮沿单一方向转动。棘轮顺时针转动如图 3-62a 所示，棘轮逆时针转动如图 3-62b 所示。

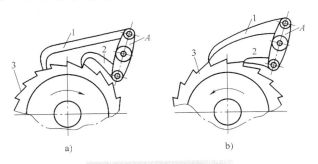

a)　　　　　　　　b)

图 3-62　双动作棘轮机构

2. 棘轮机构的特点和应用

棘轮机构的优点是结构简单、制造方便、运行可靠，并且棘轮的转角可以在一定范围内调节。所以棘轮机构在各类机械中有较广泛的应用。它的缺点是棘轮机构传力小，工作时有冲击和噪声。因此，棘轮机构只适用于转速不高、转角不大及小功率的场合。

棘轮机构在生产中可满足进给、制动、超越和转位分度等要求。

（1）进给　图 3-63 所示为牛头刨床横向进给机构。工作时由电动机通过齿轮传动带动偏心销 1 做连续回转，偏心销通过连杆 2 使摇杆 4 和棘爪 3 往复摆动，拨动棘轮 5 及与棘轮相连的丝杠 6 转动，从而使螺母（图中未画出）和与螺母相固连的工作台做间歇的横向进给运动。

（2）制动　图 3-64 所示为提升机的棘轮制动装置，棘轮 2 和卷筒 1 固连为一体。当驱动装置驱动卷筒和棘轮一起逆时针转动时，重物被提升，棘爪 3 在棘轮齿背上滑过；若停止驱动，棘爪便立即插入棘轮齿槽，阻止卷筒顺时针转动，从而防止提升物坠落事故发生。这种制动器广泛应用于卷扬机、提升机及起重运输机等设备中。

（3）超越 自行车后轴上的飞轮结构是内啮合的棘轮机构，也是一种典型的超越机构。如图 3-65 所示，当链条带动飞轮 1 做顺时针转动时，飞轮又通过内棘齿和内棘爪带动后轮 2 顺时针转动；当链条静止时，飞轮也停止转动，此时因自行车的惯性作用后轮继续带动棘爪转动，棘爪将沿棘轮齿背滑过，后轮与飞轮脱开，从而实现了从动件转速超过主动件转速的超越。

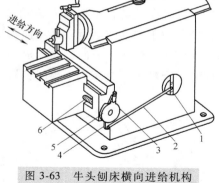

图 3-63 牛头刨床横向进给机构

1—偏心销 2—连杆 3—棘爪
4—摇杆 5—棘轮 6—丝杠

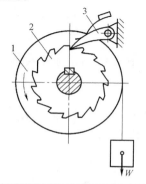

图 3-64 提升机的棘轮制动装置

1—卷筒 2—棘轮 3—棘爪

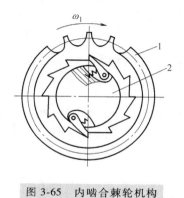

图 3-65 内啮合棘轮机构

1—飞轮 2—后轮

二、槽轮机构

1. 槽轮机构的组成、工作原理和基本类型

槽轮机构由具有径向槽的槽轮、带圆销的拨盘和机架组成。如图 3-66 所示，拨盘 1 以 ω 做等角速度转动，驱动槽轮 2 做时转时停的间歇运动。

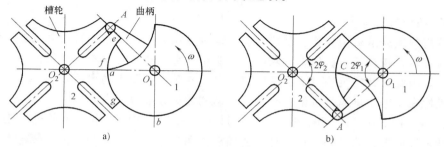

图 3-66 单圆销外啮合槽轮机构

1—拨盘 2—槽轮

当拨盘上的圆销 A 尚未进入槽轮径向槽时，由于槽轮的内凹锁止弧被拨盘上的外凸锁止弧锁住，使槽轮静止不动。图 3-66a 所示位置是当圆销 A 开始进入槽轮径向槽时的情况，这

时锁止弧被松开，因此槽轮受圆销 A 驱动沿顺时针转动。当圆销 A 开始脱离槽轮的径向槽时（图 3-66b），槽轮的另一内凹锁止弧又被拨盘的外凸锁止弧锁住，致使槽轮又静止不动，直至圆销 A 再进入槽轮 2 的另一径向槽时，两者又重复上述的运动循环。

槽轮机构可分为外啮合槽轮机构和内啮合槽轮机构。外啮合槽轮机构（图 3-66）中拨盘与槽轮的转向相反。内啮合槽轮机构（图 3-67）中拨盘与槽轮的转向相同，槽轮停歇时间较短，传动较平稳，机构空间尺寸小。

槽轮机构还可分为单圆销槽轮机构、双圆销槽轮机构和多圆销槽轮机构。单圆销槽轮机构（图 3-66）中，拨盘上只有一个圆销，当拨盘转一周时，槽轮只转动一次，槽轮静止的时间比转动的时间长。双圆销外啮合槽轮机构（图 3-68）中，拨盘上有两个圆销，当拨盘转一周时，槽轮转动两次，槽轮的静止时间缩短。若拨盘上有多个圆销时，就成了多圆销槽轮机构，这种机构槽轮的静止时间可进一步缩短。

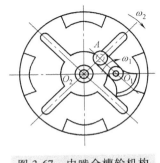

图 3-67　内啮合槽轮机构

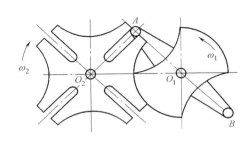

图 3-68　双圆销外啮合槽轮机构

2. 槽轮机构的特点和应用

槽轮机构的特点是结构简单、工作可靠、机械效率高，但制造与装配精度要求高，且转角大小不能调节。

槽轮机构应用比较广泛，图 3-69 所示为自动机床的换刀装置。为了能按照零件加工工艺的要求自动更换所需的刀具，采用了槽轮机构。与槽轮 2 固连的刀架上装有 6 种刀具，槽轮上开有 6 个径向槽，拨盘 1 上装有 1 个圆销。当拨盘转动一周时，圆销驱动槽轮转过 60°，刀架也随着转过 60°，从而将下一工序的刀具转换到工作位置上。

图 3-70 所示为电影放映机中的槽轮机构。为适应人眼的视觉暂留现象，要求影片做间

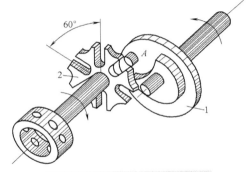

图 3-69　自动机床的换刀装置

1—拨盘　2—槽轮

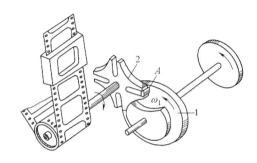

图 3-70　电影放映机中的槽轮机构

1—拨盘　2—槽轮

歇移动。槽轮 2 上有 4 个径向槽，当拨盘 1 每转一周，圆销 A 将拨动槽轮转过 1/4 周，从而使影片移动一幅画面并做一定时间的停留。

复习思考题

3-1 什么是运动副？运动副中的高副和低副是如何区分的？

3-2 机构具有确定运动的条件是什么？当机构的原动件数少于或多于机构的自由度时，机构的运动将发生什么情况？

3-3 计算机构自由度时，应注意哪些事项？

3-4 绘出图 3-71 所示机构的机构运动简图，并计算其自由度。

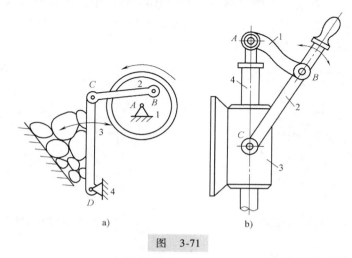

图 3-71

a）颚式破碎机　b）手摇唧筒

3-5 计算图 3-72 所示机构的自由度，指出其中是否含有复合铰链、局部自由度或虚约束，并判断机

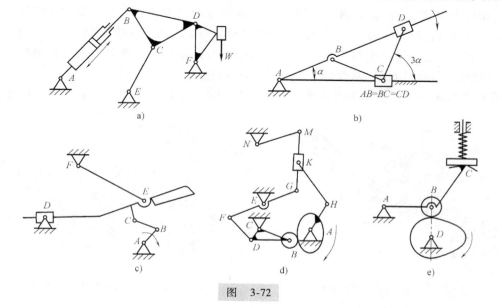

图 3-72

构运动是否确定。

3-6　铰链四杆机构有哪些基本类型？

3-7　铰链四杆机构可演化为哪些其他形式的机构？

3-8　试根据图 3-73 中所注明的尺寸判断各铰链四杆机构的类型。

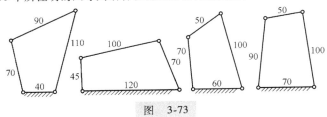

图　3-73

3-9　解释名词：急回特性、压力角、死点。

3-10　凸轮机构由哪几个基本构件组成？凸轮机构的显著优点是什么？

3-11　已知凸轮直动从动件升程 $h = 30mm$，$\varphi = 150°$，$\varphi_s = 30°$，$\varphi' = 120°$，$\varphi'_s = 60°$，从动件在推程和回程中均做简谐运动，试运用作图法或公式法绘出其运动线图 s-t、v-t 和 a-t。

3-12　设计一对心移动尖顶从动件盘形凸轮的轮廓曲线。已知基圆半径为 30mm，凸轮逆时针匀速回转，从动件的运动规律见表 3-2。

表　3-2

凸轮转角	0°～120°	120°～180°	180°～360°
从动件位移	等加速等减速上升 30min	停止不动	等速下降至原处

3-13　槽轮机构的工作原理是什么？举几个应用例子。

3-14　棘轮机构的工作原理是什么？举几个应用例子。

第四章

机械传动

第一节　带　传　动

一、带传动的类型和应用

带传动是一种应用很广泛的机械传动。带传动由主动轮 1、从动轮 2 和紧套在两带轮上的带 3 所组成。带传动是利用带与带轮之间的摩擦力来传递运动和动力的，如图 4-1a 所示。

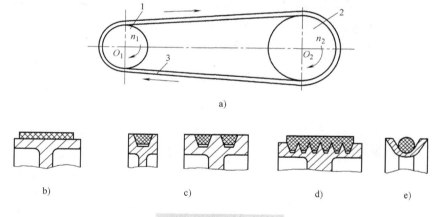

图 4-1　带传动的类型

1—主动轮　2—从动轮　3—带

传动带按其横截面形状分类有平带（图 4-1b）、V 带（图 4-1c）、多楔带（图 4-1d）和圆形带（图 4-1e）四种。其中 V 带应用最为广泛。

V 带的横截面是梯形，工作时带的两个侧面与轮槽侧面相接触，当 V 带传动与平带传动受相同的张紧力时，V 带产生的极限摩擦力比平带约大 3 倍。

V 带的截面结构如图 4-2 所示，可分为包布层、伸张层、强力层和压缩层四部分。强力层结构有帘布结构（图 4-2a）和线绳结构（图 4-2b）两种。外表面层与轮槽接触，为了耐磨和保护表面层，故采用橡胶帆布制成包布层。

帘布结构的 V 带抗拉强度高，承载能力大，应用广泛。线绳结构的 V 带较柔软，抗弯强度高，适合于较小直径的带轮。

V 带截面形状为梯形，两侧面之间的夹角 Q 称为楔角。V 带已标准化，按截面尺寸由小到大共有 Y、Z、A、B、C、D、E 七种型号，其截面尺寸如图 4-3 所示，并见表 4-1。

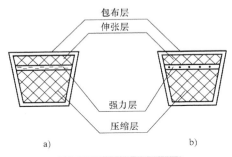

图 4-2　V 带截面结构

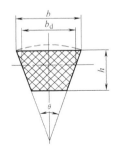

图 4-3　V 带截面尺寸

表 4-1　V 带的截面尺寸

型号	Y	Z	A	B	C	D	E
顶宽 b/mm	6	10	13	17	22	32	38
节宽 b_d/mm	5.3	8.5	11	14	19	27	32
高度 h/mm	4	6	8	11	14	19	23
每米质量 m/(kg/m)	0.023	0.060	0.105	0.170	0.300	0.630	0.970
楔角 α	40°						

如图 4-1a 所示，V 带工作时绕在两带轮上，这将导致 V 带的弯曲。V 带弯曲时，外层受拉伸长，内层受压缩短，只有两层之间的中性层长度不变，宽度不变。中性层所在的面称为节面，节面长度定义为 V 带的基准长度 L_d，节面宽度定义为 V 带的节宽 b_d。在 V 带轮上，与所配用的 V 带节宽 b_d 相对应的带轮直径称为带轮的基准直径 d_d（或 d）。V 带的基准长度 L_d 和长度修正系数 K_L 见表 4-2。

表 4-2　普通 V 带的基准长度 L_d 和长度修正系数 K_L

Y L_d/mm	K_L	Z L_d/mm	K_L	A L_d/mm	K_L	B L_d/mm	K_L	C L_d/mm	K_L	D L_d/mm	K_L	E L_d/mm	K_L
200	0.81	405	0.87	630	0.81	930	0.83	1565	0.82	2740	0.82	4660	0.91
224	0.82	475	0.90	700	0.83	1000	0.84	1760	0.85	3100	0.86	5040	0.92
250	0.84	530	0.93	790	0.85	1100	0.86	1950	0.87	3330	0.87	5420	0.94
280	0.87	625	0.96	890	0.87	1210	0.87	2195	0.90	3730	0.90	6100	0.96
315	0.89	700	0.99	990	0.89	1370	0.90	2420	0.92	4080	0.91	6850	0.99
355	0.92	780	1.00	1100	0.91	1560	0.92	2715	0.94	4620	0.94	7650	1.01
400	0.96	920	1.04	1250	0.93	1760	0.94	2880	0.95	5400	0.97	9150	1.05
450	1.00	1080	1.07	1430	0.96	1950	0.97	3080	0.97	6100	0.99	12230	1.11
500	1.02	1330	1.13	1550	0.98	2180	0.99	3520	0.99	6840	1.02	13750	1.15
		1420	1.14	1640	0.99	2300	1.01	4060	1.02	7620	1.05	15280	1.17
		1540	1.54	1750	1.00	2500	1.03	4600	1.05	9140	1.08	16800	1.19
				1940	1.02	2700	1.04	5380	1.08	10700	1.13		

（续）

Y L_d/mm	K_L	Z L_d/mm	K_L	A L_d/mm	K_L	B L_d/mm	K_L	C L_d/mm	K_L	D L_d/mm	K_L	E L_d/mm	K_L
				2050	1.04	2870	1.05	6100	1.11	12200	1.16		
				2200	1.06	3200	1.07	6815	1.14	13700	1.19		
				2300	1.07	3600	1.09	7600	1.17	15200	1.21		
				2480	1.09	4060	1.13	9100	1.21				
				2700	1.10	4430	1.15	10700	1.24				
						4820	1.17						
						5370	1.20						
						6070	1.24						

带传动的主要优点是：传动带具有弹性，可缓冲、吸收振动，使传动平稳、噪声小；过载时，带和带轮之间会产生打滑，可防止机器中其他零件损坏，起过载保护作用；适用于两轴中心距较大的传动；结构简单，制造、安装精度要求不高，成本低廉。

带传动的主要缺点是：带传动装置体积较大，不紧凑；带传动不能保证准确的传动比；带与带轮之间需要较大的张紧力，作用在轴上的压力较大，并且需要张紧装置；带的寿命较短；传动效率不高。

通常，带传动用于中、小功率的传递。在多级传动系统中，一般用在高速级。

二、带传动的工作情况分析

1. 带传动的受力分析

如图 4-4 所示，带传动静止时，其两边拉力均为 F_0，称为初拉力，由于初拉力的作用，使带与带轮的接触面间产生正压力。当传递载荷时，由于接触面上摩擦力的作用，使进入主动轮一边的带的拉力 F_0 由增至 F_1，而进入从动轮一边的带的拉力由 F_0 降至 F_2，形成紧边和松边。两边的拉力差称为带的有效拉力 F，也就是带传动所传递的有效圆周力，它是带和带轮接触面上摩擦力的总和 $\sum F_f$，即

$$F = F_1 - F_2 = \sum F_f \tag{4-1}$$

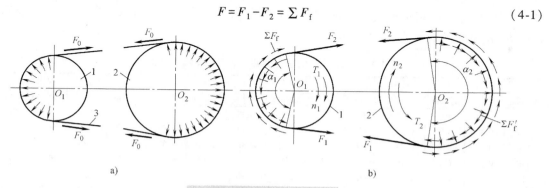

图 4-4　带传动的受力分析

a）静止或空载时　b）工作时

带传动传递的功率 $P(\mathrm{kW})$ 与有效拉力 $F(\mathrm{N})$、带速 $v(\mathrm{m/s})$ 的关系为

$$P = \frac{Fv}{1000} \tag{4-2}$$

设带的总长度在工作中保持不变，则紧边拉力的增加量等于松边拉力的减少量，即

$$F_1 - F_0 = F_0 - F_2$$

也即

$$F_1 + F_2 = 2F_0 \tag{4-3}$$

将式（4-1）代入式（4-3），可得

$$\left. \begin{aligned} F_1 &= F_0 + \frac{F}{2} \\ F_2 &= F_0 - \frac{F}{2} \end{aligned} \right\} \tag{4-4}$$

由式（4-2）可知，在带传动正常工作，并假定带速一定时，若欲使所传递的功率增大，则此时所需的有效圆周力 F 也要增大，即带与带轮接触面间的总摩擦力 $\sum F_f$ 也需要增大。显然，当其他条件不变且初拉力 F_0 一定（相当于带与带轮之间摩擦因子不变且正压力一定）时，这个摩擦力有一定的极限值。因此带传动的功率也有一相应的极限值。

2. 带的弹性滑动和打滑

带是弹性体，受到力的作用后会产生弹性变形，受力越大变形越大，反之越小。带传动工作时，由于紧边拉力 F_1 大于松边拉力 F_2，则带在紧边的伸长量将大于松边的伸长量，如图 4-5 所示（图中用间隔线的疏密表示带的相对伸长程度）。

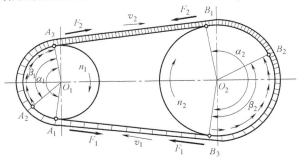

图 4-5　带传动的弹性滑动

当紧边在 A_1 点绕上主动轮时，其所受的拉力为 F_1，此时带的线速度 v 与主动轮的圆周速度 v_1 相等。在带由 A_1 点转到 A_3 点的过程中，带所受的拉力由 F_1 逐渐降低到 F_2，带的伸长量逐渐减小，因而带沿带轮的运动是一边绕进，一边向后（绕进的反方向）微量收缩，所以带的速度 v 便逐渐地低于主动轮的圆周速度 v_1。这就说明带在绕进主动轮的过程中，带与主动轮之间发生了微量的相对滑动。同理，相对滑动也要发生在从动轮上，但情况恰恰相反。当松边在 B_1 点绕上从动轮时，其所受的拉力为 F_2，此时带的线速度 v 与从动轮的圆周速度 v_2 相等。在带由 B_1 点转到 B_3 点的过程中，带所受的拉力由 F_2 逐渐增大到 F_1，带的伸长量逐渐增大，因而带沿带轮的运动是一边绕进，一边向前（绕进的同方向）微量伸长，所以带的线速度 v 将逐步地高于从动轮的圆周速度 v_2。这种由于带的弹性变形引起的带与带轮之间的相对滑动，称为带的弹性滑动。这是带传动正常工作时的固有特性，无法避免。

实验结果表明，弹性滑动只发生在带离开带轮前那一部分接触弧上，如主动轮上的弧 $\overset{\frown}{A_2A_3}$ 和从动轮上的弧 $\overset{\frown}{B_2B_3}$（图 4-5）称为滑动弧，所对应的中心角称为滑动角；弧 $\overset{\frown}{A_1A_2}$ 和弧

$\overset{\frown}{B_1B_2}$则称为静弧，所对应的中心角称为静角。滑动弧随着载荷的增加而增大。当滑动弧扩大到整个接触弧时，带和带轮接触面上摩擦力的总和$\sum F_f$达到最大值，即有效圆周力达到极限值。如果载荷继续增加，则带与带轮之间将产生显著的相对滑动，这种现象称为打滑。打滑时，尽管主动轮还在转动，但带和从动轮不能正常转动，甚至完全不动，使得传动失效。另外，打滑还将使带产生严重磨损。因此，在带传动中应避免打滑现象的发生。

3. 影响最大有效圆周力的因素

当带传动出现打滑趋势时，摩擦力达到极限值，带所传递的有效圆周力也达到最大值F_{max}。此时，紧边拉力F_1与松边拉力F_2之间的关系可由柔韧体摩擦的欧拉公式得出

$$F_1/F_2 = e^{f\alpha} \tag{4-5}$$

式中　e——自然对数的底；

　　　f——带与带轮之间的摩擦因数；

　　　α——带与带轮之间的包角。

将式（4-4）代入式（4-5）并整理，可得最大有效圆周力为

$$F_{max} = 2F_0 \frac{e^{f\alpha}-1}{e^{f\alpha}+1} = 2F_0 \frac{1-1/e^{f\alpha}}{1+1/e^{f\alpha}} \tag{4-6}$$

由式（4-6）可分析，影响最大有效圆周力的因素有以下三点。

1）初拉力F_0。初拉力F_0越大，带与带轮之间的正压力越大，产生的摩擦力也越大，即最大有效圆周力越大，带越不易打滑。

2）包角α。最大有效圆周力随包角α的增大而增大。这是因为α越大，带与带轮之间的接触面越大，因而产生的总摩擦力也越大，传动能力越高。一般情况下，因为大带轮的包角小于小带轮的包角，所以最大摩擦力的值取决于小带轮的包角α_1。因此，设计带传动时，小带轮的包角α_1不能过小，对于 V 带，应使$\alpha_1 \geqslant 120°$。

3）摩擦因数f。最大有效圆周力随摩擦因数f的增大而增大，这是因为摩擦因数越大，摩擦力越大，传动能力越高。摩擦因数与带及带轮的材料、摩擦表面的状况有关。不能认为带轮摩擦表面做得越粗糙越好，否则要加剧带的磨损。

4. 带传动的传动比

由于弹性滑动的影响，使得从动轮的圆周速度v_2低于主动轮的圆周速度v_1，其降低量用滑动率ε表示，则

$$\varepsilon = \frac{v_1 - v_2}{v_1} \times 100\% \tag{4-7}$$

设主、从动轮的计算直径分别为d_{d1}、d_{d2}(mm)，转速分别为n_1、n_2(r/min)，则两轮的圆周速度v_1、v_2(m/s) 分别为

$$v_1 = \frac{\pi d_{d1} n_1}{60 \times 1000}, \quad v_2 = \frac{\pi d_{d2} n_2}{60 \times 1000} \tag{4-8}$$

将式（4-8）代入式（4-7），可得

$$\varepsilon = \frac{d_{d1} n_1 - d_{d2} n_2}{d_{d1} n_1} \times 100\%$$

由此，可导出带的传动比为

$$i = \frac{n_1}{n_2} = \frac{d_{d2}}{d_{d1}(1-\varepsilon)} \qquad (4-9)$$

在一般传动中，因为滑动率并不大，一般 $\varepsilon = 1\% \sim 2\%$，故可不予以考虑，而取传动比为

$$i = \frac{n_1}{n_2} = \frac{d_{d2}}{d_{d1}} \qquad (4-10)$$

三、V 带传动的设计计算

1. V 带传动的失效形式和设计准则

V 带传动的主要失效形式是带在小带轮上打滑和带的疲劳破坏。

带传动的设计准则是：保证带传动在工作时不打滑，同时又具有一定的疲劳强度或寿命。设计计算时，体现为单根 V 带工作时所传递的功率应小于或等于其额定载荷。

2. V 带传动的设计方法和步骤

设计带传动的一般已知条件是：传动用途、工作情况、原动机类型、所需要传递的功率、带轮转速和外轮廓尺寸限制等。

设计的主要任务是：选择合理的传动参数，确定 V 带的型号、规格和尺寸，确定带轮的结构尺寸。

设计计算的一般步骤：

1) 确定计算功率 P_d。根据需要传递的功率 $P(kW)$，考虑载荷性质和每天运转时间来确定计算功率 $P_d(kW)$。

$$P_d = K_A P \qquad (4-11)$$

式中 K_A——工况系数，见表 4-3。

表 4-3　工况系数 K_A

工况		原 动 机					
载荷性质	工 作 机	电动机（交流起动、三角起动、直流并励）、四缸以上的内燃机			电动机（联机交流起动、直流复励或串励）、四缸以下的内燃机		
		每天工作小时数/h					
		<10	10~16	>16	<10	10~16	>16
载荷变动最小	液体搅拌机、鼓风机、轻型运输机	1.0	1.1	1.2	1.1	1.2	1.3
载荷变动小	带式输送机、发电机、机床、剪床、压力机、印刷机	1.1	1.2	1.3	1.2	1.3	1.4
载荷变动较大	制砖机、斗式提升机、往复式水泵、起重机、磨粉机	1.2	1.3	1.4	1.4	1.5	1.6
载荷变动很大	破碎机（旋转式、颚式）、磨碎机（球式、棒式）	1.3	1.4	1.5	1.5	1.6	1.8

2) 根据 P_d 和小带轮转速 n_1，查图 4-6，确定 V 带型号。

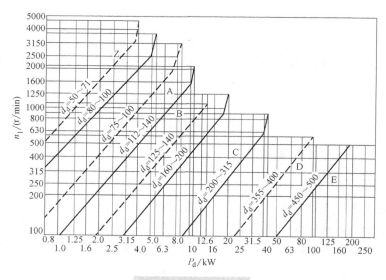

图 4-6 V 带选型图

3）根据 V 带型号，由表 4-4 选择小带轮基准直径 $d_{d1} \geqslant d_{dmin}$，计算大带轮直径，并要求所选带轮基准直径符合表中直径系列。选 d_{d1} 较小，可使带传动结构尺寸减小，但带弯曲应力较大，降低带的使用寿命。

表 4-4 V 带轮最小基准直径 d_{dmin} 及带轮直径系列   （单位：mm）

型号	Y	Z	A	B	C	D	E
d_{dmin}	20	50	75	125	200	355	500
带轮 直径 系列	20 22.4 25 28 31.5 35.5 40 45 50 56 63 71 75 80 85 90 95 100 106 112 118 125 132 140 150 160 170 180 200 212 224 236 250 265 280 300 315 335 355 375 400 425 450 475 500 530 560 600 630 670 710 750 800 900 1000 等						

计算大带轮基准直径，由式（4-10）得

$$d_{d2} = \frac{n_1}{n_2} d_{d1} \tag{4-12}$$

4）计算带速。

$$v = \frac{\pi d_{d1} n_1}{60 \times 1000} \tag{4-13}$$

在一定的范围内，带速越高，单根带传递的功率越大，因此，在机械传动中，为了充分发挥带的传动潜力，一般把带传动放在高速级。

5）确定中心距和带的基准长度。按经验公式初定中心距 a_0。

$$0.7(d_{d1} + d_{d2}) < a_0 < 2(d_{d1} + d_{d2}) \tag{4-14}$$

将初定的中心距代入公式，初定带的基准长度 L_{d0}。

$$L_{d0} = 2a_0 + \frac{\pi}{2}(d_{d1} + d_{d2}) + \frac{(d_{d2} - d_{d1})^2}{4a_0} \tag{4-15}$$

根据 L_{d0} 和 V 带型号，查表 4-2，选取相近的基准长度 L_d，修订原定的中心距。

$$a \approx a_0 + \frac{L_d - L_{d0}}{2} \quad\quad (4-16)$$

6）验算小带轮包角 α_1。

$$\alpha_1 = 180° - \frac{d_{d2} - d_{d1}}{2} \times 57.3° \quad\quad (4-17)$$

增大包角可以增大带传动的摩擦力，提高带的工作能力，应使 $\alpha_1 \geqslant 120°$。

7）计算所需 V 带根数 Z。

$$Z = \frac{P_d}{(P_1 + \Delta P_1) K_\alpha K_L} \quad\quad (4-18)$$

式中　P_1——单根 V 带的基本额定功率，单位为 kW。在载荷平稳、包角 $\alpha = \pi$（即 $i=1$）、带长 L_d 为特定长度、抗拉体为化学纤维绳芯结构的条件下，单根 V 带的基本额定功率见表 4-5；

　　　ΔP_1——功率增量，单位为 kW。考虑传动比 $i \neq 1$ 时，带在大带轮上弯曲应力较小，故在相同寿命条件下，可增大传递的功率，见表 4-6；

　　　K_α——包角修正系数，见表 4-7；

　　　K_L——长度修正系数，见表 4-2。

表 4-5　单根 V 带的基本额定功率 P_1

型号	小带轮的基准直径 d_{d1}/mm	小带轮转速 n_1/(r/min)														
		200	400	800	960	1200	1450	1600	2000	2400	2800	3200	3600	4000	5000	6000
Z	50	0.04	0.06	0.10	0.12	0.14	0.16	0.17	0.20	0.22	0.26	0.28	0.30	0.32	0.34	0.31
	56	0.04	0.06	0.12	0.14	0.17	0.19	0.20	0.25	0.30	0.33	0.35	0.37	0.39	0.41	0.40
	63	0.05	0.08	0.15	0.18	0.22	0.25	0.27	0.32	0.37	0.41	0.45	0.47	0.49	0.50	0.48
	71	0.06	0.09	0.20	0.23	0.27	0.30	0.33	0.39	0.46	0.50	0.54	0.58	0.61	0.62	0.56
	80	0.10	0.14	0.22	0.26	0.30	0.35	0.39	0.44	0.50	0.56	0.61	0.64	0.67	0.66	0.61
	90	0.10	0.14	0.24	0.28	0.33	0.36	0.40	0.48	0.54	0.60	0.64	0.68	0.72	0.73	0.56
A	75	0.15	0.26	0.45	0.51	0.60	0.68	0.73	0.84	0.92	1.00	1.04	1.08	1.09	1.02	0.80
	90	0.22	0.39	0.68	0.77	0.93	1.07	1.15	1.34	1.50	1.64	1.75	1.83	1.87	1.82	1.50
	100	0.26	0.47	0.83	0.95	1.14	1.32	1.42	1.66	1.87	2.05	2.19	2.28	2.34	2.25	1.80
	112	0.31	0.56	1.00	1.15	1.39	1.61	1.74	2.04	2.30	2.51	2.68	2.78	2.83	2.64	1.96
	125	0.37	0.67	1.19	1.37	1.66	1.92	2.07	2.44	2.74	2.98	3.15	3.26	3.28	2.91	1.87
	140	0.43	0.78	1.41	1.62	1.96	2.28	2.45	2.87	3.22	3.48	3.65	3.72	3.67	2.99	1.37
	160	0.51	0.94	1.69	1.95	2.36	2.73	2.54	3.42	3.80	4.06	4.19	4.17	3.98	2.67	
	180	0.59	1.09	1.97	2.27	2.74	3.16	3.40	3.93	4.32	4.58	4.50	4.40	4.00	1.81	
B	125	0.48	0.84	1.44	1.64	1.93	2.19	2.33	2.64	2.85	2.96	2.94	2.80	2.51	1.09	
	140	0.59	1.05	1.82	2.08	2.47	2.82	3.00	3.42	3.70	3.85	3.83	3.63	3.24	1.29	
	160	0.74	1.32	2.32	2.66	3.17	3.62	3.86	4.40	4.75	4.89	4.80	4.46	3.82	0.81	
	180	0.88	1.59	2.81	3.22	3.85	4.39	4.68	5.30	5.67	5.76	5.52	4.92	3.92		
	200	1.02	1.85	3.30	3.77	4.50	5.13	5.46	6.13	6.47	6.43	5.95	4.98	3.47		
	224	1.19	2.17	3.86	4.42	5.26	5.97	6.33	7.02	7.25	6.95	6.05	4.47	2.14		
	250	1.37	2.50	4.46	5.10	6.04	6.82	7.20	7.87	7.89	7.14	5.60	5.12			
	280	1.58	2.89	5.13	5.85	6.90	7.76	8.13	8.60	8.22	6.80	4.26				

（续）

型号	小带轮的基准直径 d_{d1}/mm	小带轮转速 n_1/(r/min)														
		200	400	800	960	1200	1450	1600	2000	2400	2800	3200	3600	4000	5000	6000
C	200	1.39	2.41	4.07	4.58	5.29	5.84	6.07	6.34	6.02	5.01	3.23				
	224	1.70	2.99	5.12	5.78	6.71	7.45	7.75	8.06	7.57	6.08	3.57				
	250	2.03	3.62	6.23	7.04	8.21	9.04	9.38	9.62	8.75	6.56	2.93				
	280	2.42	4.32	7.52	8.49	9.81	10.72	11.06	11.04	9.50	6.13					
	315	2.84	5.14	8.92	10.05	11.53	12.46	12.72	12.14	9.43	4.16					
	355	3.36	6.05	10.46	11.73	12.31	14.12	14.19	12.59	7.98						
	400	3.91	7.06	12.10	13.48	15.04	15.53	15.24	11.95	4.34						
	450	4.51	8.20	13.80	15.23	16.59	16.47	15.57	9.64							

表 4-6　单根 V 带 $i \neq 1$ 时额定功率增量 ΔP_1

型号	传动比	n_1/(r/min)									
		400	700	800	960	1200	1450	1600	2000	2400	2800
Z	1.35~1.50	0.00	0.01	0.01	0.02	0.02	0.02	0.02	0.03	0.03	0.04
	1.51~1.99	0.01	0.01	0.02	0.02	0.02	0.02	0.03	0.03	0.04	0.04
	≥2	0.01	0.02	0.02	0.02	0.03	0.03	0.03	0.04	0.04	0.04
A	1.35~1.51	0.04	0.07	0.08	0.08	0.11	0.13	0.15	0.19	0.23	0.26
	1.52~1.99	0.04	0.08	0.09	0.10	0.13	0.15	0.17	0.22	0.26	0.30
	≥2	0.05	0.09	0.10	0.11	0.15	0.17	0.19	0.24	0.29	0.34
B	1.35~1.51	0.10	0.17	0.20	0.23	0.30	0.36	0.39	0.49	0.59	0.69
	1.52~1.99	0.11	0.20	0.23	0.26	0.34	0.40	0.45	0.56	0.68	0.79
	≥2	0.13	0.22	0.25	0.30	0.38	0.46	0.51	0.63	0.76	0.89
C	1.35~1.51	0.27	0.48	0.55	0.65	0.82	0.99	1.10	1.37	1.65	1.92
	1.52~1.99	0.31	0.55	0.63	0.74	0.94	1.14	1.25	1.57	1.88	2.19
	≥2	0.35	0.62	0.71	0.83	1.06	1.27	1.41	1.76	2.12	2.47

表 4-7　包角修正系数 K_α

包角	180°	170°	160°	150°	140°	130°	120°	110°	100°	90°
K_α	1.00	0.98	0.95	0.92	0.89	0.86	0.82	0.78	0.74	0.69

8）确定作用在带轮轴上的压力 F_r。F_r 也称压轴力，单位为 N，其计算如图 4-7 所示。

$$F_r = 2ZF_0 \sin\frac{\alpha_1}{2} \tag{4-19}$$

式中　F_0——单根带的初拉力，单位为 N；

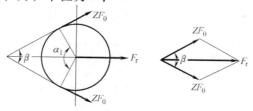

图 4-7　传动带对轴的作用力

α_1——小带轮包角，单位为度（°）。

四、V 带轮的材料和结构

1. 带轮的材料

对带轮的基本要求是质量小，质量分布均匀，有足够的强度。

带轮常用的材料是铸铁，如 HT150、HT200 等。有时也采用钢、铝合金或工程塑料。铸铁带轮所允许的最大圆周速度为 25m/s。

2. 带轮的结构

带轮由轮缘、轮毂和轮辐组成，如图 4-8 所示。

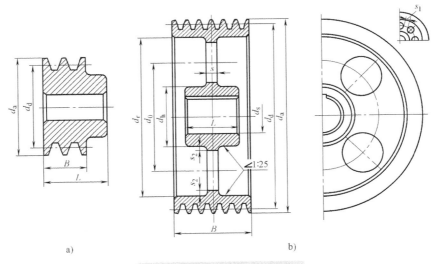

a)　　　　　　　　　　　　　b)

图 4-8　实心式和腹板式带轮

a）实心式　b）腹板式

V 带轮轮缘上有轮槽，槽数、槽的尺寸应与所装 V 带的根数、型号相一致。V 带楔角 $\theta = 40°$，为了使带弯曲变形后能与轮槽的两侧面更好地接触，轮槽楔角 φ 根据带轮直径不同分别制成 32°、34°、36°、38°，V 带的轮槽尺寸见表 4-8。

表 4-8　V 带轮轮缘尺寸　　　　　　　　　　（单位：mm）

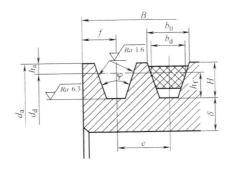

（续）

槽型		Y	Z	A	B	C	D	E
b_d		5.3	8.5	11.0	14.0	19.0	27.0	32.0
h_{amin}		1.6	2.0	2.75	3.5	4.8	8.1	9.6
h_{fmin}		4.7	7.0	8.7	10.8	14.3	19.9	23.4
e		8±0.3	12±0.3	15±0.3	19±0.4	25.5±0.5	37±0.6	44.5±0.7
f_{min}		6	7	9	11.5	16	23	28
δ_{min}		5	5.5	6	7.5	10	12	15
B		$B=(z-1)e+2f$，z——轮槽数						
d_a		$d_a=d_d+2h_a$						
轮槽角 φ	32°	≤60	—	—	—	—	—	—
	34°	—	≤80	≤118	≤190	≤315	—	—
	36°	>60	—	—	—	—	≤475	≤600
	38°	—	>80	>118	>190	>315	>475	>600

（"对应的 d_d" 标注于 32°~38° 行之间）

因带传动中存在弹性滑动现象，为减少 V 带的磨损，针对轮槽的两侧面规定了合适的表面粗糙度值。

五、V 带传动的张紧装置和维护

1. 张紧装置

带传动工作一定时间后，传动带因产生永久变形而发生松弛，使张紧力下降，影响带传动的正常工作，因此应采用张紧装置。

（1）用调整轴的位置实现张紧

1）如图 4-9a 所示，松开固定螺栓 2，旋转调节螺钉 3，改变电动机的位置，以调节带的初拉力。这种方法适用于水平或接近水平布置的带传动。

2）如图 4-9b 所示，摆动机座上装有电动机及带轮，通过调节螺母，使机座绕销轴转动。这种方法适用于接近垂直布置的带传动。

3）如图 4-9c 所示，电动机及带轮装在摆动架上，靠电动机及摆架的重量自动调节带的初拉力。

（2）采用张紧轮　当中心距不能调节时，采用张紧轮装置，如图 4-9d 所示。V 带传动张紧轮应装在松边靠近大带轮的位置，使小带轮的包角不至于过小。

2. 带传动的维护

1）安装带传动时，两轴必须平行，两带轮的轮槽必须对准，否则会加剧带的磨损。

2）带传动一般应加防护罩，以便安全。

3）需更换 V 带时，同一组 V 带应同时更换，不能新旧并用，以免长短不一造成受力不均。

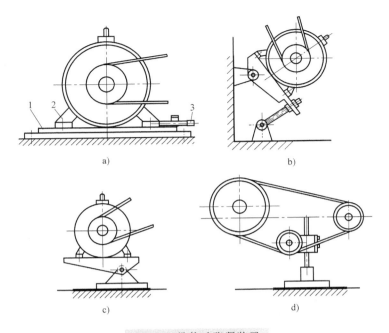

图 4-9　带传动张紧装置

1—滑轨　2—固定螺栓　3—调节螺钉

4）带不宜与酸、碱或油接触，工作温度不宜超过 60°。

六、同步带传动的简介

同步齿形带传动是兼有链传动和带传动优点的一种新型传动。在带和带轮上都制出相同周节的齿形，啮合传动中不产生滑动，因而能保证准确的传动比。同步齿形带传动效率高（0.96~0.98），传动比大（最大传动比可达 10），带的柔性好，允许带速高（40~50m/s），传动平稳，噪声低。由于传动不靠摩擦力，带的张紧力小，所以作用在带轮轴上的压轴力小。由于同步齿形带传动具有上述优点，所以在某些场合它代替了链传动，同时也扩大了带传动的使用范围。但同步齿形带的成本较高，带轮的加工较复杂，中心距要求也比较严格，所以在传动比要求不严的场合，应限制使用。图 4-10 所示为同步齿形带与带轮的啮合示意图。

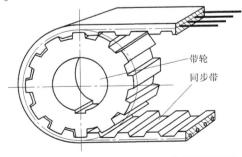

带轮

同步带

图 4-10　同步齿形带与带轮啮合示意图

第二节 链 传 动

一、链传动的组成、类型和特点

1. 链传动的组成和类型

链传动与带传动相似也属于柔性传动，是带传动与齿轮传动的结合。链传动由主动链轮、从动链轮和链条组成，如图 4-11 所示。链传动是利用链条与链轮轮齿啮合进行传动的。常用传递动力的链条有套筒滚子链和齿形链（图 4-12）。套筒滚子链应用最广泛。

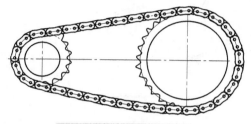

图 4-11 链传动的组成

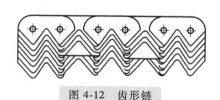

图 4-12 齿形链

2. 链传动的优缺点

链传动能保证平均传动比不变，低速时能传递较大载荷，压轴力小，能在高温条件下工作，不怕油污，可适合于较大中心距的传动。

链传动也存在一些缺点，它不能保证瞬时传动比，传动时有噪声，传动平稳性差。

二、链条和链轮

1. 套筒滚子链的结构和型号

套筒滚子链的结构如图 4-13 所示。链条有单排链和多排链之分。图 4-13a 所示为单排链；图 4-13b 所示为双排链。如图 4-13a 所示，链条的整体结构由内链节和外链节铰接而成。

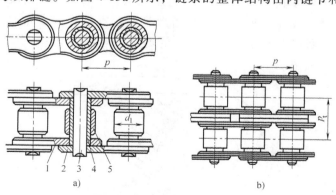

a)   b)

图 4-13 套筒滚子链

a）单排链 b）双排链

1—内链板 2—外链板 3—销轴 4—套筒 5—滚子

如果内外链板直接与销轴铰接，则因内外链板厚度较薄，与销轴相对运动时，磨损较快。为此，采取内链板 1 与套筒 4 过盈配合，外链板 2 与销轴 3 过盈配合，而套筒与销轴间隙配合的方式实现内外链板的间接铰接。由于套筒与销轴之间的接触面积较大，耐磨时间较长，因此链条的寿命较长。滚子 5 可减轻内链板 1 与轮齿之间的摩擦和磨损。链板制成"8"字形，以减轻质量，并保持各截面大致等强度。

链条相邻销轴中心之间的距离称为链节距，用 p 表示，单位为 mm，节距是链条的主要参数。

套筒滚子链是标准链，有 A、B 两种系列产品，常用 A 系列，其基本参数和尺寸见表 4-9。

表 4-9　A 系列滚子链基本参数和尺寸（摘自 GB/T 1243—2006）

链　号	节距 p /mm	排距 p_t/mm	滚子直径 d_1/mm	极限拉伸载荷（单排） Q/kN	每米质量（单排） q/(kg/m)
08A	12.7	14.38	7.92	13.9	0.6
10A	15.875	18.11	10.16	21.8	1.00
12A	19.05	22.78	11.91	31.3	1.5
16A	25.40	29.29	15.88	55.6	2.6
20A	31.75	35.76	19.05	87.0	3.8
24A	38.10	45.44	22.23	125.0	5.6
28A	44.45	48.87	25.40	170.0	7.5
32A	50.80	58.55	28.58	223.0	10.10
40A	63.50	71.55	39.68	347.0	16.10
48A	76.20	87.83	47.63	500.0	22.60

2. 套筒滚子链链轮的结构和主要参数

国家标准仅规定了滚子链链轮齿槽的齿面圆弧半径 r_e、齿沟圆弧半径 r_i 和齿沟角 α 的最大值和最小值，如图 4-14a 所示。各种链轮的实际端面齿形均应在最大和最小齿槽形状之间。这样处理使链轮齿廓设计有很大的灵活性。但齿形应保证链节能平稳自如地进入和退出啮合，并便于加工。符合上述要求的端面齿形曲线有多种，最常用的是三圆弧一直线齿形。

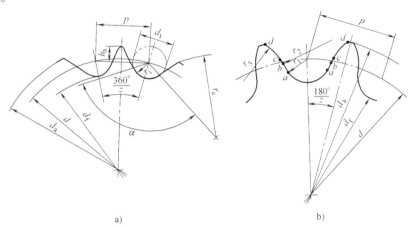

a)　　　　　　　　　　　　　b)

图 4-14　滚子链链轮端面齿形

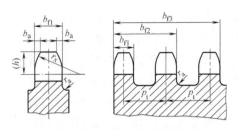

图 4-15　滚子链链轮轴面齿形

图 4-14b 所示的端面齿形由三段圆弧（$\widehat{aa}$、$\widehat{ab}$、$\widehat{cd}$）和一段直线（$\widehat{bc}$）组成。这种三圆弧一直线齿形基本上符合上述齿槽形状范围，且具有较好的啮合性能，并便于加工。

链轮轴面齿形两侧呈圆弧状，如图 4-15 所示，以便于链节进入和退出啮合。

链轮上被链条节距等分的圆称为分度圆，如图 4-14 所示。若已知节距 p 和齿数 z，链轮主要尺寸的计算式为

$$
\left.
\begin{array}{ll}
\text{分度圆直径} & d = \dfrac{p}{\sin \dfrac{180°}{z}} \\[4mm]
\text{齿顶圆直径} & d_{a\max} = d + 1.25p - d_1 \\[2mm]
& d_{a\min} = d + \left(1 - \dfrac{1.6}{z}\right)p - d_1 \\[4mm]
\text{齿根圆直径} & d_f = d - d_1
\end{array}
\right\}
\tag{4-20}
$$

如选用三圆弧一直线齿形，则

$$
d_a = p\left(0.54 + \cot \frac{180°}{z}\right) \tag{4-21}
$$

链轮的结构如图 4-16 所示。小直径链轮可制成实心式（图 4-16a）；中等直径的链轮可制成孔板式（图 4-16b）；直径较大的链轮可设计成组合式（图 4-16c），若轮齿因磨损而失效，可更换齿圈。链轮轮毂部分的尺寸可参考带轮。

常用链轮材料有碳素钢（如 Q235、Q275、45 钢等）、灰铸铁（HT200）等，重要的链轮可采用合金钢。齿面淬火使轮齿有足够的强度和较好的耐磨性。小链轮比大链轮的啮合次数多，磨损大，应选用比大链轮更好的材料。

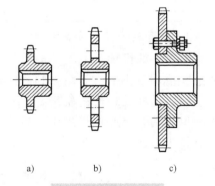

a)　　　　　b)　　　　　c)

图 4-16　链轮结构

a）实心式　b）孔板式　c）组合式

三、滚子链传动的运动分析

链传动过程中，当链条进入链轮后形成折线，因此链传动相当于一对多边形轮之间的传动，如图 4-17 所示。设 z_1、z_2 分别为两链轮的齿数，p 为链节距（mm），n_1、n_2 分别为两链轮的转速（r/min），则链条速度 v（m/s）为

$$
v = \frac{z_1 p n_1}{60 \times 1000} = \frac{z_2 p n_2}{60 \times 1000} \tag{4-22}
$$

传动比为

$$
i = \frac{n_1}{n_2} = \frac{z_2}{z_1} \tag{4-23}
$$

　　以上两式求得的链速和传动比都是平均值。实际上，由于多边形效应，瞬时链速和瞬时传动比都是变化的。

　　为便于说明，假定链条主动边总是处于水平位置，如图 4-17 所示。当主动轮以角速度 ω_1 回转时，相啮合的滚子中心 A 的圆周速度为 $R_1\omega_1$，可分解为链条前进方向的水平分速度

$$v = R_1\omega_1\cos\beta$$

垂直方向分速度

$$v_1' = R_1\omega_1\sin\beta$$

式中　R_1——小链轮分度圆半径；

　　　β——滚子中心 A 的相位角（即纵坐标轴与 A 点和轮心连线的夹角）。

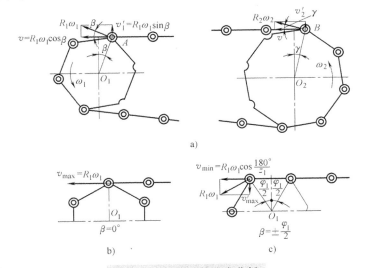

图 4-17　链传动的速度分析

　　在主动轮上，每个链节对应的中心角为 $\varphi_1 = \dfrac{360°}{z_1}$，从第一个滚子进入啮合到第二个滚子进入啮合，相应的 β 角由 $+\dfrac{\varphi_1}{2}$ 变化到 $-\dfrac{\varphi_1}{2}$（图 4-17c），所以，当滚子进入啮合时链速最小（$v = R_1\omega_1\cos\dfrac{180°}{z_1}$），随着链轮的转动，$\beta$ 逐渐变小，当 $\beta = 0$ 时（图 4-17b），v 达到最大值 $R_1\omega_1$，此后 β 值又逐渐增大，直到链速减到最小值，此时第二个滚子进入啮合，又重复上述过程。齿数越少，则 φ_1 值越大，v 的变化就越大。随着 β 角的变化，链条在垂直方向的分速度也做周期性变化，导致链条抖动。

　　在从动轮上，滚子中心 B 的圆周速度为 $R_2\omega_2$，其水平速度 $v = R_2\omega_2\cos\gamma$，故

$$\omega_2 = \frac{v}{R_2\cos\gamma} = \frac{R_1\omega_1\cos\beta}{R_2\cos\gamma}$$

式中　γ——滚子中心 B 的相位角。

　　所以，瞬时传动比为

$$i = \frac{\omega_1}{\omega_2} = \frac{R_2\cos\gamma}{R_1\cos\beta}$$

显然，瞬时传动比是周期性变化的，只有当 $z_1 = z_2$，且传动的中心距为链节距的整数倍时，才能使其保持恒定。这就是链传动的运动不均匀性。

为改善链传动的运动不均匀性，可选用较小的链节距，增加链轮齿数和限制链轮转速。

四、链传动的主要参数选择

1. 链轮齿数

链轮齿数影响传动平稳性和使用寿命。小链轮齿数 z_1 较少可以减小外轮廓尺寸，但运动的不均匀性增强，动载荷增大。大链轮齿数 z_2 过多，当链条铰链的磨损使链节距伸长时，易产生脱链现象。故 $z_{1min} = 17$，$z_{2max} = 120$。

为使铰链磨损均匀，链节取偶数节，链轮齿数应取奇数。

2. 链节距 p

链节距大小与承载能力成正比。节距越大平稳性越差，故在满足承载能力的条件下，尽量选用小节距单排链传动，对高速重载的链传动应选用小节距多排链传动。

3. 链速与传动比

通常链传动的传动比 $i < 6$，推荐 $i = 2 \sim 3.5$。传动比过大，使外轮廓尺寸增大，也使小链轮参加啮合的齿数减少，使链齿磨损加快。

链条的瞬时速度和瞬时传动比是周期性变化的，为了减小链传动的不均匀性和动载荷的影响，对链速要加以限制，要求 $v \leq 12 \sim 15 \mathrm{m/s}$。一般带传动和链传动组成多级传动系统时，把带传动放在高速级，将链传动放在低速级。通常所说的链速指的是平均速度。

4. 中心距和链节数

链轮中心距过大，会使链的松边颤动加剧，运动不均匀性增强；链轮中心距过小，会使链条磨损加快，使用寿命降低。

一般初定中心距 $a_0 = 40p$，最大中心距 $a_0 \leq 80p$。初定中心距后，计算节数，确定链节数后，再算出实际中心距 a_0。中心距一般是可调的。

五、链传动的失效形式

链传动的失效形式主要指链条失效，链轮的强度和寿命都超过链条。链条的主要失效形式有以下几种。

（1）链板疲劳破坏　链在松边拉力和紧边拉力的反复作用下，经过一定次数的循环，链板会发生疲劳破坏。在正常润滑条件下，疲劳强度是限定传动承载能力的主要因素。

（2）滚子、套筒的冲击疲劳破坏　链传动的啮入冲击首先由滚子和套筒承受。在反复多次的冲击下，经过一定次数的循环，滚子、套筒会发生冲击疲劳破坏。这种失效形式多发生于中、高速闭式链传动中。

（3）销轴与套筒胶合　润滑不当或速度过高时，销轴和套筒的工作表面会发生胶合。胶合限定了链传动的极限转速。

（4）链条铰链磨损　铰链磨损后链节变长，容易引起跳齿或脱链。开式传动、环境条件恶劣或润滑密封不良时，极易引起铰链磨损，从而急剧降低链条的使用寿命。

（5）过载拉断　这种拉断常发生于低速重载或严重过载的传动中。

六、链传动的布置、张紧和润滑

1. 链传动的布置

链传动的两轴应平行，两链轮应位于同一平面内，一般应采用水平或接近水平布置（图4-18a），倾斜布置时两链轮中心连线与水平线的夹角 φ 尽量避免超过45°（图4-18b）。同时，链传动布置应使紧边（即主动边）在上，松边在下，以便链节和轮齿可以顺利地进入和退出。如果松边在上，可能因松边垂度过大而出现链条与链轮的干涉或卡死。

2. 链传动的张紧

为防止链条垂度过大造成啮合不良和松边的颤动，需要张紧链条。链条张紧可以通过调整中心距，也可以采用张紧轮。张紧轮应布置在松边靠近小链轮处，如图4-18c、d所示。

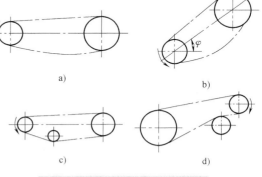

a)　　　　　　　　　b)

c)　　　　　　　　　d)

图4-18　链传动的布置及张紧

3. 链传动的润滑

良好的润滑将会减小磨损、缓和冲击，从而提高承载能力，延长使用寿命。因此，链传动应合理选择润滑方式和润滑油种类。

常用的润滑方式有以下几种：

1）人工定期润滑。用油壶或油刷给油（图4-19a），每班注油一次，适合于链速 $v \leqslant 4\text{mm/s}$ 的不重要的传动。

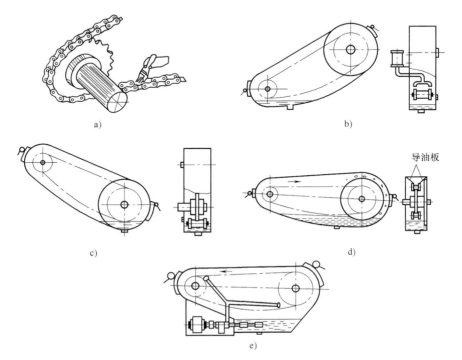

a)　　　　　　　　　b)

c)　　　　　　　　　d)

e)

图4-19　链传动润滑方式

2）滴油润滑。用油杯通过油管向松边的内、外链板间隙处滴油，用于链速 $v \leqslant 10\text{mm/s}$ 的传动（图 4-19b）。

3）油浴润滑。链条从密封的油池中通过，链条浸油深度 6～12mm 为宜，适合于链速 $v \leqslant 6 \sim 12\text{mm/s}$ 的传动（图 4-19c）。

4）飞溅润滑。在密封的容器中，用甩油盘将油甩起，经由壳体上的集油装置将油导流到链上。甩油盘的速度应大于 3m/s，浸油深度 12～15mm 为宜（图 4-19d）。

5）压力油循环润滑。用油泵将油喷到链条上，喷口应设在链条进入啮合之处。它适合于链速 $v \geqslant 8\text{mm/s}$ 的大功率传动（图 4-19e）。

链传动常用的润滑油有 L-AN32、L-AN46、L-AN68 和 L-AN100 等全损耗系统用油。温度低时，黏度宜低；功率大时，黏度宜高。

第三节　齿 轮 传 动

一、齿轮传动概述

齿轮传动用于传递任意两轴间的运动和动力，是应用最广的传动形式。齿轮传动具有传动比恒定、工作平稳、传动速度和功率范围广、传动效率高、寿命长和结构紧凑等优点。但齿轮制造和安装的精度要求高、成本高。齿轮传动无过载保护性能，也不适合远距离的两轴间传动。

齿轮传动的类型很多，按齿轮两轴的相对位置和齿向的不同，齿轮的传动类型如图4-20所示。

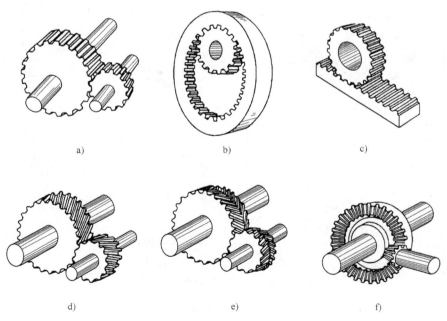

a)　　　　　　　　　　b)　　　　　　　　　　c)

d)　　　　　　　　　　e)　　　　　　　　　　f)

图 4-20　齿轮的传动类型

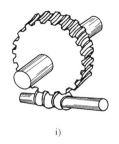

g)　　　　　　　　　　　h)　　　　　　　　　　　i)

图 4-20　齿轮的传动类型（续）

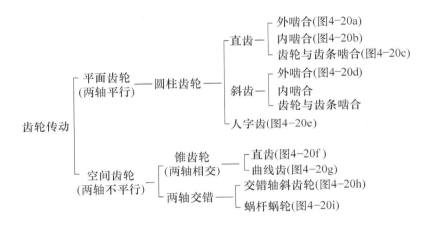

$$
\text{齿轮传动}\begin{cases}\text{平面齿轮}\\(\text{两轴平行})\end{cases}\text{圆柱齿轮}
$$

（结构框图，内容如下：）

平面齿轮（两轴平行）——圆柱齿轮——
- 直齿——
  - 外啮合(图4-20a)
  - 内啮合(图4-20b)
  - 齿轮与齿条啮合(图4-20c)
- 斜齿——
  - 外啮合(图4-20d)
  - 内啮合
  - 齿轮与齿条啮合
- 人字齿(图4-20e)

空间齿轮（两轴不平行）——
- 锥齿轮（两轴相交）——
  - 直齿(图4-20f)
  - 曲线齿(图4-20g)
- 两轴交错——
  - 交错轴斜齿轮(图4-20h)
  - 蜗杆蜗轮(图4-20i)

二、齿轮的齿廓曲线

齿轮传动的基本要求之一是其瞬时传动比必须保持不变。否则，当主动轮等角速度回转时，从动轮的角速度为变数，从而产生惯性力。这种惯性力不仅影响齿轮的寿命，而且还引起机器的振动和噪声，影响其工作精度。为了使齿轮啮合传动时的瞬时传动比保持不变，轮齿的齿廓形状必须遵循一定的规律，下面将分析这个问题。

图 4-21 所示为齿轮 1 和齿轮 2 的齿廓在 K 点接触，两轮的角速度分别为 ω_1 和 ω_2，则两齿廓在 K 点的速度分别为

$$
v_{K1}=\omega_1\overline{O_1K}\quad v_{K2}=\omega_2\overline{O_2K}
$$

过 K 点作两齿廓的公法线 n—n 与两轮的轴心连线 O_1O_2 交于 C 点。为了保证啮合传动时两齿廓不会互相嵌入或分离，v_{K1} 和 v_{K2} 在法线上的分速度应相等，即

$$
v_{K1}\cos\alpha_{K1}=v_{K2}\cos\alpha_{K2}
$$

或

$$
\omega_1\overline{O_1K}\cos\alpha_{K1}=\omega_2\overline{O_2K}\cos\alpha_{K2}
$$

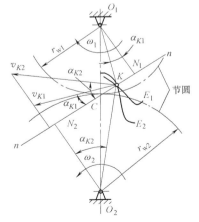

图 4-21　两啮合轮齿

113

过 O_1、O_2 点分别作 n—n 的垂线交于 N_1、N_2 点，则 $\overline{O_1K}\cos\alpha_{K1} = \overline{O_1N_1}$，$\overline{O_2K}\cos\alpha_{K2} = \overline{O_2N_2}$，又因为 $\triangle O_1CN_1 \backsim \triangle O_2CN_2$，故

$$i_{12} = \frac{\omega_1}{\omega_2} = \frac{\overline{O_2N_2}}{\overline{O_1N_1}} = \frac{\overline{O_2C}}{\overline{O_1C}} \tag{4-24}$$

式（4-24）表明，两轮的瞬时传动比与两轮轴线被齿廓啮合点的公法线所分得的两线段长度成反比。由此可知，欲使两轮的瞬时传动比不变，必须使 C 点为轴线上的固定点。即要保证啮合传动的传动比不变，则两啮合齿廓无论在哪点接触，过接触点所作的齿廓公法线必须与两轮的轴心连线交于一固定点 C，这就是齿廓啮合基本定律。这里的 C 点称为节点，以 O_1、O_2 为圆心，以 O_1C、O_2C 为半径所作的两个相切的圆称为节圆。

能满足齿廓啮合基本定律的一对齿廓称为共轭齿廓。理论上能作为共轭齿廓的齿廓曲线有无穷多种，但是生产中必须考虑制造、安装方便等问题，因此实际使用的共轭齿廓曲线仅有渐开线、摆线和圆弧等少数几种。其中应用最广泛的是渐开线。

三、渐开线齿廓

1. 渐开线的形成和性质

如图 4-22 所示，当一条直线在半径为 r_b 的圆上做纯滚动时，直线上任意一点 K 的轨迹称为该圆的渐开线，半径为 r_b 的圆称为渐开线的基圆，该直线称为渐开线的发生线。由渐开线的形成可知渐开线具有以下性质：

1）发生线沿基圆滚过的长度 $\overline{BK}$ 与所滚过的基圆弧长 $\overset{\frown}{AB}$ 相等，即 $\overline{BK} = \overset{\frown}{AB}$。

2）发生线与基圆的切点 B 为渐开线上 K 点的曲率中心，故发生线 BK 为渐开线上 K 点的法线。渐开线上任一点 K 的法线必与基圆相切。

3）渐开线齿廓上某点的法线，与齿廓上该点的速度方向线所夹的锐角称为压力角。由图 4-22 可知，K 点的压力角 α_K 可由下式求出

$$\cos\alpha_K = \frac{\overline{BO}}{\overline{KO}} = \frac{r_b}{r_K} \tag{4-25}$$

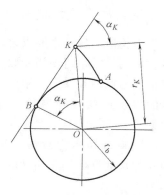

图 4-22　渐开线的形成

式中　α_K——K 点压力角；

　　　r_b——基圆半径，单位为 mm；

　　　r_K——K 点的向径，单位为 mm。

式（4-25）表明，渐开线上各点的压力角不相等，向径越大（即 K 点离轮心越远），其压力角越大。

4）渐开线的形状取决于基圆的大小。基圆半径越大，渐开线越平直，当基圆半径趋于无穷大时，渐开线变为直线，如图 4-23 所示。

5）基圆内无渐开线。

2. 渐开线齿廓的啮合特性

（1）渐开线齿廓的传动比不变　如图 4-24 所示，一对渐开线齿廓在 K 点啮合，设两轮

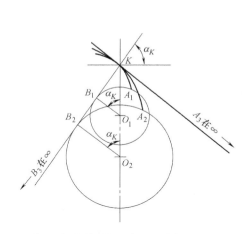

图 4-23 基圆大小对渐开线的影响

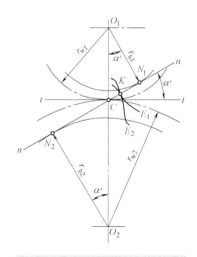

图 4-24 渐开线齿廓啮合特性

的基圆半径分别为 r_{b1}、r_{b2}，K 点的齿廓公法线为 $n—n$。由渐开线性质可知，两齿廓曲线在啮合点的公法线就是两基圆的内公切线，而两固定圆的内公切线只有一条，它与两基圆的连心线交点位置不变。即无论两齿廓在何处接触，过接触点所作齿廓公法线均通过连心线 O_1O_2 上同一点 C，故渐开线齿廓满足定角速度比要求。其瞬时传动比为

$$i_{12} = \frac{\omega_1}{\omega_2} = \frac{\overline{O_2C}}{\overline{O_1C}} = \frac{r_{w2}}{r_{w1}} = \frac{r_{b2}}{r_{b1}} = 常数 \tag{4-26}$$

上式表明，渐开线齿廓在啮合过程中，其瞬时传动比恒定不变。当一对渐开线齿轮制成后，基圆半径不变，即使改变两轮的中心距，其传动比仍保持恒定，这种性质称为渐开线齿轮传动的可分离性。这是渐开线齿轮传动的一大优点，给齿轮的制造和安装带来很大方便。

（2）渐开线齿廓的受力方向不变　齿轮传动时，其齿廓接触点的轨迹称为啮合线。对于渐开线齿轮，无论在哪一点接触，接触齿廓的公法线总是两基圆的内公切线 N_1N_2。因此直线 N_1N_2 就是渐开线齿廓的啮合线。

过节点 C 作两节圆的公切线 $t—t$，它与啮合线 N_1N_2 的夹角称为啮合角。由图 4-24 可知，渐开线齿轮传动中啮合角为常数。由图 4-24 中的几何关系可知，啮合角在数值上等于渐开线在节圆上的压力角 α'。啮合角不变，则齿廓间的压力方向不变。若齿轮传递的力矩恒定，则轮齿之间、轴与轴承之间的压力和方向均不变，这也是渐开线齿轮传动的一大优点。

四、渐开线直齿圆柱齿轮传动

1. 渐开线标准直齿圆柱齿轮各部分名称及几何尺寸

（1）齿轮各部分的名称　图 4-25 所示为直齿圆柱齿轮的一部分。齿顶所确定的圆称为齿顶圆。相邻两齿之间的空间称为齿槽。齿槽底部所确定的圆称为齿根圆。

为了使齿轮能在两个方向传动，轮齿两侧齿廓是完全对称的。在任意直径为 d_K 的圆周上，轮齿两侧齿廓之间的弧长称为该圆上的齿厚，用 s_K 表示；齿槽两侧齿廓之间的弧长称为该圆上的齿槽宽，用 e_K 表示；相邻两齿同侧齿廓之间的弧长称为该圆上的齿距，用 p_K 表示。设 z 为齿数，则根据齿距的定义可得

$$\pi d_K = p_K z$$

故

$$d_K = \frac{p_K}{\pi} z \qquad (4\text{-}27)$$

由式（4-27）可知，在不同直径的圆周上，比值 p_K/π 是不同的，而且其中还包含无理数 π；又由渐开线特性可知，在不同直径的圆周上，齿廓各点的压力角 α_K 也是不等的。为了便于设计、制造及互换，规定齿轮某一圆周上的比值 p_K/π 为标准值，并使该圆上的压力角也为标准值。这个圆称为分度圆，直径用 d 表示。分度圆上的压力角简称压力角，用 α 表示，我国规定的标准压力角为 $20°$。分度圆上的齿距 p 与 π 的比值称为模数，用 m 表示，即

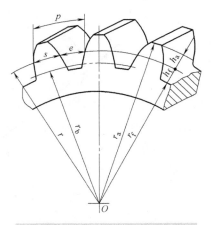

图 4-25　齿轮各部分名称及代号

$$m = \frac{p}{\pi} \qquad (4\text{-}28)$$

齿轮的主要几何尺寸都与模数成正比，模数越大，齿距也越大，轮齿就越大，齿轮的承载能力也就越大。我国已规定了标准模数系列，见表 4-10。

表 4-10　标准模数系列　（单位：mm）

第一系列	1　1.25　1.5　2　2.5　3　4　5　6　8　10　12　16　20　25　32　40　50		
第二系列	1.125　1.375　1.75　2.25　2.75　3.5　4.5　5.5　(6.5)　7　9　11　14　18　22　28　36　45		

注：本表摘自 GB/T 1357—2008；优先采用第一系列，括号内的模数尽量不用。

为了简便，分度圆上各参数代号都不带下标，如齿距 p、齿厚 s、齿槽宽 e 等。由图 4-25 知

$$p = s + e = \pi m \qquad (4\text{-}29)$$

$$d = \frac{p}{\pi} z = mz \qquad (4\text{-}30)$$

在轮齿上，介于齿顶圆和分度圆之间的部分称为齿顶，其径向高度称为齿顶高，用 h_a 表示。介于齿根圆和分度圆之间的部分称为齿根，其径向高度称为齿根高，用 h_f 表示。齿顶圆与齿根圆之间轮齿的径向高度称为全齿高，用 h 表示，故

$$h = h_a + h_f \qquad (4\text{-}31)$$

齿顶高和齿根高的标准值可用模数表示为

$$\left.\begin{array}{l} h_a = h_a^* m \\ h_f = (h_a^* + c^*) m \end{array}\right\} \qquad (4\text{-}32)$$

式中　h_a^*——齿顶高系数；

　　　c^*——顶隙系数。

对于圆柱齿轮，其标准值按正常齿制和短齿制规定，见表 4-11。

表 4-11　渐开线圆柱齿轮的齿顶高系数和顶隙系数

齿形标准	正常齿制	短齿制
h_a^*	1.0	0.8
c^*	0.25	0.3

顶隙 $c = c^* m$，它是指一对齿轮啮合时，一个齿轮的齿顶圆到另一个齿轮的齿根圆的径向距离。顶隙有利于润滑油的流动。

若 m、α、h_a^*、c^* 均取标准值，且分度圆上齿厚与齿槽宽相等的齿轮称为标准齿轮。

（2）渐开线外啮合标准直齿圆柱齿轮的几何尺寸　渐开线外啮合标准直齿圆柱齿轮的几何尺寸计算见表 4-12。

表 4-12　渐开线标准直齿圆柱齿轮几何尺寸计算

名称	符号	公式与说明
齿数	z	根据工作要求确定
模数	m	由轮齿承载能力确定
压力角	α	$\alpha = 20°$
分度圆直径	d	$d = mz$
齿顶高	h_a	$h_a = h_a^* m$
齿根高	h_f	$h_f = (h_a^* + c^*)m$
全齿高	h	$h = h_a + h_f = (2h_a^* + c^*)m$
齿顶圆直径	d_a	$d_a = d + 2h_a = (z + 2h_a^*)m$
齿根圆直径	d_f	$d_f = d - 2h_f = (z - 2h_a^* - 2c^*)m$
分度圆齿距	p	$p = \pi m$
分度圆齿厚	s	$s = \pi m/2$
分度圆齿槽宽	e	$e = \pi m/2$
标准中心距	a	$a = \dfrac{1}{2}(d_2 + d_1) = \dfrac{m(z_2 + z_1)}{2}$
顶隙	c	$c = c^* m$

2. 渐开线直齿圆柱齿轮的啮合

（1）渐开线直齿圆柱齿轮的正确啮合条件　齿轮传动时，两齿轮的每一对齿仅啮合一段时间便要分离，而由后一对齿接替。如图 4-26 所示，当前一对齿在啮合线上 K 点接触时，其后一对齿应在啮合线上另一点 K' 接触，这样，前一对齿分离时，后一对齿才能不中断地接替传动。为保证前后两对齿有可能同时在啮合线上接触，即正确啮合，轮 1 和轮 2 相邻两齿同侧齿廓沿法线的距离 $\overline{K_1K_1'}$ 和 $\overline{K_2K_2'}$ 应相等，即

$$\overline{K_1K_1'} = \overline{K_2K_2'}$$

由渐开线的性质可知，$\overline{K_1K_1'} = P_{b1}$，$\overline{K_2K_2'} = P_{b2}$，则

$$P_{b1} = P_{b2}$$

又因

$$P_{b1} = \frac{\pi d_{b1}}{z_1} = \frac{\pi \ d_1 \cos \ \alpha_1}{z_1} = \pi \ m_1 \cos \ \alpha_1$$

$$P_{b2} = \frac{\pi d_{b2}}{z_2} = \frac{\pi \ d_2 \cos \ \alpha_2}{z_2} = \pi \ m_2 \cos \ \alpha_2$$

所以

$$m_1 \cos \ \alpha_1 = m_2 \cos \ \alpha_2$$

由于模数和压力角均已标准化，为使上述关系成立，必须使

$$\left. \begin{array}{l} m_1 = m_2 = m \\ \alpha_1 = \alpha_2 = \alpha \end{array} \right\} \tag{4-33}$$

式（4-33）表明，渐开线齿轮正确啮合条件是两轮的模数和压力角必须分别相等。这样，一对齿轮的传动比可表示为

$$i = \frac{\omega_1}{\omega_2} = \frac{d_{b2}}{d_{b1}} = \frac{d_2}{d_1} = \frac{z_2}{z_1} \tag{4-34}$$

（2）渐开线齿轮连续传动的条件　图 4-27 所示为一对相互啮合的齿轮。主动轮 1 的齿根部分与从动轮 2 的齿顶部分在 A 点开始接触，当两齿廓的接触点沿理论啮合线 N_1N_2 移到 E 点时，两齿廓啮合终止。AE 段为接触点的实际轨迹，称为实际啮合线。如果前一对轮齿啮合于 E 点之前的 A' 点时，后一对轮齿已进入啮合点 A，则传动就能连续进行，即 $\overline{AE} > \overline{AA'}$，否则传动发生中断引起冲击。

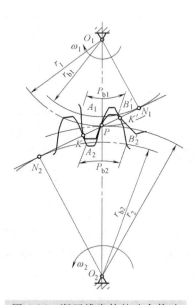

图 4-26　渐开线齿轮的啮合传动

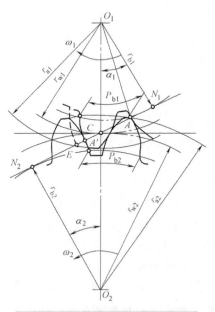

图 4-27　渐开线齿轮的连续传动

由渐开线的性质可知，法向齿距 $\overline{AA'}$ 等于基圆齿距，即 $\overline{AA'} = P_{b1} = P_{b2} = P_b$。所以保证连续传动的条件是实际啮合线长度大于或等于基节，即

$$\overline{AE} \geqslant P_b \text{ 或} \overline{AE}/P_b \geqslant 1$$

实际啮合长度与基节的比值称为重合度，用 ε 表示，即

$$\varepsilon = \overline{AE}/P_b \geqslant 1 \qquad (4-35)$$

当 $\varepsilon = 1$ 时，理论上能保证连续传动。但考虑到制造、安装等因素，设计时通常取 $\varepsilon > 1$。

（3）渐开线齿轮传动的中心距 一对齿轮传动时，一齿轮节圆上的齿槽宽与另一齿轮节圆上的齿厚之差称为侧隙。一对齿轮啮合时，理论上应达到无侧隙。标准齿轮分度圆上的齿槽宽与齿厚相等，模数相同，故 $e_1 = s_1 = e_2 = s_2 = \dfrac{\pi m}{2}$。若令分度圆与节圆重合，即两分度圆相切，如图 4-28 所示，则 $e_1 - s_2 = e_2 - s_1 = 0$，侧隙为零。一对标准齿轮分度圆相切的中心距称为标准中心距，用 a 表示，即

$$a = r_1 + r_2 = \frac{m(z_1 + z_2)}{2} \qquad (4-36)$$

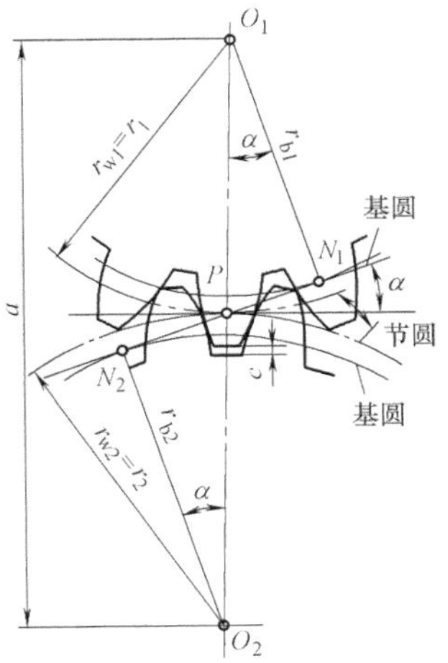

图 4-28 渐开线齿轮
传动的中心距

五、渐开线齿轮的切齿原理、根切现象

1. 切齿原理

齿轮的加工方法很多，最常用的是切削加工，此外还有铸造、冲压和热轧等。切削加工齿轮的方法又分为仿形法和展成法两大类。

（1）仿形法 仿形法是用与齿槽形状相同的圆盘铣刀或指形齿轮铣刀直接铣出齿形。一般加工模数小于 10mm 的齿轮，用圆盘铣刀（图 4-29a）；加工模数大于 10mm 的齿轮，用指形齿轮铣刀（图 4-29b）。这种加工方法简单，在铣床上进行，但加工精度低，生产率也低，修配时多采用此方法。

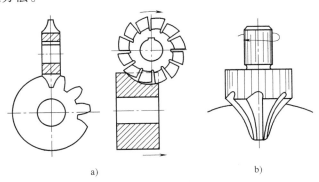

a)   b)

图 4-29 仿形法切齿

a）圆盘铣刀 b）指形齿轮铣刀

（2）展成法 展成法是利用一对齿轮（或齿轮和齿条）啮合时，其齿廓曲线互为包络线的原理来切齿的。这种加工方法，加工精度高，生产率也高，是齿轮加工的主要方法。展成法加工有插齿、滚齿、磨齿和剃齿等。

1）插齿。如图 4-30 所示，齿轮插刀的形状和齿轮相似，模数和压力角与被加工齿轮相同。加工时，机床保证插刀和轮坯之间有啮合运动，插刀沿轮坯轴线做上下往复切削运动。在插刀相对轮坯运动的过程中，切削刃在各位置的包络线即为切削出来的轮齿齿廓。

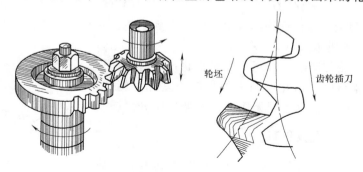

图 4-30　齿轮插齿刀切齿

2）滚齿。图 4-31 所示为用滚刀在滚齿机上加工齿轮的原理图。这种加工方法也是基于齿轮与齿条啮合的原理。滚刀的外形类似在纵向开了沟槽的螺旋，轴向剖面的齿形与齿条相同。当滚刀转动时，相当于很多的假想齿条连续地向一个方向移动，并和轮坯相啮合，故能够切出渐开线齿廓。

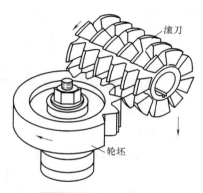

图 4-31　滚齿原理图

2. 根切现象与最少齿数

用展成法切削齿数过少的齿轮时，切削刀具的齿顶会切去轮齿齿根部的一部分渐开线，这种现象称为根切。如图 4-32 所示，实线表示未发生根切的齿廓，虚线则表示根切后的齿廓。轮齿根切后，抵抗弯曲的能力降低，重合度也降低，故应设法避免根切现象的发生。

对于标准齿轮，常采用限制最少齿数的方法来避免根切。用滚刀切制标准齿轮时，不发生根切的最少齿数为 $z_{min} = 17$。所以设计齿轮的齿数 $z > z_{min}$ 时，就不存在根切现象。

图 4-32　根切现象

六、齿轮的失效形式和齿轮材料

1. 齿轮的失效形式

齿轮传递的载荷是直接作用在轮齿上的，轮齿因为载荷作用发生折断和齿面损伤而丧失工作能力的现象称为齿轮失效。齿轮的失效形式主要有以下五种。

（1）轮齿折断　齿轮工作时，载荷作用下的轮齿相当于悬臂梁，齿根处弯曲应力最大，而且有应力集中。轮齿由于多次重复载荷作用所引起的弯曲应力超过材料的疲劳极限时，在齿根处出现疲劳裂纹（图 4-33a），裂纹随应力循环次数的增加而逐渐扩展，直至轮齿折断，称为疲劳折断。用脆性材料制成的齿轮，轮齿受短时过载或冲击载荷作用时，因为最大弯曲应力超过材料的强度极限而发生轮齿突然折断，称为过载折断。

　　齿宽较小的直齿圆柱齿轮易发生全齿折断。齿宽较大的直齿圆柱齿轮，当载荷沿齿宽方向分布不均时，通常发生局部折断（图 4-33b）。

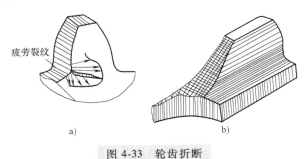

疲劳裂纹

a)　　　　　　　　b)

图 4-33　轮齿折断

a）疲劳折断　b）局部折断

　　（2）齿面点蚀　齿轮传动过程中，齿面产生脉动循环变化的接触应力。如果齿面接触应力超过材料的接触持久极限，经载荷的多次重复作用后，齿面表层产生细微的疲劳裂纹，裂纹扩展导致齿面小块金属的剥落，形成疲劳点蚀。疲劳点蚀一般发生在节线附近的齿根表面，如图 4-34 所示。

　　软齿面（≤350HBW）的闭式传动中，疲劳点蚀是齿轮失效的主要形式。对于开式传动，由于齿面磨损较快，点蚀还未出现即被磨掉，一般看不到点蚀现象。

　　轮齿产生点蚀后，影响齿轮的正常工作，产生振动和噪声，破坏传动的平稳性。

　　（3）齿面胶合　高速重载齿轮的轮齿齿面压力大，相对滑动速度高，摩擦引起局部瞬时高温，使润滑油黏度下降致使润滑失败，啮合表面金属软化，造成金属的相互粘接，齿轮继续转动时，较软齿面上的金属沿滑动方向被撕出沟纹，称为齿面胶合，如图 4-35 所示。在低速重载时，齿面压力大，不易形成油膜，也可能出现胶合。

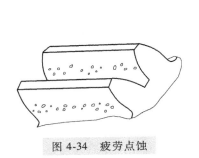

图 4-34　疲劳点蚀

图 4-35　齿面胶合

　　（4）齿面磨损　齿轮的磨损有两种。一种是因灰尘、金属微粒等侵入齿面而产生的微粒磨损，如图 4-36 所示。磨损后齿廓变形，齿侧间隙加大，转动过程中产生冲击和噪声，影响传动的平稳性。另一种是齿面间的相互摩擦而产生的磨合磨损，这种磨损出现在齿轮传动运转的初期，经过一段时间后，磨损就逐渐减少，对齿轮传动并无影响。磨粒磨损在开式传动中是很难避免的，而对于闭式传动，减小齿面粗糙度值、保持良好的润滑可防止或减轻磨损。

（5）齿面塑性变形 齿面较软的齿轮过载或重载时，轮齿表面沿摩擦力方向产生塑性变形，使齿面失去正确的渐开线形状（图4-37）。齿面塑性变形多发生在低速重载、频繁起动和过载传动中。提高齿面硬度和润滑油黏度可防止或减轻齿面塑性变形。

图 4-36 齿面磨损

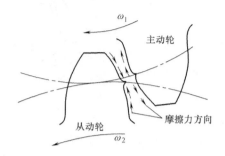

图 4-37 齿面塑性变形

2. 齿轮材料

（1）锻钢 锻钢是制造齿轮最常用的材料，主要用于制造中小尺寸的齿轮。对于齿面硬度≤350HBW的软齿面齿轮，常采用中碳钢和中碳合金钢，并采用正火及调质热处理。由于齿面硬度不高，因此可在热处理后进行切齿。这类齿轮制造工艺简单，成本低廉，广泛应用于一般的机械传动。齿面硬度>350HBW的硬齿面齿轮，齿坯先经正火或调质处理后切齿，切齿后进行表面淬火或渗碳淬火的硬化处理，齿轮齿面硬度一般为40~60HRC。这类齿轮制造工艺复杂，成本较高，常用于高速、重载及有冲击载荷作用的机械传动。

（2）铸钢 铸钢可以是碳钢或合金钢。铸钢用于制造尺寸较大或结构复杂的齿轮，其热处理方法有退火、正火及调质等。

（3）铸铁 铸铁的弯曲强度、抗冲击能力及耐磨性均较差，但易于加工，成本低廉，常用于功率不大、无冲击及低速的开式齿轮传动中。

（4）非金属材料 对于高速、轻载及精度不高的齿轮传动，为了减少噪声，常用塑料、尼龙等材料制造。非金属材料齿轮常与钢制齿轮配对使用，传动时利于散热，噪声小。

七、渐开线斜齿圆柱齿轮传动

斜齿圆柱齿轮的作用和直齿圆柱齿轮一样，主要用来传递两平行轴之间的运动。斜齿圆柱齿轮的形成，可设想将直齿轮沿齿宽方向切成许多薄片，然后将每片依次沿同一方向转过一个角度，便得到类似阶梯状的轮齿，如图4-38a所示。若将薄片数增加到无穷多时，就形成了螺旋状轮齿，如图4-38b所示。由渐开线曲面的形成可知，直齿轮在啮合时，齿面上的接触线都是平行于轴线的直线，如图4-39a所示。

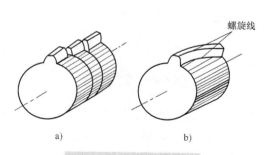

图 4-38 斜齿轮的形成
a）阶梯状轮齿 b）螺旋状轮齿

一对轮齿从开始啮合起，齿面上的接触线沿全齿宽同时进入啮合，又同时退出啮合，所以受力是突然加载又突然卸载。因此传动平稳性较差，冲击和噪声也较大。

从斜齿轮齿廓的形成过程可知，斜齿轮的齿廓在任何位置啮合，其接触线都是与轴线倾斜的直线，如图4-39b所示。一对轮齿从开始啮合起，齿面上的接触线长度由零逐渐增长到最大值（1→2→3），以后又逐渐缩短到零（3→4→5）而脱离啮合，所以轮齿的啮合过程是一种逐渐的啮合过程。另外，由于轮齿是倾斜的，所以同时参与啮合的齿数较多。因此，斜齿轮传动工作较平稳，承载能力大。

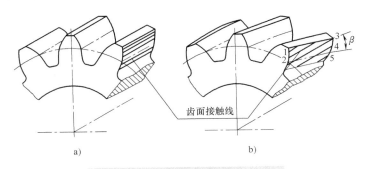

图4-39　直齿轮和斜齿轮啮合比较

a）直齿啮合　b）斜齿啮合

斜齿轮的轮齿相对于轴线倾斜一个螺旋角 β，计算斜齿轮的尺寸时要考虑这个角度的影响。斜齿轮上轮齿的端面与轴线垂直，而与轮齿方向垂直的方向称为法向。所以斜齿轮的基本参数有端面参数和法向参数之分，它们的关系如下

$$m_n = m_t \cos \beta \tag{4-37}$$

$$\tan \alpha_n = \tan \alpha_t \cos \beta \tag{4-38}$$

式中　m_n——法向模数；

m_t——端面模数；

β——螺旋角；

α_n——法向压力角；

α_t——端面压力角。

因为用铣刀切制斜齿轮时，铣刀的齿形应等于齿轮的法向齿形，所以国家标准规定斜齿轮的法向参数为标准值，而计算几何尺寸时，利用直齿轮的几何计算公式，参数用端面参数。

一对外啮合斜齿圆柱齿轮传动，除了两轮的模数和压力角相等外，两轮在分度圆柱面上的螺旋角还需大小相等，旋向相反，即 $\beta_1 = -\beta_2$。如果一个齿轮是左旋，则另一个齿轮必须是右旋。

斜齿轮与直齿轮相比，具有如下特点：

1）接触情况好，重合度大，运转平稳，因而承载能力高，噪声小，适合于高速重载场合。

2）中心距可凑，改变 β 即可凑出所需中心距。

3）斜齿轮传动有轴向力产生，因此所选轴承需能承受轴向力。由于轴向力随 β 增大而

增大，所以设计时一般取 $\beta = 8° \sim 20°$。

八、直齿锥齿轮传动

锥齿轮用于相交两轴之间的传动。与圆柱齿轮相似，一对锥齿轮的运动相当于一对节圆锥的纯滚动。除了节圆锥以外，锥齿轮还有分度圆锥、齿顶圆锥、齿根圆锥和基圆锥。图 4-40 所示为一对标准安装的锥齿轮，其节圆锥和分度圆锥重合。设 δ_1 和 δ_2 分别为小齿轮和大齿轮的分度圆锥角，Σ 为两轴线的交角，$\Sigma = \delta_1 + \delta_2$，因

$$r_1 = \overline{OC}\sin\delta_1, \quad r_2 = \overline{OC}\sin\delta_2$$

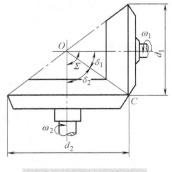

图 4-40　锥齿轮传动

故传动比

$$i = \frac{\omega_1}{\omega_2} = \frac{z_2}{z_1} = \frac{r_2}{r_1} = \frac{\sin\delta_2}{\sin\delta_1} \qquad (4\text{-}39)$$

当 $\Sigma = \delta_1 + \delta_2 = 90°$ 时，$i = \tan\delta_2 = \cot\delta_1$。

锥齿轮的轮齿是沿圆锥面分布的，朝锥顶 O 的方向逐渐缩小。为计算和测量方便，直齿锥齿轮的几何尺寸计算以大端为基准。大端模数取标准值，大端分度圆上的压力角 $\alpha = 20°$。

九、齿轮结构

直径不大的钢制齿轮，当齿根圆直径与轴径接近时，可以将齿轮和轴做成一体，称为齿轮轴，如图 4-41 所示。如果齿轮的直径比轴径大得多，则应把齿轮和轴分开制造。

齿顶圆直径 $160\text{mm} \leqslant d_a \leqslant 500\text{mm}$ 的齿轮可以锻造或铸造，通常按图 4-42a 所示的腹板式结构制造。直径较小的齿轮可做成实心式（图 4-42b）。图 4-43 所示为腹板式锻造锥齿轮结构。

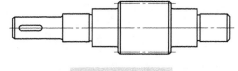

图 4-41　齿轮轴

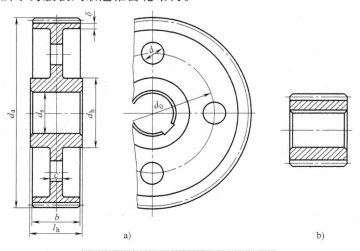

a)

b)

图 4-42　腹板式齿轮和实心式齿轮

a）腹板式齿轮　b）实心式齿轮

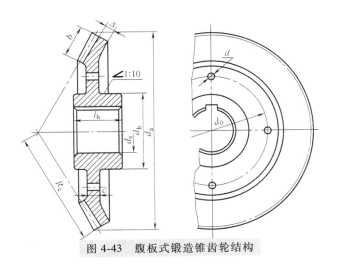

图 4-43 腹板式锻造锥齿轮结构

第四节 蜗杆传动

一、蜗杆传动的类型和特点

蜗杆传动是由蜗杆与蜗轮组成的，如图 4-44 所示，它用于传递交错轴之间的回转运动和动力。通常两轴交错角为 90°，传动中一般蜗杆是主动件，蜗轮是从动件。蜗杆传动也是一种齿轮传动，主动轮的分度圆直径很小而且轴向长度较长，所以轮齿在分度圆柱面上形成完整的螺旋线，形如螺旋，将其称为蜗杆。从动轮分度圆直径很大且轴向长度较小，所以分度圆上的轮齿只有一小段，形如一个斜齿轮，称为蜗轮。

根据蜗杆的形状不同，蜗杆可分为圆柱蜗杆（图4-45a）和环面蜗杆（图 4-45b）。

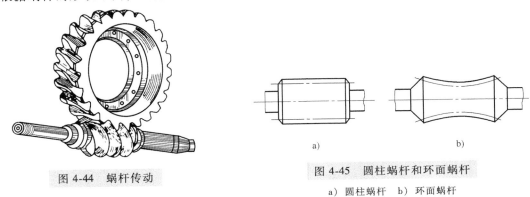

图 4-44 蜗杆传动

图 4-45 圆柱蜗杆和环面蜗杆

a）圆柱蜗杆 b）环面蜗杆

圆柱蜗杆按其螺旋面的形状又分为普通圆柱蜗杆和渐开线蜗杆等。车削普通圆柱蜗杆与加工梯形螺纹类似。由于其加工容易，故应用广泛。这里主要介绍普通圆柱蜗杆传动。

和螺纹一样，蜗杆有左旋和右旋之分，常用的是右旋蜗杆。

蜗轮的形状很像斜齿轮，为了改善轮齿的接触状况，蜗轮沿齿宽方向制成圆弧形，如图 4-46 所示。

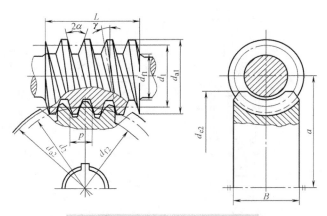

图 4-46　圆柱蜗杆传动的主要参数

蜗杆传动的主要优点是能得到很大的传动比、结构紧凑、传动平稳和噪声较小等。在动力传动中，通常 $i = 8 \sim 80$。蜗杆传动的主要缺点是传动效率较低，为了减摩耐磨，蜗轮齿圈常用青铜制造，成本较高。

二、蜗杆传动的主要参数和几何尺寸计算

1. 圆柱蜗杆传动的主要参数

1）模数和压力角。如图 4-46 所示，通过蜗杆轴线并垂直于蜗轮轴线的平面，称为中间平面。由于蜗轮是用与蜗杆形状相仿的滚刀，按展成原理加工轮齿的，所以中间平面蜗轮与蜗杆的啮合就相当于渐开线齿轮和齿条的啮合。蜗杆传动的设计计算都以中间平面的参数和几何关系为准。它们正确啮合的条件是：蜗杆轴向模数和轴向压力角应分别等于蜗轮端面模数和端面压力角。即

$$m_{a1} = m_{t2} = m, \quad \alpha_{a1} = \alpha_{t2} = \alpha$$

此外，在两轴交错角为 90° 的蜗杆传动中，蜗杆分度圆柱上的导程角 γ 应等于蜗轮分度圆柱上的螺旋角 β，且两者的旋向必须相同，即

$$\gamma = \beta$$

2）传动比、蜗杆头数和蜗轮齿数。设蜗杆头数为 z_1，蜗轮齿数为 z_2，则蜗杆旋转一周，蜗轮将转过 z_1 个轮齿。因此其传动比为

$$i = \frac{n_1}{n_2} = \frac{z_2}{z_1} \tag{4-40}$$

式中　n_1——蜗杆的转速，单位为 r/min；

　　　n_2——蜗轮的转速，单位为 r/min。

通常蜗杆头数 z_1 取 $1 \sim 4$。若要得到大传动比时，可取 $z_1 = 1$（单头），但传动效率较低；传动功率大时，为提高效率可采用多头蜗杆，可取 $z_1 = 2 \sim 4$（多头）。

蜗轮齿数应根据所需传动比确定，即 $z_2 = i z_1$。为了避免根切，z_2 应 $\geqslant 26 \sim 28$，但也不宜大于 80。若 z_2 过大，会使结构尺寸过大，蜗杆长度也随之增加，使蜗杆刚度和啮合精度下降。

3）蜗杆直径系数和导程角。切制蜗轮的滚刀，其直径与齿形参数必须与相应的蜗杆相同。如果蜗杆分度圆直径不做限制，刀具种类和数量势必太多，为了减少刀具数量并便于标准化，对每一个模数规定 1~2 个蜗杆的分度圆直径。该分度圆直径与模数的比值称为蜗杆直径系数 q，即

$$q = \frac{d_1}{m} \qquad (4-41)$$

如图 4-47 所示，蜗杆螺旋面和分度圆柱的交线是螺旋线。设 γ 为蜗杆分度圆柱上的导程角，p_z 为轴向齿距，由图 4-47 得

$$\tan\gamma = \frac{z_1 p_z}{\pi d_1} = \frac{z_1 m}{d_1} = \frac{z_1}{q} \qquad (4-42)$$

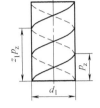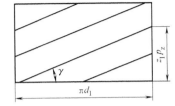

图 4-47　蜗杆导程

z_1 和 q 值确定后，蜗杆的导程角即可求出。

4）齿面间滑动速度。蜗杆传动即使在节点 C 处啮合，齿廓之间也有较大的相对滑动，滑动速度 v_s 沿蜗杆螺旋线方向，设蜗杆圆周速度为 v_1，蜗轮圆周速度为 v_2，由图 4-48 可得

$$v_s = \sqrt{v_1^2 + v_2^2} = \frac{v_1}{\cos\gamma} \qquad (4-43)$$

滑动速度的大小，对齿面的润滑情况、齿面失效形式、发热及传动效率等都有很大影响。

5）中心距。当蜗杆节圆与分度圆重合时称为标准传动，其中心距计算式为

$$a = \frac{1}{2}(d_1 + d_2) = \frac{1}{2}m(q + z_2) \qquad (4-44)$$

2. 圆柱蜗杆传动的几何尺寸计算

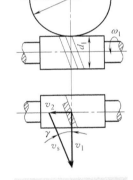

图 4-48　滑动速度

设计蜗杆传动时，一般是先根据传动的功用和传动比要求，选择蜗杆头数和蜗轮齿数，然后再按强度计算确定模数 m 和蜗杆直径系数 q，上述参数确定后，即可根据表 4-13 计算出蜗杆、蜗轮的几何尺寸（两轴交错角为 90°、标准传动）。

表 4-13　圆柱蜗杆传动的几何尺寸计算（参看图 4-46）

名　称	计算公式	
	蜗杆	蜗轮
蜗杆分度圆直径，蜗轮分度圆直径	$d_1 = mq$	$d_2 = mz_2$
齿顶高	$h_a = m$	$h_a = m$
齿根高	$h_f = 1.2m$	$h_f = 1.2m$
齿顶圆直径	$d_{a1} = m(q+2)$	$d_{a2} = m(z_2+2)$
齿根圆直径	$d_{f1} = m(q-2.4)$	$d_{f2} = m(z_2-2.4)$
蜗杆轴向齿距，蜗轮端面齿距	$p_{a1} = p_{t2} = \pi m$	
顶隙	$c = 0.20m$	
中心距	$a = 0.5(d_1+d_2) = 0.5m(q+z_2)$	
蜗杆导程角	$\gamma = \arctan\dfrac{z_1}{q}$	
蜗轮螺旋角	$\beta_2 = \gamma$	

三、蜗杆传动中蜗轮转动方向判断、失效及材料选择

1. 蜗轮转动方向判断

根据蜗杆的螺旋线方向和蜗杆的转向确定蜗轮的转动方向。具体判断时，可把蜗杆看成螺杆，蜗轮看作开式螺母来考察其相对运动。根据蜗杆的螺旋线方向，选择左右手，左旋用左手，右旋用右手；判断时，拇指伸直，四指握拳。四指弯曲方向与蜗杆转动方向一致，那么拇指所指的反方向即为蜗轮上啮合点的运动方向，从而确定蜗轮的转向，如图 4-49 所示。

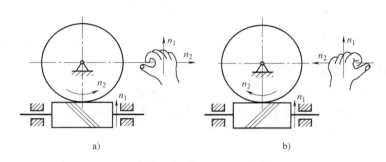

图 4-49　确定蜗轮的转向

2. 蜗杆传动的失效形式

蜗杆传动中，轮齿失效形式与齿轮传动类似，主要失效形式有点蚀、胶合和磨损等。由于蜗杆传动在齿面间有较大的相对滑动，产生热量，使润滑油温度升高而变稀，润滑条件变坏，增大胶合的可能性。在闭式传动中，如不能及时散热，往往因胶合而影响蜗杆传动的承载能力。在开式传动或润滑密封不良的闭式传动中，蜗轮轮齿的磨损就显得更为突出。

3. 材料选择

蜗杆、蜗轮的材料主要根据传动的相对滑动速度来选择。当蜗杆传动尺寸未确定时，可以初步估计蜗杆传动的滑动速度。根据蜗杆传动的特点，蜗杆副的材料不仅要有足够的强度，而更重要的是要有良好的减摩耐磨性能和抗胶合的能力。

蜗杆一般采用碳素钢或合金钢制造，要求表面光洁并具有较高硬度。对于高速重载的蜗杆常用 20Cr、20CrMnTi（渗碳淬火到 56~62HRC），或 40Cr、42SiMn、45 钢（表面淬火到 45~55HRC）等，并应磨削；普通蜗杆可采用 40 钢、45 钢等调质碳素钢（硬度为 220~250HBW）。而在低速或人力传动中，蜗杆可不经热处理，甚至可采用铸铁。

在重要的高速蜗杆传动中，蜗轮常用锡青铜（ZCuSn10P1）制造，它的抗胶合和耐磨性能好，允许的滑动速度可达 25m/s；且易于切削加工，但成本高；在滑动速度 $v_s < 12m/s$ 的蜗杆传动中，可采用低含锡量的锡青铜（ZCuSn5Pb5Zn5）制造蜗轮；当滑动速度 $v_s < 6m/s$ 时，可选用铝青铜（ZCuAl10Fe3）制造蜗轮；而在低速（如 $v_s < 2m/s$）传动中，甚至可用球墨铸铁或灰铸铁制造蜗轮，有时也可用尼龙或增强尼龙材料制造蜗轮。

　　轮系及减速器

一、轮系的分类

由一对齿轮组成的机构是齿轮传动的最简单形式。但是在机械传动中，或是为了获得较大的传动比，或是将输入轴的一种转速变换为输出轴的多种转速等原因，常采用一系列互相啮合的齿轮将输入轴和输出轴连接起来。这种由一系列齿轮组成的传动系统称为轮系。

根据轮系传动时各轮几何轴线位置是否固定，可将轮系分为定轴轮系和周转轮系两大类。

如图 4-50 所示的轮系，传动时每个齿轮的几何轴线都是固定的，这种轮系称为定轴轮系。

如图 4-51 所示的轮系，齿轮 2 的几何轴线 O_2 的位置不固定。当 H 杆转动时，O_2 将绕齿轮 1 的几何轴线 O_1 转动。这种至少有一个齿轮的几何轴线绕另一个齿轮的几何轴线转动的轮系，称为周转轮系。

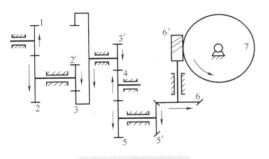

图 4-50　定轴轮系

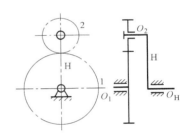

图 4-51　周转轮系

二、定轴轮系及传动比计算

在轮系中，输入轴与输出轴的角速度（或转速）之比称为轮系的传动比，用 i_{ab} 表示，下标 a、b 为输入轴和输出轴的代号，即 $i_{ab}=\dfrac{\omega_a}{\omega_b}=\dfrac{n_a}{n_b}$。计算轮系传动比不仅要确定它的数值，而且要确定两轴的相对转动方向，这样才能完整表达输入轴与输出轴之间的关系。定轴轮系各轮的相对转向可以通过对逐对齿轮标注箭头的方法来确定。各种类型齿轮机构的箭头标注规则如图 4-52 所示。一对平行轴外啮合齿轮（图 4-52a），其两轮转向相反，用一对反向箭头表示。一对平行轴内啮合齿轮（图 4-52b），其两轮转向相同，用一对同向箭头表示。一对锥齿轮传动时，在节点具有相同的线速度，故表示转向的箭头或同时指向节点（图4-52c），或同时背向节点。蜗轮的转向不仅与蜗杆的转向有关，而且与其螺旋线方向有关（图 4-52d），按照上述规则，可以依次画出图 4-50 所示定轴轮系的所有齿轮的转动方向。

定轴轮系的传动比数值的计算，以图 4-50 所示为例说明如下：设 z_1、z_2、$z_{2'}$、… 表示各轮的齿数，n_1、n_2、$n_{2'}$、… 表示各轮的转速。因同一轴上的齿轮转速相同，故 $n_2=n_{2'}$，$n_3=n_{3'}$，$n_5=n_{5'}$，$n_6=n_{6'}$。各对啮合齿轮的传动比数值为

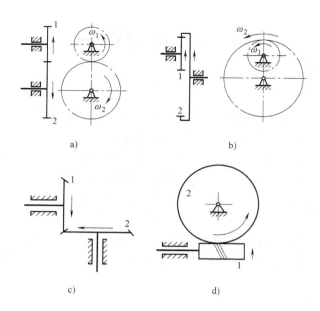

图 4-52　一对齿轮传动的转动方向

$$i_{12} = \frac{n_1}{n_2} = \frac{z_2}{z_1}, \quad i_{23} = \frac{n_2}{n_3} = \frac{n_{2'}}{n_3} = \frac{z_3}{z_{2'}},$$

$$i_{34} = \frac{n_3}{n_4} = \frac{n_{3'}}{n_4} = \frac{z_4}{z_{3'}}, \quad i_{45} = \frac{n_4}{n_5} = \frac{z_5}{z_4},$$

$$i_{56} = \frac{n_5}{n_6} = \frac{n_{5'}}{n_6} = \frac{z_6}{z_{5'}}, \quad i_{67} = \frac{n_6}{n_7} = \frac{n_{6'}}{n_7} = \frac{z_7}{z_{6'}}$$

设与轮 1 固连的轴为输入轴，与轮 7 固连的轴为输出轴，则输入轴与输出轴的传动比数值为

$$i_{17} = \frac{n_1}{n_7} = \frac{n_1}{n_2} \frac{n_2}{n_3} \frac{n_3}{n_4} \frac{n_4}{n_5} \frac{n_5}{n_6} \frac{n_6}{n_7} = i_{12} i_{23} i_{34} i_{45} i_{56} i_{67} = \frac{z_2 z_3 z_4 z_5 z_6 z_7}{z_1 z_{2'} z_{3'} z_4 z_5 z_{6'}}$$

上式表明，定轴轮系传动比的数值等于组成该轮系的各对啮合齿轮传动比的连乘积，也等于各对啮合齿轮中所有从动轮齿数的乘积与所有主动轮齿数乘积之比。

以上结论可推广到一般情况。设轮 1 为起始主动轮，轮 K 为最末从动轮，则定轴轮系始末两轮传动比数值计算的一般公式为

$$i_{1K} = \frac{n_1}{n_K} = \frac{z_2 z_3 z_4 \cdots z_K}{z_1 z_{2'} z_{3'} \cdots z_{(K-1)'}} \tag{4-45}$$

式（4-45）所求为传动比数值的大小，通常以绝对值表示。两轮相对转动方向则由图中箭头表示。

当起始主动轮 1 和最末从动轮 K 的轴线相平行时，两轮转向的同异可用传动比的正负表达。两轮转向相同时，传动比为"+"；两轮转向相反时，传动比为"-"。因此，平行两轴间的定轴轮系传动比的计算公式为

$$i_{1K} = \frac{n_1}{n_K} = (\pm) \frac{z_2 z_3 z_4 \cdots z_K}{z_1 z_{2'} z_{3'} \cdots z_{(K-1)'}} \qquad (4\text{-}46)$$

对于所有齿轮的轴线都平行的定轴轮系，可以按轮系中外啮合的次数来确定传动比是"+"，还是"−"。传动比可用公式表示如下

$$i_{1K} = \frac{n_1}{n_K} = (-1)^m \frac{z_2 z_3 z_4 \cdots z_K}{z_1 z_{2'} z_{3'} \cdots z_{(K-1)'}} \qquad (4\text{-}47)$$

式中　m——全平行轴定轴轮系齿轮 1 至齿轮 K 之间外啮合次数。

例 4-1　如图 4-50 所示轮系中，已知各轮齿数 $z_1 = 18$，$z_2 = 36$，$z_{2'} = 20$，$z_3 = 80$，$z_{3'} = 20$，$z_4 = 18$，$z_5 = 30$，$z_{5'} = 15$，$z_6 = 30$，$z_{6'} = 2$（右旋），$z_7 = 60$，$n_1 = 1440\text{r/min}$，其转向如图所示。求传动比 i_{17}、i_{15}、i_{25} 和蜗轮的转速和转向。

解　从齿轮 2 开始，顺次标出各对啮合齿轮的转动方向。由图 4-50 可知，1、7 两轮的轴线不平行，1、5 两轮的转向相反，2、5 两轮的转向相同，故由式（4-46）得

$$i_{17} = \frac{n_1}{n_7} = \frac{z_2 z_3 z_4 z_5 z_6 z_7}{z_1 z_{2'} z_{3'} z_4 z_{5'} z_{6'}} = \frac{36 \times 80 \times 18 \times 30 \times 30 \times 60}{18 \times 20 \times 20 \times 18 \times 15 \times 2} = 720$$

$$i_{15} = \frac{n_1}{n_5} = (-) \frac{z_2 z_3 z_4 z_5}{z_1 z_{2'} z_{3'} z_4} = (-) \frac{36 \times 80 \times 18 \times 30}{18 \times 20 \times 20 \times 18} = -12$$

$$i_{25} = \frac{n_2}{n_5} = \frac{n_{2'}}{n_5} = (+) \frac{z_3 z_4 z_5}{z_{2'} z_3 z_4} = (+) \frac{80 \times 18 \times 30}{20 \times 20 \times 18} = +6$$

$$n_7 = \frac{n_1}{i_{17}} = \frac{1440\text{r/min}}{720} = 2\text{r/min}$$

由于 1、7 两轮轴线不平行，由画箭头判断 n_7 为逆时针方向。

三、周转轮系及传动比计算

图 4-53a 所示的轮系中，齿轮 1 和 3 以及构件 H 各绕固定的几何轴线 O_1、O_3（与 O_1 重合）及 O_H（也与 O_1 重合）转动；齿轮 2 空套在构件 H 的小轴上。当构件 H 转动时，齿轮 2 一方面绕自己的几何轴线 O_2 转动（自转），同时又随构件 H 绕固定的几何轴线 O_H 转动（公转）。因此，这是一个周转轮系。在周转轮系中，轴线位置变动的齿轮，即既做自转又做公转的齿轮，称为行星轮，支持行星轮做自转和公转的构件称为行星架或系杆；轴线位置固定的齿轮则称为太阳轮。每个单一的周转轮系具有一个系杆，太阳轮的数目不超过两个。应当

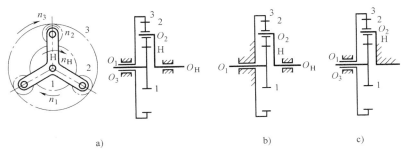

a)　　　　　　　　　b)　　　　　　　　　c)

图 4-53　周转轮系

注意，单一周转轮系中系杆与两个太阳轮的几何轴线必须重合，否则便不能传动。

为了使转动时的惯性力平衡，以及减轻齿轮上的载荷，常常采用几个完全相同的行星轮（图 4-53a）均匀地分布在太阳轮的周围同时进行传动。因为这种行星轮的个数对研究周转轮系的运动没有任何影响，所以在机构简图中可以只画出一个，如图 4-53b 所示。

图 4-53b 所示的周转轮系，它的两个太阳轮都能转动，这种周转轮系称为差动轮系。图 4-53c 所示的周转轮系，只有一个太阳轮能转动，另一个太阳轮是固定的，这种周转轮系称为行星轮系。

周转轮系传动比的计算，由于其中行星轮的运动不是绕固定轴线的简单转动，所以不能用求解定轴轮系传动比的方法来计算。但是，如果能使系杆变为固定不动，并保证周转轮系中各个构件之间的相对运动不变，则周转轮系就转化为一个假想的定轴轮系，便可由式（4-46）列出该假想定轴轮系传动比计算公式，从而求出周转轮系的传动比。

在图 4-53 所示的周转轮系中，设 n_H 为系杆 H 的转速。根据相对运动原理，当给整个周转轮系加上一个绕轴线 O_H 的公共转速（$-n_H$），即大小为 n_H、方向与系杆转向相反的转速后，系杆便静止不动了，而各构件间的相对运动并不改变。这样，所有齿轮的几何轴线的位置全部固定，原来的周转轮系便成了定轴轮系（图 4-53c），这一定轴轮系就称为原来周转轮系的转化轮系。现将各构件转化前后的转速列于表 4-14。

表 4-14 转化轮系中的转速

构 件	原来的转速	转化轮系中的转速
1	n_1	$n_1^H = n_1 - n_H$
2	n_2	$n_2^H = n_2 - n_H$
3	n_3	$n_3^H = n_3 - n_H$
H	n_H	$n_H^H = n_H - n_H = 0$

转化轮系中各构件的转速 n_1^H、n_2^H、n_3^H 及 n_H^H 的右上方都带有角标 H，表示这些转速是各构件对系杆 H 的相对转速。

既然周转轮系的转化轮系是一个定轴轮系，就可应用求解定轴轮系传动比的方法，求出其中任意两个齿轮的传动比。

根据传动比定义，转化轮系中齿轮 1 和齿轮 3 的传动比 i_{13}^H 为

$$i_{13}^H = \frac{n_1^H}{n_3^H} = \frac{n_1 - n_H}{n_3 - n_H}$$

由定轴轮系的传动比计算公式得

$$i_{13}^H = (-1)^1 \frac{z_2 z_3}{z_1 z_2} = -\frac{z_3}{z_1}$$

故

$$i_{13}^H = \frac{n_1 - n_H}{n_3 - n_H} = -\frac{z_3}{z_1}$$

等式右边的"-"表示轮 1 和轮 3 在转化轮系中的转向相反。

现将以上结论推广到一般情况。设 n_G 和 n_K 为周转轮系中任意两个齿轮 G 和 K 的转速，则有

$$i_{GK}^H = \frac{n_G - n_H}{n_K - n_H} = (-1)^m \frac{\text{从齿轮 } G \text{ 至 } K \text{ 间所有从动轮齿数的乘积}}{\text{从齿轮 } G \text{ 至 } K \text{ 间所有主动轮齿数的乘积}} \qquad (4\text{-}48)$$

式中　m——齿轮 G 至 K 间外啮合的次数。

应用式（4-48）时，应令 G 为主动轮，K 为从动轮，中间各轮的主从动地位也按此假设判断。

必须注意，在推导过程中对各构件所加的公共转速（$-n_H$）与各构件的原来转速是代数相加的，所以 n_G、n_K 和 n_H 必须是平行矢量或者说式（4-48）只适用于齿轮 G、K 和系杆 H 的轴线互相平行的场合。

将已知转速代入式（4-48）来求解未知转速时，要特别注意转速的正负号，在假定了某一方向为正以后，其相反方向的转速就是负，必须将转速的大小连同它的符号一同代入式（4-48）进行计算。

例 4-2　在图 4-54 所示的行星轮系中，已知各轮的齿数 $z_1 = 27$，$z_2 = 17$，$z_3 = 61$，$n_1 = 6000\text{r/min}$，求传动比 i_{1H} 和系杆 H 的转速 n_H。

解　将行星架视为固定，画出轮系中各轮的转向，如图 4-54 中的虚线箭头所示（虚线箭头不是齿轮的真实转向，只表示假想的转化轮系中的齿轮转向），由式（4-48）得

$$i_{13}^H = \frac{n_1 - n_H}{n_3 - n_H} = -\frac{z_3}{z_1}$$

从图 4-54 可知 $n_3 = 0$，从而

$$\frac{n_1 - n_H}{0 - n_H} = -\frac{61}{27}$$

解得

$$i_{1H} = 1 + \frac{61}{27} \approx 3.26$$

$$n_H = \frac{n_1}{i_{1H}} = \frac{6000\text{r/min}}{3.26} \approx 1840\text{r/min}$$

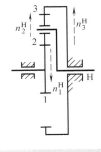

图 4-54　行星轮系

因为 i_{1H} 为正，所以 n_H 转向与 n_1 相同。

利用式（4-48）还可以计算出行星轮 2 的转速 n_2

$$i_{12}^H = \frac{n_1 - n_H}{n_2 - n_H} = -\frac{z_2}{z_1}$$

代入已知数值，得

$$\frac{6000\text{r/min} - 1840\text{r/min}}{n_2 - 1840\text{r/min}} = -\frac{17}{27}$$

解得

$$n_2 \approx -4767\text{r/min}$$

其中负号表示 n_2 的转向与 n_1 相反。

由定轴轮系和周转轮系或几个单一的周转轮系可以组成混合轮系。由于整个混合轮系不可能转化成一个定轴轮系，所以不能只用一个公式来求解。计算混合轮系传动比时，首先必

须将各个单一的周转轮系和定轴轮系正确区分开来，然后分别列出这些轮系的传动比计算公式，最后联立解出所要求的传动比。

四、轮系的应用

轮系广泛应用于各种机械中。

定轴轮系大致有如下功能：获得较大的传动比；改变从动轮的转向或获得多种传动比；在相距较远的两轴间传动。

周转轮系大致有如下功能：获得更大的传动比；在结构紧凑的条件下实现大功率传动；实现运动的合成或分解；获得可靠的多种传动比等。

1. 相距较远的两轴之间的传动

当主动轴和从动轴的距离较远时，如果仅用一对齿轮来传动，如图 4-55 中双点画线所示，齿轮的尺寸就很大，既占空间，又费材料，而且制造、安装都不方便。若改用定轴轮系来传动，如图中单点画线所示，便无上述缺点。

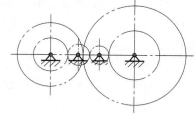

图 4-55　相距较远的两轴传动

2. 实现变速传动

主动轮转速不变时，利用轮系可使从动轮获得多种工作速度。汽车、机床和起重设备等都需要这种变速传动。

图 4-56 所示为汽车的变速器。轴 I 为动力输入轴，轴 II 为输出轴，4、6 为滑移齿轮，A、B 为牙嵌离合器。该变速器可使输出轴得到四种转速。

第一档：齿轮 5、6 相啮合，而 3、4 和离合器 A、B 均脱离。

第二档：齿轮 3、4 相啮合，而 5、6 和离合器 A、B 均脱离。

第三档：离合器 A、B 相嵌合，而齿轮 5、6 和 3、4 均脱离。

倒退档：齿轮 6、8 相啮合，而 3、4 和 5、6 以及离合器 A、B 均脱离。此时，由于惰轮 8 的作用，输出轴 II 反转。

3. 获得大传动比

当两轴之间需要很大传动比时，固然可以用多级齿轮组成的定轴轮系来实现，但由于轴和齿轮的增多，会导致结构复杂。若采用行星轮系，则只需要很少几个齿轮，就可获得很大传动比。如图 4-57 所示行星轮系，当 $z_1 = 100$、$z_2 = 101$、$z_{2'} = 100$、$z_3 = 99$ 时，其传动比 i_{H1} 可达 10000。其计算如下：

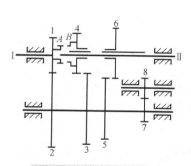

图 4-56　汽车变速器

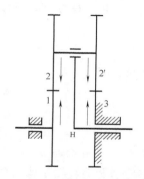

图 4-57　大传动比的行星轮系

由式（4-48）可得

$$i_{13}^{H}=\frac{n_1^{H}}{n_3^{H}}=\frac{n_1-n_{H}}{n_3-n_{H}}=(+)\frac{z_2z_3}{z_1z_{2'}}$$

代入已知数值，得

$$\frac{n_1-n_{H}}{0-n_{H}}=(+)\frac{101\times99}{100\times100}$$

解得

$$i_{1H}=\frac{1}{10000}$$

或

$$i_{H1}=10000$$

应当指出，这种类型的行星齿轮传动，传动比越大，机械效率越低，故不宜用于传递大功率，只适用于作辅助装置的减速机构。如将它用作增速传动，甚至可能发生自锁。

4. 合成运动和分解运动

合成运动是将两个输入运动合为一个输出运动；分解运动是将一个输入运动分为两个输出运动。合成运动和分解运动都可用差动轮系实现。

最简单的用作合成运动的轮系，如图 4-58 所示。其中 $z_1=z_3$，由式（4-48）可得

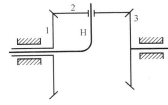

图 4-58　加法机构

$$i_{13}^{H}=\frac{n_1-n_{H}}{n_3-n_{H}}=(-)\frac{z_3}{z_1}=-1$$

解得

$$2n_{H}=n_1+n_3$$

这种轮系可用作加（减）法机构。当齿轮 1 及齿轮 3 的轴分别输入被加数和加数的相应转角时，行星架 H 转角的两倍就是它们的和。这种合成运动在机床、计算机构和补偿装置中得到广泛应用。

图 4-59 所示汽车后桥差速器可作为差动轮系分解运动的实例。当汽车转弯时，它能将发动机传给齿轮 5 的运动，以不同转速分别传递给左右两车轮。

当汽车在平坦道路上直线行驶时，左右两车轮滚过的距离相等，所以转速也相同。这时齿轮 1、2、3 和 4 如同一个固连的整体，一起转动。当汽车向左转弯时，为使车轮和地面间不发生滑动以减少轮胎磨损，就要求右轮比左轮转得快些。这时齿轮 1 和齿轮 3 之间便发生相对转动，齿轮 2 除随齿轮 4 绕后车轮轴线公

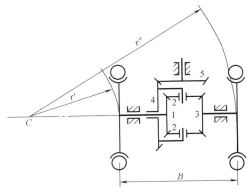

图 4-59　汽车后桥差速器

转外，还绕自己的轴线自转，由齿轮 1、2、3 和 4 组成的差动轮系便发挥作用。这个差动轮系和图 4-58 所示的机构完全相同，故有

$$2n_4=n_1+n_3$$

又由图 4-59 可知，当车身绕瞬时回转中心 C 转动时，左右两轮走过的弧长与它们至 C

点的距离成正比，即

$$\frac{n_1}{n_3} = \frac{r'}{r''} = \frac{r'}{r'+B}$$

当发动机传递的转速 n_4、轮距 B 和转弯半径 r' 为已知时，即可由以上两式计算出左右两轮的转速 n_1 和 n_3。

差动轮系可分解运动的特性在汽车、飞机等动力传动中得到广泛应用。

五、减速器

将一对或几对相啮合的齿轮、蜗轮等组成的轮系，装在密封的刚性箱体中，作为机器设备中的一个独立部件，成为原动机和工作机之间用以降低转速并相应地增大转矩的传动装置，称为减速器。在某些场合，也可用以增加转速，称为增速器。

减速器可分为两种类型：齿轮和蜗杆减速器（普通减速器）、行星减速器。

图 4-60 所示为普通减速器中的几种常见形式。

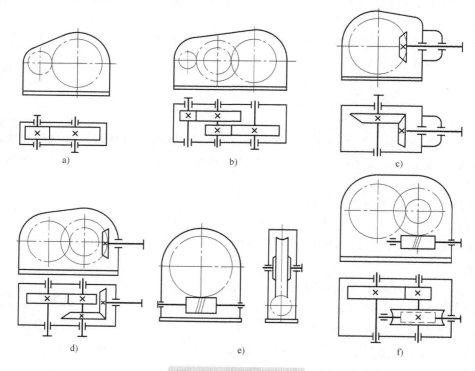

a) b) c)

d) e) f)

图 4-60 减速器的类型

a）单级圆柱齿轮减速器 b）两级圆柱齿轮减速器 c）单级锥齿轮减速器 d）两级圆锥圆柱齿轮减速器

e）单级蜗杆减速器 f）两级蜗杆圆柱齿轮减速器

1. 普通减速器

普通减速器在工业生产中应用很广泛，为提高质量和降低制造成本，某些类型的减速器已有了标准系列产品，可以根据传动比、工作条件、转速、载荷以及在机器设备总体布置中的要求等选择，参阅 JB/T 8853—2015 等标准。若选用不到适当的标准减速器时，就需自行设计制造了。

（1）减速器的类型 减速器的种类很多，一般可分为齿轮（圆柱齿轮、锥齿轮）减速器、蜗杆减速器和齿轮-蜗杆减速器等三类。按照减速器的级数不同，又可分为单级、两级和三级减速器等。另外还有立式和卧式之分。如图 4-60 所示。

当传动比 $i<8$ 时，可采用单级圆柱齿轮减速器，$i=8\sim30$ 时宜采用两级减速器，$i>30$ 时宜采用三级减速器。

输出输入轴必须布置成相交位置时，可采用锥齿轮减速器。例如，搅拌设备上的传动装置，两级以上常用圆锥圆柱齿轮减速器，由于锥齿轮常以悬臂形式装在轴端，为使其受力小些，一般将锥齿轮布置在高速级。

蜗杆减速器的特点是在外轮廓尺寸不大的情况下，可以获得大的传动比，且工作平稳，噪声较小，但传动效率较低。其中应用最广的是单级蜗杆减速器，两级蜗杆减速器则应用较少。

（2）减速器的构造 单级圆柱齿轮减速器的结构如图 4-61 所示，它由齿轮、轴、轴承、箱体及附件组成。

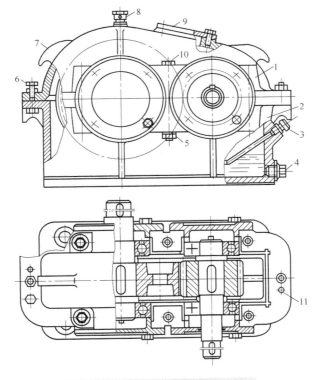

图 4-61 单级圆柱齿轮减速器结构

1—箱盖 2—箱座 3—油标 4—泄油塞 5—联接螺母 6—起盖螺钉
7—起吊钩 8—通气帽 9—盖板 10—联接螺栓 11—定位销

箱体通常由箱座和箱盖组成，两者之间用螺栓联接。箱体是减速器中用来支承和固定轴及其有关零件，保证传动零件的啮合精度、良好润滑和密封的重要组成部分。箱体本身要具有足够的刚度，以免产生过大的变形。箱体外侧附有的加强筋，既可增加箱体刚度，又可增加散热面积。

2. 行星减速器

行星减速器与普通减速器相比，具有体积小、质量小、承载能力大、效率高和工作平稳等优点。因此在过程设备中，只要条件许可，往往用来替代普通减速器。其缺点是有些结构比较复杂，制造较为困难。但随着制造工艺的改进，行星减速器将在过程生产中得到广泛的应用。

图4-62所示为图4-54所示行星轮系的具体结构图。在输入轴上装着太阳轮，当输入轴回转时，由太阳轮将运动传给三个均布的行星轮。行星轮除与太阳轮啮合外，还与固定的内齿轮啮合。这样行星轮一面绕自身轴线回转（自转），另一方面绕太阳轮的轴线回转（公转）。行星轮公转时带动了行星架，行星架运动时又带动与它固连的输出轴回转。输入轴和输出轴都用滚动轴承支承，轴承和齿轮都装在减速器箱体内。NGW型行星齿轮减速器参看JB/T 6502—2015标准。ZK系列行星齿轮减速器参看JB/T 9043—2016标准。

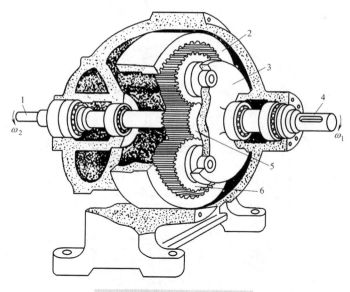

图4-62 行星减速器结构图

1—输入轴 2—内齿轮 3—行星架 4—输出轴 5—太阳轮 6—行星轮

复习思考题

4-1 V带传动与平带传动相比有什么优点？

4-2 普通V带传动主要有哪些特点？

4-3 带传动中的弹性滑动与打滑有何不同？如何提高带的传动能力？

4-4 带传动的失效形式和设计准则是什么？

4-5 在带传动与齿轮传动组成的多级传动中，带传动应放在哪一级为好？

4-6 链传动与带传动、齿轮传动比较有何特点？

4-7 滚子链的结构是如何组成的？链的节距和排数对其承载能力有何影响？

4-8 选择链节距的原则是什么？

4-9 欲使传动比为定值，齿轮的齿廓曲线应该符合什么条件？

4-10 渐开线有哪些特点？

4-11 已知某一对标准渐开线直齿圆柱齿轮传动，$m = 3mm$，$z_1 = 23$，$z_2 = 76$，$\alpha = 20°$，试计算分度圆直径、齿顶圆直径、齿根圆直径、齿顶高、齿根高、全齿高及中心距。

4-12 齿轮轮齿的失效形式有哪几种？如何避免和减轻这些破坏？

4-13 齿轮传动常见的失效形式有哪几种？主要原因是什么？如何防止？

4-14 为什么斜齿圆柱齿轮比直齿圆柱齿轮传动平稳，承载能力大？

4-15 斜齿圆柱齿轮正确啮合的条件是什么？

4-16 直齿锥齿轮用在什么场合？哪个模数规定为标准模数？

4-17 简述蜗杆传动的主要优缺点。

4-18 什么是蜗杆直径系数？为什么蜗杆直径系数值要标准化？

4-19 蜗杆传动的失效形式和齿轮传动相比有何异同？针对其失效形式应如何选择蜗杆和蜗轮材料？

4-20 在图 4-63 所示双级蜗杆传动中，已知右旋蜗杆 1 的转向如图所示，试判断蜗轮 2 和蜗轮 3 的转向，用箭头表示。

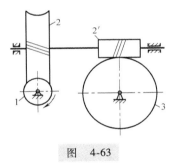

图 4-63

4-21 何谓定轴轮系和周转轮系？行星轮系和差动轮系的主要区别是什么？

4-22 何谓周转轮系的转化轮系？i_{ab}^H 和 i_{ab} 的含义是什么？i_{ab}^H 为正能否说明轮 a 和轮 b 转向相同？

4-23 在图 4-64 所示的轮系中，已知 $z_1 = 15$，$z_2 = 25$，$z_{2'} = 15$，$z_3 = 30$，$z_{3'} = 15$，$z_4 = 30$，$z_{4'} = 2$（右旋），$z_5 = 60$，$z_{5'} = 20$（$m = 4mm$），若 $n_1 = 500r/min$，求齿条 6 的线速度 v 的大小和方向。

4-24 在图 4-65 所示的手摇提升装置中，已知 $z_1 = 20$，$z_2 = 50$，$z_3 = 15$，$z_4 = 30$，$z_6 = 40$，$z_7 = 18$，$z_8 = 51$，蜗杆 $z_5 = 1$ 且为右旋，试求传动比 i_{18}，并指出提升重物时手柄的转向。

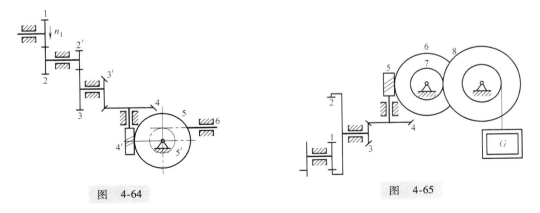

图 4-64　　　　　　　　　　　　　图 4-65

4-25　在图 4-66 所示的轮系中，已知各轮齿数 $z_1 = z_{2'} = 20$，$z_2 = 40$，$z_3 = 80$，试求传动比 i_{1H}。

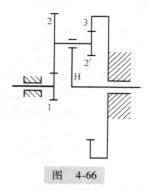

图　4-66

第五章

轴系

在机械中，轴、轴承、联轴器、离合器和制动器等统称为轴系零部件。它们是机械的重要组成部分，其设计是否正确、选择是否合理将直接影响整台机器的工作性能。下面分别介绍它们的设计、计算和选择问题。

第一节　轴

一、轴的功用

机器工作时，其中有些零件，如齿轮、蜗轮、带轮和链轮等需做旋转运动。这些零件通常都套装在轴上，而轴又套装在轴承上构成组件，再装到机座或机箱上。由此可见，轴一方面用来支承旋转零件，传递运动和动力，另一方面又被轴承所支承。因此轴是机器中必不可少的重要零件。

二、轴的类型

按轴的不同用途和受力状况，轴可以分为心轴、传动轴和转轴三类。

1. 心轴

只承受弯矩（支承转动零件）而不承受转矩（不传递转矩）的轴称为心轴。当心轴随转动零件转动时称为转动心轴，如火车车轴（图5-1）；而固定不旋转的心轴称为固定心轴，如自行车车轴（图5-2）。

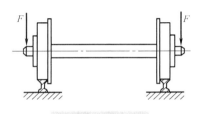

图 5-1　转动心轴

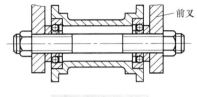

图 5-2　固定心轴

2. 传动轴

主要传递转矩，不承受或很少承受弯矩的轴称为传动轴，如汽车的主传动轴、转向轴等

（图 5-3）。

3. 转轴

工作时既承受弯矩（支承转动零件），又承受转矩（传递动力）的轴称为转轴，如减速器中的轴（图 5-4）。这是机器中最常见的轴。

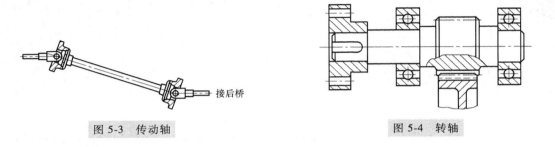

图 5-3 传动轴   图 5-4 转轴

按轴线情况的不同，轴还可分为直轴和曲轴（图 5-5c）。直轴又分为光轴（图 5-5a）和阶梯轴（图 5-5b）两种。

此外，还有一些特殊用途的轴，如钢丝软轴（图 5-6），这种轴具有良好的挠性，可不受限制地把旋转运动传递到空间任何位置，常用于机械式远距离控制机构、仪表传动及手持电动小型机具等。

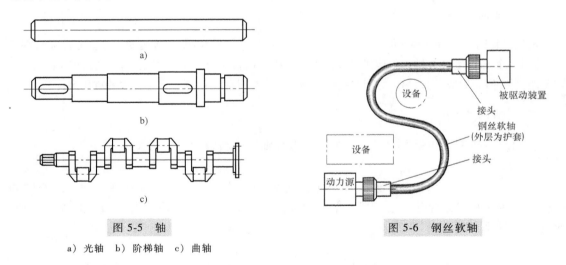

图 5-5 轴

a）光轴 b）阶梯轴 c）曲轴

图 5-6 钢丝软轴

三、轴的材料

由于轴通常需具备良好的机械性能，所以轴的材料常选用碳素钢和合金钢。

（1）碳素钢 35 钢、45 钢、50 钢等优质碳素结构钢因具有较高的综合力学性能，常用来作轴的材料，其中 45 钢用得最为广泛。为了改善其力学性能，应进行正火或调质处理。不重要或受力较小的轴，则可采用 Q235 钢、Q275 钢等普通碳素结构钢。

（2）合金钢 合金钢具有较高的机械强度和优越的淬火性能，但价格较贵，故多用于要求强度高、尺寸小、重量轻及非正常温度下工作或有其他特殊要求的轴。

对于强度要求高、重载而无很大冲击的轴，可采用 40Cr、40MnB、35SiMn、40CrNi 等合金调质钢，进行调质处理，获得综合力学性能。

对于要求强度、韧性及耐磨性均较好的轴，可采用 20Cr、20CrMnTi 等渗碳钢，进行渗碳、淬火及低温回火热处理。

而对于一些形状复杂的轴，如曲轴等可应用球墨铸铁制造，一方面其成本低廉，吸振性较好；另一方面球墨铸铁对应力集中的敏感性较低，且强度较好。

四、轴的计算

轴的强度计算应根据轴的承载情况采用相应的计算方法。常见的轴的强度计算方法有两种，即按扭转强度计算和按弯扭组合强度计算。

1. 按扭转强度计算

这种方法适用于只承受转矩的传动轴的精确计算，也可用于既承受弯矩又承受转矩的轴的近似计算。

对于只传递转矩的圆截面轴，其强度条件为

$$\tau = \frac{T}{W_T} = \frac{9.55 \times 10^6 P}{0.2 d^3 n} \leqslant [\tau] \tag{5-1}$$

式中 τ——轴的扭转切应力，单位为 MPa；

T——转矩，单位为 N·mm；

W_T——抗扭截面模量，单位为 mm³，对圆截面轴，$W_T = \frac{\pi d^3}{16} = 0.2 d^3$；

P——传递的功率，单位为 kW；

n——轴的转速，单位为 r/min；

d——轴的直径，单位为 mm；

$[\tau]$——许用扭转切应力，单位为 MPa。

对于既传递转矩又承受弯矩的轴，也可用上式初步估算轴的直径，但必须把轴的许用扭转切应力 $[\tau]$ 适当降低（表 5-1），以补偿弯矩对轴的影响。将降低后的许用应力代入上式，并改写为设计公式，即

$$d \geqslant \sqrt[3]{\frac{9.55 \times 10^6}{0.2 [\tau]}} \sqrt[3]{\frac{P}{n}} \geqslant C \sqrt[3]{\frac{P}{n}} \tag{5-2}$$

式中 C——由轴的材料和承载情况确定的常数，见表 5-1。

应用式（5-2）求出的直径，一般作为轴最细处的直径。如果计算截面上开有一个键槽或浅孔，应将计算出的轴径值增大 4%~5%；若开有两个键槽或浅孔，则增加 7%~10%；若轴上沿径向开有穿销孔，且销孔直径与轴直径之比为 0.05~0.25，轴径至少增加 15%。

表 5-1 常用材料的 $[\tau]$ 值和 C 值

轴的材料	Q235 钢、20 钢	35 钢	45 钢	40Cr、35SiMn
$[\tau]$/MPa	12~20	20~30	30~40	40~52
C	160~135	135~118	118~107	107~98

注：当作用在轴上的弯矩比传递的转矩小或只传递转矩时，C 取较小值；否则取较大值。

2. 按弯扭组合强度计算

对于转轴，当轴上零件的位置布置妥当后，外载荷和支承反力的作用位置即可确定，由此可做轴的受力分析及绘制弯矩图和转矩图。这时就可按弯扭组合强度计算轴径。具体计算方法参见材料力学课程有关内容。

对于一般的轴，采用式（5-2）来确定轴径就可以；对于重要的轴，则需根据有关资料进行更精确的强度、刚度计算和校核；对于转速较高、跨度较大而刚性较小或外伸端较长的轴，则还应进行临界转速的校核计算。

五、轴的结构设计

轴的结构设计就是使轴的各部分具有合理的形状和尺寸。主要有以下要求：

1）轴应便于加工，轴上零件要易于装拆。

2）轴和轴上零件要有准确的工作位置（定位）。

3）各零件要牢固而可靠地相对固定。

4）改善受力状况，减小应力集中。

下面逐项讨论这些要求，并结合图 5-7 所示的单级齿轮减速器的高速轴加以说明。

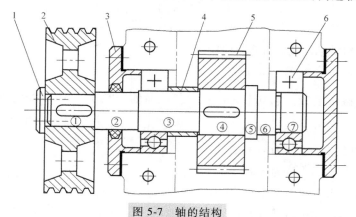

图 5-7 轴的结构

1—轴端挡圈 2—带轮 3—轴承盖 4—套筒 5—齿轮 6—滚动轴承

1. 制造安装要求

为便于轴上零件的装拆，常将轴做成阶梯轴。对于一般剖分式箱体中的轴，它的直径从轴端向中间逐渐增大。如图 5-7 所示，可依次将齿轮、套筒、左端滚动轴承、轴承盖和带轮从轴的左端装拆，另一滚动轴承从右端装拆。为方便轴上零件安装，轴端及各轴段的端部应有倒角。

轴上需磨削的轴段，应有砂轮越程槽（图 5-7 中⑥与⑦的交界处）；需车制螺纹的轴段，应有退刀槽。

在满足使用要求的情况下，轴的形状和尺寸应力求简单，以便于加工。

2. 轴上零件的定位

阶梯轴上截面变化处称为轴肩，起轴向定位作用。在图 5-7 中，④、⑤间的轴肩使齿轮在轴上定位；①、②间的轴肩使带轮在轴上定位；⑥、⑦间的轴肩使右端轴承定位。

3. 轴上零件的固定

轴上零件的轴向固定，常采用轴肩、套筒、螺母或轴端挡圈等形式。在图 5-7 中，齿轮能实现双向固定。齿轮受轴向力时，向右通过④、⑤间的轴肩，并由⑥、⑦间的轴肩顶在滚动轴承内圈上；向左则通过套筒顶在滚动轴承内圈上。无法采用套筒或套筒太长时，可采用圆螺母加以固定，如图 5-8 所示。图 5-7 所示带轮的轴向固定是靠①、②间的轴肩及轴端挡圈。图 5-9 所示为轴端挡圈的一种形式。

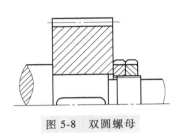

图 5-8　双圆螺母

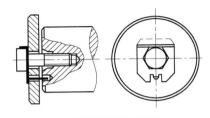

图 5-9　轴端挡圈

　　采用套筒、轴端挡圈、螺母作轴向固定时，应将装零件的轴段长度做得比零件轮毂短 2~3mm。以保证套筒、螺母或轴端挡圈能靠紧零件端面。

　　为了保证轴上零件紧靠定位面（轴肩），轴肩的圆角半径 r 必须小于相配零件的倒角 C_1 或圆角半径 R，轴肩高必须大于 C_1 或 R（图 5-10）。

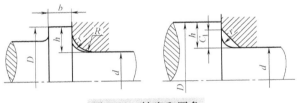

图 5-10　轴肩和圆角

　　轴向力较小时，零件在轴上的固定可采用弹性挡圈和紧定螺钉（图 5-11）。

　　轴上零件的周向固定，大多采用键、花键或过盈配合等联接形式。采用键联接时，为加工方便，各段轴的键槽应设计在同一加工直线上，并应尽可能采用同一规格的键槽截面尺寸，如图 5-12 所示。

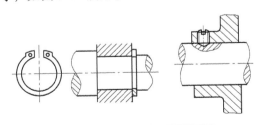

图 5-11　弹性挡圈和紧定螺钉

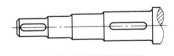

图 5-12　键槽分布

　　4. 减少应力集中

　　零件截面发生突然变化的地方，受载后都会造成应力集中现象。因此对阶梯轴来说，在截面尺寸变化处应采用圆角过渡，并尽量避免在轴上，特别是应力大的部位开横孔、切口或凹槽。必须开横孔时，孔边要倒角。

六、轴的设计步骤

为了保证轴的正常工作，轴必须具有足够的强度、刚度、表面硬度，合理的结构和良好的工艺性。

设计轴的一般步骤是：

1）受力分析。

2）选择材料和热处理。

3）按扭转强度估算最小轴径。

4）进行轴的结构设计，确定轴的各段直径、长度，画出结构草图。

5）按弯扭组合作用验算轴的强度和刚度。

6）绘制轴的工作图（零件图）。

第二节　轴　　承

一、轴承的功用与分类

1. 轴承的功用

轴工作时大多数要做旋转运动，轴承就是用来支承轴及轴上回转零件，使轴能实现旋转运动的部件。

2. 轴承的分类

按轴承能承受载荷的方向，轴承可分为可承受径向载荷的向心轴承、可承受轴向载荷的推力轴承和既能承受径向载荷又能承受轴向载荷的向心推力轴承。

按轴承工作时的摩擦性质，可分为滑动摩擦轴承（简称滑动轴承）和滚动摩擦轴承（简称滚动轴承）两大类。

与滑动轴承相比，滚动轴承具有摩擦阻力小、起动灵敏、效率高、润滑简便和易于互换等优点，其缺点是抗冲击能力差，高速时出现噪声，工作寿命也不及滑动轴承。虽然滚动轴承具有一系列优点，获得广泛应用，但是在高速、高精度、重载和结构上要求剖分等场合，滑动轴承就显示出它的优异性能。因而，在汽轮机、离心式压缩机、内燃机、大型电动机中多采用滑动轴承。此外，在低速且带有冲击的机器中，如水泥搅拌机、滚筒清砂机和破碎机等也常常采用滑动轴承。

滚动轴承是标准件，有专门工厂生产供应。一般滑动轴承也有标准，因此，使用者的任务主要是了解它们的结构、类型和特点等，以便合适地选用。

二、滑动轴承

如图5-13所示，滑动轴承主要由轴承座1（或壳体）和轴瓦2组成。图5-13a所示为承受径向力的向心轴承，图5-13b所示为承受轴向力的推力轴承，图5-13c所示为同时承受径向力和轴向力的向心推力轴承。

为了减小轴瓦与轴颈表面之间的摩擦力，减轻表面磨损，以保持机器的工作精度，必须在滑动轴承内加入润滑剂，对滑动表面进行润滑。

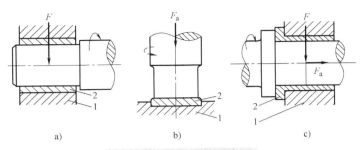

图 5-13 滑动轴承结构简图

a）向心轴承 b）推力轴承 c）向心推力轴承

1—轴承座 2—轴瓦

一般来说，滑动轴承的润滑可能有两种状态：非液体摩擦状态和液体摩擦状态。

非液体摩擦状态如图 5-14a 所示，在轴颈 1 和轴瓦 2 的表面之间形成一层极薄的不完全的油膜，它使轴颈与轴瓦表面有一部分隔开，但还有一部分直接接触。这时，滑动表面间的摩擦力大为减小，一般滑动轴承中的摩擦都处在这种状态。

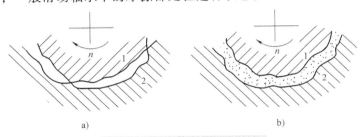

图 5-14 滑动轴承的润滑状态

a）非液体摩擦状态 b）液体摩擦状态

1—轴颈 2—轴瓦

液体摩擦状态如图 5-14b 所示，在轴颈 1 和轴瓦 2 的表面间形成一层较厚的油膜，将两相对滑动的表面完全隔开。这是一种理想的润滑状态，它使滑动表面之间的摩擦和磨损降低到最低程度。为了获得完全的液体摩擦状态，有如下两种方法。

1）动压法。利用油的黏度和轴颈的高速旋转，把润滑油带进轴承的楔形空间（图 5-15），形成一个压力油楔而把两摩擦面分开，这种轴承称为液体动压轴承。

2）静压法。来自液压泵的压力经过节流阀（一种液压元件）后进入轴承油腔（图 5-16），将两摩擦表面分开，这种轴承称为液体静压轴承。

滑动轴承的结构形式很多，此处介绍两种有标准可查的向心滑动轴承。

1. 整体式滑动轴承

图 5-17 所示为典型的整体式滑动轴承。它是由轴承座和轴瓦组成的。

整体式滑动轴承的特点是结构简单、制造成本低，但无法调整轴颈与轴承孔之间的间

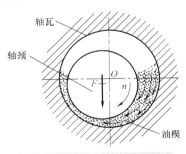

图 5-15 液体动压轴承原理

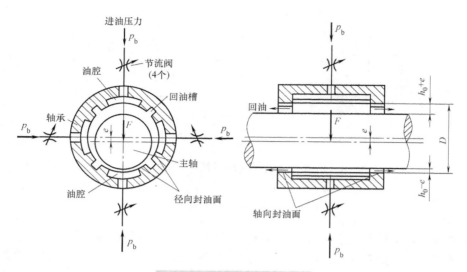

图 5-16　液体静压轴承原理

隙，当轴瓦磨损到一定程度后，必须更换。此外，在安装和拆卸时，只能沿轴向移动轴或轴承才能装拆，很不方便。所以，一般应用于低速、载荷不大及间歇工作而不需要经常装拆的场合，如绞车、手动起重机等。

2. 剖分式滑动轴承

图 5-18 所示为典型的剖分式滑动轴承。它是由轴承座，轴承盖，剖分的上、下轴瓦及螺栓等组成的。为了使润滑油能够较均匀地分布在整个工作面上，通常在轴瓦不承受载荷的表面上开出油沟和油孔。在上、下两半轴瓦之间的结合面上放上几片垫片，这样在轴瓦磨损以后，可按磨损程度调整垫片厚度，使轴颈与轴瓦之间保持适当的间隙。剖分式滑动轴承的最大特点是能够调整轴颈与轴瓦之间的间隙和安装方便，因此得到广泛应用。

三、滚动轴承

1. 滚动轴承的构造

滚动轴承是标准件。为了适应不同的载荷、转速及使用条件等要求，具有多种结构形式。

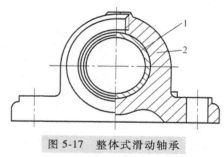

图 5-17　整体式滑动轴承

1—轴瓦　2—轴承座

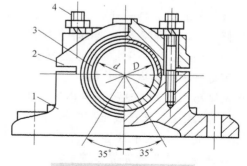

图 5-18　剖分式滑动轴承

1—轴承座　2—轴承盖　3—剖分轴瓦　4—双头螺柱

现以图 5-19 所示的滚动球轴承为例说明滚动轴承的基本构造。滚动轴承是由外圈、内圈、滚动体和保持架组成的。保持架把滚动体彼此隔开并使它们沿圆周均匀分布，避免滚动体之间相互接触而相互制动、摩擦及磨损。

常见的滚动体形状如图 5-20 所示，有球形滚子、短圆柱滚子、圆锥滚子、鼓形滚子、长圆柱滚子和滚针等。

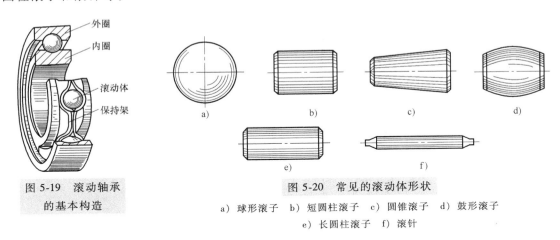

图 5-19　滚动轴承
的基本构造

图 5-20　常见的滚动体形状

a）球形滚子　b）短圆柱滚子　c）圆锥滚子　d）鼓形滚子
e）长圆柱滚子　f）滚针

2. 滚动轴承的分类

接触角是滚动轴承的一个主要参数，滚动轴承的分类以及受力分析都与接触角有关。表 5-2 列出了各种类型轴承（以球轴承为例）的接触角。

表 5-2　各类球轴承的公称接触角

轴承类型	向心轴承		推力轴承	
	径向接触轴承	向心角接触轴承	推力角接触轴承	轴向接触轴承
公称接触角 α	$\alpha = 0°$	$0° < \alpha \leqslant 45°$	$45° < \alpha < 90°$	$\alpha = 90°$
图例	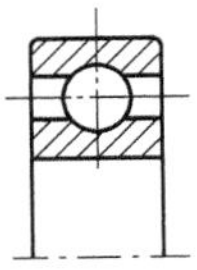	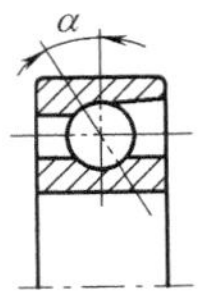	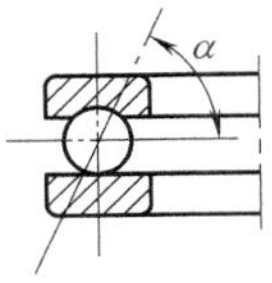	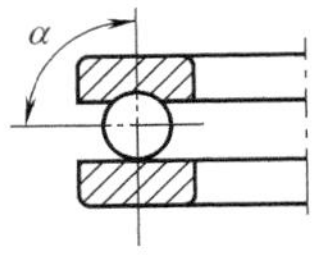

滚动体与外圈接触处的公法线与垂直于轴承轴线的平面之间的夹角 α 称为公称接触角。公称接触角越大，轴承承受轴向载荷的能力越大。

按轴承所能承受的载荷方向或公称接触角的不同可分为向心轴承和推力轴承。

（1）向心轴承　向心轴承是主要用于承受径向载荷的滚动轴承，其公称接触角为 $0° \sim 45°$。向心轴承按公称接触角的不同可分为径向接触轴承（$\alpha = 0°$）和向心角接触轴承（$0° < \alpha \leqslant 45°$）。

（2）推力轴承　推力轴承是主要用于承受轴向载荷的滚动轴承，其公称接触角为 $45° \sim 90°$。推力轴承按公称接触角的不同，又可分为轴向接触轴承（$\alpha = 90°$）和推力角接触轴承（$45° < \alpha < 90°$）。

常用滚动轴承的主要类型及特性见表 5-3。

表 5-3 常用滚动轴承的类型和性能特点

轴承名称及类型代号	轴承结构、承载方向及结构简图	极限转速	允许角位移	性能特点和应用场合
调心球轴承 10000	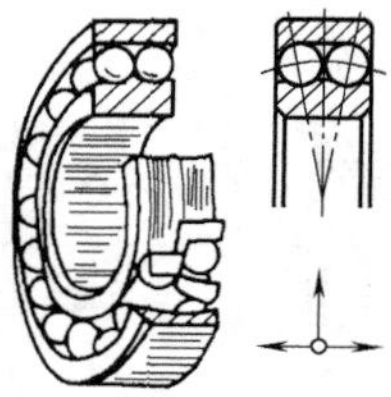	中	2°～3°	主要承受径向载荷，同时也承受少量的轴向载荷。因为外圈滚道表面是以轴承中点为中心的球面，故能调心
调心滚子轴承 20000C	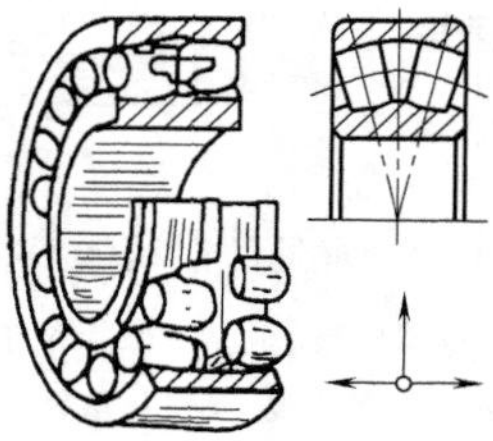	低	1.5°～2.5°	能承受很大的径向载荷和少量轴向载荷，承载能力大，具有调心性能
圆锥滚子轴承 30000	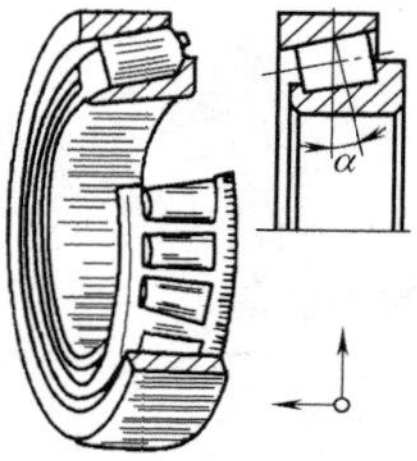	中	2′	能同时承受较大的径向、轴向联合载荷，因是线接触，承载能力大于球轴承。内外圈可分离，装拆方便，成对使用
推力球轴承 50000	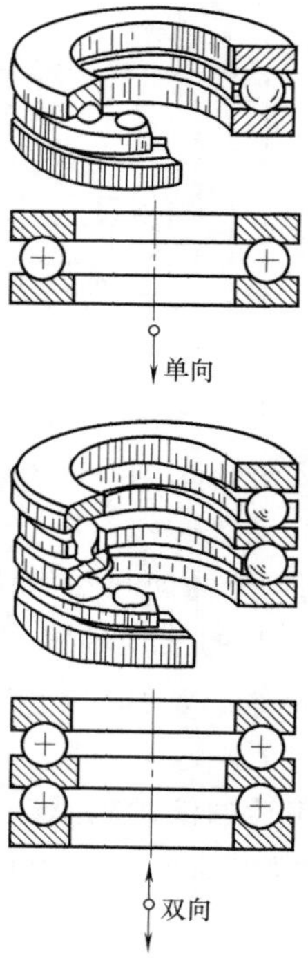 单向 双向	低	不允许	公称接触角 $\alpha = 90°$，只能承受轴向载荷，而且载荷作用线必须与轴线相重合，不允许有角偏差。有两种类型： 　单向——承受单向推力 　双向——承受双向推力 　高速时，因滚动体离心力大，球与保持架摩擦发热严重，寿命较低，可用于轴向载荷大、转速不高之处

（续）

轴承名称及类型代号	轴承结构、承载方向及结构简图	极限转速	允许角位移	性能特点和应用场合
深沟球轴承 60000	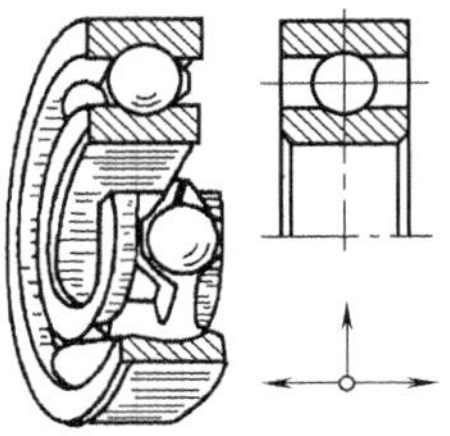	高	8′~16′	主要承受径向载荷，同时也承受一定量的轴向载荷。当转速很高而轴向载荷不太大时，可代替推力球轴承承受纯轴向载荷 当承受纯轴向载荷时$\alpha=0°$
角接触球轴承 70000C （$\alpha=15°$） 70000AC （$\alpha=25°$） 70000B （$\alpha=40°$）	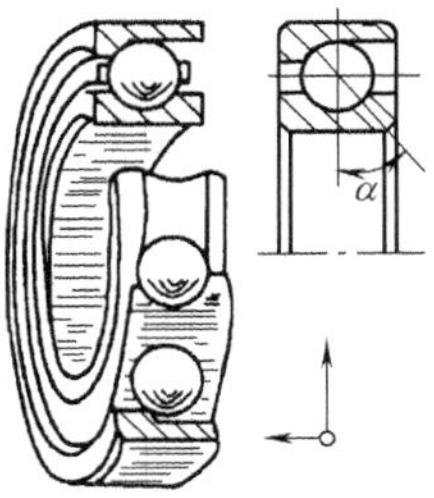	较高	2′~10′	能同时承受径向、轴向联合载荷，公称接触角越大，轴向承载能力也越大。公称接触角α有15°、25°、40°三种。通常成对使用，可以分装于两个支点或同装于一个支点上
圆柱滚子轴承 N0000	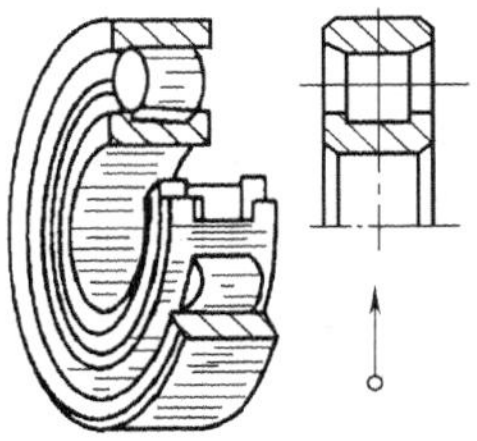	较高	2′~4′	能承受较大的径向载荷，不能承受轴向载荷。因是线接触，内外圈只允许有极小的相对偏转 除左图所示外圈无挡边（N）结构外，还有内圈无挡边（NU）、外圈单挡边（NF）、内圈单挡边（NJ）等结构形式
滚针轴承 NA0000	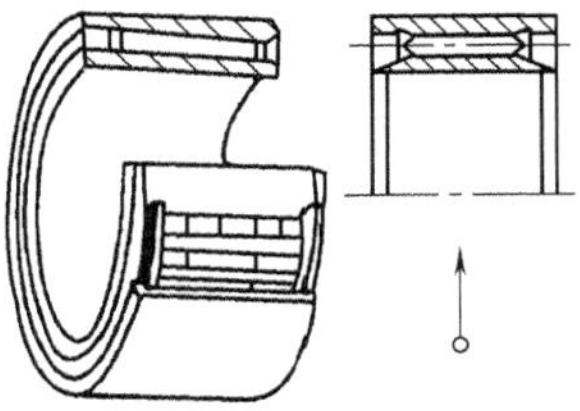	低	不允许	只能承受径向载荷，承载能力大，径向尺寸特小。一般无保持架，因而滚针间有摩擦，轴承极限转速低。这类轴承不允许有角偏差

3. 滚动轴承的代号

滚动轴承的类型很多，为了便于生产、设计和使用，国家标准规定了轴承的代号，并打印在轴承端面上，以便识别。滚动轴承的代号由基本代号、前置代号和后置代号构成，其排列顺序见表5-4。

表 5-4 滚动轴承代号的排列顺序

前置代号	基本代号				后置代号
◇ 轴承分部件代号	×（◇） 类 型 代 号	× × 尺寸系列代号		× × 内 径 代 号	◇或加× 内部结构改变、公差等 级及其他代号
		宽（高）度 系列代号	直径系列 代号		

注：◇代表字母；×代表数字。

1）基本代号。表示轴承的基本类型、结构和尺寸，是轴承代号的基础。按国家标准生产的滚动轴承的基本代号，由轴承类型代号、尺寸系列代号和内径代号构成，见表5-4。

基本代号左起第一位为类型代号，用数字或字母表示，见表5-4第二栏。代号为"0"（双列角接触球轴承）则省略。

尺寸系列代号由轴承的宽（高）度系列代号（基本代号左起第二位）和直径系列代号（基本代号左起第三位）组合而成。向心轴承和推力轴承的常用尺寸系列代号见表5-5。

图 5-21 所示为内径相同而直径不同的四种深沟球轴承的对比，它们分别应用于不同承载情况轴的支承。

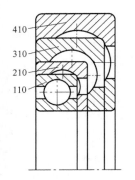

图 5-21 直径系列的对比

内径代号（基本代号左起第四、五位数字）表示轴承公称内径尺寸，按表 5-6 的规定标注。

表 5-5 向心轴承和推力轴承的常用尺寸系列代号

直径系列代号		向心轴承			推力轴承	
		宽度系列代号			高度系列代号	
		(0)	1	2	1	2
		窄	正常	宽	正常	
		尺寸系列代号				
0	特轻	(0) 0	10	20	10	—
1		(0) 1	11	21	11	
2	轻	(0) 2	12	22	12	22
3	中	(0) 3	13	23	13	23
4	重	(0) 4	—	24	14	24

注：1. 宽度系列代号为零时，不标出。

2. 在 GB/T 272—1993 规定的个别类型中，宽度系列代号"1"和"2"可以省略。

3. 特轻、轻、中、重为旧标准相应直径系列的名称；窄、正常、宽为旧标准相应宽（高）度系列的名称。

表 5-6 轴承内径代号

内径代号	00	01	02	03	04~99
轴承内径尺寸/mm	10	12	15	17	数字× 5

注：内径小于 10mm 和大于 495mm 的轴承内径代号另有规定。

2）前置代号。用字母表示成套轴承的分部件。前置代号及含义可参阅 GB/T 272—1993。

3）后置代号。用字母（或加数字）表示，置于基本代号的右边，并与基本代号空半个汉字距离或用"-""/"分隔。轴承后置代号排列顺序见表 5-7。

表 5-7　轴承后置代号排列顺序

后置代号	1	2	3	4	5	6
含　义	内部结构	密封与防尘	保持架及材料	轴承材料	公差等级	游隙

公差等级代号见表 5-8。

表 5-8　公差等级代号

代　号	省略	/P6	/P6 x	/P5	/P4	/P2
公差等级符合标准规定的等级	0 级	6 级	6 x 级	5 级	4 级	2 级
示例	6203	6203/P6	30210/P6x	6203/P5	6203/P4	6203/P2

注：公差等级中 0 级最低，向右依次增高，2 级最高。

例 5-1　试说明轴承代号 62203 和 7312/P6 的含义。

解

第三节　联轴器和离合器

联轴器和离合器是机械传动中常用的部件，它们主要用来联接不同部件之间的两轴（或轴与其他回转件），使其一同回转并传递转矩，有时也可作安全装置。用联轴器联接的两根轴在机器运转时不能分开，只有在机器停车后，通过拆卸才能分离。而离合器在机器运转时，可通过操纵机构随时使两轴（或两回转体）接合或分离。

下面介绍几种常用的联轴器和离合器。

一、联轴器

联轴器可分为刚性联轴器和弹性联轴器两大类。

刚性联轴器由刚性传力件组成，又可分为固定式和可移式两种。固定式联轴器不能补偿两轴的相对位移，所以要求被联接的两轴严格对中和工作中不发生移动；可移式联轴器能补偿两轴的相对位移，所以允许两轴有一定的安装误差。

弹性联轴器包含有弹性元件，能补偿两轴的相对位移，并具有吸收振动和缓和冲击的能力。

1. 固定式联轴器

固定式联轴器可以把两轴牢固地联接起来，构成刚性联接，故又称固定式刚性联轴器。这种联轴器要求被联接两轴中心线严格对中，工作时不允许两轴有相对位移。

（1）套筒联轴器 如图5-22所示的套筒联轴器是一种最简单的联轴器，它由一个套筒和联接件（键或销）组成。

套筒联轴器结构简单，径向尺寸小，制造容易，但拆卸较困难。常用于两轴同轴度高，工作较平稳，无冲击载荷的场合。

（2）凸缘联轴器 如图5-23所示，凸缘联轴器由两个圆盘（半联轴器）和联接件（键和螺栓）组成。两圆盘有凸肩、凹孔，形成对中止口，以保证两轴的同轴度。两圆盘用螺栓联成整体，又分别用键与轴相联。

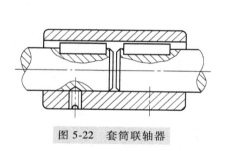

图 5-22　套筒联轴器

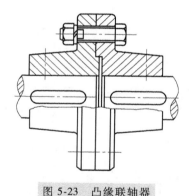

图 5-23　凸缘联轴器

凸缘联轴器结构简单，对中准确，能传递较大转矩，但被联接的两轴必须严格对中，不能缓冲和吸振，常用于振动不大，速度较低，两轴能很好对中的场合。

2. 可移式联轴器

可移式联轴器可以补偿两轴的偏移，适用于被联接两轴不能严格对中的场合。被联接的两轴可能发生的偏移有轴向偏移 x、径向偏移 y、角偏移 α 和综合偏移，如图5-24所示。

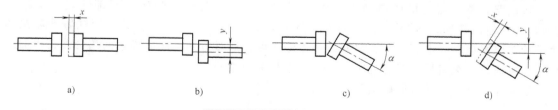

a)　　　　　　　　　b)　　　　　　　　　c)　　　　　　　　　d)

图 5-24　两轴间的相对偏移

a）轴向偏移　b）径向偏移　c）角偏移　d）综合偏移

（1）滑块联轴器 如图 5-25 所示，滑块联轴器由两个端面开有凹槽的半联轴器 1 和 4 及一个两面有榫 3 的圆盘 2 组成。半联轴器 1 和 4 分别与主动轴和从动轴相联，圆盘 2 两面的榫 3 互成 90°，分别嵌入两半联轴器的凹槽中，转动时圆盘随轴转动，榫 3 在凹槽中滑动。这种联轴器可以补偿径向偏移和角偏移，结构简单，因存在摩擦，仅适用于低速场合。

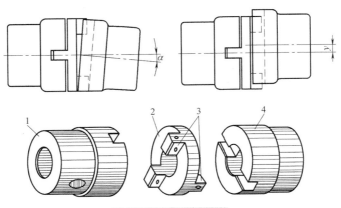

图 5-25　滑块联轴器

1—左半联轴器　2—圆盘　3—榫　4—右半联轴器

（2）万向联轴器 万向联轴器如图 5-26a 所示，两个带叉的半联轴器 1 和 2 分别与主动轴和从动轴联接，两个半联轴器之间又以铰链形式与十字形构件 3 联接起来，这个十字形构件的中心与两轴交点重合。因此，当一轴位置固定后，另一轴可以在任意方向偏斜 α 角，角位移 $\alpha_{max} = 40° \sim 45°$。

用一个万向联轴器联接成一定角度的两轴，虽然主动轴转一周，从动轴也转一周，但当主动轴匀速转动时，从动轴转速不均匀。若要克服这一缺点，可采用两个万向联轴器组合起来安装，安装时必须满足两个条件：主动轴、从动轴与中间轴的夹角相等，即 $\alpha_1 = \alpha_2$；中间轴两端的叉面必须位于同一平面内，如图 5-26b 所示。

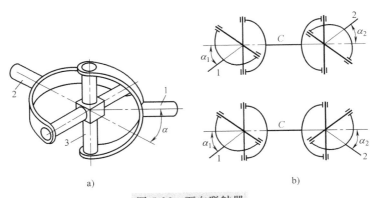

a)　　　　　　　　　　　　b)

图 5-26　万向联轴器

1、2—半联轴器　3—十字形构件

3. 弹性联轴器

弹性联轴器是利用其上的弹性元件的弹性来补偿来自制造及安装过程中的误差的，其补偿误差的能力较可移式联轴器差，但具有较好的缓冲能力与减振能力。

（1）弹性柱销联轴器　弹性柱销联轴器的结构与凸缘联轴器相似，但用具有弹性的柱销代替螺栓，属于弹性可移式联轴器，如图5-27所示。它依靠柱销的变形，来补偿两轴间相对偏移和偏斜，并可缓冲吸振。它具有结构简单、制造容易和维护方便等优点，常用于中等载荷、正反转变化多、起动频繁的高、低速轴传动。LX型是普通型，LXZ型是带制动轮型。

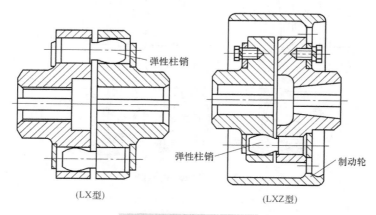

（LX型）　　　　　　　　　　（LXZ型）

图 5-27　弹性柱销联轴器

（2）弹性套柱销联轴器　如图5-28所示，弹性套柱销联轴器的结构与弹性柱销联轴器相似，但用套有弹性圈2的柱销1代替弹性柱销，弹性更好。它依靠橡胶圈的变形来补偿两轴间相对偏移和偏斜，并可缓冲吸振，常用于变载荷、正反转变化多、起动频繁的高速轴（低速轴不宜使用）传动。LT型是普通型，LTZ型是带制动轮型。

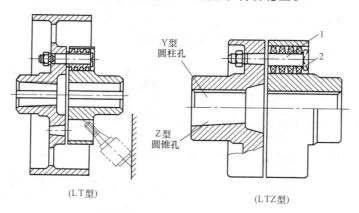

（LT型）　　　　　　　　　　（LTZ型）

图 5-28　弹性套柱销联轴器

1—柱销　2—弹性圈

二、离合器

离合器的形式很多，常用的有牙嵌离合器和摩擦离合器。牙嵌离合器是依靠齿的相互嵌入来传递转矩的，而摩擦离合器是靠摩擦力来传递转矩的。

1. 牙嵌离合器

牙嵌离合器是由两个端面上有牙的半离合器组成的。如图 5-29 所示，其中一个左半离合器固定在主动轴上，另一个右半离合器用导向键（或花键）与从动轴联接，并可利用操纵机构移动右半离合器，使两个半离合器的牙相互嵌合或分离，从而实现两轴的接合和分离。为使两个半离合器能够对中，在主动轴端的半离合器上装有一个对中环，从动轴可在对中环内自由移动。

牙嵌离合器结构简单，两轴联接后无相对运动。但在接合时有冲击，只能在低速或停车状态下接合，否则易将牙打坏。

2. 摩擦离合器

摩擦离合器能在运动中平稳地离合，过载时，离合器打滑，可避免损坏其他重要零件，起安全保护作用。对于必须经常起动、制动或频繁改变速度大小和方向的机械（如汽车、拖拉机等）是一个重要部件。

图 5-30 所示为单片式摩擦离合器的简图。一个圆盘固定在主轴上，另一个圆盘通过导键安装在从动轴上，利用操纵滑环使从动轴摩擦盘沿导键移动。接合时用力将从动轴的圆盘压在主动轴的圆盘上，主动轴的转矩依靠两盘接触面间产生的摩擦力传到从动轴上。

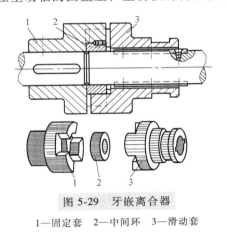

图 5-29　牙嵌离合器

1—固定套　2—中间环　3—滑动套

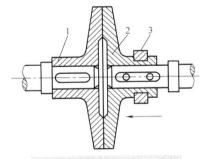

图 5-30　单片式摩擦离合器

1、2—摩擦盘　3—拨叉

第四节　制　动　器

制动器是用来降低机械运转速度或迫使机械停止运转的装置。它既是控制装置，同时又是安全装置。制动器的工作实质就是通过摩擦副的摩擦力产生制动作用。根据工作需要，或将运动动能转化为摩擦热能消耗，使机构停止运动；或通过静摩擦力平衡外力，使机构保持原来的静止状态。对制动器的基本要求是制动可靠、操作灵活、散热快和体积小等。

一、块式制动器

图 5-31 所示为常闭式（通电时松闸，断电时制动）块式制动器。其工作原理是：当松闸器 6 断电时，主弹簧 3 通过制动臂 4 使闸瓦块 2 压紧在制动轮 1 上，制动器处在闭合状

态；当松闸器 6 通电时，电磁力顶起立柱，通过推杆 5 和制动臂 4 使闸瓦块 2 与制动轮 1 分离。闸瓦块 2 磨损后使得制动行程增加或制动效果降低时，可通过调节推杆 5 的长度予以调整或补偿。

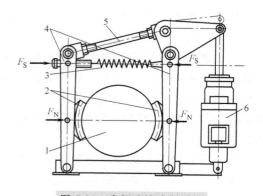

图 5-31　常闭式块式制动器

1—制动轮　2—闸瓦块　3—主弹簧
4—制动臂　5—推杆　6—松闸器

二、带式制动器

图 5-32 所示为由杠杆控制的带式制动器。制动力 F_Q 通过杠杆的放大作用后作用在制动带的两端，使制动带收紧且紧紧地抱住制动轮，从而实现制动的目的。带式制动器的优点是制动力矩大、结构简单、尺寸紧凑。缺点是对制动轮轴有较大的弯曲力，比压分布不均匀，因而使衬料磨损不均匀。

三、内涨蹄式制动器

图 5-33 所示为内涨蹄式制动器。两个制动蹄 2 和 7（外表面铆有摩擦片 3）分别通过销轴 1 和 8 与机架铰接。压力油推动横置液压缸 4 的左、右两个活塞分别向左、向右运动，使得两个制动蹄 2 和 7 压紧制动轮 6，从而实现制动。压力油卸载后，两个制动蹄 2 和 7 在弹簧力的作用下与制动轮 6 分离，从而实现松闸。这种制动器结构紧凑，在各种车辆及结构尺寸受限制的机械中应用广泛。

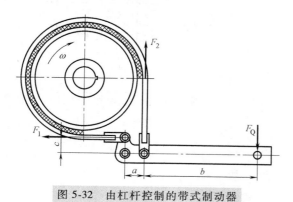

图 5-32　由杠杆控制的带式制动器

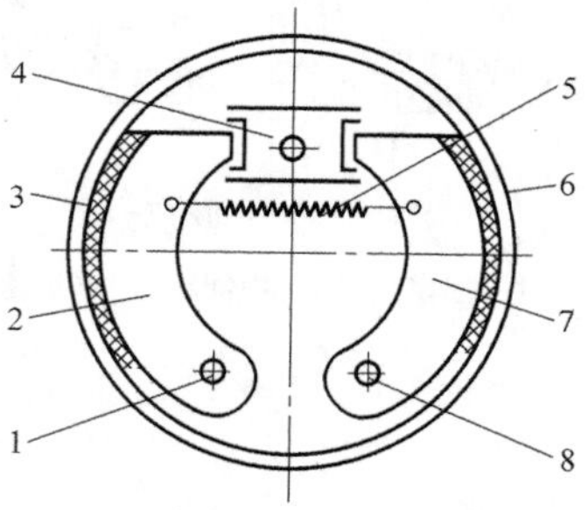

图 5-33　内涨蹄式制动器

1、8—销轴　2、7—制动蹄　3—摩擦片
4—横置液压缸　5—弹簧　6—制动轮

复习思考题

5-1　如图 5-34 所示的机构中轴 Ⅰ、Ⅱ、Ⅲ、Ⅳ，是心轴、转轴，还是传动轴？

5-2　已知一传动轴直径 $d = 32\text{mm}$，转速 $n = 1725\text{r/min}$，如果轴上的扭转切应力不许超过 50MPa，问该轴能传递多大功率？

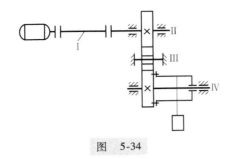

图　5-34

5-3　常见的轴上零件固定方法有哪些？各有何特点？

5-4　滑动轴承的摩擦状态有几种？各有什么特点？

5-5　滑动轴承有哪几种主要形式？它们结构如何？各适用于什么场合？

5-6　说明下列型号轴承的类型、尺寸系列、结构特点、公差等级及其使用场合：

6005、N209/P6、7207C、30209/P5

5-7　联轴器和离合器有哪些区别？各有哪些类型？

5-8　固定式联轴器适用于哪些场合？

5-9　凸缘联轴器有哪两种对中方式？试比较优缺点。

5-10　牙嵌离合器和摩擦离合器各有什么特点？

5-11　制动器有哪几种类型？

第六章

联接

联接是指利用不同方式把机械零件联成一体的技术。机器由许多零部件所组成，这些零部件需要通过联接来实现机器的功能，因而联接是构成机器的重要环节。

根据被联接件之间的相互运动关系，机械联接可分为两大类：一类是机器工作时，被联接的零（部）件间可以有相对运动的联接，称之为机械动联接，如前面所述的各种运动副；另一类则是在机器工作时，被联接的零（部）件间不允许产生相对运动的联接，称之为机械静联接。动联接满足机器内部的运动要求，而静联接满足结构、制造、装配、运输、安装和维护等方面的要求。"联接"一词通常多指静联接。这也是本章所要讨论的内容。

机械联接又可分为可拆卸联接和不可拆卸联接。可拆卸联接是指无须毁坏联接中的任一零件就可拆卸的联接，故多次拆卸无损其使用性能，常见的有螺纹联接、键联接及销联接等。不可拆卸联接是指至少必须毁坏联接中的某一部分才能拆开的联接，常见的有铆钉联接、焊接和胶接等。

第一节　螺　纹　联　接

螺纹联接是利用带有螺纹的零件构成的可拆卸联接。它具有结构简单、工作可靠、装拆方便、适用范围广等优点，在可拆卸联接中占有重要位置。

一、螺纹的形成、类型及应用

如图 6-1 所示，将一底边 ab（其长等于 πd_1）的三角形 abc 绕在一直径为 d_1 的圆柱体上，并使底边 ab 与圆柱体底面重合，则它的斜边 ac 在圆柱体上便形成一螺旋线。若任取一矩形平面图形，使它的一边紧靠在圆柱体的素线上，沿螺旋线移动，并始终保持该平面通过圆柱体的轴线，就可以得到相应的矩形螺纹。同

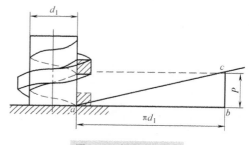

图 6-1　螺纹的形成

样，若取三角形、梯形或锯齿形等平面图形，则可得到相应的螺纹牙型。

根据螺纹牙型不同，螺纹可分为三角形螺纹、梯形螺纹、矩形螺纹和锯齿形螺纹。

1）三角形螺纹。这种螺纹牙型角较大，当量摩擦因数大，自锁性好，常用于紧固联接。它又可分为普通螺纹和管螺纹。

① 三角形螺纹。如图 6-2a 所示，这种螺纹应用最广，牙型角 $\alpha = 60°$，螺距用 P 表示，单位为 mm，螺纹间有径向间隙，用来补偿刀具的磨损。根据螺距不同可分为粗牙普通螺纹和细牙普通螺纹。当大径相同时，细牙普通螺纹的螺距小，小径和中径较大，螺纹升角小，因此它具有螺杆强度高，自锁性好的优点，但由于螺纹牙小、不耐磨、易滑扣，所以一般用于薄壁联接和不经常拆卸的场合。一般情况下多采用粗牙螺纹。

② 管螺纹。管螺纹是一种螺纹深度较浅的特殊螺纹，专门用作管子联接。牙型角 $\alpha = 55°$。常用的管螺纹有 55°非密封管螺纹和 55°密封管螺纹。当联接有密封要求时，前者需填加密封物，而后者不需要填加密封物。以上两种管螺纹均为寸制细牙螺纹，其公称直径为管子内螺纹的大径。

2）梯形螺纹。如图 6-2c 所示，梯形螺纹牙型角 $\alpha = 30°$，传动效率较普通螺纹高，螺纹牙根部较厚，强度较高，工艺性好，螺纹副对中性好。因此应用广泛，多用于车床等传动螺旋中。

3）矩形螺纹。如图 6-2b 所示，矩形螺纹的牙型角 $\alpha = 90°$，传动效率最高，但加工困难，螺纹磨损后无法补偿，螺纹牙根部强度较弱，故应用较少。

4）锯齿形螺纹。如图 6-2d 所示，螺纹的一边牙侧角 $\beta = 3°$，另一边 $\beta' = 30°$。工作面为 $\beta = 3°$一侧。传动效率仅次于矩形螺纹，螺纹牙根部强度较高，具有矩形螺纹和梯形螺纹的优点。但只适合于单向传动，一般可用于起重螺旋及螺旋压力机中。

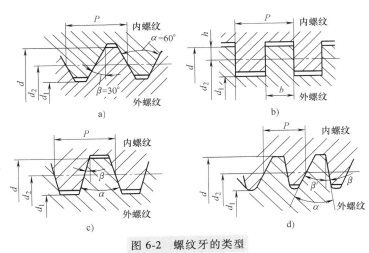

图 6-2　螺纹牙的类型

a）三角形螺纹　b）矩形螺纹　c）梯形螺纹　d）锯齿形螺纹

根据螺旋线的绕行方向不同，螺纹可分为右旋螺纹（图 6-3a、c）和左旋螺纹（图 6-3b），一般多采用右旋螺纹。

根据螺旋线的数目不同，螺纹又分为单线螺纹（图 6-3a）、双线螺纹（图 6-3b）和三线螺纹（图 6-3c）或多线螺纹。

二、螺纹的主要参数

以普通螺纹为例说明螺纹的主要参数，如图 6-4 所示，螺纹的主要几何参数有：

大径 d（或 D）——与外螺纹牙顶（或内螺纹牙底）相切的假想圆柱体的直径，并确定为螺纹的公称直径。

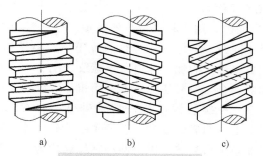

图 6-3　螺纹的旋向和线数

a）单线右旋螺纹　b）双线左旋螺纹　c）三线右旋螺纹

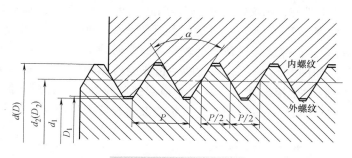

图 6-4　螺纹的主要参数

小径 d_1（或 D_1）——与外螺纹牙底（或内螺纹牙顶）相切的假想圆柱体的直径。

中径 d_2（或 D_2）——在轴向断面内，母线通过牙型上沟槽和凸起宽度相等的假想圆柱的直径。

螺距 P——相邻两螺纹牙在中径线上对应两点间的轴向距离。

螺纹线数 n——螺纹螺旋线的数目，一般 $n \leqslant 4$。

导程 Ph——同一条螺旋线上的相邻两螺纹牙在中径线上对应两点间的轴向距离。导程与螺距的关系如图 6-5 所示。由图可知

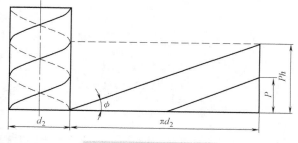

图 6-5　螺纹升角与导程

$$Ph = nP \tag{6-1}$$

螺纹升角 ϕ——在中径 d_2 的圆柱体上，螺旋线的切线与垂直于螺纹轴线的平面的夹角，如图 6-5 所示。由图可知

$$\tan\phi = \frac{Ph}{\pi d_2} = \frac{nP}{\pi d_2} \tag{6-2}$$

牙型角 α——轴截面内，螺纹牙相邻两侧边的夹角。

牙侧角 β——轴截面内螺纹牙的一侧边与螺纹轴线垂直平面的夹角。

三、螺纹联接的主要类型和选用

螺纹联接有螺栓联接、双头螺柱联接、螺钉联接和紧定螺钉联接四种基本类型，其结构、特点和应用见表 6-1。

表 6-1 螺纹联接的基本类型、特点和应用

类型	结构图	尺寸关系	特点和应用
螺栓联接	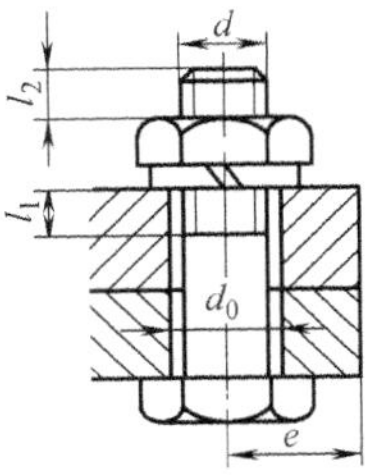 普通螺栓联接	螺纹余留长度 l_1 　静载荷　$l_1 \geqslant (0.3 \sim 0.5)d$ 变载荷　$l_1 \geqslant 0.75d$ 　铰制孔螺栓　$l_1 \approx 0$ 螺栓伸出长度 l_2 　$l_2 = (0.2 \sim 0.3)d$ 螺栓轴线到边缘距离 e 　$e = d + (3 \sim 6) \text{mm}$ 螺栓孔直径 d_0 普通螺栓 $d_0 = 1.1d$ 铰制孔螺栓的配合部分直径 d_0 应按 d 查有关标准	被联接件无须切制螺纹,结构简单、装拆方便,应用广泛,通常用于被联接件不太厚和便于加工通孔的场合
螺栓联接	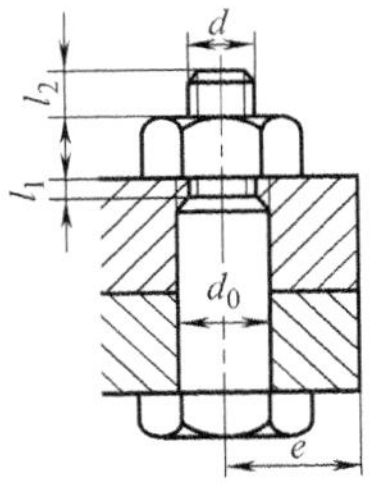 铰制孔螺栓联接		孔和螺栓杆之间没有间隙,采用基孔制过渡配合。用螺栓杆承受横向载荷或固定被联接件的相互位置
双头螺柱联接	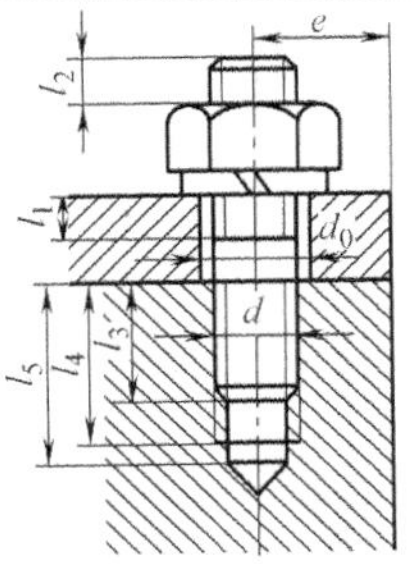	螺纹拧入深度 l_3 　钢或青铜:$l_3 \approx d$ 　铸铁:$l_3 = (1.25 \sim 1.5)d$ 　铝合金:$l_3 = (1.5 \sim 2.5)d$ 螺纹孔深度 l_4 　$l_4 = l_3 + (2 \sim 2.5)P$ 钻孔深度 l_5 　$l_5 = l_4 + (0.5 \sim 1)d$ l_1、l_2、e 值同普通螺栓联接的情况	螺栓的一端旋紧在一被联接件的螺纹孔中。另一端则穿过另一被联接件的孔。通常用于被联接件之一太厚不便穿孔,结构要求紧凑或经常拆卸的场合
螺钉联接	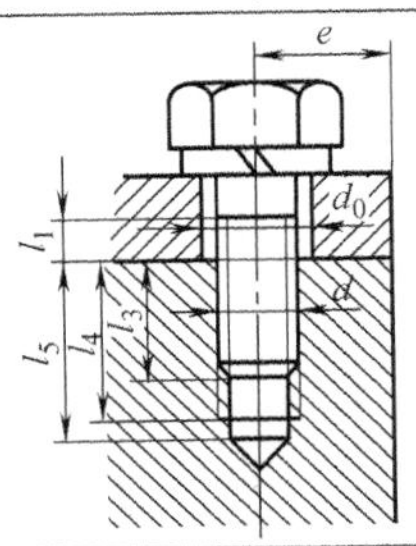		不用螺母,适用于被联接件之一太厚且不经常拆装的场合
紧定螺钉联接	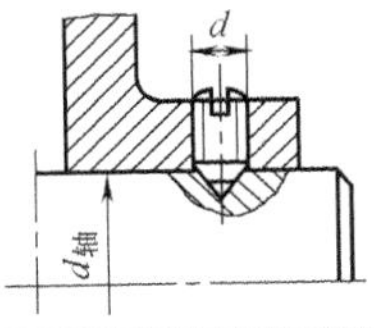	$d = (0.2 \sim 0.3)d_{轴}$ 当力和转矩大时取较大值	螺钉的末端顶住零件的表面或顶入该零件的凹坑中,将零件固定,它可以传递不大的载荷

四、螺纹联接的预紧

绝大多数螺纹联接在安装时需要拧紧螺母，从而使螺栓和被联接件在承受工作载荷前就受到预紧力的作用。预紧的目的是提高联接的可靠性、紧密性和防松能力。对于一般联接，往往对预紧力不加严格控制，拧紧程度靠装配经验而定；对于重要联接，如气缸盖的螺栓联接，预紧力必须用一定的方法加以控制，以满足联接强度的要求。

五、螺纹联接的防松

联接用螺纹标准件都能满足自锁条件。拧紧螺母后，螺母或螺钉与被联接件支承面间的摩擦力也有助于防止螺母松脱。因此在受静载荷和常温条件下，螺纹联接一般不会产生松动。若温度变化较大或联接受到冲击、振动及不稳定载荷的作用，则螺旋副上及螺母支承面上的摩擦力就会减小，甚至消失，经多次重复后致使螺母逐渐松脱。这种松脱会引起机器设备的严重损坏或造成重大的人身事故。因此，为保证联接的可靠性，在设计和安装时必须按照工作条件、工作可靠性要求考虑设置螺纹防松结构或装置。

防松的实质是防止螺旋副做相对运动。防松的方法很多，常用的防松方法见表6-2。

表 6-2 螺纹联接常用的防松方法

防松方法		结构形式	特点和应用
摩擦防松	对顶螺母	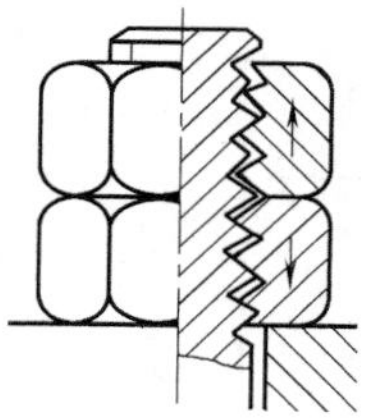	两螺母对顶拧紧后，使旋合螺纹间始终受到附加的压力和摩擦力的作用。工作载荷有变动时，该摩擦力仍然存在。旋合螺纹间的接触情况如左图所示，下螺母螺牙受力较小，其高度可小些，但为了防止装错，两螺母的高度取相等为宜 结构简单，适用于平稳、低速和重载的固定装置上的联接
	弹簧垫圈	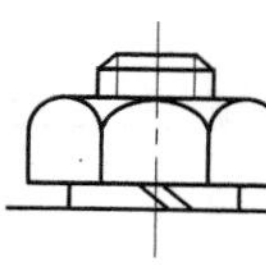	螺母拧紧后，靠垫圈压平而产生的弹性力使旋合螺纹间压紧。同时垫圈斜口的尖端抵住螺母与被联接件的支承面，也有防松作用 结构简单、使用方便。但由于垫圈的弹力不均，在冲击、振动的工作条件下，其防松效果较差，一般用于不太重要的联接
	自锁螺母	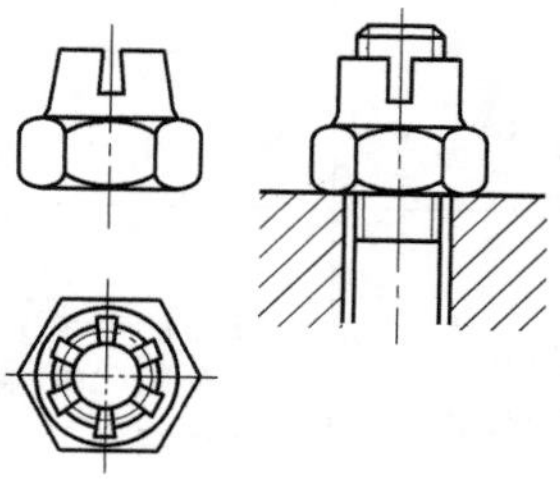	螺母一端制成非圆形收口或开缝后径向收口。当螺母拧紧后，收口张开，利用收口的弹力使旋合螺纹间压紧 结构简单，防松可靠，可多次装拆而不降低防松性能

（续）

防松方法		结构形式	特点和应用
机械防松	开口销与六角开槽螺母	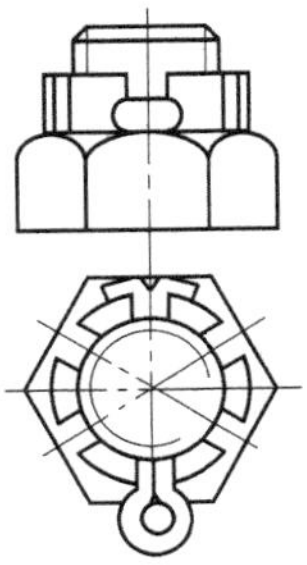	六角开槽螺母拧紧后,将开口销穿入螺栓尾部小孔或螺母槽内,并将开口销尾部掰开与螺母侧面贴紧。也可用普通螺母代替六角开槽螺母,但需拧紧螺母后再配钻销孔 适用于较大冲击、振动的高速机械中运动部件的联接
	止动垫圈	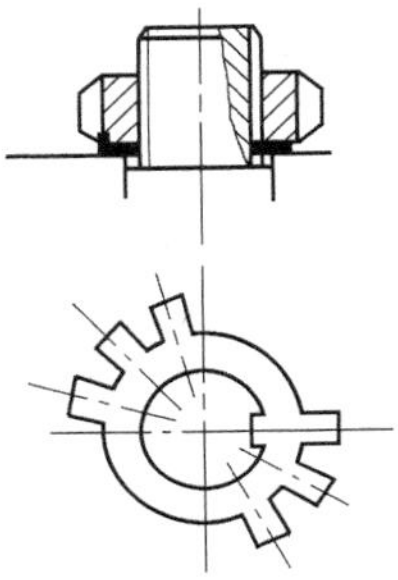	螺母拧紧后,将单耳或双耳止动垫圈分别向螺母和被联接件的侧面折弯贴紧,即可将螺母锁住。若两个螺栓需要双联锁紧时,可采用双联止动垫圈,使两个螺母相互制动 结构简单,使用方便,防松可靠
	串联钢丝	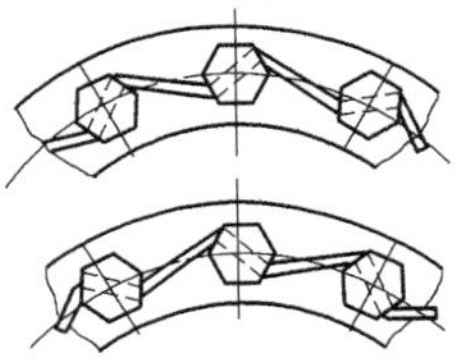	用低碳钢丝穿入螺钉头部的孔内,将各螺钉串联起来,使其相互制动。使用时必须注意钢丝的穿入方向 适用于螺钉组联接,防松可靠,但装拆不便

第二节 螺 旋 传 动

螺旋传动是机械传动方式之一，主要用于将旋转运动转变为直线运动，同时传递运动和动力。螺纹联接与螺旋传动两者用途不同，但几何形状和受力关系相似，故放在同一章介绍。

一、螺旋传动的类型和应用

螺旋传动是利用螺杆和螺母组成的螺旋副来实现传动要求的。螺旋传动按其用途不同，可分为以下三种类型。

1）传力螺旋机构。它以传递动力为主，要求以较小的转矩转动螺杆或螺母，使其中之一产生轴向移动和较大的轴向推力，用于克服工作阻力。这种传力螺旋机构主要承受很大的轴向力。一般为间歇工作，通常需要机构有自锁能力。图6-6a所示的千斤顶和图6-6b所示的压力机等都是传力螺旋机构的应用实例。

2）传导螺旋机构。它以传递运动为主，要求具有较高的传动精度。常用于如图6-6c所示的机床进给机构等。

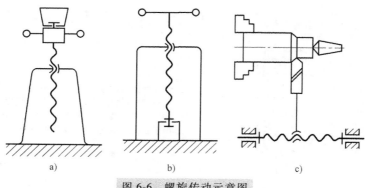

图 6-6 螺旋传动示意图

a）千斤顶 b）压力机 c）机床进给机构

3）调整螺旋机构。它用以调整、固定零件的相对位置，一般不经常转动。如液压的针形阀、千分尺等仪器及测试装置中的微调机构。

二、螺旋传动的失效形式及设计准则

螺旋传动工作时，主要承受转矩及轴向拉力（或压力），同时，螺杆与螺母的旋合部分之间有较大的相对滑动，螺纹磨损是其主要失效形式。因此，滑动螺旋的基本尺寸（即螺杆直径与螺母高度）通常根据耐磨性条件确定。对于受力较大的传力螺旋机构，螺杆受到拉力（或压力），而螺纹牙则会受到剪力和弯矩的作用，因此还应校核螺杆危险剖面以及螺母螺纹牙的强度，以防止螺杆和螺纹牙的塑性变形或断裂；对于要求自锁的螺杆应校核其自锁性；对于精密的传导螺旋机构，还应校核螺杆刚度（此时的螺杆直径应根据刚度条件确定），以免受力后因螺杆螺距发生变化而引起传动精度的降低；对于长径比很大的螺杆，应校核其稳定性，以防止受压后引起侧弯而失稳；对于高速旋转的长螺杆，还应校核其临界转速，以防止产生过度横向振动等。但在设计时，应根据具体的螺旋传动类型、工作条件及其失效形式等，选择不同的设计准则，而不必逐项校核。

三、螺旋传动常用材料

螺杆和螺母的材料除应具有足够的强度、耐磨性外，还要求两者配合时摩擦因子较小。螺旋传动常用的材料见表 6-3。

表 6-3　螺旋传动常用的材料

螺旋副	材 料 牌 号	应 用 范 围
螺杆	Q235 钢、Q275 钢、45 钢、50 钢	材料不经热处理，适用于经常运动，受力不大，转速不高的传动
	40Cr、65Mn、T12、40WMn、18CrMnTi	材料需经热处理，以提高其耐磨性。适用于重载、转速较高的重要传动
	9Mn2V、CrWMn、38CrMoAl	材料需经热处理，以提高其尺寸的稳定性，适用于精密传导螺旋传动
螺母	ZQAl9-4	材料耐磨性好，适用于一般传动
	ZHAl66-6-3-2	材料耐磨性好，强度高，适用于重载、低速传动

四、螺旋传动的应用特点

螺旋传动的优点是机构比较简单；工作平稳，无噪声；承载能力较高，易获得自锁；可获得很大的减速比，利于微调。主要缺点是螺旋间摩擦和磨损较大，传动效率较低。

第三节 其他联接

一、键联接

键主要用来联接轴和轴上的转动零件。键的材料一般为 45 钢。键是标准件，由专门工厂生产。常用的键联接有以下几种：

（1）普通平键联接 平键的形状如图 6-7 所示，有 A、B、C 三种类型。A 型称为圆头平键，B 型称为平头平键，C 型称为单圆头平键。

应用平键时轴和轮毂（孔）都开有键槽，键放在键槽中，如图 6-7 所示。在工作过程中，键的两侧面和键槽的两侧面相互挤压传递转矩，所以平键的侧面是它的工作表面。平键的主要失效形式是工作表面压溃。由于平键制造方便，因此应用很广泛。

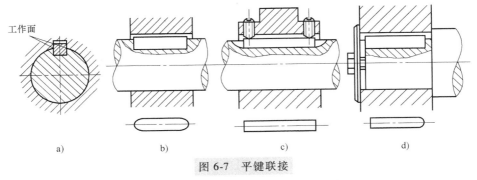

图 6-7 平键联接

a）剖视图 b）A 型 c）B 型 d）C 型

（2）半圆键联接 如图 6-8 所示，半圆键也是靠键的两侧面与键槽的两侧面相互挤压传递转矩的。它的特点是安装方便，键能在键槽中摆动一定的角度以适应毂槽的底面，一般用于锥形轴与轮毂的联接。但由于键槽较深，对轴的削弱作用较大，一般只用于轻载联接中。

（3）花键联接 花键联接是由多个周向均匀分布的键齿的轴与具有相应键槽的毂相配合的一种联接。齿的侧面是工作表面。由于多齿

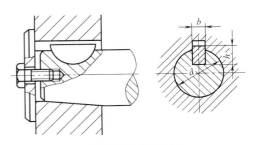

图 6-8 半圆键联接

传递载荷，所以花键联接比平键联接具有承载能力高，对轴的削弱作用小，定心性和导向性好等优点。它适用于定心精度要求高、载荷大或经常滑移的联接。花键联接按其齿形的不同，可分为一般常用的矩形花键（图 6-9a）和强度高的渐开线花键（图 6-9b）。

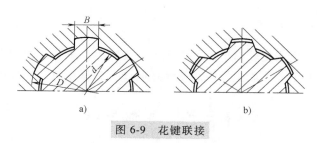

图 6-9　花键联接

a）矩形花键　b）渐开线花键

二、销联接

销的主要用途是固定零件之间的相对位置，并可传递不大的载荷，有时还起安全保险作用。

销按其外形结构可分为圆柱销、圆锥销和开口销三类。圆柱销经过多次拆卸易磨损，其定位精度下降。圆锥销有 1∶50 的锥度，安装比圆柱销方便，多次拆卸对定位精度影响小。各种销联接的应用实例如图 6-10 所示。

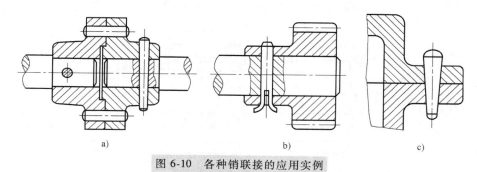

图 6-10　各种销联接的应用实例

a）圆柱销、圆锥销用于传递转矩　b）开口销用于传递转矩　c）圆锥销用于定位

三、铆接

铆接是利用铆钉将两个或两个以上的被联接件（如钢板、型钢等）永久联接在一起的一种方法。如部分桥架、起重机架等。铆钉分两大类：一类是实心铆钉，另一类是空心铆钉或管状铆钉。

实心铆钉按钉头的形状、尺寸和功用可分为半圆头铆钉（图 6-11a）、沉头铆钉（图 6-11b）

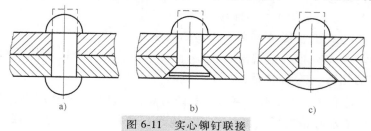

图 6-11　实心铆钉联接

a）半圆头铆钉　b）沉头铆钉　c）半沉头铆钉

和半沉头铆钉（图6-11c）三种。

当位置不够或零件工作条件不允许用半圆头铆钉时，就用后两种铆钉。

铆接结构质量大，费工费时，铆接时噪声大，影响工人健康，同时由于焊接和胶接技术的发展，铆接已逐渐被代替。

复习思考题

6-1 常用的螺纹截面形状有哪几种？它们各称为什么螺纹？试说明它们的主要用途。

6-2 普通螺纹的公称直径是指哪一个直径？

6-3 什么是螺纹的导程？它与螺距、线数的关系是什么？

6-4 螺纹联接的基本类型有哪些？各适用于什么场合？

6-5 在哪些工作条件下，螺纹联接需要应用防松装置？常用的防松方法有哪些？

6-6 按用途不同，螺旋传动可分为哪几种类型？分别用于什么场合？

6-7 平键联接有何特点？

6-8 销联接的主要作用是什么？

6-9 铆接有何特点？

第七章

极限与配合

第一节 概　　述

一、互换性的基本概念

在机械和仪器制造业中，零部件的互换性是指在同一规格的一批零件或部件中，任取其一，不需任何挑选或附加修配（如钳工修配）就能装到机器上，达到规定的功能要求，这样的一批零部件称为具有互换性的零部件。日常生活中使用的自行车和手表的零件，就是按互换性要求生产的。当自行车或手表的零件损坏时，修理人员很快可以用同样规格的零件替换，恢复自行车和手表的功能。

互换性给产品的设计、制造和使用维修带来了很大的方便。

从设计方面看，按互换性进行设计，就可以最大限度地采用标准件、通用件，大大减少绘图、计算等工作量，缩短设计周期，并有利于产品多样化和计算机辅助设计。

从制造方面看，互换性有利于组织大规模专业化生产，有利于采用先进工艺和高效率的专用设备，有利于计算机辅助制造，实现加工和装配过程的机械化、自动化，从而减轻工人的劳动强度，提高生产率，保证产品质量，降低生产成本。

从使用方面看，零部件具有互换性，可以及时更换那些已经磨损或损坏了的零部件，减少机器的维修时间和费用，保证机器能够连续、可靠、持久地运转。

综上所述，零部件的互换性对保证产品质量、提高生产率和增加经济效益具有重要意义，它已成为现代制造业普遍遵守的原则。

二、误差和公差

1. 误差和精度的概念

零件要制造得绝对准确是不可能的，也是不必要的。只要在满足机器使用功能要求和零件互换性要求的前提下，对零件的几何参数加以限制，允许它在一定的范围内变化就可以了。

零件加工后的几何参数与理想零件几何参数相符合的程度，称为加工精度。它们之间的差值称为误差。加工误差的大小反映了加工精度的高低，故精度可用误差大小来表示。

2. 零件几何参数误差的种类

1）尺寸误差。零件实际组成要素与拟合要素之差即为尺寸误差。

2）形状误差。零件几何要素的实际形状与理想形状之差即为形状误差。

3）位置误差。零件几何要素的实际位置与理想位置之差即为位置误差。

3. 公差

公差是零件几何参数允许的变动范围。尺寸公差是指零件尺寸允许的变动范围，形状公差和位置公差分别指零件几何要素的形状和位置允许的变动范围。

误差是零件加工过程中实际产生的，公差是产品设计时给定的。

第二节　极限与配合的基本术语与定义

一、尺寸

1. 公称尺寸

由图样规范确定的理想形状要素的尺寸称为公称尺寸（图 7-1）。它是按产品的使用要求，根据零件的强度、刚度等计算结果或通过试验、类比等经验方法而确定的，并按标准直径或标准长度圆整后所给的尺寸，是计算偏差的起始尺寸。相互配合的表面，如孔与轴，它们的公称尺寸相同。

2. 实际组成要素

由接近实际组成要素所限定的工件实际表面的组成要素部分，即加工后得到的要素。由于测量存在误差，所以实际组成要素总是偏离其拟合要素。此外，因为加工时存在形状误差（如孔或轴呈椭圆形，两平面不平行等），所以在不同部位测量时，其实际组成要素也不尽相同。

3. 极限尺寸

极限尺寸是指尺寸要素允许的尺寸的两个极端，以公称尺寸为基数来确定。两个极限值中较大的一个称为上极限尺寸，较小的一个称为下极限尺寸。孔的上极限尺寸和下极限尺寸分别用 D_{max} 和 D_{min} 表示，轴的上极限尺寸和下极限尺寸分别用 d_{max} 和 d_{min} 表示（图 7-1）。

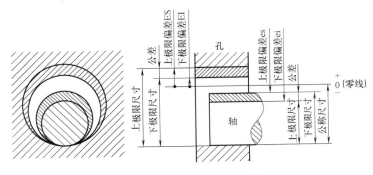

图 7-1　极限与配合示意图

二、尺寸偏差与公差

1. 尺寸偏差

某一尺寸减其公称尺寸所得的代数差，称为尺寸偏差。上极限尺寸减其公称尺寸所得的代数差，称为上极限偏差，用 ES（包容体，如孔）、es（被包容体，如轴）表示；下极限尺寸减其公称尺寸所得的代数差，称为下极限偏差，用 EI（包容体，如孔）、ei（被包容体，如轴）表示。上极限偏差和下极限偏差统称为极限偏差。实际要素与公称尺寸的代数差，称为实际偏差。偏差可以为正值、负值或零。合格零件的实际偏差不应超出规定的极限偏差范围。

2. 尺寸公差

尺寸公差是指上极限尺寸减下极限尺寸之差，或上极限偏差减下极限偏差之差。它是允许尺寸的变化量。尺寸公差是一个没有符号的绝对值。

例 7-1　公称尺寸为 $\phi50mm$，上极限尺寸为 $\phi50.008mm$，下极限尺寸为 $\phi49.992mm$，试计算其极限偏差和公差。

解　上极限偏差 = 上极限尺寸 - 公称尺寸 = 50.008mm - 50mm = +0.008mm

下极限偏差 = 下极限尺寸 - 公称尺寸 = 49.992mm - 50mm = -0.008mm

公差 = 上极限尺寸 - 下极限尺寸 = 50.008mm - 49.992mm = 0.016mm

公差 = 上极限偏差 - 下极限偏差 = 0.008mm - （-0.008mm） = 0.016mm

3. 零线和公差带

图 7-1 所示为极限与配合示意图，它表示了两个相互配合的孔与轴的公称尺寸、极限尺寸、极限偏差与公差的相互关系。在实际应用中，为简单起见，一般以公差带（图7-2）来表示。

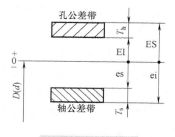

图 7-2　公差带图

（1）零线　在极限与配合图解中，表示公称尺寸的一条直线，以其为基准确定偏差和公差。通常，零线表示公称尺寸。正偏差位于零线的上方，负偏差位于零线的下方。

（2）公差带　在公差带图中，由代表上极限偏差和下极限偏差或上极限尺寸和下极限尺寸的两条直线所限定的一个区域，称为公差带。在国家标准中，公差带包括了"公差带大小"与"公差带位置"两个参数。前者由标准公差确定，后者由基本偏差确定。

标准公差是指国家标准中规定的，用以确定公差带大小的任一公差。

基本偏差是用来确定公差带相对于零线位置的上极限偏差或下极限偏差，一般指靠近零线的那个偏差。当公差带位于零线上方时，其基本偏差为下极限偏差；当公差带位于零线下方时，其基本偏差为上极限偏差。

三、配合

1. 配合的定义与种类

配合是指公称尺寸相同的并且相互结合的孔和轴公差带之间的关系。根据相互配合的孔和轴公差带的位置关系，配合一般可分为间隙配合、过盈配合和过渡配合三类。

配合的有关概念、术语、定义等，不仅适用于圆形截面的孔与轴，而且也适合于其他包容面和被包容面，如键槽与键的配合。

（1）间隙配合　具有间隙（包括最小间隙等于零）的配合，称为间隙配合。一般此时孔的公差带在轴的公差带之上，如图 7-3 所示。

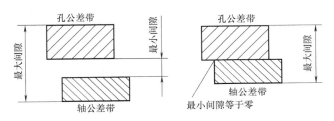

图 7-3 间隙配合

表示间隙配合松紧程度的特征值是最大间隙和最小间隙。

最大间隙是孔的上极限尺寸减轴的下极限尺寸的差，用 X_{max} 表示，即

$$X_{max} = D_{max} - d_{min} = ES - ei \qquad (7-1)$$

最小间隙是孔的下极限尺寸减轴的上极限尺寸的差，用 X_{min} 表示，即

$$X_{min} = D_{min} - d_{max} = EI - es \qquad (7-2)$$

（2）过盈配合　具有过盈（包括最小过盈等于零）的配合，称为过盈配合。一般此时孔的公差带在轴的公差带之下，如图 7-4 所示。

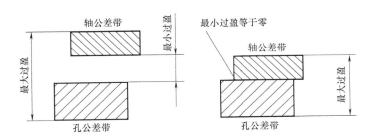

图 7-4 过盈配合

表示过盈配合松紧程度的特征值是最大过盈和最小过盈。

最小过盈是孔的上极限尺寸减轴的下极限尺寸的差，用 Y_{min} 表示，即

$$Y_{min} = D_{max} - d_{min} = ES - ei \qquad (7-3)$$

最大过盈是孔的下极限尺寸减轴的上极限尺寸的差，用 Y_{max} 表示，即

$$Y_{max} = D_{min} - d_{max} = EI - es \qquad (7-4)$$

（3）过渡配合　可能具有间隙或过盈的配合，称为过渡配合。一般此时孔的公差带与轴的公差带相互交叠。如图 7-5 所示。

表示过渡配合松紧程度的特征值是最大间隙和最大过盈。

最大间隙是孔的上极限尺寸减轴的下极限尺寸的差，用 X_{max} 表示，即

$$X_{max} = D_{max} - d_{min} = ES - ei \qquad (7-5)$$

最大过盈是孔的下极限尺寸减轴的上极限尺寸的差，用 Y_{max} 表示，即

$$Y_{max} = D_{min} - d_{max} = EI - es \qquad (7-6)$$

2. 配合的基准制

在确定配合的过程中，孔、轴公差带位置相对变动，就可获得不同配合性质，如果把其中

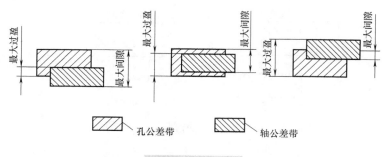

图 7-5　过渡配合

一个公差带位置固定，而改变另一个公差带的位置，从而得到不同性质的配合，这样就可使配合问题简单化。这种固定一孔或轴公差带位置而改变另一公差带位置所得到不同配合性质的方法称为基准制，其中孔的公差带固定称为基孔制，此孔称为基准孔；轴的公差带固定称为基轴制，此轴称为基准轴。基准孔和基准轴统称为基准体。基准体的公差均向零件的体内布置，即规定基准孔的下极限偏差 EI 为零，而基准轴的上极限偏差 es 为零。按照孔、轴公差带相对位置不同，两种基准制都可以形成间隙、过盈和过渡三种不同的配合性质，如图 7-6 所示。

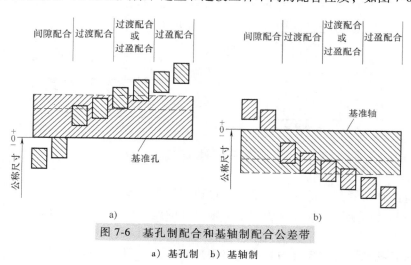

图 7-6　基孔制配合和基轴制配合公差带

a）基孔制　b）基轴制

第三节　极限与配合的国家标准

GB/T 1800~1804 是我国制定的极限与配合的国家标准，它是按照公差系列（公差带大小）标准化和基本偏差系列（公差带位置）标准化的原则制定的。

一、标准公差系列

标准公差系列是国家标准规定的用以确定公差带大小的一系列标准公差值。它根据下列原则制定。

1. 标准公差因子

零件的制造误差不仅与加工方法有关，还与公称尺寸大小有关，为了评定零件尺寸公差等级的高低，因而规定了公差因子。

公差因子是计算标准公差的基本因子，是制定标准公差系列的基础。由统计方法可知，加工误差与公称尺寸之间存在立方抛物线关系。

当公称尺寸≤500mm时，国家标准的公差因子 i（单位为 μm）按下式计算

$$i = 0.45\sqrt[3]{D} + 0.001D \tag{7-7}$$

式中　D——公称尺寸段的几何平均值，单位为 mm。

当公称尺寸>500～3150mm时，国家标准的公差因子 I（单位为 μm）按下式计算

$$I = 0.004D + 2.1 \tag{7-8}$$

2. 标准公差等级

国家标准规定标准公差是由公差等级系数和公差因子的乘积值来决定的，在公称尺寸一致的情况下，公差等级系数是决定标准公差大小的唯一参数。根据公差等级系数不同，国家标准在公称尺寸至 500mm 内将标准公差分为 20 级，即 IT01、IT0、IT1、…、IT18。IT 表示标准公差，即国际公差（ISOTolerance）的缩写代号，数字表示公差等级的高低，从 IT01 至 IT18，等级依次降低，而相应的标准公差值依次增大。

3. 公称尺寸分段

根据标准公差的计算公式，不同的公称尺寸有一个相应的公差值，这会使公差数值表非常庞大。为减少公差数目，统一公差值，简化公差数值表和便于使用，国家标准规定了尺寸的分段。对分在同一尺寸段内的公称尺寸，在相同公差等级时，具有相同的标准公差。详见表 7-1。

表 7-1　公称尺寸至 500mm 的标准公差数值

公称尺寸 /mm	标准公差等级																	
	IT1	IT2	IT3	IT4	IT5	IT6	IT7	IT8	IT9	IT10	IT11	IT12	IT13	IT14	IT15	IT16	IT17	IT18
	μm											mm						
≤3	0.8	1.2	2	3	4	6	10	14	25	40	60	0.10	0.14	0.25	0.40	0.60	1.0	1.4
>3～6	1	1.5	2.5	4	5	8	12	18	30	48	75	0.12	0.18	0.30	0.48	0.75	1.2	1.8
>6～10	1	1.5	2.5	4	6	9	15	22	36	58	90	0.15	0.22	0.36	0.58	0.90	1.5	2.2
>10～18	1.2	2	3	5	8	11	18	27	43	70	110	0.18	0.27	0.43	0.70	1.10	1.8	2.7
>18～30	1.5	2.5	4	6	9	13	21	33	52	84	130	0.21	0.33	0.52	0.84	1.30	2.1	3.3
>30～50	1.5	2.5	4	7	11	16	25	39	62	100	160	0.25	0.39	0.62	1.00	1.60	2.5	3.9
>50～80	2	3	5	8	13	19	30	46	74	120	190	0.30	0.46	0.74	1.20	1.90	3.0	4.6
>80～120	2.5	4	6	10	15	22	35	54	87	140	220	0.35	0.54	0.87	1.40	2.20	3.5	5.4
>120～180	3.5	5	8	12	18	25	40	63	100	160	250	0.40	0.63	1.00	1.60	2.50	4.0	6.3
>180～250	4.5	7	10	14	20	29	46	72	115	185	290	0.46	0.72	1.15	1.85	2.90	4.6	7.2
>250～315	6	8	12	16	23	32	50	81	130	210	320	0.52	0.81	1.30	2.10	3.20	5.2	8.1
>315～400	7	9	13	18	25	36	57	89	140	230	360	0.57	0.89	1.40	2.30	3.60	5.7	8.9
>400～500	8	10	15	20	27	40	63	97	155	250	400	0.63	0.97	1.55	2.50	4.00	6.3	9.7

注：公称尺寸小于或等于 1mm 时，无 IT14～IT18。

二、基本偏差系列

如前所述，基本偏差就是确定公差带相对于零线位置的那个极限偏差。它可以是上极限

偏差或下极限偏差，一般指靠近零线的那个偏差。基本偏差是国家标准中使公差带位置标准化的唯一指标。

　　基本偏差的代号是用拉丁字母表示，大写字母表示孔，小写字母表示轴。在 26 个字母中去除五个容易混淆含义的字母 I、L、O、Q、W（i、l、o、q、w），同时增加七个双写字母 CD、EF、FG、JS、ZA、ZB、ZC（cd、ef、fg、js、za、zb、zc），构成 28 种基本偏差代号。图7-7 所示为轴和孔的 28 个基本偏差在公差带图上的位置分布，即轴和孔的基本偏差系列图。

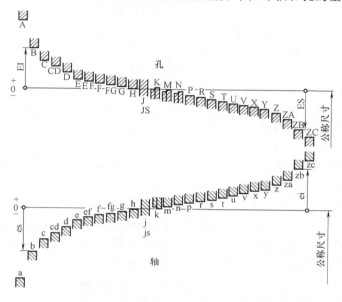

图 7-7　轴和孔的基本偏差系列图

　　在基本偏差系列图中，仅绘出了公差带一端的界线，而公差带另一端的界线未绘出。它将取决于公差带的标准公差等级和这个基本偏差的组合。因此，任何一个公差带都可用基本偏差代号和公差等级数字表示，如孔公差带 H7、P8，轴公差带 h6、m7 等。对所有公差带而言，当其位于零线上方时，基本偏差为下极限偏差 EI（对孔）或 ei（对轴）；当其位于零线下方时，基本偏差为上极限偏差 ES（对孔）或 es（对轴）。

　　除 J、j 与某些高公差等级形成的公差带以外，基本偏差都是指靠近零线的或绝对值较小的那个极限偏差。JS、js 形成的公差带在各个公差等级中，完全对称于零线，故上极限偏差 +IT/2 或下极限偏差 -IT/2 均可为基本偏差。

　　孔的基本偏差从 A 到 H 为下极限偏差 EI，从 J 到 ZC 为上极限偏差 ES；轴的基本偏差从 a 到 h 为上极限偏差 es，从 j 到 zc 为下极限偏差 ei。

　　H 和 h 的基本偏差为零，H 代表基准孔，h 代表基准轴。

三、极限与配合在图样上的标注

　　在零件图上，极限与配合一般有三种标注方法（图7-8）：

　　1）在公称尺寸后标注所要求的公差带，如 $\phi 40H8$，$\phi 80P7$，$\phi 50g6$。

　　2）在公称尺寸后标注所要求的公差带对应的极限偏差值，如 $\phi 50^{+0.025}_{0}$。

3）在公称尺寸后标注所要求的公差带和对应的极限偏差值，如 $\phi100f7$ （ $^{-0.036}_{-0.071}$ ）。

在装配图上，极限与配合是这样标注的：在公称尺寸后标注孔和轴公差带。国家标准规定孔、轴公差带写成分数形式，分子为孔公差带，分母为轴公差带，如图 7-9 所示。

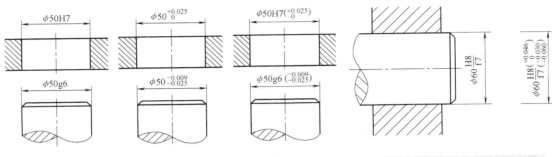

图 7-8　孔、轴公差带在零件图上的标注　　　　图 7-9　公差带在装配图上的标注

第四节　几何公差

零件在加工过程中不仅存在着尺寸上的误差，在形状和相互位置上也会产生误差，即形状和位置误差（国家标准统称几何误差）。几何误差对机械产品的工作精度、连接强度、运动平稳性、密封性、耐磨性、噪声和使用寿命等都有影响，因此从保证机械产品的质量和零件互换性出发，必须规定几何公差，以限制几何误差。

一、基本概念

1. 几何要素的分类

几何要素是指构成零件几何特征的点、线、面。几何要素可从不同角度来分类。

（1）按结构特征分类

1）组成要素。组成要素是指构成零件外形的，为人们直接感觉到的点、线、面，如图 7-10 所示的圆柱面、圆锥面及其他表面素线、平面、曲面等。零件的内部形体表面，如内圆柱面等也属于组成要素。

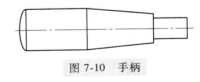

图 7-10　手柄

2）导出要素。导出要素是指具有对称关系的组成要素的中心点、线、面。其特点是实际零件不存在这些具体的形体，而是人为给定的。它不为人们直接感觉到，而由相应的组成要素体现出来。如图 7-10 所示的手柄回转体轴线，它是由回转体轮廓所形成的对称线或中心线。零件上的中心线、中心面、圆心、球心和中心点等都属于导出要素。

（2）按存在状态分类

1）拟合要素。拟合要素是指具有几何意义的要素，是按设计要求，在图样上给定的点、线、面。

2）实际要素。实际要素是指零件实际存在的要素，是加工后得到的要素。通常由测量所得的要素来替代。因测量有误差，所以它不反映要素的真实状况。

（3）按所处地位分类

1）基准要素。基准要素是指用来确定被测要素方向或位置的要素。基准要素在图样上都要有基准符号，如图 7-11 所示的 ϕd_2 的中心线即为基准要素。

2）被测要素。被测要素是指图样上给出几何公差要求的要素，即检测的对象。如图 7-11 所示的 ϕd_2 的圆柱面和台肩面等都给出了几何公差，因此都属于被测要素。

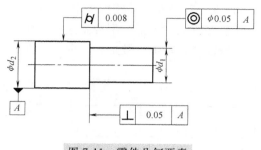

图 7-11　零件几何要素

（4）按功能关系分类

1）单一要素。单一要素是指仅对要素自身提出功能要求而给出形状公差的要素。如图 7-11 所示的 ϕd_2 圆柱面是被测要素，且给出了圆柱度形状公差要求，故为单一要素。

2）关联要素。关联要素是指相对基准要素有功能要求而给出位置公差的要素。如图 7-11 所示的 ϕd_2 圆柱的台肩面相对于 ϕd_2 圆柱基准轴线有垂直度的功能要求，且给出了垂直度位置公差，故 ϕd_2 圆柱的台肩面就是被测关联要素。

2. 几何公差的项目及符号

按国家标准 GB/T 1182—2008《产品几何技术规范（GPS）　几何公差　形状、方向、位置和跳动公差标注》的规定，有 14 种形状和位置公差项目。其名称和符号见表 7-2。

表 7-2　几何公差项目及符号

公差类型	几何特征	符号	有无基准	公差类型	几何特征	符号	有无基准
形状公差	直线度	—	无	位置公差	位置度	⊕	有或无
	平面度	▱	无		同心度（用于中心点）	◎	有
	圆度	○	无		同轴度（用于轴线）	◎	有
	圆柱度	⌭	无				
	线轮廓度	⌒	无		对称度	=	有
	面轮廓度	⌓	无		线轮廓度	⌒	有
方向公差	平行度	//	有		面轮廓度	⌓	有
	垂直度	⊥	有	跳动公差	圆跳动	↗	有
	倾斜度	∠	有		全跳动	⌰	有
	线轮廓度	⌒	有				
	面轮廓度	⌓	有				

二、几何公差的标注

1. 标注方法

几何公差应根据国家标准 GB/T 1182—2008 规定的标注方法，在图样上按要求进行正确标注。

被测要素的几何公差采用框格的形式标注，且该框格具有带箭头的指引线，如图 7-11 所示。

1）框格。几何公差的框格如图 7-12 所示，公差框格在图样上一般应水平放置，若有必要，也允许竖直放置。对于水平放置的公差框格，应由左往右依次填写几何特征符号、公差值及有关符号、基准字母及有关符号。基准可多至三个，但先后有别，从第三格到第五格，分别为第一基准、第二基准和第三基准。对于竖直放置的公差框格，应该由下往上填写有关内容。为了避免混淆和误解，基准所使用的字母不得采用 E、F、I、J、L、M、O、P、R 等九个字母。

图 7-12　公差框格

2）指引线。公差框格用指引线与被测要素联系起来。指引线由细实线和箭头构成，它从公差框格的一端引出，并保持与公差框格端线垂直，引向被测要素时允许弯折，但不得多于两次，指引线的箭头应指向被测要素的轮廓线上或轮廓线的延长线上，如图7-11 所示。

3）基准符号。与被测要素相关的基准用一个大写字母表示。字母标注在基准方格内，与一个涂黑的或空白的三角形相连以表示基准，如图 7-13 所示。表示基准的字母还应标注在公差框格内，与涂黑的或空白的基准三角形含义相同。基准符号引向基准要素时，无论基准符号在图面上的方向如何，其方格内的字母都应水平书写。

图 7-13　基准符号

2. 标注示例

例 7-2　将下列技术要求标注在图 7-14 所示的阶梯轴上。

1）圆锥面的圆度公差为 0.01mm，圆锥素线的直线度公差为 0.02mm。

2）圆锥中心线对 ϕd_1 和 ϕd_2 两圆柱面的公共中心线的同轴度公差为 $\phi 0.05$mm。

3）圆锥左端面对 ϕd_1 和 ϕd_2 两圆柱面的公共中心线的圆跳动公差为 0.02mm。

4）ϕd_1 和 ϕd_2 圆柱面的圆柱度公差分别为 0.003mm 和 0.006mm。

例 7-3　试将下列技术要求标注在图 7-15 所示的圆柱齿轮上。

孔 $\phi 50$H6 的圆柱度公差为 0.004mm。圆柱齿轮两端面采用任选基准，其平行度公差为 0.008mm。两端面对孔 $\phi 50$H6 的轴线的轴向圆跳动公差为 0.005mm。齿顶圆柱面对孔 $\phi 50$H6 的轴线的径向圆跳动公差为 0.008mm。

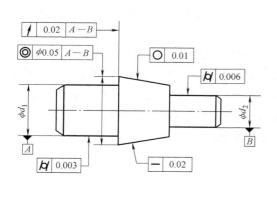

图 7-14 例 7-2 标注图

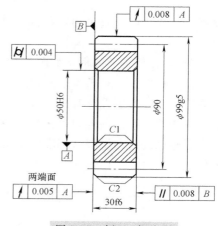

图 7-15 例 7-3 标注图

第五节　表面粗糙度

表面粗糙度是零件的一种微观几何形状误差，是在使用机械加工或其他方法加工获得表面时，因切削刀痕、表面撕裂、振动和摩擦等原因所留在零件表面的间距很小、起伏高低不平的几何形状。表面粗糙度对零件的配合性质、疲劳强度、耐磨性、耐蚀性和密封性等性能影响很大。我国现行的国家标准有 GB/T 3505—2009《产品几何技术规范（GPS）　表面结构　轮廓法　术语、定义及表面结构参数》，GB/T 1031—2009《产品几何技术规范（GPS）　表面结构　轮廓法　表面粗糙度参数及其数值》，GB/T 131—2006《产品几何技术规范（GPS）　技术产品文件中表面结构的表示法》。

一、表面粗糙度的评定

1. 基本术语

国家标准 GB/T 3505—2009 中的有关术语如下：

（1）取样长度 lr　用于评定表面粗糙度时所规定的一段基准长度。其目的是限制和减弱表面波纹度对测量的影响。

（2）中线　中线是具有几何轮廓形状并划分轮廓的基准线。它包括轮廓最小二乘中线和轮廓算术平均中线。

（3）轮廓单元　轮廓峰和相邻轮廓谷的组合即为轮廓单元。

（4）坐标系　确定表面结构参数的坐标体系。通常采用直角坐标体系，其轴线形成一个右旋笛卡儿坐标系。X 轴与中线方向一致，Y 轴也处在实际表面上，而 Z 轴则在从材料到周围介质的外延方向上。

2. 评定参数

国家标准规定表面粗糙度的参数由幅度参数、间距参数和混合参数组成。这里仅介绍幅度参数。

（1）轮廓的算术平均偏差 Ra　在取样长度内纵坐标值 $Z(x)$ 绝对值的算术平均值，用 Ra 表示，如图 7-16 所示。其计算公式为

$$Ra = \frac{1}{l} \int_0^{lr} |Z(x)| \, \mathrm{d}x \qquad (7\text{-}9)$$

近似地
$$Ra = \frac{1}{n} \sum_{i=1}^{n} |Z_i(x)| \qquad (7\text{-}10)$$

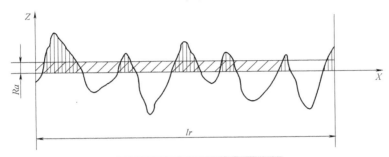

图 7-16　轮廓的算术平均偏差

（2）轮廓的最大高度 Rz　Rz 是指在一个取样长度内，最大轮廓峰高 Rp（即最大的 Zp）与最大轮廓谷深 Rv（即最大的 Zv）之和，如图 7-17 所示。其计算公式为

$$Rz = Rp + Rv \qquad (7\text{-}11)$$

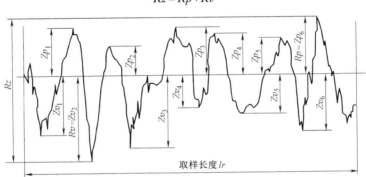

图 7-17　轮廓的最大高度

二、表面粗糙度评定参数值的选用

合理选取表面粗糙度参数值的大小，对零件的工作性能和加工成本具有重要意义。选用原则如下：

1）同一零件，工作表面的表面粗糙度参数值应比非工作表面小。

2）对于摩擦表面，相对运动速度高、单位面积压力大的表面，表面粗糙度参数值应小。

3）承受交变应力作用的零件，在容易产生应力集中的部位，如圆角、沟槽处，表面粗糙度参数值应小。

4）对于配合性质要求稳定且间隙较小的间隙配合表面和承受重载荷的过盈配合表面，它们的表面粗糙度参数值应小。

5）要求防腐蚀、密封性能好或外表美观的表面，表面粗糙度参数值应小。

三、表面粗糙度的标注

GB/T 131—2006 对表面粗糙度符号和代号标注做了规定。

1. 表面粗糙度的符号

表面粗糙度符号及说明见表 7-3。

表 7-3　表面粗糙度符号及说明

符号	含义及说明
√	基本图形符号，表示未指定加工工艺方法的表面。仅适用于简化代号标注，没有补充说明时，不能单独使用
√	扩展图形符号，表示用去除材料方法获得的表面。例如，通过车、镗、钻、磨、剪切、抛光、腐蚀、电火花加工和气割等获得的表面。仅当其含义是"被加工表面"时可单独使用
√	扩展图形符号，表示用不去除材料方法获得的表面。例如，通过铸、锻、冲压变形、热轧和粉末冶金等获得的表面。也可用于表示上道工序形成的表面，不管这种状况是通过去除材料还是不去除材料形成的

2. 表面粗糙度的代号

表面粗糙度代号是在表面粗糙度符号上，注上相关的要求与说明，如图 7-18 所示。图中：

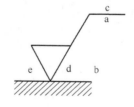

图 7-18　表面粗糙度代号

位置 a：注写表面结构的单一要求，包括表面参数代号、极限数值等。

位置 a 和 b：注写两个或多个表面结构要求。

位置 c：注写加工方法。

位置 d：注写表面纹理和方向。

位置 e：注写加工余量（单位为 mm）。

3. 表面粗糙度标注方法

表面粗糙度符号、代号一般标注在可见轮廓线、尺寸界线、尺寸线及它们的延长线或引出线上。表面粗糙度符号的尖端必须从材料外指向表面，其数字及符号的方向按图 7-19 所示标注。

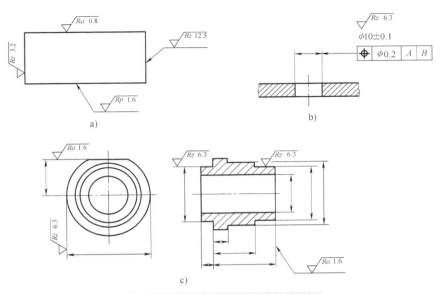

图 7-19 表面粗糙度在图样上的标注

复习思考题

7-1 什么是互换性? 它们在机械制造中有何作用?

7-2 公差与偏差有何区别和联系?

7-3 设某配合的孔径为 $\phi 15^{+0.027}_{0}$ mm, 轴径为 $\phi 15^{-0.016}_{-0.034}$ mm, 试分别计算其极限尺寸、极限间隙（或过盈）、配合公差。

7-4 设某配合的孔径为 $\phi 45^{+0.142}_{+0.080}$ mm, 轴径为 $\phi 45^{\;0}_{-0.080}$ mm, 试分别计算其极限间隙（或过盈）及配合公差, 画出尺寸公差带及配合公差带图。

7-5 何谓基本偏差? 它有何用途?

7-6 图 7-20 所示为一轴的几何公差标注图, 试说明图中几何公差的含义。

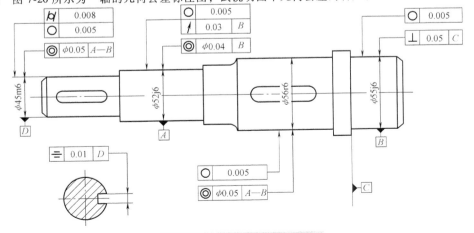

图 7-20 轴的几何公差标注图

7-7 试将下列技术要求标注在图 7-21 上。

1）圆锥面 a 的圆度公差为 0.1mm。

2）圆锥面 a 对孔轴线 b 的斜向圆跳动公差为 0.02mm。

3）基准孔轴线 b 的直线度公差为 0.005mm。

4）孔表面 c 的圆柱度公差为 0.01mm。

5）端面 d 对基准孔轴线 b 的轴向全跳动公差为 0.01mm。

6）端面 e 对端面 d 的平行度公差为 0.03mm。

7-8 说明图 7-22 中几何公差代号的含义。

7-9 表面粗糙度常用的评定参数是什么？简述其意义？

7-10 将表面粗糙度符号标注在图 7-23 上，要求：

1）用任何方法加工圆柱面 ϕd_3，Ra 上限值为 3.2μm。

2）用去除材料的方法获得孔 ϕd_1，Ra 上限值为 3.2μm。

3）用去除材料的方法获得表面 a，Rz 上限值为 3.2μm。

4）其余用去除材料的方法获得表面，Ra 上限值为 25μm。

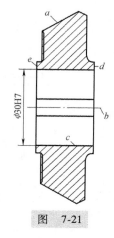

图 7-21

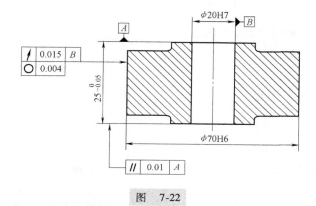

图 7-22

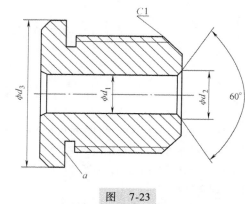

图 7-23

第八章

液压传动

液压传动是利用液体作为工作介质来传递运动和动力的传动方式。由于液压传动有许多明显优点，目前在各种机械设备中均有应用，特别是在高效的自动化和半自动化机械设备中应用更为广泛。

第一节　液压传动的基础知识

一、液压传动的工作原理

液压传动是依靠液体介质的静压力来传递能量的液体传动。

为了认识什么是液压传动，这里先观察和分析一个最简单的实例。图8-1所示为修理、安装机器时，作为起重工具的液压千斤顶工作原理图。

大小两个液压缸6和3的缸体内部分别装有大活塞7和小活塞2，两活塞与缸体之间保持一种良好的配合关系，不仅活塞能在缸内滑动，又能保证可靠的密封。当用手向上提起杠杆1时，小活塞2就被带动上来，于是小液压缸3下腔的密封工作容积增大。这时，由于钢球4和5分别关闭了它们各自所在的油路，所以在小液压缸3的下腔形成了部分真空，油池10中的油液就在大气

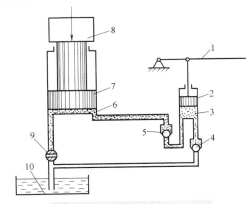

图8-1　液压千斤顶工作原理

1—杠杆　2—小活塞　3—小液压缸　4、5—钢球
6—大液压缸　7—大活塞　8—重物　9—放油阀　10—油池

压作用下推开钢球4沿吸油管进入小液压缸3的下腔，完成一次吸油动作。接着，压下杠杆1，小活塞2下移，小液压缸3下腔的工作容积减小，便将其中的油液挤出，推开钢球5（此时钢球4自动关闭了通往油池的油路），油路便经两缸之间的连通管进入大液压缸6的下腔。由于大液压缸下腔也是一个密封的工作容积，所进入的油液因受挤压而产生作用力就推动大活塞7上升，并将重物8向上顶起一段距离。这样反复提、压杠杆1，就可使重物不

断上升，达到起重的目的。

若将放油阀 9 旋转 90°，则在重力的作用下，大液压缸 6 中的油液流回油池 10，大活塞 7 就下降到原位。由上述例子可以看出，液压千斤顶是一个简单的液压传动装置。分析液压千斤顶的工作过程，可知液压传动是以液体为工作介质来传递动力的一种传动方式，它依靠密封容积的体积变化来传递运动，依靠液体内部的压力（由外界负载所引起）来传递动力。液压装置本质上是一种能量转换装置，它先将机械能转换为便于输送的液压能，随后又将液压能转换为机械能做功。

二、液压传动系统的组成

从上面例子可以看出，只要控制油液的压力、流量和流动方向，便可控制液压设备动作所需要的推力（转矩）、速度（转速）和方向。实际液压系统中，为了满足生产中的各种要求，还需要增加一些液压元件。

图 8-2 所示为一台机床工作台往复运动的原理图，其工作过程如下：

液压泵 3 由电动机（图中未画出）驱动进行工作，油箱 1 中的油液经过滤器 2 过滤后，流往液压泵 3 的吸油口，经泵升压后向系统输出。油液流经节流阀 8 的开口，并经换向阀的 $P—A$ 通道（图示换向阀 7 的阀芯移动到左边位置）进入液压缸 6 的右腔，推动活塞连同工作台 5 往左运动，液压缸 6 左腔的油液则经换向阀 7 的 $B—O$ 通道流回油箱。若将换向阀 7 的手柄搬到右边位置，换向阀 7 的阀芯也移到右边位置，这时，来自液压泵 3 的压力经换向阀 7 的 $P—B$ 通道流入液压缸 6 左腔，推动活塞连同工作台 5 往右运动，液压缸 6 右腔的油液则经换向阀 7 的 $A—O$ 通道流回油箱 1。由于节流阀 8 的开口不大，因而它阻碍油液的流动，引起系统压力升高。当系统压力达到某一数值时，溢流阀 9 的阀芯在底部液压推力作用下向上移动压缩上部弹簧，使阀口打开，系统中多余的压力油就经过溢流阀 9 的开口溢回油箱 1。

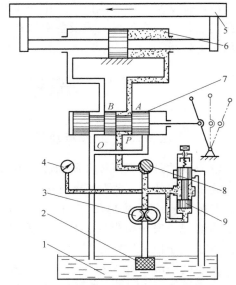

图 8-2　工作台往复运动液压原理图

1—油箱　2—过滤器　3—液压泵
4—压力表　5—工作台　6—液压缸
7—换向阀　8—节流阀　9—溢流阀

因此调节节流阀 8 的开口大小，将使进入液压缸的油液流量改变，达到调节工作台速度的目的。在工作中，系统的压力将保持一定数值（可从压力表 4 指针所对应的刻度读出）。调节溢流阀 9 的弹簧力，即可调节系统的压力。

在液压泵 3 未停止工作的情况下，可以实现工作台 5 在任意位置停止。这时，只需将换向阀 7 的手柄搬到中间位置，其阀芯也被搬到中间位置，因而堵住了换向阀 7 的进油口和回油口，使液压缸 6 两腔既不进油也不回油，活塞停止运动，工作台就在某一位置停止下来。这时，液压泵 3 输出的压力油因为没有其他去处，全部经溢流阀 9 溢回油箱 1。

从上面例子可以看出，液压传动系统由以下四个主要部分组成。

1）动力部分。将机械能转换为液压能的装置，其作用是为液压系统提供压力油，常见为液压泵。

2）执行部分。将液压能转换为机械能的装置，如在压力油推动下做直线运动的液压缸或做回转运动的液压马达。

3）控制部分。对系统中的流体压力、流量和流动方向进行控制或调节的装置，如溢流阀、节流阀和换向阀等。

4）辅助部分。保证液压系统正常工作的其他装置，如油箱、过滤器、油管和管接头等。

图 8-2 所示为液压原理图，其中各元件的图形基本上表示了它的结构原理，称为结构式原理图。这种原理图直观性强，容易理解，但图形复杂，绘制不方便。为了简化液压原理图的绘制，通常采用图形符号来绘制系统原理图。图形符号脱离了元件的具体结构，只表示元件的职能，用来表达系统中各元件的作用和整个系统的工作原理，简单明了，便于绘制。图 8-3 就是按国家标准绘制的工作台往复运动的液压系统原理图。

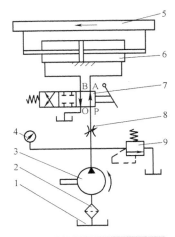

图 8-3　用图形符号表示的
液压系统原理图

1—油箱　2—过滤器　3—液压泵
4—压力表　5—工作台　6—液压缸
7—换向阀　8—节流阀　9—溢流阀

三、液压传动的优缺点

1. 液压传动的优点

1）液压传动与机械传动方式相比，在输出同等功率情况下体积和质量可减小很多，且系统中各部分用管道相连，布局安装有很大的灵活性，能构成采用其他方法难以构成的复杂系统。

2）传递运动均匀平稳，不像机构传动容易因加工和装配误差引起振动和冲击。油液本身也有吸振能力，因此易于实现快速起动、制动和频繁的换向，可以在运行中实现大范围的无级调速。

3）操作控制方便、省力，易于实现自动控制、过载保护，特别是与电气控制、电子控制相结合，易于实现自动工作循环和自动过载保护。

4）液压元件易于实现系列化、标准化、通用化，便于设计、制造和推广使用。

2. 液压传动的缺点

1）由于液压传动采用油液作为介质，在相对运动表面间不可避免地要产生泄漏，同时油液也不是绝对的不可压缩，因此不能严格保证传动比。

2）液压传动对温度比较敏感，在高温和低温条件下采用液压传动有一定的困难。

3）液压元件制造精度较高，系统工作过程中发生故障不易诊断。

四、液压传动的基本参数

1. 压力

图 8-1 所示的液压千斤顶在顶起重物进行工作时，液压缸内的液体是存在压力的。根据物理学中的静压传递原理（帕斯卡原理）可知，密封容器内的液体，当任意处受到压力时，这个压力就会通过液体传到容器内的任何部位，而且压力的强度处处相等。这里所说的压力强度是指作用在单位面积上的液体压力，用 p 表示，而作用在有效面积上的液体压力用 F 表示。当活塞有效作用面积为 A 时，则

$$F = pA \qquad\qquad (8\text{-}1)$$

或

$$p = \frac{F}{A}$$

需要指出的是，在液压传动中所指的压力是 p（物理学中称为压强），而力 F 则常称为液压推力。

压力是液压传动中的重要参数之一，压力的单位为牛/米^2（N/m^2），也称为帕（Pa）。液压技术中常采用兆帕（MPa），1MPa = 10^{6}Pa。

图 8-1 所示的液压千斤顶中，当不考虑液体流动的阻力时，要使大活塞顶起上面的重物，则作用在大活塞下端面积 A 的总推力至少等于物体与大活塞重力之和 G，即

$$F = G$$

因为 $F = pA$，所以大液压缸的压力 p 为

$$p = \frac{G}{A}$$

由此可知，液压系统中的压力 p 随外载荷的变化而变化，负载越大压力越大，即液压传动的压力取决于负载大小。

在液压传动中，压力分级情况见表 8-1。

表 8-1 压力分级

压力分级	低 压	中 压	中高压	高 压	超高压
压力范围/MPa	0~2.5	>2.5~8	>8~16	>16~32	>32

2. 流量

流量是指单位时间内流过管道或液压缸某一截面的体积，通常用 q 表示。若在时间 t 内，流过管道或液压缸某截面的油液体积为 V，则流量 q 为

$$q = \frac{V}{t} \qquad\qquad (8\text{-}2)$$

流量的单位是米^3/秒（m^3/s），它和目前我国使用的流量单位升/分（L/min）之间的换算关系为：1m^3/s = 60000L/min。

在液压系统中，管道或液压缸的流量、流速和流通面积三者之间有一定的关系。图 8-4 所示为一液压缸，若有效作用面积为 A 的活塞在压力油推动下，经过时间 t 移动的距离为 s，则在这段时间内流入液压缸的液体体积为 As，流量 q 为

$$q = \frac{As}{t} = A\frac{s}{t} = Av \qquad (8\text{-}3)$$

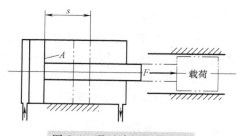

图 8-4 通过液压缸的流量

式中 v——活塞移动的速度。

由式（8-3）可以看出，进入液压缸的流量 q 越大，活塞运动的速度也越大，反之，如果流量 q 越小，则速度越低，即在流通面积 A 一定的情况下，速度取决于流量。

3. 功及功率

在图 8-4 中，活塞在时间 t 内以力 F 推动负载移动距离 s，所做的功 W 为

$$W = Fs$$

功率 P 是单位时间内所做的功，即

$$P = \frac{W}{t} = \frac{Fs}{t} = Fv$$

因为

$$F = pA, \quad v = \frac{q}{A}$$

所以

$$P = \frac{pAq}{A} = pq \tag{8-4}$$

由式（8-4）可以看出，在液压传动中，压力 p 与流量 q 的乘积就是功率。若将压力的单位取兆帕（MPa），流量的单位取升/分（L/min），经换算后式（8-4）可写成

$$P = \frac{pq}{60} \tag{8-5}$$

其中，功率 P 的单位为 kW。

第二节　液压传动的元件

一、液压泵

在液压系统中，液压泵是一种能量转换装置，从能量互换的观点看，液压泵将带动它工作的电动机（或其他发动机）输入的机械能转变成流动油液的压力能。液压泵性能的好坏直接影响到液压系统的工作性能和可靠性，它是液压传动中的一个主要组成部分。

在介绍常用的液压泵之前，先结合一个简单的柱塞泵来对它的基本原理进行分析。

如图 8-5 所示的单柱塞液压泵中，柱塞 7 装在泵体 6 中，在弹簧 1 作用下，柱塞 7 的一端紧靠在偏心轮 8 的外表面上，当电动机 9 带动偏心轮 8 旋转时，柱塞 7 在弹簧力作用下向下运动，柱塞 7 与泵体 6 组成的油腔 a 容积增大，形成真空，油箱 5 中的油液在大气压的作用下，经过油管，顶起单向阀 2 中的小钢球进入油腔 a，此过程为液压泵吸油。当偏心轮的几何中心转到最下点时，吸油终止，之后油液被挤压，在密封的容积中压力升高，此时单向阀 2 中的小钢球下落阻断与油箱 5 的连通，油腔 a 中的压力油只能顶开单向阀 3 中的钢球，沿油管 4 流到工作系统中，

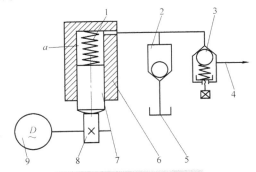

图 8-5　单柱塞液压泵简图

1—弹簧　2、3—单向阀　4、5—油箱　6—泵体
7—柱塞　8—偏心轮　9—电动机

此过程为液压泵压油，这样单柱塞泵就将输入的机械能转换为输出的液压能。

由上述分析可以看出，液压泵必须有一个由运动部件和非运动部件构成的密闭空间，该空间的大小随运动部件的运动发生周期性变化。容积增大时形成真空，油箱的油液在大气压的作用下进入密封容积（吸油）；容积减小时油液受挤压，压力升高，克服管路阻力压出（压油）。因为它的吸油和压油均依赖密闭空间的容积变化，因此称之为容积式泵。

液压泵按其结构形式可分为齿轮泵、叶片泵、柱塞泵和螺杆泵等；按其使用压力可分为低压泵、中压泵与高压泵；按其流量特征可分为定量泵和变量泵。所谓定量泵是指液压泵转速不变情况下，流量不能调节；而变量泵则在转速不变时，通过调节可使泵输出不同的流量。叶片泵和柱塞泵可以制成定量的与变量的液压泵，齿轮泵目前只能做成定量泵。

液压泵的图形符号如图8-6所示。

液压泵的主要性能参数有：

1）液压泵的输出压力。液压泵工作时实际输出的压力取决于外负载，随着负载的变化而变化。如果将泵的压油口直接与油箱连通，则泵输出油液时无须克服多大阻力，称之为卸荷。如果将泵的压油口堵死，油液无法排出，压力就会急剧升高，直到液压泵或其他元件被破坏。由于受密封程度、效率和使用寿命的限制，每一台泵都有一定的压力使用范围。液压泵在连续使用条件下允许使用的最大工作压力称为额定压力。

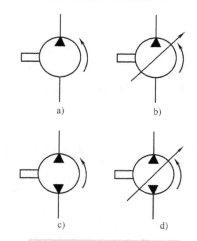

图8-6 单柱塞液压泵简图

a）单向定量泵 b）单向变量泵
c）双向定量泵 d）双向变量泵

2）液压泵的排量和流量。液压泵的排量是指泵的轴每转一周所排出油液的体积。排量用 V 表示，它是由泵的类型和结构尺寸所决定的。

液压泵的理论流量 q_t 是指泵在单位时间内理论上可以排出的液体体积。显然，它等于排量 V 与转速 n 的乘积，即

$$q_t = Vn \qquad (8\text{-}6)$$

3）效率。液压泵的效率 η 是指输出功率与输入功率之比，即 $\eta = \dfrac{P_{出}}{P_{入}}$。它是衡量能量损失的一项重要指标。由于存在内、外泄漏，泵的实际流量 q 小于理论流量 q_t。

泵的实际流量与理论流量的比值称为容积效率 η_V，即

$$\eta_V = \frac{q}{q_t} = \frac{q_t - \Delta q}{q_t} = 1 - \frac{\Delta q}{q_t} \qquad (8\text{-}7)$$

液压泵在运转时，还会有各种机械和液体摩擦引起的能量损失。所以任何一种泵在能量转换过程中，都存在着容积损失和机械损失，故总效率 η 应为容积效率 η_V 和机械效率 η_m 的乘积，即

$$\eta = \eta_V \eta_m \qquad (8\text{-}8)$$

1. 齿轮泵

齿轮泵是由装在壳体内的一对齿轮所组成的，如图8-7所示。

齿轮的两端靠密封盖密封。壳体、端盖和齿轮的各齿间槽共同形成密封的工作空间，当齿轮按图8-7所示方向旋转时，右侧

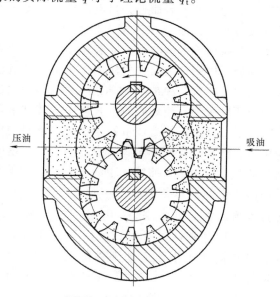

压油　　　　　　吸油

图8-7 齿轮泵的工作原理

吸油腔的牙齿逐渐分离，工作空间的容积逐渐增大，形成部分真空，因此油箱中油液在外界大气压的作用下，经吸油管进入吸油腔，吸入到齿间的油液在密闭的工作空间随齿轮旋转带到左侧油腔，因左侧的牙齿逐渐啮合，工作空间的容积逐渐减小，所以齿间的油液被挤出，从压油腔输送到压力管路中去。

齿轮泵由于其结构简单、质量小、制造容易、成本低、工作可靠、维护方便，已广泛应用在压力不高的液压系统中。齿轮泵的缺点是漏油较多，轴承载荷较大，因而使压力的提高受到一定限制。齿轮泵一般应用于低压或中压液压系统中。

2. 叶片泵

叶片泵一般分单作用叶片泵和双作用叶片泵。单作用叶片泵转子每转一周有一次吸油和压油，故而取名为单作用，它是变量泵。双作用叶片泵转子每转一周完成两次吸油和压油，故称为双作用，它是定量泵。下面先介绍目前使用较多的双作用叶片泵。

如图8-8所示，双作用叶片泵由定子1、转子2、叶片3、泵体4和端盖等组成。各叶片分别装在转子槽内，并可沿槽滑动。转子和定子中心重合。定子内表面近似椭圆形，由两段长半径（R）圆弧、两段短半径（r）圆弧和四段过渡圆弧曲线所组成。当电动机带动转子按图示方向旋转时，叶片在离心力作用下向外甩出，贴紧定子内表面并随转子旋转。由于定子内表面曲线的变化而迫使叶片在槽内往复滑动。转子旋转一周每一叶片往复滑动两次，每相邻叶片间的工作容积就发生两次增大和两次缩小的变化，完成两次吸油和压油。

图8-9所示为单作用叶片泵的工作原理。与双作用叶片泵显著不同的是单作用叶片泵的定子内表面是一个圆形，转子与定子间有一偏心量e，当转子旋转一周时每一叶片在转子槽内往复滑动一次，每相邻两叶片间的密封腔发生一次增大和一次缩小的变化，因此这种泵在转子每转一周过程中吸、压油各一次，故称为单作用叶片泵。

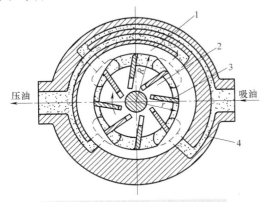

图8-8 双作用叶片泵的工作原理

1—定子 2—转子 3—叶片 4—泵体

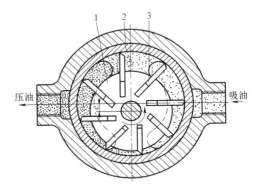

图8-9 单作用叶片泵的工作原理

1—转子 2—定子 3—叶片

改变定子与转子之间的偏心距e值，可以改变泵的排量，因此单作用叶片泵是变量泵。

叶片泵具有结构紧凑、体积小、质量轻、流量均匀、运转平稳、噪声低等优点。但也存在着结构比较复杂、吸油条件苛刻、工作转速有一定限制、对油污比较敏感等缺点。双作用式和单作用式相比，由于它的径向力是平衡的，受力情况比较好，应用较广。叶片泵一般使用于中压液压系统中。

3. 柱塞泵

单柱塞泵是依靠柱塞在缸体内往复运动，使密封容积发生变化来实现吸油和压油的。由于单柱塞只能断续供油，实用性差，因此，实际应用为多个单柱塞组合而成。根据柱塞排列方向的不同，可分为径向柱塞泵和轴向柱塞泵。下面仅介绍常用的径向柱塞泵。

图8-10所示为径向柱塞泵的工作原理。这种泵由定子4、转子2、配油轴5、衬套3和柱塞1等零件组成。衬套紧配在转子孔内随转子一起旋转，而配油轴则是不动的。当转子顺时针旋转时，柱塞在离心力或低压油的作用下，压紧在定子内壁上。由于转子和定子之间有偏心量e，故转子在上半周转动时柱塞向外伸出，径向孔内密封工作容积逐渐增大，形成局部真空，将油箱中的油经配油轴上的a孔再经b腔吸入；转子转到下半周时，柱塞向里推入，密封工作容积逐渐减

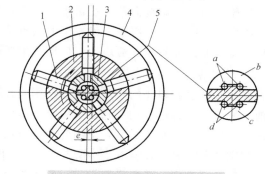

图8-10 径向柱塞泵的工作原理

1—柱塞 2—转子 3—衬套 4—定子 5—配油轴

小，将油液从柱塞底部经c腔再从配油轴上d孔向外压出。转子每转一周，每个柱塞底部容积完成一次吸油、压油。转子连续运转，即完成泵的吸油、压油工作。

径向柱塞泵的流量因偏心距e的大小而不同。若偏心量做成可调结构，就成为变量泵。

在柱塞泵中由于柱塞与缸体孔内均为圆柱表面，因此加工方便，配合精度高，密封性能好。所以柱塞泵具有压力高、结构紧凑、效率高、流量能调节等优点，但结构比较复杂。柱塞泵通常均为高压泵，适用于高压液压系统中。

二、液压马达与液压缸

液压马达和液压缸是液压传动系统中的执行元件。

液压马达是将液体的压力能转换为旋转机械能的装置。从工作原理上看，液压传动中的泵和马达都是靠工作腔密封空间的容积变化而工作的。所以说液压泵可以作液压马达用。反之也一样，即液压泵与液压马达有可逆性。如齿轮泵工作时，要用电动机输入一定的转矩，以克服输出的液压油作用在齿轮上的阻力矩。如果不用电动机，而用液压油输入齿轮泵，则液压油作用在齿轮上的转矩使齿轮转动，并可在齿轮的传动轴上输出一定的转矩，这时齿轮泵就成为齿轮马达。

尽管液压泵与液压马达从原理上讲是相同的，但实际上由于两者的工作状态不一样，为了更好地发挥各自工作性能，在结构上存在某些差别，使之不能通用。

液压缸与液压马达一样，也是将液压能转变成机械能的一种能量转换装置，所不同的是液压马达将液压能转变成连续回转的机械运动，液压缸将液压能转变成直线运动或摆动的机械运动。

液压缸的种类繁多，通常根据结构特点分为活塞式、柱塞式、伸缩式和摆动式四大类；按其作用来分有单作用式和双作用式。下面介绍几种常用的液压缸。

1. 双杆活塞缸

双杆活塞缸的活塞两侧都有一根活塞杆伸出，图8-11a所示为缸筒固定式双杆活塞缸。

当液压缸右腔进油、左腔回油时，活塞向左移动；反之，活塞向右移动。当左右两腔先后进入流量及压力皆相同的液压油时，活塞往复速度和推力是一样的。由于它的进、出油口位于缸筒两端，活塞通过活塞杆带动工作台移动，工作台移动范围等于有效活塞行程的三倍，占地面积大，因此仅适用于小型机器。图 8-11b 所示为活塞固定式双杆活塞缸，缸筒与工作台相连，活塞杆通过支架固定在机器上。此种安装方式，工作台移动范围等于有效活塞行程的两倍，占地面积小，常用于大、中型设备中。

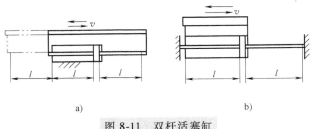

a)　　　　　　　　　　　　　　　　b)

图 8-11　双杆活塞缸

a) 缸筒固定式　b) 活塞固定式

2. 单杆活塞缸

图 8-12 所示为单杆活塞缸原理图，这种液压缸的特点是液压缸中的活塞一端有杆而另一端无杆，所以活塞两端的有效面积不相等。当左、右两腔相继进入液压油时，即使流量及压力皆相同，活塞往复运动的速度和所受的推力也不相等。

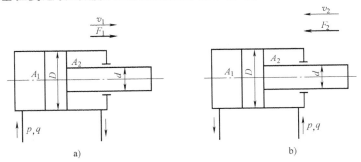

a)　　　　　　　　　　　　　　　　b)

图 8-12　单杆活塞缸

设活塞与活塞杆的直径分别为 D 及 d（图 8-12）。当无杆腔进油、工作台向右运动时（图 8-12a），速度为 v_1，推力为 F_1，则

$$v_1 = \frac{q}{A_1} = \frac{4q}{\pi D^2}$$

$$F_1 = pA_1 = \frac{\pi D^2}{4}p$$

当有杆腔进油、工作台向左运动时（图 8-12b），速度为 v_2，推力为 F_2，则

$$v_2 = \frac{q}{A_2} = \frac{4q}{\pi(D^2 - d^2)}$$

$$F_2 = pA_2 = \frac{\pi(D^2 - d^2)}{4}p$$

比较上式，因为 $A_1 > A_2$，所以 $v_1 < v_2$，$F_1 > F_2$。即当液压油进入有杆腔时，活塞有效面积小，速度高，但推力小；当液压油进入无杆腔时，活塞有效面积大，速度低，但推力大。

3. 柱塞液压缸

活塞式液压缸的活塞与缸筒内孔有配合要求，要有较高的精度。当缸筒较长时，加工困难，图 8-13a 所示的柱塞式液压缸就可以解决这个问题。它由缸筒 1、柱塞 2、导向套 3、密封圈 4、压盖 5 等零件组成。液压油从左端进入液压缸，推动柱塞向右移动。柱塞端面是承受油压的作用面，而动力是通过柱塞本身传递的。柱塞液压缸只能在液压油的作用下产生单向运动，它的回程需借助外力作用。为了获取双向运动，柱塞式液压缸常成对使用，如图 8-13b 所示。

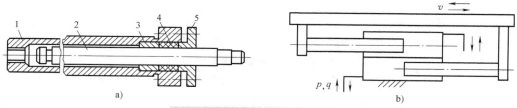

图 8-13 柱塞式液压缸结构简图

1—缸筒 2—柱塞 3—导向套 4—密封圈 5—压盖

液压缸的图形符号如图 8-14 所示。

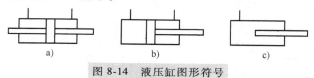

图 8-14 液压缸图形符号

a）双杆活塞缸 b）单杆活塞缸 c）柱塞缸

三、液压控制阀

液压控制阀在液压系统中用来控制液流的压力、流量和方向，以满足液压系统的工作性能要求。根据用途和工作特点不同，液压控制阀可以分成以下三大类。

1）方向控制阀。用来控制和改变液压系统中液流方向的阀，如单向阀、液控单向阀和换向阀等。

2）压力控制阀。用来控制和调节液压系统液流压力的阀，如溢流阀、减压阀和顺序阀等。

3）流量控制阀。用来控制和调整液流流量的阀，如节流阀、调速阀等。

1. 方向控制阀

方向控制阀包括单向阀和换向阀两类。

（1）单向阀 单向阀的作用是只允许油液往一个方向流动，反向截止，且要求其正向流动压力损失小，反向截止时密封性好。图 8-15 所示为常用的单向阀结构及图形符号。当液压油从进油口 P_1 流入时，克服弹簧力顶开阀芯，经阀芯上的四个径向孔及内孔从出油口 P_2 流出；当油液反向时，在弹簧和油液压力的双作用下，阀芯锥面压紧在阀体的阀座上，使油液不能通过。

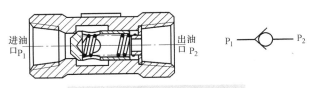

图 8-15 单向阀结构及图形符号

　　根据系统需要，有时要将被单向阀所封闭的油路重新接通，可以把单向阀做成闭锁方向能够控制的结构，这就是**液控单向阀**，如图 8-16 所示。

　　当控制油口 K 不通压力油时，油液只可从 P_1 进入，顶开单向阀，从 P_2 流出。若油液从 P_2 进入，单向阀 3 封死，油液不能通到 P_1。当控制油口 K 接通压力油时，则因活塞 1 左部受油压作用，而活塞的右腔 a 是和泄油口相通，所以活塞向右运动，通过顶杆 2 将单向阀向右顶开，这时 P_1、P_2 两腔相通，油液可以在两个方向自由流通。图 8-16b 所示为液控单向阀的图形符号。

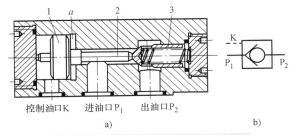

图 8-16 液控单向阀结构及图形符号

　　a）结构图 b）图形符号
1—活塞 2—顶杆 3—单向阀

　　（2）换向阀 换向阀是利用阀芯在阀体孔内做相对运动，使油路接通或切断从而改变油流方向的阀。按阀芯运动方式的不同，换向阀分为滑阀和转阀；按操作控制方式的不同，换向阀又可分为手动阀、机动阀、电磁阀、液动阀及电液阀。

　　在目前的液压系统中，滑阀换向阀应用较多，其工作原理如图 8-17 所示。这是一个电磁换向阀，阀体上开有五个环形槽和四个通道口（P、A、B、T），其中 P 为进油口，T 为出油口，A、B 为通往液压执行元件两腔的油口。阀芯上也具有相应的沟槽。若改变阀芯的相对位置，就能改变各通道之间的相互连接关系。如当电磁铁断电时，弹簧力使阀芯处于左端位置，P 口和 B 口相通，油液从 P 流向 B，记作 P→B，同时，A 口和 T 口相通，回油是 A→T；当电磁铁通电处于吸合状态时，在电磁力的作用下，阀芯克服弹簧力的作用移到右端位置，这就变换了各油口的接通状态，使进油 P→A，回油 B→T。

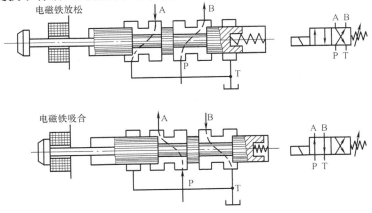

图 8-17 二位四通电磁换向阀工作原理及图形符号

　　换向阀的功能主要由它控制的通路数和工作位置来决定。换向阀的"通"是指阀体上的通油口数目，即有几个通油口就称为几通阀；换向阀的"位"是指改变阀芯与阀体的相对位置时，所能得到的通油口切断和相通形式的种类数，有几位就称为几位阀。

　　表 8-2 列出了几种常用的滑阀式换向阀的结构原理及其图形符号。图形符号的含义是：

表 8-2　滑阀式换向阀的结构原理和图形符号

名称	结构原理图	符号
二位二通	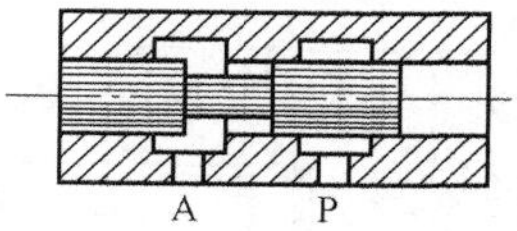	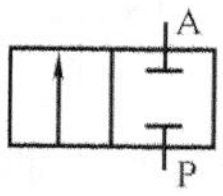
二位三通	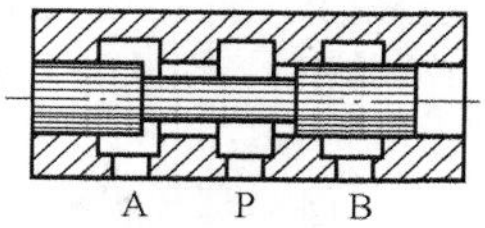	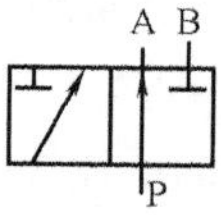
二位四通	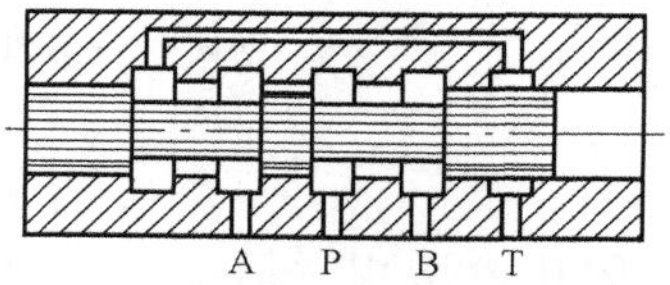	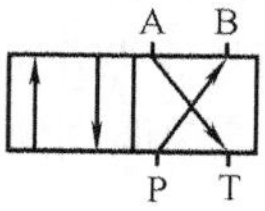
三位四通	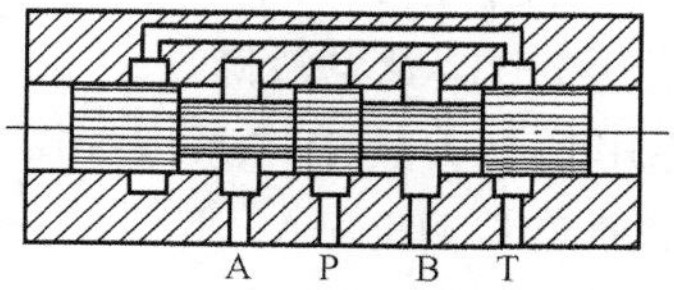	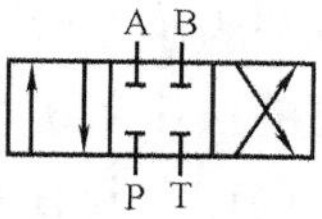
二位五通	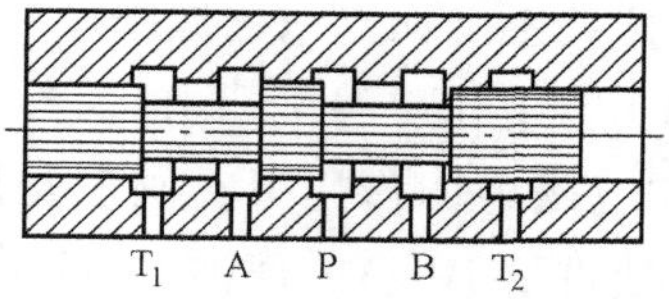	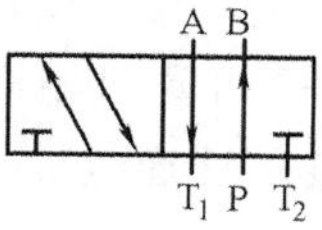
三位五通	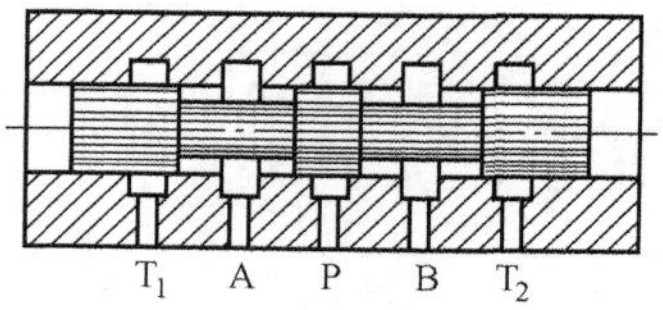	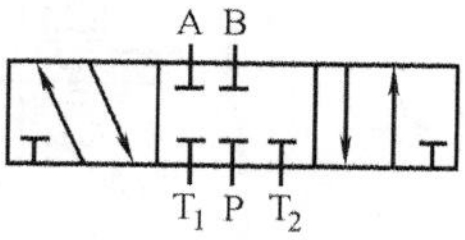

　　1）用方框表示换向阀的"位"，有几个方框就是几位阀。

　　2）方框内的箭头表示处于这一位置的油口接通情况，与油路的实际流向无关。

　　3）方框内的"⊥"或"⊤"表示此油口被阀芯封闭。

　　4）方框上与外部连接的接口即表示通油口，接口数量即通油口数，也即阀的"通数"。

　　5）通常，阀与液压泵或供油路相连的油口用字母 P 表示；阀与系统回油相连的回油口用字母 T 表示；阀与执行元件相连的油口称为工作油口，用字母 A、B 表示。

三位阀的中位各油口的连通方式称为中位机能，不同的中位机能，对系统有着不同的控制功能。三位四通换向阀常见的中位机能类型、符号及特点见表8-3。

表8-3 三位四通换向阀常见的中位机能类型、符号及特点

机能型号	符号	油口状况、特点及应用
O	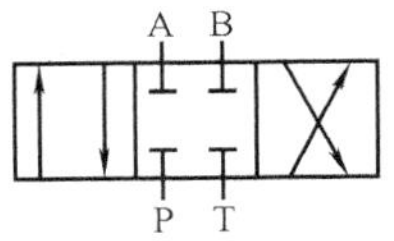	P、A、B、T四油口全部封闭，液压缸闭锁，液压泵不卸荷
H	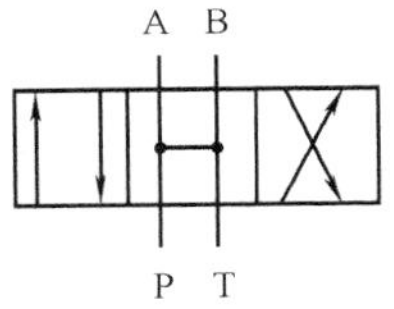	P、A、B、T四油口全部相通，液压缸处于浮动状态，液压泵卸荷
Y	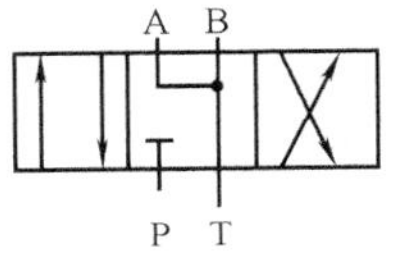	P油口封闭，A、B、T三油口相通，活塞处于浮动状态，液压泵不卸荷
P	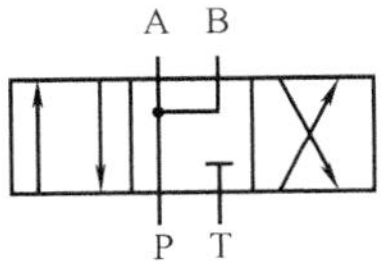	P、A、B三油口相通，T油口封闭，液压泵与液压缸两腔相通，可组成差动回路
M	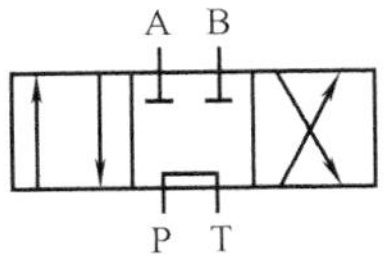	P、T两油口相通，A、B两油口封闭，液压缸闭锁，液压泵卸荷

2. 压力控制阀

压力是液压传动中的一个重要参数，在不同的液压系统中，要求的工作压力不相同。即使在同一液压系统中，在不同的工作部位和不同元件中，要求的压力也不尽相同。这就需要对系统的工作压力进行调节，以适应工作的要求。用来控制液压系统压力的液压阀称为压力控制阀。按照用途不同，可分为溢流阀、减压阀、顺序阀和压力继电器等。

（1）溢流阀 溢流阀的功能是溢出液压系统中多余的液压油（流回油箱），并使液压系统中的油液保持一定的压力，以满足液压传动工作的需要。此外，它还可以用来防止系统过载，起安全保护作用。

常用的溢流阀有直动式和先导式两种，前者结构简单、性能较差，多用于低压系统；后者结构复杂，性能较好，常用于中、高压系统。

直动式溢流阀的工作原理如图8-18所示，阀体1上有进油口P和出油口T，锥形阀芯2在弹簧3作用下压紧在阀座的阀口上。油压正常时，阀芯在弹簧力的作用下使阀口关闭。当系统的油压升高到能克服弹簧力时，阀芯上移，阀口被打开，进油口P和出油口T相通，

油压就不会继续升高。这时的压力值称为溢流阀的调整压力。用调整螺钉4改变弹簧对阀芯的压紧力，就可以改变阀的调整压力大小。

（2）减压阀 减压阀可以用来减压、稳压，通常将较高的进口油压降为较低的油压。减压阀的降压原理是靠油液流过缝隙造成压差，而使出口压力低于进口压力。缝隙越小，压力差越大，减压作用也就越强。先导式减压阀及图形符号如图8-19所示。

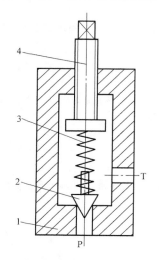

图 8-18 直动式溢流阀的工作原理

1—阀体 2—锥形阀芯
3—弹簧 4—调整螺钉

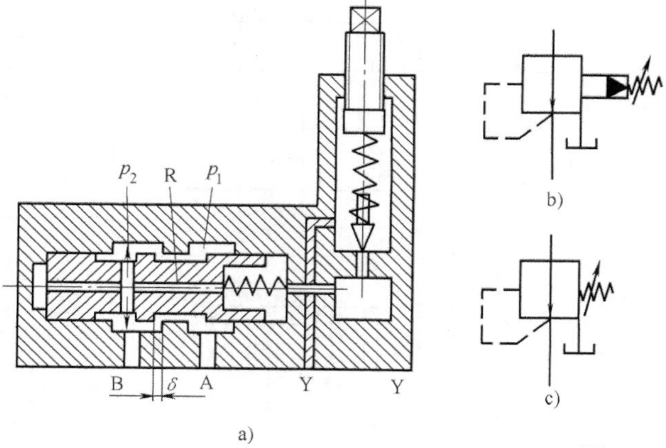

图 8-19 先导式减压阀及图形符号

（3）压力继电器 压力继电器的作用是将压力信号转换成电信号，操纵电气元件动作。压力继电器在液压系统中应用比较广泛，如液压系统的顺序控制、安全控制及卸荷控制等。图8-20所示为压力继电器的图形符号。

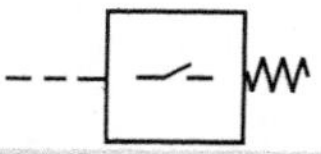

图 8-20 压力继电器图形符号

3. 流量控制阀

流量控制阀用来控制液压系统中油液的流量。它通过改变阀芯与阀座之间的相对位置来改变油液的流通截面积。流量阀多用于调速系统，常见的有节流阀和调速阀。

（1）节流阀 节流阀是最简单的流量控制阀。图8-21所示为节流阀的结构原理及图形符号，其阀芯下端的孔口形式为轴向三角槽式节流口。油液从 P_1 口流入，经节流口从 P_2 口流出。调节阀芯的轴向位置就可以改变阀的流通截面积，从而调节阀的流量。

（2）调速阀 图8-22a所示为调速阀的结构图。液压泵出口（即调速阀进口）压力为 p_1，由溢流阀

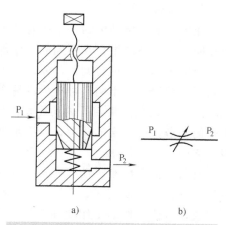

图 8-21 节流阀的结构原理及图形符号

a）结构图 b）图形符号

调定，基本保持恒定。调速阀出口处压力 p_2 由作用在活塞上的负载 F 决定。所以，当负载 F 增大时，调速阀的进出口压差 (p_1-p_2) 将减小。如果系统中装的是普通节流阀，则由于压差的变动，通过节流阀的流量也将变动，因而活塞的运动速度将不能够保持恒定。如果在节流阀前面串接一个差压式减压阀，使液压油先经过减压阀产生一次压降，将压力降到 p_m，再利用减压阀的阀芯自动调节作用，使节流阀前后压差 $\Delta p = p_m - p_2$ 基本保持不变，则此阀就成了能稳定流量的调速阀。

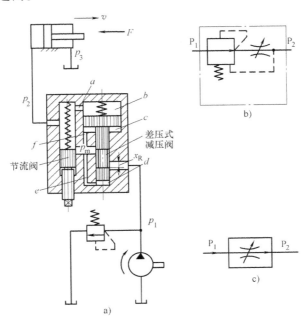

图 8-22 调速阀的工作原理

a) 结构图　b) 图形符号　c) 简化的图形符号

减压阀阀芯上端的油腔 b 通过孔道 a 和节流阀后的油腔相通，压力为 p_2，其肩部油腔 c 和下端油腔 d 通过孔道 f 和 e 与节流阀前的油腔相通，压力为 p_m。当活塞上的负载 F 增大时，p_2 也增大。于是，作用在减压阀阀芯上端的液压油压力也增大，使得阀芯下移，减压阀开口加大，压降减小，从而使 p_m 也增大，结果使节流阀前后的压差 ($p_m - p_2$) 保持不变。反之亦然。这样就使得通过调速阀的流量恒定不变，从而使得活塞运动速度稳定，不受负载变化之影响。

四、液压辅件

液压辅件是液压系统中的一个重要组成部分，它包括蓄能器、过滤器、油箱、热交换器、密封装置和压力装置等。

1. 蓄能器

蓄能器是液压系统中一种储存油液压力能的装置，其主要功能有下列几方面。

1) 作辅助动力源。在液压系统工作循环中不同阶段需要流量变化很大时，常采用蓄能器和一个小流量泵组成油源。当液压系统需要小流量时，蓄能器将液压泵多余的流量储存起来；当系统短时期需要大流量时，蓄能器将储存的液压油释放出来，与泵一起向系统供油。

2）保压和补充泄漏。有的液压系统需要长时间保压而液压泵卸荷，此时可利用蓄能器释放所存储的液压油，补充系统泄漏，保持系统的压力。

3）吸收压力冲击和液压泵的压力脉动。由于液压阀的突然关闭和换向，系统可能产生压力冲击，在压力冲击处安装蓄能器，可避免压力过高而造成元件损坏。此外，还可以吸收泵的压力脉动，提高系统的平稳性。

蓄能器按蓄能方式的不同可分为充气式蓄能器、重力式蓄能器和弹簧式蓄能器。常用的是充气式，其原理是利用气体压缩、膨胀储存、释放液压能。

2. 过滤器

在液压系统中，液压油中的脏物会引起运动零件表面划伤、磨损甚至卡死、堵塞管道小孔，因此，保持液压油的清洁是十分重要的。过滤器的作用是滤去液压油中的杂质，维护液压油的清洁，防止液压油污染。

3. 油箱

油箱的作用就是存储液压油，散发液压油中的热量，分离液压油中的气体和沉淀污物。

第三节 液压传动基本回路及简单液压系统

根据某些液压元件的特性，按一定的要求进行组合，即可构成不同用途的液压基本回路。把若干基本回路有机结合起来，用以完成一定的传动职能，即为液压系统。

一、液压基本回路

1. 压力控制回路

压力控制回路是利用压力控制阀来控制油液的压力，以达到系统的过载保护、稳压、减压、增压和卸荷等目的。

（1）调压回路 图 8-23 所示为二级调压回路，其中的溢流阀能调定系统的最大工作压力。溢流阀 1 的控制压力 p_1 比溢流阀 2 的控制压力 p_2 高。当二位二通电磁换向阀 A 关闭时，液压系统的压力由溢流阀 1 控制，即当系统压力升高到 p_1 时，溢流阀 1 打开溢流。而当二位二通阀打开时，液压系统的压力由溢流阀 2 控制，此时当系统压力升高到 p_2 时，溢流阀 2 打开溢流，使系统工作压力不能继续升高。

（2）减压回路 在用一个液压泵向两个以上执行元件供油的液压系统中，若某个执行元件或支路所需工作压力低于溢流阀调定的压力时，可采用减压阀组成减压回路。

图 8-24 所示为常见的减压回路。系统主油路的最大工作压力由溢流阀 2 调定，分支油路所需压力比主油路低，为此，在支路上串联减压阀使油压降低。

（3）卸荷回路 为了节省能量消耗，减少系统发热，应使液压泵在无压力或很小压力下运转，这就是卸荷，使泵处于卸荷状态的液压回路称为卸荷回路。

1）用换向阀的卸荷回路。图 8-25 所示为三位四通换向阀的中位卸荷回路。这种卸荷方法结构简单，适用于低压小流量的液压系统。

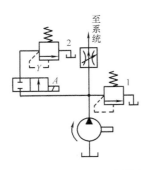

图 8-23　二级调压回路

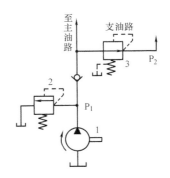

图 8-24　减压回路

2）用二位二通电磁阀的卸荷回路。如图 8-26 所示，当液压系统工作时，二位二通电磁阀通电，阀的油路断开，液压泵输出的液压油进入系统。当系统中执行元件停止运动时，使二位二通电磁阀断电，油路导通。此时液压泵输出的油液通过阀 2 流回油箱，使泵卸荷。

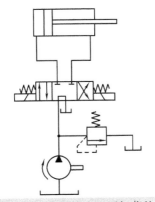

图 8-25　用换向阀使液压泵卸荷的回路

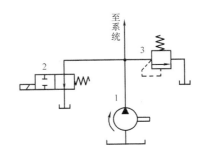

图 8-26　用二位二通电磁阀使液压泵卸荷的回路

2. 速度控制回路

液压传动可以在原动机的功率和转速不变的情况下，方便地实现大范围的调速。调速回路有节流调速和容积调速两类。

（1）节流调速回路　节流调速回路依靠节流阀（或调速阀）改变管路系统中某一部分液流的阻力来改变执行元件的速度。此方法简单，并能使执行元件获得较低的运动速度。但是，由于系统中经常有一部分高压油通过溢流阀流回油箱，因此功率损失较大，且造成系统的发热和效率降低。根据节流阀安装所处位置的不同，可分为图 8-27 所示的三种节流调速回路。

1）进油节流调速回路（图 8-27a）。节流阀安装在液压缸的进油回路上。

2）回油节流调速回路（图 8-27b）。节流阀安装在液压缸的回油回路上。

3）旁路节流调速回路（图 8-27c）。节流阀安装在主油路的旁路上。

（2）容积调速回路　容积调速回路通过改变液压泵和液压马达的排量来调速，即用变量泵或变量马达来调速。如图 8-28 所示。

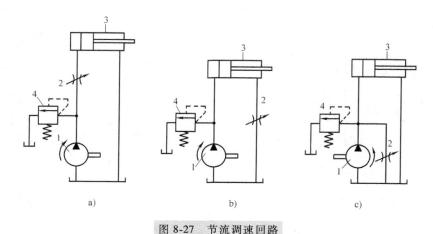

图 8-27　节流调速回路

1—液压泵　2—节流阀　3—液压缸　4—溢流阀

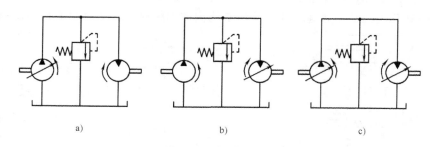

图 8-28　容积调速回路

1）变量泵调速回路（图 8-28a）。变量泵输出的液压油全部进入定量马达（或液压缸），调节泵的输出流量就能改变马达的转速（或液压缸的速度）。系统的溢流阀起安全保护作用。

2）变量马达调速回路（图 8-28b）。定量泵输出的液压油全部进入变量马达，输入流量不变，可以改变马达的排量来调它的输出转速。

3）变量泵-变量马达调速回路（图 8-28c）。它是上述两种回路的组合，调速范围较大。

与节流调速相比，容积调速的主要优点是压力和流量的损耗小，发热少。缺点是变量泵和变量马达结构复杂，价格较贵。

3. 方向控制回路

控制液压系统油路的通断或换向，以实现工作机构的起动、停止或变换运动方向的回路，称为方向控制回路。

（1）换向回路　换向回路的主要元件是换向阀。在回路中利用换向阀来改变液压油的流向，以实现执行元件的往复运动。图 8-29 所示为用电磁换向阀实现的换向回路，由固装在工作部件上的挡块碰撞行程开关来控制二位四通电磁阀，使液压油的流向发生改变，从而使活塞及工作部件往复运动。

（2）锁紧回路　锁紧回路是使执行元件停止在其行程的任一位置上，防止在外力作用下发生移动的液压回路。如起重机、挖掘机的液压支承在支承期间为了防止失效，必须采用锁紧回路。

1）换向阀锁紧回路。图 8-30 所示为采用三位四通换向阀的中位机能 M 型（或 O 型），使执行元件两个工作腔的油路全部封死，从而达到锁紧目的锁紧回路。由于滑阀式换向阀其滑动副中不可避免地存在间隙，因此必然有泄漏，故锁紧效果较差，一般用在锁紧要求不太高的场合。

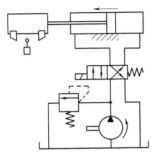

图 8-29 用电磁阀实现换向

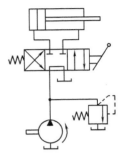

图 8-30 换向阀锁紧回路

2）液控单向阀锁紧回路。图 8-31 所示为采用液控单向阀的锁紧回路，又称液压锁。两个液控单向阀分别装在液压缸两端的油路上。当使三位四通换向阀左位接入系统时，泵输出的油液经换向阀、液控单向阀 A 进入液压缸的左腔，同时控制油路将液控单向阀 B 打开，液压缸活塞右移，缸右腔的油液经液控单向阀 B、换向阀流回油箱。如果使换向阀中位接入系统，泵卸荷，油路中的油液无压力，A、B 两阀都关闭，这时液压缸被锁紧。

液控单向阀的密封性好，故锁紧效果好，常用于锁紧要求高的场合，如起重机支承液压缸。

二、液压系统实例

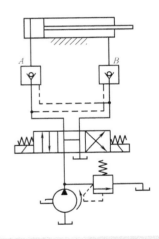

图 8-31 液控单向阀锁紧回路

图 8-32 所示为自升式塔式起重机顶升液压系统。自升式塔式起重机的特点是塔身能借助于其内部顶升机构的作用力，随建筑物的升高而自行升高。其顶升工作过程为：操作手柄使三位四通手动换向阀 2 的右位接入系统，液压泵 1 输出的高压油经换向阀 2 进入顶升液压缸 3 的上腔，使液压缸 3 的活塞杆伸出，顶起缸体使塔机顶部上升，然后把吊起的塔身标准节安装在塔身上部。此时系统的工作压力由高压溢流阀 4 控制；顶升完毕后，收缩活塞，使活塞杆端部顶在刚接入的

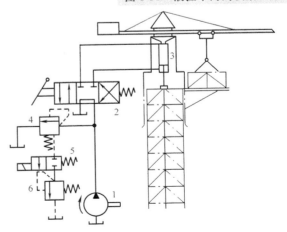

图 8-32 自升式塔式起重机顶升液压系统

1—液压泵 2—换向阀 3—液压缸 4、6—溢流阀 5—电磁阀

标准节上，以便接入下一个标准节，为此操纵手动换向阀2使左位接入系统，并操作二位二通电磁阀5使先导式溢流阀4的远程控制口接低压溢流阀6，于是，在活塞杆回缩过程中系统的压力由低压溢流阀6控制。溢流损失相对较小，可节约部分动力，减小油液发热。

复习思考题

8-1 说明液压传动的工作原理，并指出液压传动装置通常由哪几部分组成？各部分的作用是什么？

8-2 液压传动的主要参数有哪几个？它们的单位是什么？

8-3 泵的工作压力与额定压力有何区别？齿轮泵、叶片泵和柱塞泵一般适用于什么样的工作压力？

8-4 已知单杆液压缸缸筒内径 $D = 100mm$，活塞杆直径 $d = 50mm$，工作压力 $p_1 = 2MPa$，流量 $q = 10L/min$，液压缸的回油腔压力 $p_2 = 0.5MPa$，试求活塞往返运动时的推力和运动速度。

8-5 试说明液控单向阀的工作原理并画出它的职能符号。

8-6 什么是三位换向阀的中位机能？画出两种不同中位机能的三位五通换向阀的职能符号，并说明该阀处于中位时的性能特点。

8-7 试说明溢流阀的作用。

8-8 液压系统中常用的调速方法分为哪几种？

第九章

毛坯制造

在机械制造过程中，通常先用铸造、压力加工和焊接等方法制成毛坯，再进行切削加工，才能得到所需要的机械零件。而且，为了改善机械零件的机械性能，通常还要经过热处理，最后将制成的各种机械零件加以装配，即成为机器。

第一节　铸　　造

熔炼金属，制造铸型，并将熔融的金属液体注入与工件形状相适应的铸型中，冷却、凝固后获得毛坯或零件的成形方法，称为铸造。

铸造成形能够制成形状复杂、特别是具有复杂内腔的毛坯，而且铸件的大小几乎不受限制，质量可以小到几克，大到几百吨。铸造所用的原材料来源广泛，价格低廉，所以铸件成本较低。铸件的形状和尺寸与零件非常接近，因而节约金属，减少切削加工的工作量。由于这些原因，铸造作为制造毛坯的基本方法之一，在机械制造业中应用极为广泛。

一、砂型铸造

在铸造生产的各种方法中，最基本的是砂型铸造，除此之外还有特种铸造，如金属型铸造、离心铸造和熔模铸造等。砂型铸造的过程如图 9-1 所示。

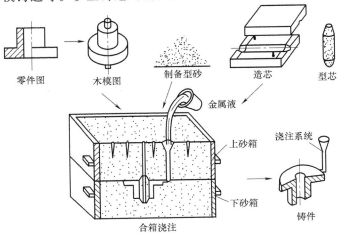

零件图　　木模图　　制备型砂　　造芯　　型芯

金属液　　浇注系统

上砂箱　　下砂箱　　铸件

合箱浇注

图 9-1　砂型铸造过程

（一）制造砂型

砂型是用型砂制成的一种铸型。这种铸型在一次浇注后即被捣毁，属于一型一铸。因此，制造铸型在砂型铸造过程中所占工作量的比例很大。

在制造砂型过程中，造型和造芯是最基本的工序。根据机械化程度的不同，造型、造芯均可分为手工和机器两种方式。

1. 手工造型

手工造型时，填砂和起模等都是用手工来进行的，其操作灵活，适应性强，模样成本低，生产准备时间短，但铸件质量差，生产率低，劳动强度大，因此，主要用于单件小批量生产。

图 9-2 所示为手工整模造型的基本过程，其特点是把整体模样放在一个砂箱内，造型过程比较简单。进行整模造型的条件是铸件的一端具有最大的截面，铸件的形状简单且截面积依次减小。

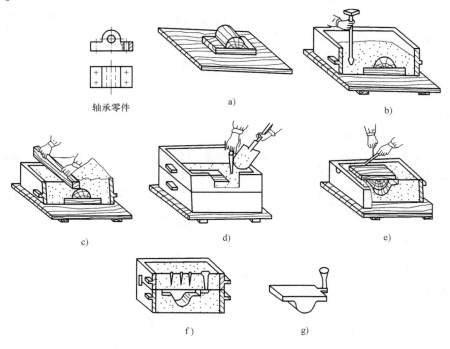

图 9-2　手工整模造型基本过程

a）把模样放在底板上　b）放好下砂箱，加砂，用尖头锤春砂　c）用刮砂板刮平砂箱
d）翻转下砂箱，然后撒分型砂，放浇口棒，造上型　e）开箱，刷水，松动模样后边敲边起模
f）合箱，准备浇注　g）落砂后的铸件

其他常用的手工造型方法的特点和应用见表 9-1。

2. 机器造型

机器造型就是将填砂、紧实、震压和起模等操作全部实现机械化。

（1）紧砂方法　在机器造型中，紧砂方法有压实、震实、震压和抛砂四种基本形式，其中以震压式应用最广泛。

表 9-1　常用手工造型方法的特点和应用

造型方法	简　图	主　要　特　点	应　用　范　围
分模造型	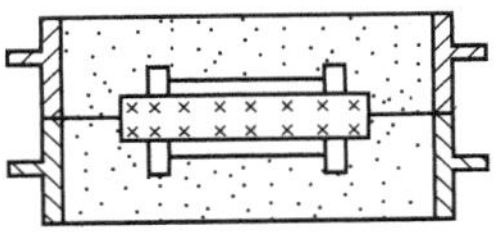	模样在最大截面处一分为二,分别位于上、下砂箱	铸件最大截面在中部,应用最广泛
挖砂造型	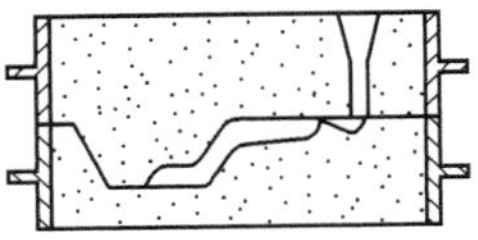	用整模,将阻碍起模的型砂挖掉,分型面是曲面,造型较费时	单件小批量生产,分型面不是平面或不能用整模直接造型的铸件
活块造型	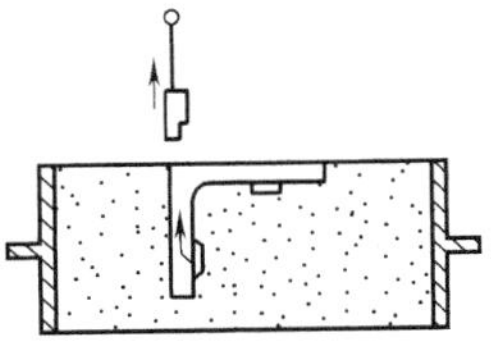	将阻碍起模部分做成活块,与模样主体分开取出。操作要求高、费时	单件小批量生产,铸件上有局部不太高的凸出部分,阻碍起模
刮板造型	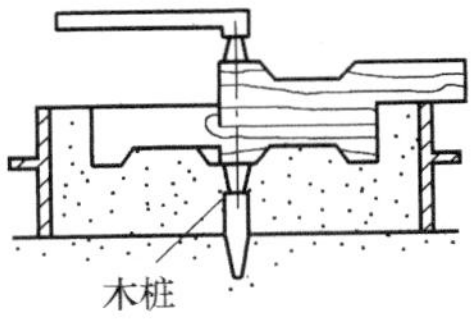 木桩	模样制造简化,操作要求高、费时	单件小批量生产,大、中型回转体铸件
三箱造型	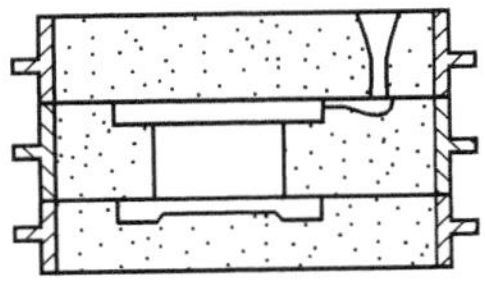	对中砂箱高度有要求(中砂箱高度等于铸件两分型面间距离),否则需要挖砂。操作很复杂、费时	单件小批量生产,中间截面小或结构复杂的铸件
用外型芯造型	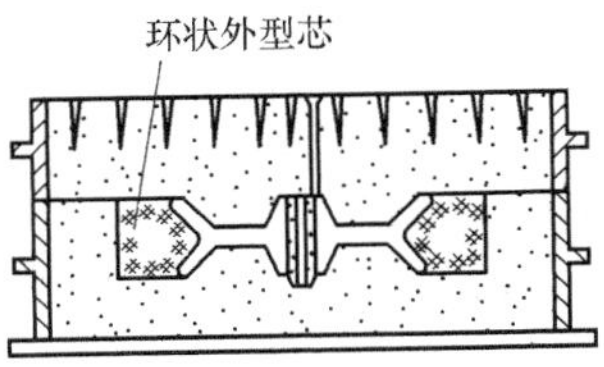 环状外型芯	部分或全部用外型芯造型,简化操作,增加了型芯的用量	较大批量生产,结构较复杂的铸件
地坑造型	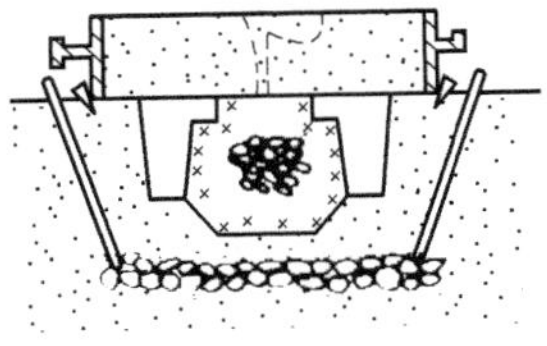	省去下砂箱,操作费时	单件小批量生产,大型铸件(砂箱不够大或操作困难)

1）震压紧实。震压式造型机的结构如图 9-3 所示。压缩空气使震击活塞多次震击，将砂箱下部的型砂紧实，再用压实气缸将上部型砂压实。

震压式造型机的结构简单，动作可靠，震压力大，但工作时噪声、振动大，劳动条件差。经震实后的砂箱内型砂各处的紧实程度不够均匀。

图 9-4 所示为气动微震式造型机，工作时振动、噪声小，且多触头压实，效果良好。液压连通器使每个触头上所产生的压力是相等的，保证紧砂均匀。

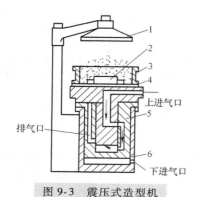

图 9-3 震压式造型机

1—压头 2—模板 3—砂箱
4—震击活塞 5—压实活塞 6—压实气缸

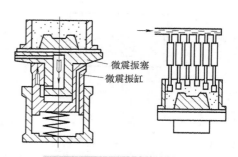

图 9-4 气动微震式造型机

2）抛砂紧实。抛砂紧实是将型砂高速抛入砂箱中而同时完成填砂和紧砂的造型方法。如图 9-5 所示，转子 3 高速旋转（约 1000r/min），叶片以 30~50m/s 的速度将型砂抛向砂箱。由于抛砂机抛出的砂团速度相同，所以砂箱各处的紧实程度都很均匀。

（2）起模方法　常用的起模方法有以下几种：

1）顶箱起模。如图 9-6a 所示，当砂箱中型砂紧实后，顶箱机构顶起砂箱，使模板与砂箱分离而完成起模。此法结构简单，但起模时型砂易被模样带着往下掉，所以仅适用于形状简单、高度不大的铸型。

2）漏模起模。如图 9-6b 所示，模样分成两大部分，模样上平浅部分固定在模板上，凸出部分可向下抽出，此时型砂由模板拖住而不会向下掉砂，随后再落下模板。这种方法适用于有筋条或较高凸起部分、起模较困难的铸型。

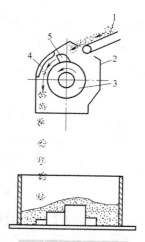

图 9-5 抛砂紧实

1—胶带运输机 2—抛砂头外壳
3—转子 4—弧形板 5—叶片

3）翻转起模。如图 9-6c 所示，将砂箱由造型位置翻转 180°，然后使模板与砂箱脱离（用顶箱或漏模方法均可）。这种方法适用于型腔较深，形状较复杂的铸型。

机器造型生产率高，铸件质量稳定可靠，便于实现机械化流水线生产，是目前大批量生产中的主要方法。但机器造型不能进行三箱造型或使用活块造型，遇到外形复杂的铸件时，要采取增设外型芯等措施。

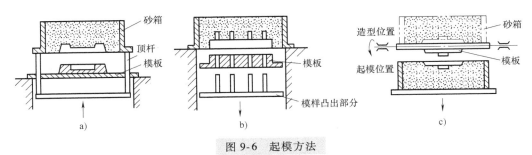

图 9-6 起模方法

a）顶箱起模 b）漏模起模 c）翻转起模

3. 造芯

为了获得铸件的内孔或局部外形，用芯砂或其他材料制成的，安放在型腔内部的铸造组元，称为型芯。浇注时，型芯易受金属液的冲击并处于金属液的包围之中。因此，对型芯有更高的强度、透气性、耐火性和退让性要求，以确保铸件质量。

造芯方法也有手工造芯和机器造芯两种。

（1）手工造芯 手工造芯过程比较简单，一般在木质芯盒内填入芯砂并紧实即可。型芯较复杂时，芯盒可分成几块拼合，如图 9-7 所示。图 9-8 所示的回转体型芯，可采用刮板沿导板刮出，省去芯盒的制作。

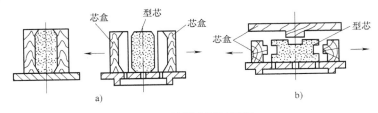

图 9-7 用芯盒造芯

a）对开式芯盒造芯 b）可拆式芯盒造芯

（2）机器造芯 在成批、大量生产时广泛采用机器造芯，常用射芯机。其工作原理如图 9-9 所示。闸板 2 打开，定量芯砂从砂斗 1 中进入射砂筒 10。射砂阀 3 打开，储在储气包

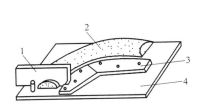

图 9-8 用刮板造芯

1—导向刮板 2—型芯 3—导板 4—底板

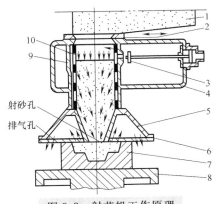

图 9-9 射芯机工作原理

1—砂斗 2—闸板 3—射砂阀 4—储气包 5—射砂头
6—射砂板 7—芯盒 8—工作台 9—射腔 10—射砂筒

4 中的压缩空气经射腔 9 进入射砂箱，进行射砂造芯。余气从射砂板 6 上的排气孔排出。

（二）铸造工艺设计

铸造工艺的主要内容包括：选择铸件的分型面与浇注位置；决定型芯的数量及其安置方式；确定工艺参数（包括起模斜度、收缩量和机械加工余量）以及浇注系统、冒口的形状与尺寸等。在进行铸造生产时，首先必须根据零件的结构特点、技术要求、生产批量和生产条件来确定铸造工艺，然后将所确定的工艺方案用文字和工艺符号在零件图上表示出来，即构成铸造工艺图（图 9-10）。

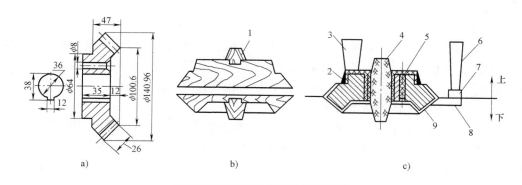

图 9-10　锥齿轮的铸造工艺图

a）零件图　b）模样图　c）铸造工艺图

1—芯头　2—起模斜度　3—冒口　4—型芯　5—加工余量　6—直浇道　7—横浇道　8—内浇道　9—收缩量

1. 分型面和浇注位置的选择

分型面就是相邻铸型的分界面，往往也就是模样的分模面。在确定铸件分型面的同时，实际上又确定了铸件在砂箱中的位置（即浇注位置）。因此，分型面的选择对铸件的质量和整个生产过程影响较大，是铸造工艺是否合理的关键问题之一。

选择分型面和浇注位置时应考虑下列原则：

1）应使分型面的数量最少且形状简单。一般情况下，应尽量使铸件只有一个分型面，而且是简单的平面，这样可以简化造型工艺，保证铸件质量。

图 9-11 所示为一套筒类铸件，分型方案 I 以横卧位置浇注，采用分模两箱造型，生产过程较为简便。分型方案 II 以垂直位置浇注，需设两个分型面，采用三箱造型。由此可见，方案 I 优于方案 II。

2）铸件的重要表面应朝下或在侧面。在浇注过程中，金属液中混杂的渣、气体等都要往上浮。因此铸件朝上的表面容易产生气孔和夹渣等缺陷。为了保证铸件上重要表面的质量，应将其朝下安置，如有困难，也应尽量位于侧面。图 9-12 所示为床身铸件，其导轨面是重要表面，铸造时通常都朝下。

3）铸件上的大平面、薄壁和形状复杂的部分应放在下箱。浇注时，铸件下部除缺陷较少以外，还因为金属液的静压力大而提高充型能力，可避免产生浇注不足等现象，这对于流动性较差的铸造合金尤为重要。此外，金属液在一定的压力下结晶，其组织也比较致密。

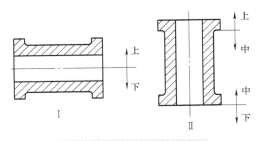

图 9-11　套筒的分型方案

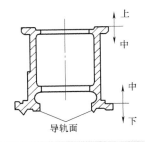

图 9-12　床身的浇注位置

4）尽量使铸件全部或大部分放在同一箱体中。这样可防止因错箱而使铸件的形状和尺寸产生较大误差。

5）尽量减少型芯的数量，保证型芯在铸件中安放牢固，通气顺畅，检验方便。型芯数量多了，既增加了铸件成本，又不易保证质量。图 9-13 所示为床腿铸件，按方案 Ⅰ，中间需要一个很大的型芯。而采用方案 Ⅱ，中间空腔由造型时直接做出的"自带型芯"形成，可减少单独制作的型芯。

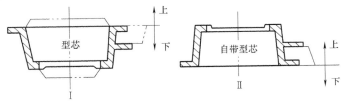

图 9-13　床腿的浇注方案

2. 工艺参数的确定

（1）机械加工余量　铸件上需要切削加工的表面，必须留出一定厚度的金属层，称为机械加工余量。加工余量的大小应根据铸件的材料、造型方法、铸件大小、加工表面的精度要求以及浇注位置等因素来确定，可查阅有关的铸造工艺手册。

（2）起模斜度　为了便于造型和造芯时的起模和取芯，在模样和芯盒的起模方向上需留有一定的斜度，如图 9-14 所示。

（3）收缩率　铸件在冷却、凝固时要产生收缩，为了保证铸件的有效尺寸，模样和芯盒上的相关尺寸应比铸件大一个线收缩量。

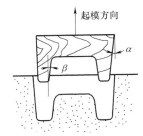

图 9-14　起模斜度

（4）芯头　芯头的作用是为了保证型芯在铸件中的定位、固定以及通气。在模样和型芯上都需要芯头（图 9-15），以便在型腔上形成芯座，用来固定型芯。

3. 浇注系统的设计

金属液进入铸型时经过的通道称为浇注系统，又称浇口。合理地设置浇注系统，能避免铸造缺陷的产生，保证铸件质量。对浇注系统一般有如下要求：

1）使金属液平稳、连续、均匀地流入铸型，避免对砂型和型芯的冲击。

2）防止熔渣、砂粒或其他杂质进入铸型。

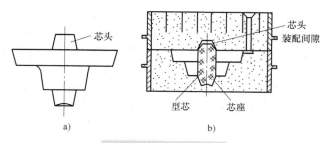

图 9-15 芯头的构造

a）模样上的芯头 b）型芯上的芯头及在铸型中的安装

3）调节铸件各部分的温度分布，控制冷却和凝固顺序，避免缩孔、缩松及裂纹的产生。

通常浇注系统应由浇口杯、直浇道、横浇道和内浇道等组成（图 9-16）。

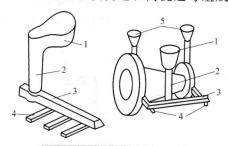

图 9-16 浇注系统的组成

1—浇口杯 2—直浇道 3—横浇道 4—内浇道 5—冒口

（三）合金的熔炼与铸件的清理

1. 合金的熔炼

在进行浇注之前，要对铸造合金进行熔炼并控制好金属液的化学成分和温度。

（1）铸铁的熔炼 铸铁的熔炼设备有冲天炉和感应炉等（图 9-17a、b）。在冲天炉内，将金属炉料、焦炭和熔剂分层加入，其熔炼过程可连续进行。现代铸造中已广泛应用感应炉，它具有金属烧损少，劳动条件好，污染小，铁液质量高等优点，缺点是耗电量大，成本高。

（2）铸钢的熔炼 由于铸钢的化学成分要求较严，熔炼温度较高（有些高达 1650～1700℃），目前常用的熔炼设备有电弧炉和感应炉等。

电弧炉用碳质电极在炉料间产生电弧（图 9-17c），以电弧热来加热和熔炼金属。电弧炉熔炼的质量较高，熔炼周期约 2～4h，适合于铸钢生产特点，开炉、停炉方便，容易与造型、合箱等工序的进度相协调。电弧炉的容量一般为 0.5～20t，适合于生产中、小型碳素钢或合金钢铸件。

感应炉（图 9-17b）是将炉料放在坩埚内，将交流电源通入感应线圈中，靠金属炉料中产生的感应电流加热、熔炼金属。真空感应炉内抽出空气后实现真空熔炼，避免外界空气对钢液的影响，可熔炼出含气少、夹杂少的优质钢。真空感应炉的容量多为 0.5～1t，是小型铸钢车间较为适宜的熔炼设备。

（3）铜、铝合金的熔炼　铜、铝合金的熔炼特点是金属料要与燃料严格分开，以减少金属及其合金元素的氧化烧损。在铸造车间里，多采用坩埚炉（图9-17d）来熔化铜、铝合金。

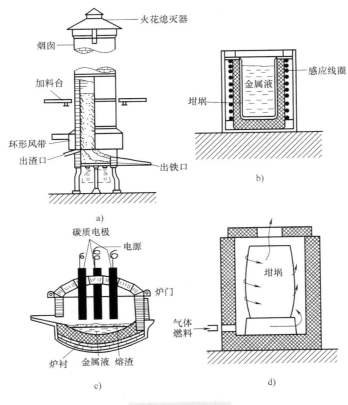

图9-17　熔炼炉

a）冲天炉　b）感应炉　c）电弧炉　d）坩埚炉

2. 铸件的落砂和清理

（1）落砂　将浇注成形后的铸件从型砂和砂箱中分离出来的工序称为落砂。它分为出箱和清砂两个过程。

1）出箱。铸件出箱的温度不宜过高（铸铁一般不高于500℃），以免冷却过快而产生大的内应力，甚至产生裂纹。出箱的方法通常是将整个砂箱置于振动落砂机上振动，使铸件与砂箱分离并脱去大部分型砂。

2）清砂。出箱后的铸件可用锤子和风铲来清除残余的型砂和芯砂。

（2）清理　经落砂后的铸件还带有浇口、冒口、飞边及表面粘砂等，需经清理工序去除。去除浇、冒口的方法必须根据铸件的材质和大小来选择。对中小型的铸铁件用锤敲打即可，对于大型铸件或具有良好塑性的铸件可用气割、锯等方法。飞边可用凿子或砂轮去除。为了清理铸件表面残留的粘砂和提高表面质量，还可以采用下列方法：

1）滚筒清理。将铸件放入横置的滚筒中转动，由于铸件之间或铸件与加入的白口铸铁星形块之间的碰撞与摩擦，使工件表面得到清理。

2）喷射清理。利用压缩空气将磨料以 60~80m/s 的速度喷射到铸件表面，以达到清理的目的。

3）抛丸清理。利用抛丸器将直径为 0.5~3mm 的铁丸抛向铸件表面。此法不仅能清理掉粘砂，还能使铸件表面光洁、致密，从而强化。

二、特种铸造

特种铸造是指砂型铸造以外的其他铸造方式。

随着现代工业的不断发展，对铸造生产的要求也越来越高。砂型铸造作为最基本的铸造方法，虽然具有许多优点，如能生产不同形状和尺寸的铸件，适应不同类型的铸造合金，具有较大的灵活性等。但它也存在不少缺点，每个砂型只能使用一次，生产率低；铸件表面粗糙，精度低，加工余量大；铸件晶粒粗大，内部缺陷较多，机械性能不高；工艺过程复杂，劳动条件差等。为了克服上述缺点，适应各种铸件的生产需要，人们在生产实践中不断寻找新的铸造方法。目前，金属型铸造、压力铸造、熔模铸造、离心铸造和壳型铸造等多种铸造方式已在生产中得到广泛应用。

（一）金属型铸造

将液态金属浇入用金属材料制成的铸型而获得铸件的方法称为金属型铸造。它的最大优点在于"一型多铸"，省去了重复造型的工序，提高了生产率。

1. 金属型的构造

金属型一般用铸铁制成，有时也采用碳钢。用金属型铸造时，必须保证铸件能从铸型中顺利地取出。为了适应各种铸件结构，金属型按分型面的不同可分为水平分型式、垂直分型式和复合分型式等（图9-18）。其中，垂直分型式（图9-18b）开设浇口和取出铸件都比较方便，易实现机械化，所以应用较多。对于结构复杂的铸件，常常采用复合分型式，如图9-18c所示，金属型设有两个水平分型面和一个垂直分型面，整个铸件由四大块金属材料组成。

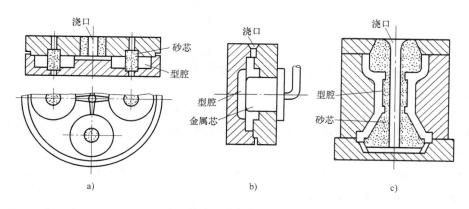

a)　　　　　　　　　　b)　　　　　　　　　　c)

图 9-18　金属型的结构类型

a）水平分型式　b）垂直分型式　c）复合分型式

金属型的浇注系统多采用底注式或侧注式，以防止浇注时金属液飞溅，遇金属型壁急冷而凝固成金属珠粒嵌在铸件表面上，影响铸件质量。

2. 金属型铸造的工艺特点

用金属代替型砂，克服了砂型的许多缺点，但带来一系列问题。例如，金属型无透气性，容易产生气孔；金属型导热快，无退让性，铸件容易产生浇不足、冷隔、裂纹等缺陷；金属型的耐热性不如砂型好，高温下型腔容易损坏等。为了保证铸件质量和延长金属型的使用寿命，还必须采取下列措施：

1）加强金属型的排气。除了在铸型上部设排气孔之外，还常在金属型的分型面上开出槽深为 0.2~0.4mm 的排气槽，该槽可使气体通过，金属液却因表面张力的作用而不能通过。

2）预热金属型。金属型铸造时，铸型的突然受热和金属液的急速冷却对铸型的使用寿命和金属液的充型都不利。为了缓解这种现象，需要在浇注前将金属型预热。

3）表面涂料。在金属型表面涂刷涂料，可以避免高温金属液对型腔的直接作用，延长金属型的使用寿命。涂料一般由耐火材料、水玻璃粘结剂和水调制而成，涂料厚度约为 0.1~0.5mm。

4）及时开型。由于金属型的无退让性，铸件在型腔内冷却时，容易引起较大的内应力而导致开裂，甚至卡住铸型。所以在铸件凝固后应及时开型，取出铸件。

3. 金属型铸造的特点和应用范围

金属型铸造的优点：

1）实现"一型多铸"，不仅节约工时，提高生产率，而且还可节约大量的造型材料。

2）铸件尺寸精度高，表面质量好。金属型内腔表面光滑、尺寸稳定，铸件的公差等级可达 IT12~IT14，表面粗糙度 Ra 值为 6.3~12.5μm，可减少铸件后续的切削加工。

3）铸件的机械性能高。由于金属型铸造冷却快，铸件的晶粒细密，提高了机械性能。

4）劳动条件好。由于不用或少用型砂，大大减少了车间内的灰尘含量，改善了劳动条件。

但是，金属的制作成本高，周期长，不适合于小批量生产。金属型导热快，使金属液的流动性很快降低，不适宜铸造形状复杂、壁薄和大型的铸件。用金属型铸造还容易产生难以切削加工的白口组织。因此，金属型铸造主要用于大批量生产的、形状不太复杂的、壁厚较均匀的有色合金的中、小铸件。

（二）压力铸造

压力铸造是在高压作用下，将液态或半液态金属快速压入金属铸型中，并在压力下凝固而获得铸件的方法，简称压铸。

压铸时所用的压力一般为几兆帕至几十兆帕（MPa），充填速度可达 5~100m/s，充满铸型的时间约为 0.05~0.15s。高压和高速是压铸法区别于一般金属型铸造的两大特征。

1. 压力铸造的工作原理

压力铸造是在专用的压铸机上进行的，下面以常用的冷压室压铸机为例，说明压铸的工作过程。

图 9-19 所示为卧式冷压室压铸机工作原理图。合型后，用定量浇勺将金属液浇入压室（图 9-19a），然后压射活塞快速向前推进，金属液经过浇道被压入型腔（图 9-19b），活塞保持其作用力直至铸件凝固。开型时动模（左半型）移开，并由顶杆将铸件顶出（图 9-19c）。

这种压铸机的压室与液态金属的接触时间比较短，可适用于压铸熔点较高的非铁金属材料，如铜、铝、镁等合金。

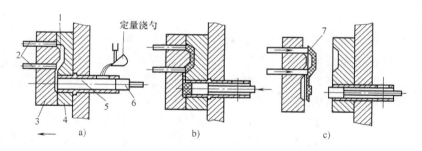

图 9-19 卧式冷压室压铸机工作原理图

a）合型 b）压铸 c）开型

1—型腔 2—顶杆 3—动模 4—定模 5—压室 6—活塞 7—铸件

2. 压力铸造的特点和应用范围

（1）压铸的优点

1）产品质量好。压铸时金属液的充型能力极强，可铸出极复杂的薄壁结构。

2）生产率高。压力铸造的充型速度和冷却速度快，开型迅速，其生产率远比其他铸造方法高。

3）可以取得良好的经济效益。压力铸造是少数无屑加工的主要方法之一，因而减少了金属的用量及后续切削加工的工作量，有可能获得低的单件成本。

（2）压铸的缺点

1）易产生气孔和缩松。压力铸造时金属的充型速度极快，容易卷入气体，同时，由于冷却速度快，又不可能充分进行补缩，致使压铸件内部易产生细小的气孔和缩松。铸件越厚，这种情况越严重。所以一般压铸件只用于薄壁铸件。

2）压铸件不宜经受高温。压铸件一般不能进行热处理，也不宜在高温下工作，这是因为压铸件内的气体处于高压之下，加热时会因气泡膨胀而在铸件上产生突起、变形，甚至裂纹。

3）压铸件塑性较差，不宜在冲击载荷条件下工作。

4）压铸设备投资大，压铸机和压铸型结构复杂，制造成本高，生产准备周期长。

（3）应用范围　目前压铸主要适用于低熔点非铁金属材料的小型、薄壁、形状复杂件的大批大量生产。

（三）离心铸造

将液态金属浇入高速旋转的铸型中，使金属液在离心力的作用下凝固成形，这种铸造方法称为离心铸造。

1. 离心铸造的基本类型

铸型在离心铸造机上高速旋转，根据转轴的位置，离心铸造机有立式和卧式两种。

立式离心铸造机如图 9-20 所示，铸型置于离心机转台上，绕垂直轴转动，金属液在离心力的作用下，沿圆周分布。由于重力的作用，使铸件的内表面呈抛物面，铸件上薄下厚。

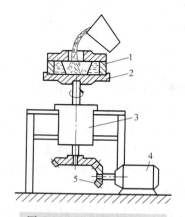

图 9-20 立式离心铸造机

1—铸型 2—离心机转台 3—轴承装置
4—电动机 5—传动齿轮

图 9-21 所示为卧式离心铸造机，铸型绕水平轴转动。全部金属液通过浇注槽 1 导入金属型 3。采用卧式离心铸造机铸造中空铸件时，无论在长度方向还是圆周方向，铸件均可获得均匀的壁厚，且对铸件长度没有特别的限制。这种方法在生产中应用较多。

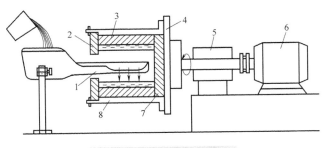

图 9-21 卧式离心铸造机

1—浇注槽 2—盖 3—金属型 4—离心机面板 5—轴承装置
6—电动机 7—后挡板 8—支座

离心铸造常用金属型，也可以用砂型。它除可以浇注套筒、管子外，也可以铸造中空的成形铸件。

2. 离心铸造的特点和应用范围

（1）离心铸造的优点

1）铸件在离心力的作用下凝固，其组织致密，同时也改善了补缩条件，不易产生缩孔、缩松等缺陷。铸件中的非金属夹杂物和气体集中在内表面，便于去除。所以铸件的质量易于保证，机械性能好。

2）离心力提高了金属液的冲型能力，可适用于流动性差的铸造合金或薄壁铸件。此外，利用这种方法还能制造出双金属铸件，如轴瓦，常用钢背铜衬，其铸造方法是将预热好的钢套置于铸型中，再浇注铜合金熔液，凝固后获得双层金属铸件。

（2）离心铸造的缺点与应用限制

1）铸件内孔的表面质量差，需留较多的加工余量。

2）容易产生比重偏析的合金不宜采用，因为离心力将使铸件内、外层成分不均匀，性能不佳。

（四）熔模铸造

熔模铸造是用易熔材料——蜡料制成零件的模样，在模样上涂以若干层耐火涂料制成型壳，然后加热型壳，使型壳内模样熔化、流出，并熔烧成一定强度的型壳，再经浇注，去除型壳而得到铸件的铸造方法。它的最大特点是以熔化模样为起模方式，所以铸型无分型面。

1. 熔模铸造的主要工艺过程

图 9-22 所示为熔模铸造的示意图，整个工艺过程可分为以下几个阶段。

（1）蜡模制造 蜡模制造是熔模铸造的重要过程，它不仅直接影响铸件的精度，且因每产生一个铸件就要消耗一个蜡模，所以它在铸件的工时和成本上占有较大的比例。

蜡模制造需经过以下步骤：

1）制造压型。压型（图 9-22b）是制造蜡模的专用工具，其内腔形状与铸件相对应，型腔尺寸还必须包括蜡料和铸造合金的双重收缩。压型的材料有非金属（石膏、水泥和塑料等）

和金属（锡铋铅合金、铝合金、钢等）两类，前者制作简便，使用寿命较短，用于小批量生产或新产品试制；后者的制作成本高，周期长，使用寿命较长，用于大批大量生产。

2）压制蜡模。蜡模材料由石蜡、松香、蜂蜡和硬脂酸等配制而成，最常用的是用50%石蜡和50%硬脂酸配成的蜡料，熔点为50～60℃。将熔成糊状的蜡料挤入压型中（图9-22c），待凝固后取出，修去飞边，即获得带有内浇口的单个蜡模（图9-22d）。

3）蜡模组合。为方便后续工序及一次浇注多个铸件，常把若干个蜡模焊接到预先制成的蜡棒（即浇注系统）上，制成蜡模的组合体（图9-22e）。

（2）铸型制造　熔模铸造的铸型是具有一定强度的型壳，其制造过程如下：

1）涂制型壳。它是在蜡模组上浸涂耐火材料层。先用细石英粉（耐火材料）和水玻璃（粘结剂）配制成糊状涂料，将蜡模组在此涂料中浸涂后，再向其表面喷撒一层细石英砂，干燥后将粘附着石英砂的蜡模组浸入硬化剂中硬化，如此过程重复进行多次，最后制成具有一定厚度的耐火硬壳（图9-22f）。

2）脱蜡。将包有型壳的蜡模组浸泡于85～95℃的热水中，蜡模熔化而浮出，从而得到中空的型壳（图9-22g）。熔蜡经回收，可重复使用。

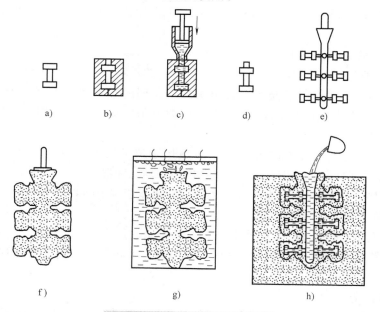

图 9-22　熔模铸造的工艺流程

a）母模　b）压型　c）压制蜡模　d）单个蜡模　e）蜡模组合体　f）涂制型壳　g）熔化蜡模　h）浇注

（3）焙烧与浇注

1）焙烧。型壳在浇注前，必须放入800～900℃的加热炉中进行焙烧，其目的是将型壳中的残余蜡料、水分挥发掉，并可提高型壳的热强度。

2）浇注。将焙烧后的型壳趁热（600～700℃）浇注，这样可以减缓金属液冷却速度，提高充型能力，并防止冷型壳因骤热而开裂。

2. 熔模铸造的特点和应用范围

熔模制造的优点：

1）铸件具有较高的尺寸精度和较小的表面粗糙度值，如铸钢件尺寸精度为 IT11～IT14，表面粗糙度 Ra 值为 1.6～6.3μm，是少数无屑加工的工艺方法之一。

2）由于特殊的蜡模组合与成形方式，可适用于铸造形状复杂或特殊的、难以用其他方法铸造的零件。

3）型壳的耐热性较好，适用于各种铸造合金，特别适用于小型铸钢件。

4）熔模铸造设备通用，生产批量不受限制，主要用于大批大量生产，需要时也可用于单件、小批量生产。

但是，熔模铸造工艺过程较复杂，生产周期长。大尺寸的蜡模容易变形从而降低精度，型壳的强度也有限，所以熔模铸造的铸件一般限于 25kg 以下。这些因素使熔模铸造目前在整个铸造生产中占的比例还不大。

熔模铸造对于难加工材料、形状不适于切削加工的零件以及各种机械中小型零件的生产，经济效益尤其明显。

第二节　锻　　压

锻压包括自由锻、模型锻造、冲压、挤压和碾轧等。它是使金属塑性变形的加工方法。与铸造相比，锻压有以下特点：制件组织紧密，机械性能高；除自由锻外，生产率都比较高；在固态下成形，不能获得形状很复杂（尤其是内腔）的制品。锻造、挤压和碾轧主要用于制造各种重要的、受力大的机械零件或工具的毛坯，冲压主要用于制造薄板构件。

一、金属的塑性变形

塑性变形是锻压生产的基础。了解金属塑性变形的规律对掌握锻压加工方法，制定锻压加工工艺，保证锻压件质量，降低原材料和变形能量的消耗至关重要。

（一）塑性变形的实质

1. 单晶体的塑性变形

单晶体的塑性变形方式有滑移和孪晶两种（图 9-23）。

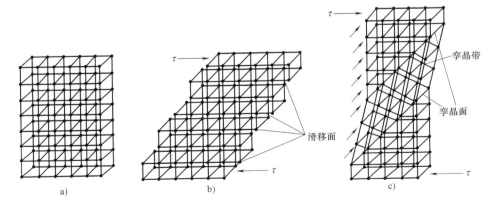

图 9-23　滑移和孪晶时晶格的变化

a）未变形　b）滑移　c）孪晶

（1）滑移　金属塑性变形最常见的方式是滑移。滑移是指晶体在外力的作用下，其一部分相对另一部分沿一定的晶面（滑移面）滑动。滑移时原子移动的距离是原子间距的整数倍，滑移后晶体各部分的位向依然一致（图9-23b）。事实上，实际晶体存在着位错，所以金属在剪应力作用下的滑移，实质是沿着滑移面的位错运动（图9-24、图9-25）。在滑移过程中，一部分旧的位错消失，又产生大量新的位错，总的位错数量是增加的。

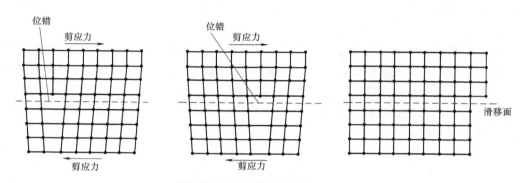

图9-24　滑移时刃型位错运动

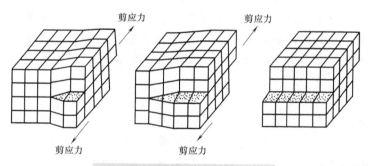

图9-25　滑移时螺旋型位错运动

（2）孪晶　孪晶是指晶体在外力作用下，其一部分沿一定的晶面（孪晶面）在一个区域内做连续、顺序的位移（图9-23c）。孪晶时原子移动的距离不一样，相邻层原子的位移量只有原子间距的几分之一。孪晶后晶体曲折了，孪晶带的晶体位向与原来的不一致。

孪晶所需的剪应力要比滑移大得多。因此只有在滑移很难进行的场合才发生孪晶。孪晶以后，由于孪晶带的位向变化了，可能变得有利于滑移，于是晶体又开始滑移。所以有时孪晶和滑移是交替进行的。

2. 多晶体的塑性变形

工业上实际使用的金属都是多晶体。多晶体由许多微小的晶粒所组成。各晶粒大小、形状和晶格位向都不相同。晶粒之间由晶界相连，晶界处原子排列紊乱，并常有低熔点的杂质聚集于此。

多晶体的塑性变形包括晶粒内部的变形和晶粒之间的变形。晶内变形仍以滑移与孪晶两种方式进行。多晶体在受外力作用时，变形首先在那些晶格位向最有利的晶粒内进行。在这些晶粒中，位错将沿最有利的滑移面运动，一般运动到晶界处停止，变形受阻，抗力增大。

此时其他位向的晶粒也发生滑移。晶粒之间变形包括晶粒之间的微量相互位移和转动。图9-26所示为多晶体晶粒内的滑移和晶粒间的微量转动。

多晶体塑性变形有以下特点：

1）多晶体塑性变形的不均匀性。多晶体的各晶粒位向不同并受牵制，各晶粒变形先后不一，变形大小也不相同。

2）变形的抗力比单晶体大。由于各晶粒位向的不同及晶界对变形的牵制，多晶体塑性变形时阻力较大，即变形抗力较大。晶粒越细，晶界越长，对变形的阻碍越多，变形抗力越大，即材料的强度越高。

3）形成纤维组织和各向异性。多晶体因拉应力塑性变形后，各晶粒沿变形方向伸长。当变形程度很大时，多晶体晶粒显著地沿同一方向拉长，形成纤维组织（图9-27）。此时，金属的力学性能和物理性能明显地表现出各向异性。

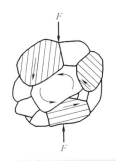

图 9-26　多晶体晶粒内的滑移
和晶粒间的微量转动

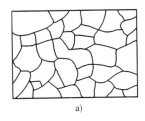 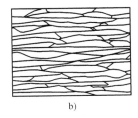

a)　　　　　　　　　　b)

图 9-27　冷轧前后多晶体晶粒形状的变化

a）冷轧前退火状态组织　　b）冷轧后纤维组织

（二）金属的加工硬化与再结晶

1. 金属的加工硬化

金属在冷态下塑性变形以后，其强度和硬度提高，塑性下降，这种现象称为加工硬化。引起加工硬化的原因是各滑移方向的位错相互干涉，使变形困难；位错到达晶界，继续位错受阻；塑性变形过程中产生的大量新位错造成晶格畸变，致使滑移过程中滑移面方位的改变而偏离有利滑移方向，导致继续变形需要增大外力。

加工硬化对金属的冷变形工艺有很大的影响。加工硬化后金属强度提高，要求压力加工设备的功率增加。加工硬化后金属的塑性下降，使金属继续变形困难，因而必须增加中间退火工序。这样就降低了生产率。

2. 回复与再结晶

加工硬化是一种不稳定状态，具有自发地回复到稳定状态的趋势，但在室温下这种回复不易实现。当将金属加热到其熔化温度的 0.2~0.3 时，晶粒内扭曲的晶格将回复正常，内应力减小，冷变形强化部分消除，这一过程称为回复，如图 9-28b 所示。回复温度为

$$T_回 = (0.2 \sim 0.3) T_熔$$

式中　$T_回$——金属的绝对回复温度；

　　　$T_熔$——金属的绝对熔化温度。

当温度继续上升到金属绝对熔化温度的 0.4 时，金属原子获得更高的热能，即开始以某

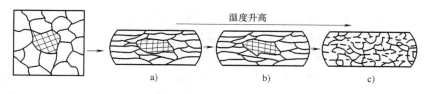

图 9-28　金属的回复和再结晶

a）塑性变形后的组织　b）金属回复后的组织　c）再结晶后的组织

些碎晶或杂质为核心生长成新的晶粒，从而消除全部加工硬化现象，这个过程称为再结晶，如图 9-28c 所示。这时的温度称为再结晶温度，即

$$T_{再} = 0.4 T_{熔}$$

式中　$T_{再}$——金属的绝对再结晶温度。

金属通过再结晶过程，内应力得到全部消除，力学性能改变，降低了变形抗力，增加了金属的塑性。图 9-29 所示为加热温度对冷塑性变形金属组织与性能的影响。

3. 冷变形和热变形

金属在塑性变形时，由于变形温度不同，对组织和性能产生的影响也不同。结合实际生产的应用，就确立了冷变形和热变形的概念。

冷变形是指金属在其再结晶温度以下进行塑性变形。冷变形方法有冲压、冷弯、冷挤和冷镦等，这些方法多在常温下用金属坯料制造各种零件或半成品；还有用冷轧和冷拔等方法来生产小口径薄壁管、薄带和线材等。

热变形是指金属在其再结晶温度以上进行塑性变形。热变形的方法有锻造、热挤和轧制等，这些方法是使金属坯料经过加热在高温条件下制造各种零件、毛坯和各种型材等。

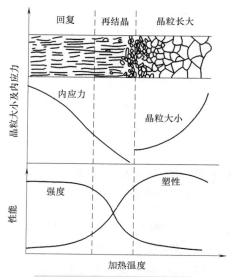

图 9-29　加热温度对冷塑性变形金属组织与性能的影响

4. 锻造比和锻造流线

锻造比是锻造生产中表示金属变形程度大小的一个参数。锻造比与锻造工序有关，拔长时锻造比用 $Y_{拔长}$ 表示，镦粗时用 $Y_{镦粗}$ 表示。具体计算如下

$$Y_{拔长} = S_0 / S$$

$$Y_{镦粗} = H_0 / H$$

式中　S_0——拔长前金属坯料的横截面积；

　　　S——拔长后金属坯料的横截面积；

　　　H_0——镦粗前金属坯料的长度；

　　　H——镦粗后金属坯料的长度。

在一般情况下增加锻造比，可使金属组织细密化，提高锻件的机械性能。但是，当锻造

比过大，金属组织的紧密程度和晶粒细化程度都已达到极限状态时，锻件的机械性能不再升高，而会增加金属的各向异性。

锻造流线的形成：在金属铸锭中含有的夹杂物多分布在晶界上。有塑性夹杂物，如 FeS等，还有脆性夹杂物，如氧化物等。在金属变形时，晶粒沿变形方向伸长，塑性夹杂物也随着变形一起被拉长。脆性夹杂物被打碎呈链状分布。通过再结晶过程，晶粒细化，而夹杂物却依然呈条状和链状被保留下来，形成了锻造流线，如图 9-30 所示。

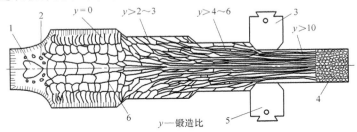

图 9-30　钢锭热变形后的组织变化

1—缩孔　2—缩松　3—上砧板　4—再结晶的等轴晶粒　5—下砧板　6—等轴晶粒

锻造流线的存在导致金属材料的力学性能呈现各向异性。沿流线方向的强度、塑性和冲击韧性较之垂直方向都较高。因此，用热塑性加工方法制造零件时，必须考虑流线在零件上的合理分布，应使零件所受最大拉力方向与流线方向一致，所受剪力方向与流线方向垂直；同时，应使锻造流线的分布与零件的外形轮廓相符合，而不被切断。生产中用模锻方法制造曲轴，用局部镦粗方法制造螺钉，用轧制齿形法制造齿轮（图 9-31），所形成的锻造流线沿零件轮廓分布，适应零件的受力状况，故分布比较合理。

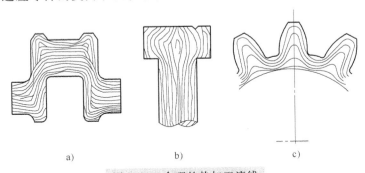

图 9-31　合理的热加工流线

a）模锻制造曲轴　b）局部镦粗制造螺钉　c）轧制齿形制造齿轮

锻造流线形成后，用热处理方法不能消除。只有再通过锻造方法使金属在不同的方向上变形，才能改变锻造流线的方向和分布状况。

（三）金属的可锻性

金属的可锻性是用来衡量金属材料利用锻压加工方法成形的难易程度，是金属的工艺性能指标之一。金属的可锻性好，表明该金属适合采用锻压加工方式成形。

金属的可锻性常用金属的塑性和变形抗力两个因素来综合衡量。塑性越好，变形抗力越小，则金属的可锻性越好。

影响金属可锻性的因素主要有两个方面，即金属的本质和金属的变形条件。

1. 金属的本质

（1）化学成分的影响 不同层次化学成分的金属可锻性不同。一般纯金属的可锻性比合金好。如纯铁的塑性就比含碳量高的钢好。又如钢中含有能形成碳化物的元素（如铬、钨、钼、钒等）时，则可锻性显著下降。

（2）金属组织的影响 金属的组织结构不同，其可锻性有很大差别。纯金属及其固溶体（如奥氏体）的可锻性好。而碳化物（如渗碳体）的可锻性差。铸态组织和晶粒粗大的组织结构不如轧制状态和晶粒细密的组织结构可锻性好。

2. 金属的变形条件

（1）变形温度 随着变形温度的升高，金属原子的动能升高，易于产生滑移变形，从而改善了金属的可锻性。故加热是锻造加工成形中很重要的变形条件。

（2）变形速度 变形速度就是单位时间内的变形程度。它对金属可锻性的影响是矛盾的。一方面，由于变形速度增加，回复和再结晶不能及时克服硬化现象，金属表现出塑性下降，变形抗力增加，可锻性下降；另一方面，金属在变形过程中，消耗于塑性变形的能量一部分转化为热能，使金属的温度升高。这种使金属温度升高的现象称为热效应。变形速度越大，热效应越明显。因而金属的塑性上升，变形抗力下降，可锻性变好。

（3）应力状态 金属在经受不同方法进行变形时，所产生的应力大小和应力性质是不同的。例如，挤压变形时为三个方向受压，拉拔时则为两个方向受压，一个方向受拉。实践证明，三个方向中压应力的数目越多，则塑性越好；拉应力的数目越多，则塑性越差。其原因在于金属内部总存在着气孔、小裂纹等缺陷，在拉应力作用下，有缺陷处易产生应力集中而被破坏，使金属失去塑性；在压应力的作用下，金属内部摩擦增加，不易变形，使变形抗力增大。

二、自由锻造

（一）概述

利用冲击力或静压力使经过加热的金属在锻压设备的上、下两砧铁间塑性变形，自由流动，称为自由锻造。

自由锻造分为手工锻和机器锻两种。前者手工锤击只能生产小型锻件，后者才是自由锻的主要形式。

常用的自由锻造设备有空气锤、蒸汽-空气锤和液压机三种。空气锤（图9-32）利用压缩空气推动锻锤，其锤击速度高，常用的锤锻落下部分质量（表示锻造能力，俗称吨位）为 $65 \sim 75kg$，用于锻造小型锻件。蒸汽-空气锤（图9-33）利用 $0.7 \sim 0.9MPa$ 压力的水蒸气（或压缩空气）推动锻锤，常用的吨位为 $1 \sim 5t$，用于锻造中型锻件。液压机（图9-34）利用 $15 \sim 40MPa$ 的高压水推动柱塞、横梁和上砧对锻件施压，常用液压机的压力为 $5000 \sim 150000kN$，用于锻造大型锻件（质量可达300t）。它是制造大型锻件的唯一设备。

自由锻造的优点是：它只使用简单的通用工具，锻件成形主要靠工人的操作技能，成本低，灵活性大；锻件由坯料逐步形成，锻件仅与工具局部接触，所以所需锻压设备的吨位要比模锻小得多。而且对设备的精度要求也较低；自由锻在打碎钢锭中粗大的铸造组织，锻合内部缺陷，改善大型锻件内部质量，提高其机械性能方面具有独特作用；自由锻造可以生产

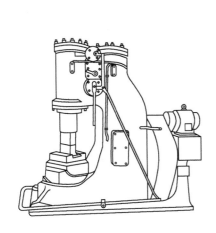

图 9-32 空气锤

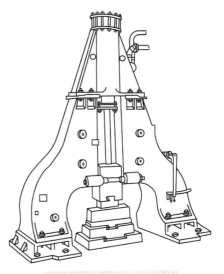

图 9-33 蒸汽-空气锤

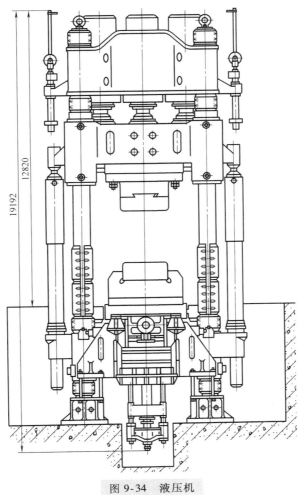

图 9-34 液压机

小到 1kg 的锻件，大到 300t 的锻件，适用范围很广。

自由锻造的缺点是：只能锻造形状简单的锻件；锻件尺寸、形状精度低，表面粗糙；加工余量大，材料消耗多；生产率比模锻低得多；对工人的技术水平要求高；工人劳动强度大；机械化、自动化困难等。

自由锻造适用于单件、小批量生产形状简单的锻件和大型锻件。对于大型锻件，自由锻造是唯一的锻造方法。

（二）自由锻造的基本工序

自由锻造的基本工序有镦粗、拔长、冲孔和切割等，见表 9-2。

表 9-2　自由锻造的基本工序

工序名称	定义	简　图	应用
镦粗	使坯料高度减小，横截面增大的工序	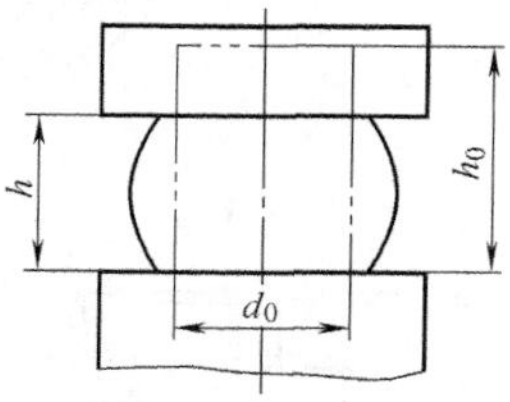	锻造高度小、截面大的工件,如齿轮、圆盘和叶轮等 作为冲孔前的准备工序 为后续拔长工序获得更大锻造比做准备
拔长	使坯料横截面减小而长度增加的工序	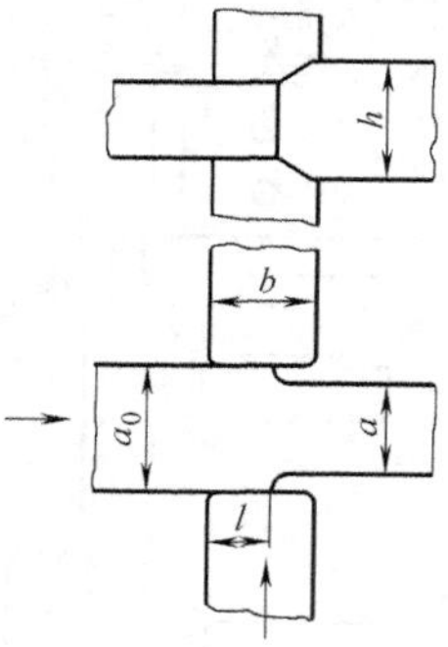	锻造长而截面小的工件,如轴、拉杆和曲轴等 与镦粗交替进行,以获得更大的锻造比
冲孔	在坯料上冲出通孔或不通孔的工序	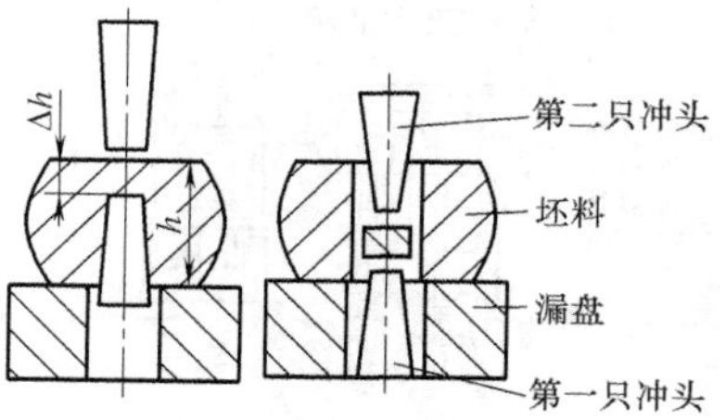	锻造空心件,如齿轮、套筒、圆环和空心轴

（续）

工序名称	定义	简　图	应用
切割	将坯料切断的工序	剁刀　　克棍	用于毛坯的下料,切断钢锭的冒口和底部,切断锻件多余部分

（三）自由锻造工艺示例

1. 冷轧辊

冷轧辊的自由锻造工艺见表9-3。

表9-3　冷轧辊的自由锻造工艺

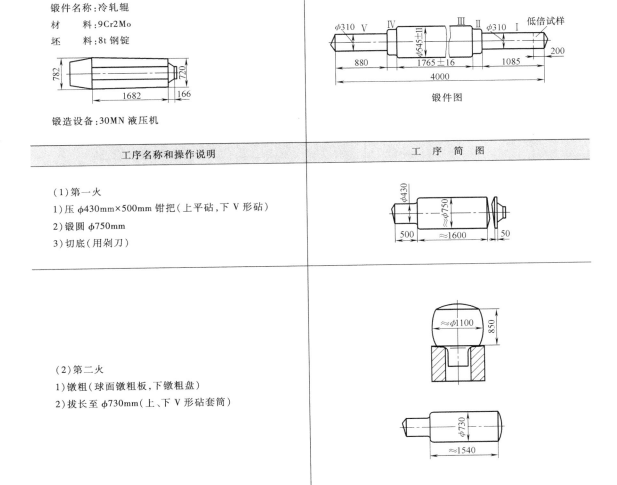

锻件名称:冷轧辊
材　　料:9Cr2Mo
坯　　料:8t 钢锭

锻造设备:30MN 液压机

工序名称和操作说明	工序简图
（1）第一火 1）压 $\phi430mm\times500mm$ 钳把（上平砧,下 V 形砧） 2）锻圆 $\phi750mm$ 3）切底（用剁刀）	
（2）第二火 1）镦粗（球面镦粗板,下镦粗盘） 2）拔长至 $\phi730mm$（上、下 V 形砧套筒）	

（续）

工序名称和操作说明	工 序 简 图
（3）第三火 1）拔长至 φ590mm（上平砧,下V形砧） 2）分段压槽（压辊） 3）拔长Ⅰ+Ⅱ,Ⅳ+Ⅴ至 φ450mm 4）分段压槽 5）拔长Ⅲ至成品尺寸 6）切去料头、余料（用剁刀）	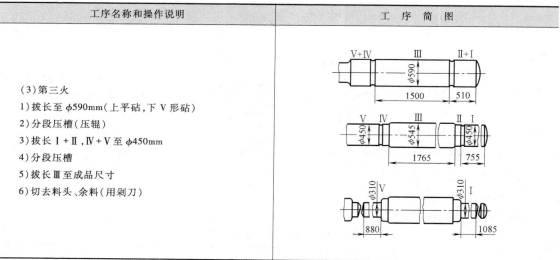

2. 齿轮坯

齿轮坯的自由锻造工艺见表9-4。

表9-4 齿轮坯的自由锻造工艺

锻件名称:齿轮坯 材　　料:45钢 坯料质量:19.4kg 坯料尺寸:φ120mm×220mm 锻造设备:500kg空气锤	锻件图

工序名称和操作说明	工 序 简 图
（1）镦粗	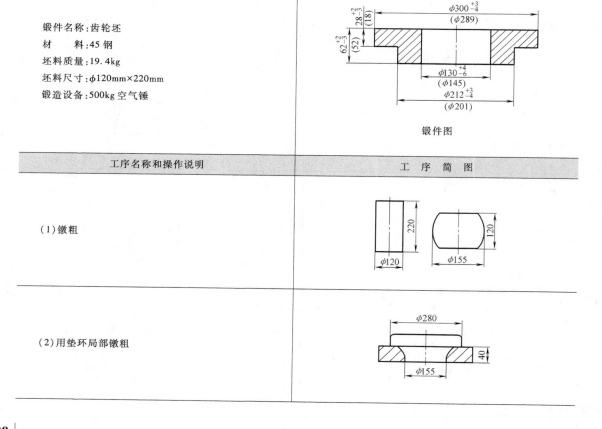
（2）用垫环局部镦粗	

（续）

工序名称和操作说明	工 序 简 图
（3）用冲头冲孔	
（4）用冲头扩孔，连续三次	
（5）修整	$\phi212$ $\phi130$ $\phi300$ 28 62

三、模型锻造

（一）概述

模型锻造（简称模锻）是把加热后的金属坯料放入固定于模锻设备上的锻模模膛内，经过锻造迫使金属在模膛内塑性流动，直到充满模膛，得到所需锻件的加工方法（图9-35）。

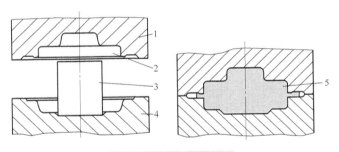

图9-35　模锻示意图

1—锻模上模　2—模膛　3—坯料　4—锻模下模　5—锻件

模锻与自由锻相比有以下优点：

1）模锻的生产率要比自由锻高10倍以上。自由锻时，金属的变形是在上、下两砧铁间进行的，难以控制。模锻时，金属的变形是在模膛内进行的，故能较快获得所需形状。

2）模锻件的尺寸、形状精度高，表面粗糙度值小，加工余量小，因此可节约金属材料和机械加工工时。

3）能锻造形状比较复杂的锻件，能得到比较理想的流线条分布（图9-36），从而提高所制成零件的机械性能和使用寿命。

4）模锻操作简单，对工人的技术要求较低，易于实现机械化和自动化。

模锻与自由锻相比有以下缺点：

1）锻模结构比较复杂，生产准备周期长，成本高。

2）模锻时金属坯料在模膛中呈三向压应力状态，变形抗力大。锻造同样大小的锻件，模锻设备的吨位要比自由锻的大，而且精度要求高，所以设备投资大。

根据上述优、缺点分析，模锻适合于成批和大量生产中、小锻件。

模锻按所用设备的类型不同，可以分为锤上模锻和压力机上模锻两种。

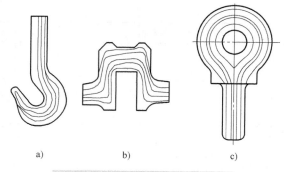

图 9-36　模锻件的金属纤维分布

（二）锤上模锻

锤上模锻即在模锻锤上的模锻。模锻锤的构造如图 9-37 所示。它的砧座 4 比相同吨位自由锻锤的砧座约大一倍，并与锤身 5 连成一个封闭的整体；锤头 1 与导轨 6 之间的配合也比自由锻锤精密，因而锤头的运动精度较高，能使上模 2 和下模 3 在锤击时对准。

锻模由带燕尾的上、下模组成，通过紧固楔块分别固定在锤头和模座上。上、下模之间为模膛，如图 9-38 所示。

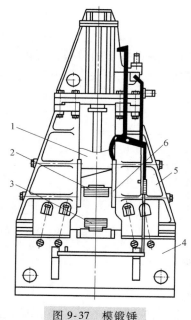

图 9-37　模锻锤

1—锤头　2—上模　3—下模　4—砧座
5—锤身　6—导轨

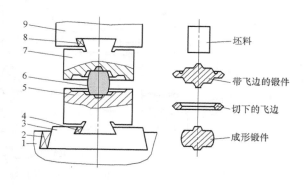

图 9-38　单模膛锻模及锻件成形过程

1—砧座　2、4、8—楔块　3—模座　5—下模
6—坯料　7—上模　9—锤头

锻制形状比较简单的锻件时，锻模上只开一个模膛，称之为终锻模膛。终锻模膛四周设有飞边槽，它的作用是保证在金属充满模膛的基础上容纳多余金属，防止金属溢出模膛。由于存在飞边槽，因而锻件沿分型面周围形成一圈飞边（图 9-38）。飞边可用切边压力机切去。

复杂锻件则需要在开设有多个模膛的锻模中完成。多个模膛分别为制坯模膛、预锻模膛和终锻模膛。如图 9-39 所示的拔长、滚压、弯曲均属于制坯模膛。坯料依此在这三个模膛内锻打，使其逐步接近锻件的基本形状，然后再放入预锻和终锻模腔内进行预锻和终锻，最后切除飞边，得到所需要形状和尺寸的锻件。

锤上模锻能完成镦粗、拔长、滚压、弯曲、成形、预锻和终锻等变形工步的操作，锤击力量的大小和锤击频率可以在操作中自由控制和变换，可以完成各种长轴类和短轴类锻件的模锻，在各种模锻方法中具有较好的适应性；设备费用也比其他模锻设备低。其缺点是工作时振动和噪声大，劳动条件较差；难以实现较高程度的机械化；完成一个变形工步需要经过多次锤击，生产率不高。

（三） 曲柄压力机模锻

曲柄压力机模锻是一种比较先进的模锻方法。曲柄压力机的结构如图9-40所示，电动机4通过V带3、飞轮2驱动传动轴5，再经一对传动齿轮6、7，结合离合器8，带动曲轴9和连杆10，使滑块11在机架的导轨中上下往复运动。锻模的上模装在滑块11上，下模装在楔形工作台12上。如果将离合器8脱开，则曲轴9被制动器1制动，使滑块11停止在上死点位置。

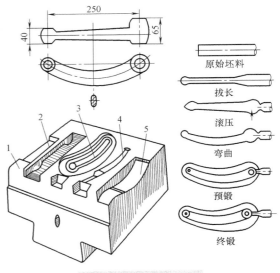

图 9-39 多模膛锻模

1—拔长模膛 2—滚压模膛 3—终锻模膛
4—预锻模膛 5—弯曲模膛

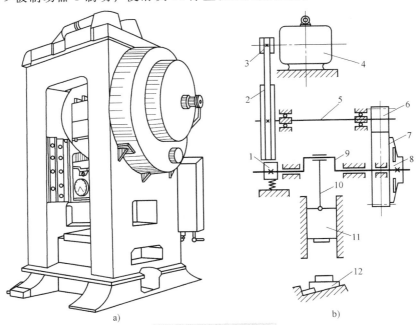

图 9-40 曲柄压力机

a) 外形 b) 传动结构示意图

1—制动器 2—飞轮 3—V带 4—电动机 5—传动轴 6、7—传动齿轮 8—离合器
9—曲轴 10—连杆 11—滑块 12—工作台

231

与锤上模锻相比，曲柄压力机上模锻具有一系列优点：

1) 作用在坯料上的锻造力是压力，而不是冲击力，坯料的变形速度比较低。这对低弹塑性材料的锻造有利，有些不适合锤上锻造的材料，如耐热合金、镁合金等，可以在压力机上锻造。

2) 锻造时滑块的行程不变，每个变形工步在滑块的一次行程中即可完成，并且便于实现机械化和自动化，具有很高的生产率。

3) 滑块运动精度高，并有锻件顶出装置，使锻件的模锻斜度、加工余量和锻造公差大大减小，因而锻件精度比锤上锻件高。

4) 工作时振动和噪声小，劳动条件得到改善。

曲柄压力机上模锻的主要缺点是设备费用高，模具结构也比一般锤上模锻复杂，仅适用于大批量生产。同时，由于滑块的行程和压力不能在锻造过程中调节，因而，不能进行拔长、滚压等制坯工步的操作。

（四）摩擦压力机模锻

摩擦压力机（图9-41）依靠飞轮旋转所积蓄的能量转化成金属的变形能进行锻造。摩擦压力机属于锻锤类锻压设备，其行程和速度介于模锻锤和曲柄压力机之间，有一定的冲击作用，滑块行程和冲击能量都是可以自由调节的，坯料可以在一个模膛内多次锻击，因此，工艺性能广泛，即可以完成镦粗、成形、弯曲、预锻和终锻等成形工序，也可以进行校正、精整、切边和冲孔等后续工序的操作，必要时，还可作为板料冲压的设备。

摩擦压力机的飞轮惯性大，单位时间内的行程次数比其他设备少得多，这对于再结晶速度较低的弹塑性材料的锻造是有利的。

摩擦压力机结构简单，性能广泛，使用维护方便，是中、小型工厂普遍采用的锻压设备。

四、板料冲压

板料冲压是在压力机上利用冲模使板料分离或变形的加工方法。由于大多数是在常温下进行的，所以又称为冷冲压。

板料冲压与铸造、锻造和切削加工相比，具有以下优点：

1) 加工范围广。既可以加工低碳钢、高塑性合金钢和铜、铝、镁及其合金等金属材料，也可以加工石棉板、硬塑料、绝缘纸和纤维板等非金属材料。既可以加工质量不到1g的微型件，也可以加工质量为上千千克的大型制件。

2) 生产率高。压力机一次行程就能得到一个制件。

3) 能得到质量小、强度高、刚性好的制件，而且其制件尺寸精度、形状精度和表面质量均较高，具有互换性。

4) 材料利用率高，一般可达70%~85%。

5) 板料冲压是一种节省能量的加工方法。既不像铸造、锻造需要加热，也不像切削加工把金属切成大量碎屑需要消耗很多能量。

6) 操作简单，易于实现机械化和自动化。

板料冲压的主要缺点是：

1) 成形工序不能加工低塑性金属。

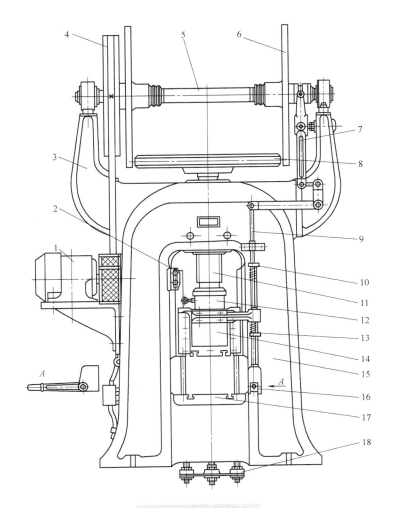

图 9-41 摩擦压力机

1—电动机 2—制动限位 3—支架 4—V 带 5—传动轴 6—摩擦盘 7—拨叉
8—飞轮 9—竖杆 10、13—上、下行程调节块 11—螺杆 12—制动装置 14—滑块
15—机身 16—操纵手柄 17—工作台 18—顶出装置

2）模具结构复杂，制造周期长，成本高，若小批生产则制件成本很高。

3）目前手工操作所占比例较大，如不重视安全生产和缺乏必要的防护措施，容易发生安全事故。

综上所述，板料冲压适合于成批、大量生产，特别在汽车、拖拉机、飞机、电器、仪表、国防产品和日用品生产中占有极重要的地位。

（一）冲压设备

常用的冲压设备主要为曲柄压力机。它有开式和闭式两种。

1. 开式压力机

图 9-42 所示为双柱可倾斜开式曲柄压力机的外形和传动结构示意图。这种曲柄压力机可以后倾，使压力机的冲件能掉入压力机后面的料箱中。冲压用的曲柄压力机的传动机构与

模锻用的曲柄压力机的传动机构是一样的。电动机 5 通过 V 带 4 驱动中间轴上齿轮 6 带动空套在曲轴 9 上的大齿轮 7（飞轮）旋转，大齿轮通过离合器 8 带动曲轴 9 旋转。曲轴通过连杆 10 带动滑块 11 上下运动。连杆的长度可以调节，借以调整压力机的闭合高度。冲模的上模装在滑块上，下模固定在工作台 1 上。当踏下踏脚板 12 时，通过杠杆使曲轴上离合器 8 与大齿轮 7 接上，滑块向下运动进行冲压；当放开踏脚板时，离合器脱开，制动器 3 使滑块停止在上死点位置。由于曲轴的曲拐半径是固定的，所以曲柄压力机的行程是不能调节的。双柱可倾斜开式压力机工作时，冲压的条料可前后送料，也可以左右送料，因此使用方便，但机身 2 是开式悬臂结构，其刚性较差，所以只能用于冲压力 1000kN 以下的中、小型压力机。常用的规格有 250kN、400kN、630kN、800kN 和 1000kN 等几种。

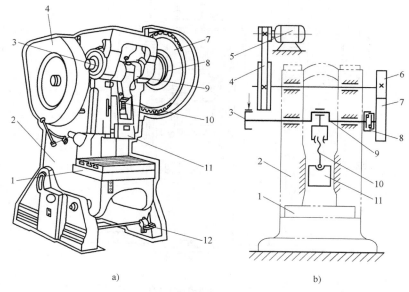

图 9-42　双柱可倾斜开式压力机

a）外形　b）传动结构示意图

1—工作台　2—机身　3—制动器　4—V 带　5—电动机　6、7—传动齿轮　8—离合器
9—曲轴　10—连杆　11—滑块　12—踏脚板

2. 闭式压力机

大、中型压力机需采用闭式结构，机身是龙门型的框架结构（图 9-43），刚性好。它的传动情况与开式的相似，只是用大齿轮 9 上的偏心轴颈来代替曲轴上的曲拐颈。支承大齿轮的轴 10 装在机身 11 的两个轴承中，连杆 12 套在偏心轴颈上。电动机 1 通过带轮 2、3 和离合器 5 经齿轮 6、7、8 驱动大齿轮 9 旋转，连杆 12 带动滑块 13 实现冲压运动。闭式压力机的常用规格有 1000kN、1200kN、1600kN、2500kN、3150kN、4000kN 和 6300kN 等几种。

（二）冲压工艺

常用的冲压工艺有冲裁、弯曲和拉深。

1. 冲裁

冲裁是将板料按封闭的轮廓分离的工序。冲裁包括落料和冲孔。冲裁时，冲下部分为工件时称为落料（图9-44a），落料是为了得到冲压件的外形，冲剩的条料为废料；冲下部分为废料时，带孔的周边部分为工件时称为冲孔（图9-44b），冲孔是为了得到冲压件上的孔。

冲裁过程如图9-45所示，可以分三个阶段。

（1）弹性变形阶段（图9-45a）　凸模接触板料并压下时，板料产生压缩、弯曲、拉深等复杂弹性变形，板料略被挤入凹模洞口，凸模下材料略有弓凹，凹模上材料略有上翘。凸凹模间间隙越大，弓凹和上翘越明显。

（2）塑性变形阶段（图9-45b）　凸模继续往下压，板料内应力达到屈服强度，发生塑性变形。凸模压入板料，在孔口形成圆角；板料被挤入凹模洞口，在落底底边上形成圆角。

（3）断裂分离阶段（图9-45c）　凸模再往下压，板料内应力达到强度极限，板料与凸模、凹模接触处分别产生剪切裂纹，当上下裂纹相连时，板料便被分离成两部分。

冲压所用的坯料主要是条料或卷料，冲裁时为了提高材料的利用率，需要合理排料。

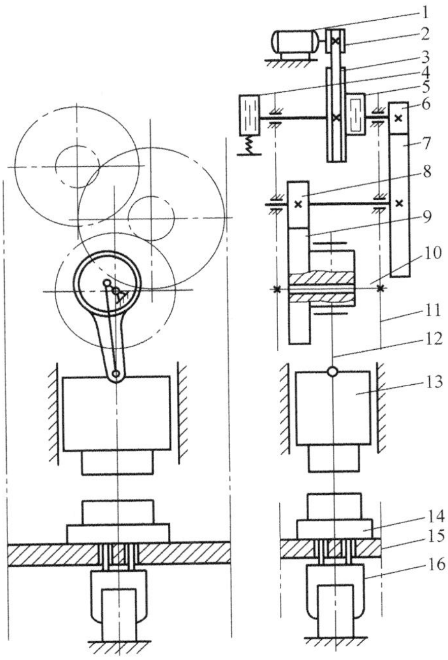

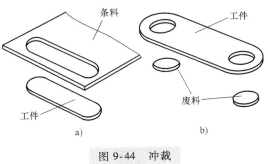

图9-43　闭式压力机传动结构示意图

1—电动机　2—小带轮　3—大带轮　4—制动器
5—离合器　6、8—小齿轮　7—大齿轮
9—带偏心轴颈的大齿轮　10—轴
11—机身　12—连杆　13—滑块
14—垫板　15—工作台　16—液压气垫

2. 弯曲

弯曲是将板料或冲压件弯成一定角度或形状的变形工序（图9-46）。弯曲时坯料内侧（与凸模接触一侧）受压，外侧（与凹模接触一侧）受拉，先是弹性变形，后是塑性变形。板的内、外表层应力、应变最大，越向内其应力、应变越小，中性层应力、应变为零。弯曲窄条时，内层材料纵向受压后，便向横向流动，使宽度增加；外层材料纵向受拉后，材料不足，由宽度、厚度方向的材料补充，使宽度变窄，厚度减小，中性层内移，整个截面呈扇形畸变。

弯曲变形量取决于 r/t（r 为弯曲半径，即弯曲件内侧圆角半径；t 为板料厚度），r/t 越小，弯曲变形越大。r/t 小到一定程度，外层金属就会被拉裂。所以弯曲件内侧圆角半径不能太小。最小内侧圆角半径 $r_{min} = (0.25 \sim 1)t$。材料塑性好，r_{min} 可取小值。

图9-44　冲裁

a) 落料　b) 冲孔

弯曲件离开模具后有一些弹性回复。如弯曲一个90°夹角的弯曲件，经回弹后可能是93°夹角。为了得到精确的弯曲角度，弯曲模应根据实测的回弹量进行修正。

235

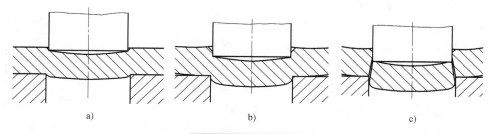

图 9-45 冲裁过程

a) 弹性变形阶段 b) 塑性变形阶段 c) 断裂分离阶段

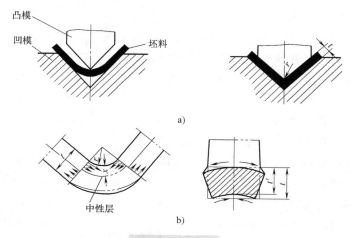

图 9-46 弯曲

a) 弯曲过程 b) 弯曲件的应力与变形

3. 拉深

拉深是将板料冲成开口空心件的变形工序（图 9-47）。为了防止坯料被拉裂，拉深凸模和凹模上分别有较大的圆角，凹模圆角半径 $R = (5 \sim 10)t$，凸模圆角半径 $r = (0.6 \sim 1)R$，t 为板料厚度，凸模与凹模间的单边间隙为 $(1.1 \sim 1.2)t$。

拉深过程中，坯料外缘切向受压缩。为了避免拉深起皱（图 9-48），拉深时在凸模进入凹模前，先用压边圈将坯料压紧在凹模顶面上。为了减小摩擦，减小压边圈和模具的磨损，拉深时需要在坯料两面涂润滑剂。常用的润滑剂有动物油、植物油、石蜡、渗入石墨粉或滑石粉的矿物油。

拉深件直径 d 与坯料直径 D 之比称为拉深系数 m。m 不能太小，否则拉深件要破裂。因此高度较大、直径较小的空心件需要多次拉深才能完成（图 9-49）。在两

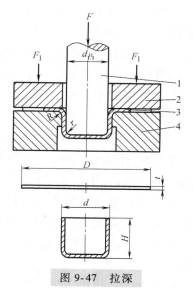

图 9-47 拉深

1—拉深凸模 2—压边圈 3—拉深件 4—拉深凹模

次拉深之间，半成品需要退火以消除加工硬化，避免拉深件裂开。

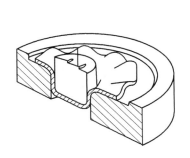

图 9-48 拉深件起皱现象

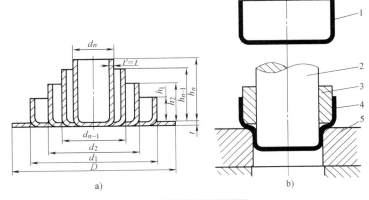

图 9-49 多次拉深

a）多次拉深的拉深件 b）第二次或第二次以后的拉深示意图
1—上道所得半成品 2—拉深凸模 3—压边圈 4—拉深件 5—拉深凹模

第三节 焊 接

一、焊接工艺基础

焊接是一种永久性连接金属材料的工艺方法，在现代工业生产中占有十分重要的地位。

焊接过程的实质是利用加热或加压力等手段，借助于金属原子的扩散与结合作用，使分离的金属材料牢固地连接起来。

焊接方法的种类很多，按焊接过程的特点可分为三类。

（1）熔化焊 将焊件两部分的结合处加热到熔化状态并形成共同的熔池，一般还要同时熔入填充金属，待熔池冷却结晶后形成牢固的接头，将焊件的两部分焊接成为一整体。

（2）压焊 将焊件两部分的结合表面迅速加热到高度塑性状态或表面局部熔化状态，同时施加压力，使接头表面紧密接触，并产生一定的塑性变形。通过原子的扩散和再结晶，将焊件的两部分焊接起来。

（3）钎焊 在焊件两部分的接头之间，熔入低熔点的钎料，通过原子的扩散与结合，钎料凝固后即把焊件的两部分焊接在一起。

焊接的应用十分广泛。主要的应用范围可分三个方面。

1. 生产金属结构件

焊接方法广泛地应用于生产金属结构件。例如，桥梁、船舶、压力容器和汽车车身等的制造，都离不开焊接方法。在金属结构制造中，用焊接代替铆接，在满足同样的使用要求下，一般可节省 15%～20% 的金属材料，图 9-50 所示为焊接结构与铆接结构接头的比较。同时，由于铆接的工序较多，需要几个人同时操作，若用焊接代替铆接，便可节省大量工时和劳动力。

2. 生产机器零件

现代机器制造业中，有不少零件的毛坯采用焊接结构件，如机架、底座、箱体等。特别是在制造大型结构或复杂机器零部件时，可以用化大为小，化复杂为简单的办法来准备坯料，然后用逐次装配焊接的方法拼小成大。此外，还可以将焊接和铸造、锻造组成复合工艺，用小型铸、锻设备生产大的零件，以降低铸、锻工艺的成本。

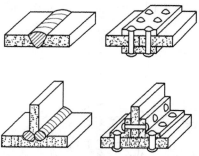

图 9-50 焊接接头和铆接接头

3. 焊补和堆焊

应用焊接工艺能够有效地修补铸件和锻件上的某些缺陷，以及局部损坏的机件，还能在磨损的轴颈和轧辊等机件的表面上堆焊一层高耐磨的硬质合金，以延长机件的使用寿命，这对于大型零件的修复，具有很大的经济价值。

利用堆焊，还可以制造双金属的零件。例如，钻探机的钻头，主体是用强韧的合金工具钢制成，刃口上则可堆焊一层高耐磨的硬质合金，以节约贵重的合金材料。

但是，焊接也有不足之处。如并不是所有的金属都能轻而易举地焊接起来，并获得优良的焊接质量；焊接结构往往存在着较大的残余应力，并引起变形；焊后容易产生缺陷，质量控制比较困难等。因此在某些方面的应用还受到一定的限制。

二、常用焊接方法

（一）焊条电弧焊

焊条电弧焊是目前最常用的焊接方法。图 9-51 所示为药皮焊条电弧焊过程示意图。它依靠焊条与工件之间所产生的高温电弧，使工件接头处的表层金属迅速熔化，同时焊条的端部也陆续熔化，填入接头空隙，共同组成熔池。药皮也在高温下分解并熔化，产生大量保护性气体，保护熔池免受空气的侵害。药皮熔化后还可以形成一层焊渣覆盖在熔池上面，起到保护作用。当焊条向前运动时，旧熔池的金属随即凝固，同时又形成新的熔池。这样就构成了连续的焊缝，把工件的两部分焊接成一体。

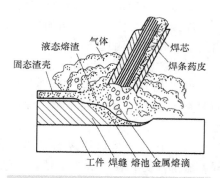

图 9-51 药皮焊条电弧焊过程示意图

因为焊条电弧焊的操作机动灵活，所以能在任何场合和空间焊接各种形式的接头。

1. 焊接电弧

电弧是两电极间（焊接时是焊条与工件之间）的气体持续而强烈的放电现象，如图 9-52 所示。由于常态下空气是不导电的，因此焊接时采用将焊条与工件短路的办法来引燃电弧，这是因为短路时焊条与工件的接触点很小，电流密度很大，瞬间即被加热到高温，阴极处放射电子，在电场作用下，这些电子以极高的速度向阳极运动，中途撞击中性的空气分子并使其放电，从而产生电弧，继而在药皮中某些稳弧成分的作用下，能在低于 100V 的电压下，保持持续而稳定。

电弧所产生能量的大小与焊接电流和电压之积成正比。电焊机的空载电压称为引弧电压,一般为 50~90V。电弧稳定燃烧时的电压称为电弧电压,它与电弧长度(即焊条与工件间的距离)有关。电弧越长,电弧电压越高。一般情况下,电弧电压为 16~35V。焊接电流可根据工件厚度和焊条直径来调节,一般为 30~300A。

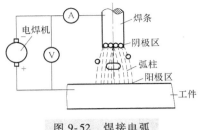

图 9-52　焊接电弧

电弧焊可采用直流或交流电源(电焊机)。在用直流电源时,可将工件接正极,焊条接负极。用交流电源时,因交流电极是变化的,也就不存在正极、负极。交流电弧的稳定性比直流差。

2. 焊条

焊条电弧焊的焊条由焊芯和药皮(涂料)两部分组成,焊芯起导电和填充焊缝金属的作用,药皮则用于保护焊接顺利进行并使焊缝得到一定的化学成分和力学性能。下面主要介绍焊接结构钢的焊条。

(1)焊芯(焊丝)　焊芯(埋弧焊时为焊丝)是组成焊缝金属的主要材料。它的化学成分和非金属夹杂物的多少将直接影响焊缝质量。因此,结构钢焊条的焊芯应符合国家标准 GB/T 14957—1994《熔化焊用钢丝》的要求。焊接碳素钢用焊条钢芯成分见表9-5。

表 9-5　焊接碳素钢用焊条钢芯成分

钢　号	化学成分质量分数(%)							用　途
	碳	锰	硅	铬	镍	硫	磷	
H08E	≤0.10	0.3~0.55	≤0.03	≤0.20	≤0.30	≤0.02	≤0.02	重要焊接结构
H08A	≤0.10	0.3~0.55	≤0.03	≤0.20	≤0.30	≤0.03	≤0.03	重要焊接结构
H08MnA	≤0.10	0.80~1.10	≤0.07	≤0.20	≤0.30	≤0.03	≤0.03	用作埋弧焊钢丝

从表中可以看出,焊条焊芯具有较低的含碳量和一定的含锰量,含硅量也较低,含硫、磷量控制较严。

焊条直径指的是焊芯直径,最小为 0.4mm,最大为 9mm,常用为 3~5mm。

(2)焊条药皮　焊芯表面的涂料称为药皮。药皮中含有多种物质,在焊接过程中起着重要作用。药皮的主要作用有:提高电弧燃烧的稳定性;防止空气对熔化金属的侵害,保证焊缝金属的脱氧和加入合金元素,以提高焊缝金属的力学性能。焊条药皮原料的种类名称及其作用见表 9-6,常见的焊条药皮配方见表 9-7。

表 9-6　焊条药皮原料的种类名称及其作用

原料种类	原 料 名 称	作 用
稳弧剂	碳酸钾、碳酸钠、长石、大理石、钛白粉、钠水玻璃、钾水玻璃	改善引弧性能,提高电弧燃烧的稳定性
造气剂	淀粉、木屑、纤维素、大理石	造成一定量的气体,隔绝空气,保护焊接熔滴与熔池

（续）

原料种类	原料名称	作用
造渣剂	大理石、萤石、菱苦土、长石、锰矿、钛铁矿、黄土、钛白粉、金红石	造成具有一定物理-化学性能的熔渣,保护焊缝。碱性渣中的CaO还可起脱碳、硫作用
脱氧剂	锰铁、硅铁、钛铁、铝铁、石墨	降低电弧气氛和熔渣的氧气性,脱去金属中的氧。锰还起脱硫作用
合金剂	锰铁、硅铁、铬铁、钼铁、钒铁、钨铁	使焊缝金属获得必要的合金成分
粘结剂	钾水玻璃、钠水玻璃	将药皮牢固地粘在钢芯上

表9-7 常用焊条药皮配方

焊条牌号	药皮类型	药皮配方质量分数(%)												
		大理石	菱苦土	金红石	钛白粉	中碳锰铁	钛铁	镁粉	白泥	长石	云母	石英	碳酸钠	萤石
J422	钛钙型(酸性)	14	7	25	12	13	—	—	11	8	10	—	—	—
J507	低氢型(碱性)	52	—	—	—	4.5	12	4	—	—	1.5	7	1	18

（3）焊条的种类和选用原则　焊条的具体牌号很多,按国家标准可分为结构钢焊条、不锈钢焊条、铸铁焊条、铜和铜合金焊条等九大类。其中应用最广泛的是结构钢焊条,即焊接低碳钢和低合金钢所用的焊条,其牌号用"J"字母后面带三位数字来表示。例如,J422和J507就是最常用的结构钢焊条,前两位42和50代表焊缝强度能达到的值,第三位数字2和7代表焊条药皮的类型。

焊接结构钢时,选择焊条应按照等强度原则,即要求焊缝强度和母材强度大致相等（$\sigma_b = 420MPa$）的钢材。

J422是酸性焊条,可用交流电源或直流电源。因为焊接操作容易,价格低廉,所以一般要求的结构钢都用这种焊条,约占焊条总产量的80%。但焊缝强度稍低,渗合金作用弱。故不宜焊接承受重载和要求高强度的重要结构件。

J507是碱性焊条,一般采用直流电源,焊缝强度高、抗冲击能力强。但操作性差、电弧不够稳定、价格高,故只适用于重要结构件。

3. 焊接接头组织与性能

焊接接头由焊缝、熔合区和热影响区三部分组成。焊接接头组织与性能对焊接质量影响很大。现以低碳钢为例,来说明其接头组织和性能的变化。

（1）焊缝　焊缝是指焊件经焊接形成的结合部分。熔化焊时,随着焊接热源的向前移动,熔池中的液态金属开始迅速冷却凝固,而后形成焊缝。焊缝金属的结晶,首先从熔池底壁上许多未熔化的半个晶粒开始,向着散热反方向的熔池中心生长,生成柱状树枝晶,如图9-53所示。最后这些柱状树枝晶前沿一直伸展到焊缝中心,相互接触后停止生长。结晶结束后得到的铸态组织粗大,组织不致密,当焊缝形状窄而深时,硫、磷等低熔点杂质容易集中在焊缝中

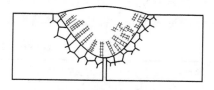

图9-53　焊缝的柱状树枝晶

心上形成偏析，导致焊缝塑性降低，且易产生热裂纹。

在焊接过程中，由于熔池体积小，冷却速度快，再加上严格控制焊芯的硫、磷含量，并通过焊接材料渗入合金，补偿合金元素的烧损，所以焊缝的力学性能不低于母材金属。

（2）熔合区　熔合区是焊缝与基本金属的交界区，温度处于固相线和液相线之间，属于半熔化区，结晶后晶粒十分粗大，化学成分与组织不均匀，是产生焊接裂纹的危险区。

（3）热影响区　热影响区是指焊缝附近的金属，在焊接热源作用下，发生组织和性能变化的区域。热影响区各点温度不同，其组织、性能也不相同。低碳钢的焊接接头热影响区可分为过热区、正火区和部分相变区，如图9-54所示。

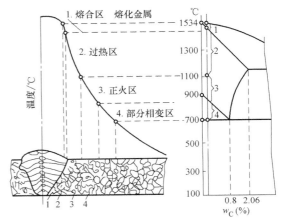

图9-54　低碳钢的热影响区组织变化图

1）过热区。该区的温度在 1100 ~ 1490℃之间，金属处于严重过热状态，晶粒粗大，其塑性、韧性很低，容易产生焊接裂纹。

2）正火区。这个区的温度约为 Ac_3 ~ 1100℃，焊后出现正火组织，金属发生重结晶，晶粒细化，力学性能得到改善。

3）部分相变区。该区温度在 Ac_1 ~ Ac_3 之间，使珠光体部分产生相变，未熔铁素体部分保持原来状态。由于部分相变，晶粒大小不匀，因而力学性能稍差。

综上所述，在焊接热影响区中，熔合区、过热区对焊接接头的影响最大。因此，在焊接过程中，应尽量减小热影响区。

4．焊接应力和变形

焊接过程中，焊件会产生较大的残余应力，引起较大的变形，甚至开裂。

（1）焊接应力　在焊接过程中，对工件的局部不均匀加热，是产生焊接应力的根本原因。

图9-55所示为平板对接焊缝的应力分布状态。焊接时，焊缝及其相邻区金属处于高温状态而膨胀，但受到周边低温金属的阻碍，不能自由伸长，形成压应力；随后再冷却到室温时，其收缩又受到周边低温金属的阻碍，因而产生拉应力。这些应力，焊后残留在工件内部，称为焊接残余应力（简称焊接应力）。

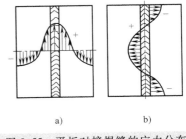

图9-55　平板对接焊缝的应力分布
a）纵向应力　b）横向应力

（2）焊接变形　焊接变形有多种多样，但最常见的是图9-56所示的几种基本形式，或者是这几种形式的组合。

1）收缩变形。构件焊接后，纵向和横向尺寸缩短，这是由焊缝纵向和横向收缩所导致的（图9-56a）。

2）角变形。V形坡口对接焊时，由于截面形状上下不对称，焊后收缩不均匀而引起角变形（图9-56b）。

3）弯曲变形。丁字梁焊接时，由于焊缝布置不对称，焊缝纵向收缩后引起工件弯曲变形（图9-56c）。

4）扭曲变形。由于焊缝在构件横截面上布置不对称或焊接工艺不合理，使工件产生扭曲变形（图9-56d）。

5）波浪形变形。焊接薄板结构时，由于薄板在焊接应力作用下丧失稳定性而引起波浪形变形（图9-56e）。

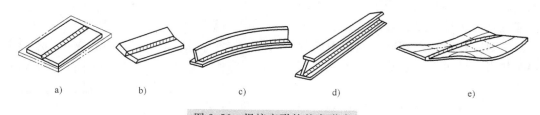

a)　　　　b)　　　　c)　　　　d)　　　　e)

图9-56　焊接变形的基本形式

a）收缩变形　b）角变形　c）弯曲变形　d）扭曲变形　e）波浪形变形

（3）防止和减少焊接变形的措施　为了防止和减少焊接变形，设计时应尽可能采用合理的结构形式，并在制造时采取必要的工艺措施。这里主要介绍工艺措施，焊接的结构设计后面单独做介绍。

1）焊前预热。在焊接之前，把工件全部或部分进行适当的预热。这样可以减少焊缝区金属与周围金属的温差，使焊接各部分能比较均匀地冷却收缩，有效地减少焊接的应力和变形。但是，预热要消耗能源，并使焊接操作的劳动条件恶化。因此，焊前预热的方法只适用于塑性较低、容易产生裂纹的材料，如中碳钢、中碳合金钢和铸铁等材料的焊接。

2）焊后热处理。对于复杂的重要焊件，以及有精度要求的零件，焊接之后应进行消除应力的退火处理。

3）反变形法。预先估计其结构变形的方向和程度，焊前将焊件安放在与焊接变形方向相反的位置，以抵消焊后所产生的焊接变形，如图9-57所示。

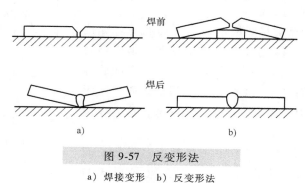

图9-57　反变形法

a）焊接变形　b）反变形法

4）刚性固定法。焊接时，将工件夹紧，强制焊件不发生较大变形。这种方法能有效地减少焊件的变形，但在焊接过程中会产生较大残余应力，因此只适合于高弹塑性材料的焊接。

5）选择合理的焊接次序。图9-58a所示为X形坡口翻身多次焊接次序，这样可以减小焊件的变形。如果把一边的坡口全部焊完，则工件已经产生较大的角变形，再翻身焊另一边时，就无法纠正已有的角变形，如图9-58b所示。同样的原因，图9-58c中工字梁上四条对称焊缝的焊接次序，是在中性层两侧交替进行，这样可以减小弯曲变形。图9-58d所示的焊接次序则会引起较大的弯曲变形。

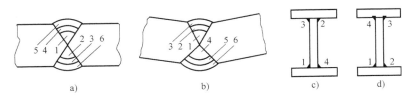

图9-58 焊接次序对焊接变形的影响

a)、c) 合理　b)、d) 不合理

焊接次序对焊接应力也有很大的影响。图9-59所示的平板是由三块板拼焊而成的。按图9-59a所示的次序焊接，焊接应力较小。如果按图9-59b所示的次序焊接，先把Ⅰ和Ⅱ分别焊牢在Ⅲ上，再把Ⅰ和Ⅱ焊合，则Ⅰ和Ⅱ的焊接变形受到Ⅲ的限制，使焊接应力增加，特别是焊缝交接处较易开裂。

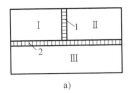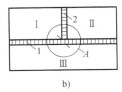

图9-59 焊接次序对焊接应力的影响

（二）埋弧焊

1. 埋弧焊的焊接过程

埋弧焊示意图如图9-60所示。焊接时，先在焊接件接头上面覆盖一层颗粒状的焊剂，焊剂的作用与焊条药皮基本相同，电弧是在焊剂层下燃烧的。自动焊机能自动引弧，自动送进焊丝并保持一定的弧长，以及一辆载运焊剂、焊丝和送进机构的小车自动沿着平行于焊缝的导轨匀速前进，以实行焊接操作的自动化。焊后，部分焊剂熔化成渣壳，覆盖在焊缝表面，大部分未熔化的焊剂，可以回收重新使用。

图9-61所示为埋弧焊的纵向截面图。电弧引燃后，电弧周围的颗粒状焊剂熔化成熔渣，

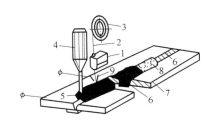

图9-60 埋弧焊示意图

1—自动焊机头　2—焊丝　3—焊丝盘　4—焊剂漏斗
5—焊剂　6—焊缝　7—工件　8—渣壳　9—导电嘴

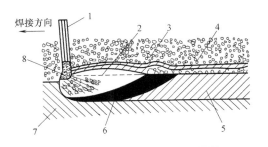

图9-61 埋弧焊的纵向截面图

1—焊丝　2—熔渣泡　3—焊剂　4—固态渣壳
5—焊缝　6—金属熔池　7—工件　8—金属熔滴

与熔池金属有冶金反应。部分焊剂蒸发，所生成的气体将电弧周围的熔渣排开，形成一个封闭的熔池，使熔化的金属与空气隔离，并能防止金属熔液向外飞溅，减少电弧热能损失，同时还阻止了弧光四射。

2. 埋弧焊的生产特点

与焊条电弧焊相比较，埋弧焊有下列优点：

1）生产率高。因为埋弧焊的过程中，不存在焊条发热和金属熔液飞溅的问题，所以能用很大的焊接电流，常高达 1000A 以上，比焊条电弧焊的电流高出 6～8 倍。同时，埋弧焊所用的焊丝是连续成卷的，可节省更换焊条的时间。因此，埋弧焊的生产率比焊条电弧焊高5～10 倍。

2）节省金属材料。埋弧焊的电弧热量集中，焊件接头的熔深较大，厚度为 20～25mm 以下的工件，可以不开口就进行焊接。由于没有焊条头的浪费，飞溅损失也很小，因此可节省大量焊丝金属。

3）焊接质量高。主要的原因是焊剂对金属熔液保护得比较严密，空气较难侵入，而且熔池保持液态的时间较长，冶金过程进行得较为完善，气体和渣滓也容易浮出。又因焊接规范能自动控制，所以焊接质量稳定，焊缝成形美观。

4）劳动条件好。因为没有弧光，所以焊工不必穿防护服装和戴面罩，焊接烟雾也较少。事实上，焊工的劳动只是管理和调整自动焊机而已。

但是，埋弧焊的应用范围有一定的限制：

1）因为设备费用较高，准备工作费时，所以只适用于批量生产长焊缝的焊件。

2）不能焊接薄的工件，以免烧穿。适合于焊接的钢板厚度为 6～60mm。

3）只能进行平焊，而且不能焊接任意弯曲的焊缝。但是可以焊接直径为 500mm 以上的环焊缝，如图 9-62 所示。

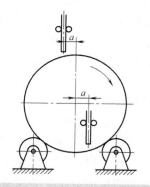

图 9-62　环缝埋弧焊示意图

（三）气体保护焊

1. 氩弧焊

氩弧焊是以氩气作为保护气体的电弧焊。按所用电极的不同，氩弧焊可分为熔化极氩弧焊和不熔化极氩弧焊两种，如图 9-63 所示。

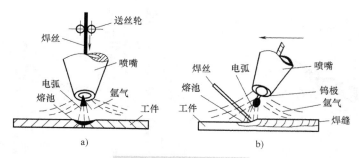

图 9-63　氩弧焊示意图

a）熔化极氩弧焊　b）不熔化极氩弧焊

（1）熔化极氩弧焊（图9-63a）　熔化极氩弧焊以连续送进的金属焊丝为电极，因为可以用较大的焊接电流，它适用于焊接厚度在25mm以下的焊件。自动的熔化极氩弧焊操作与埋弧焊相似，不同的是熔化极氩弧焊不用焊剂，焊接过程中没有冶金反应，氩气只起保护作用。因此，焊前必须把焊件的接头表面清理干净，否则某些杂质和氧化物会残留在焊缝内。

（2）不熔化极氩弧焊（图9-63b）　不熔化极氩弧焊以高熔点的钨棒为电极。焊接时，钨棒并不熔化，只起产生电弧的作用。因为钨棒所能通过的电流密度有限，所以不熔化极氩弧焊只适用于焊接厚度为6mm以下的薄件。

（3）氩弧焊的生产特点

1）氩气是惰性气体。在高温下，它既不与金属发生化学反应，也不溶解于金属熔液中。因此，在焊接过程中对金属熔液的保护作用非常良好。特别适合于容易氧化和吸收氢的合金钢、非铁金属材料等。

2）电弧在气流压缩下燃烧，热量集中，因此焊接速度较快，热影响区较小，焊后工件的变形也较小。

3）用气流保护，可在各种空间位置进行焊接，而且可以看见电弧，便于操作。

4）没有熔渣，焊缝中一般不会产生夹渣。这对于保护金属的焊接质量十分重要。

5）在氩气的笼罩下，电弧稳定，金属熔液很少飞溅，焊缝成形好。

由此可见，氩弧焊的焊接质量较高，并能焊接各种金属。但因氩气的价格很贵，所以目前主要应用于铝、镁、钛及其合金的焊接，有时也用于合金钢的焊接。

2. 二氧化碳气体保护焊

二氧化碳气体保护焊是以CO_2气体作为保护气体，保护熔池。CO_2具有一定的氧化作用，因此二氧化碳气体保护焊不适用于焊接容易氧化的非铁金属材料。焊接钢材时，为了保证焊缝的机械性能，补充被烧损的元素，并起一定的脱氧作用，必须应用锰、硅等元素含量较高的焊丝。

CO_2的氧化作用使焊丝熔滴飞溅较为严重，因此焊缝成形不够光滑，但是能有效地防止氢侵入熔池。由于焊丝中含锰量较高，除硫作用良好，所以焊缝开裂的倾向较小。

此外，二氧化碳气体保护焊具有上述自动焊的一些共同特点，如生产率较高、热影响区和焊接变形较小、明弧操作等。较突出的优点是CO_2价廉易得，焊接成本最低，只相当于埋弧焊或焊条电弧焊的40%左右。因此广泛应用于焊接30mm以下厚度的各种低碳钢和低合金结构工件。

（四）压焊和钎焊

1. 电阻焊

电阻焊是利用电流通过工件接触处所产生的电阻热来进行焊接的，同时需加适当的压力，因此属于压焊。

根据焦耳-楞次定律，电阻焊在焊接过程中所产生的热量$Q = I^2Rt$，由于工件本身和接触处的总电阻R很小，为了提高生产率并防止热量散失，通电加热的时间t也极短，所以只有应用强大的电流I才能迅速达到焊接所需要的高温。因此，电阻焊需要应用大功率的焊机，通过交流变压器来提供低电压大电流的电源，焊接电流高达$5 \times 10^7 \sim 1 \times 10^9$A。通电的时间则由精确的电气设备自动控制。

电阻焊的主要优点是生产率高、焊接变形较小、劳动条件好，而且操作简易，便于实现机械化和自动化。但设备费用高、耗电量大，接头形式和工件厚度受到限制。因此，电阻焊主要应用于大批量生产棒料的对接和薄板的搭接。

电阻焊分为定位焊、缝焊和对焊三种形式。

（1）定位焊　定位焊（图9-64）是用柱状电极加压通电，把搭叠好的工件逐点焊合的方法。由于两个工件接触面上所产生的热量被电极中的冷却水传走，因此温升有限，电极与工件不会被焊牢。

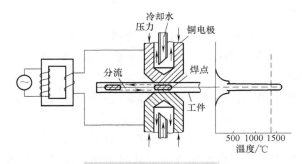

图9-64　定位焊示意图

定位焊的操作过程是：施压—通电—断电—松开，这样就完成一个定位焊。先施压，后通电，是为了避免电极与工件之间产生电火花烧坏电极和工件。先断电，后松开，是为了使焊点在压力下结晶，以免焊点缩松。对于收缩性较大的材料，例如，焊接较厚的铝合金板材时，在停电之后还要适当增加压力，以获得组织致密的焊点。

焊完一点后，把工件向前移动一定距离，再焊第二点。相邻两点之间应保持足够的距离，以免部分电流通过附近已有的焊点，造成过大的分流，影响焊接质量。工件越厚，材料的电导率越高，越容易出现较大的分流而使焊接处的电流不足，因此相邻焊点之间应有较大的距离。

定位焊的质量主要与焊接电流、通电时间、电极压力和工件表面的清洁程度等因素有关。焊接电流太小、通电时间太短、电极压力不足，特别是接头表面没有清理干净，都有可能焊接不牢。焊接电流过大、通电时间过长，都会使焊点熔化过大；在过大的电极压力下，会把工件外表面压陷，如图9-65所示。

图9-65　电流和通电时间对焊接质量的影响

a）、b）未焊牢　c）正确　d）、e）报废

定位焊主要用于厚度在4mm以下的薄板搭接，这在钣金加工中最为常见。图9-66所示为几种典型的定位焊接头形式。

（2）缝焊　缝焊如图9-67所示，电极是一对旋转的圆盘。叠合的工件在圆盘间通电，并随圆盘的转动而送进，于是就能得到连续的焊缝，把工件焊合。焊缝的焊接过程与定位焊相同。但由于很大的分流通过已经焊合的部分，所以焊接相同的工件时，所需要的电流约为定位焊的 1.5~2 倍。为了节省电能，并使工件和焊接设备有冷却时间，缝焊都采用连续送进和间断通电的操作方法。虽然间断通电，但焊缝还是连续的，因为焊点相互重叠 50% 以上。缝焊密封性好，主要用于厚度在 3mm 以下，要求密封性的容器和管道的焊接。

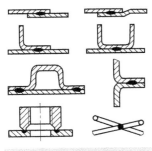

图 9-66 定位焊接头形式

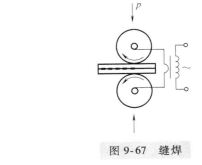

图 9-67 缝焊

（3）对焊 对焊如图 9-68 所示，工件夹持在焊钳中，进行通电加热和施加顶锻压力，就能把工件焊合。

1）电阻对焊。电阻对焊的操作是先施加顶锻压力，使工件接头紧密接触。然后通电，利用电阻热使工件接触面上的金属迅速升温到高度塑性状态；接着断电，同时增大顶锻压力，在塑性变形中使焊件焊合成一体。

2）闪光对焊。闪光对焊的操作是在没有接触之前接上电源，然后以轻微的压力使工件的端部接触。因为只有几点小面积接触，所以电阻热迅速使这些点升温熔化。熔化的金属液体立即在电磁斥力

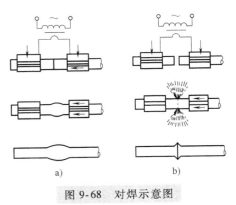

图 9-68 对焊示意图

a）电阻对焊 b）闪光对焊

作用下以火花形式从接触面中飞出，造成闪光现象。接着又有新的接触点金属被熔化后飞出，连续产生闪光现象。进行一定时间后，焊件的接头表面达到焊接温度，就可断电，同时迅速增加顶锻压力，使焊件焊合成一体。与电阻对焊相比，闪光对焊的热量集中在接头表面，热影响区较小，而且接头表面的氧化皮等杂物能被闪光作用清除干净，因此焊接质量较高。闪光对焊所需的电流强度约为电阻对焊的 1/5~1/2，消耗的电能也较少。因此电阻对焊只适合于直径小于 20mm 的棒料对接，闪光对焊则能焊接各种大小截面的工件。

对焊能方便地焊接轴类、管子和钢筋等各种断面的棒料和金属丝，并能焊接某些异种金属，如把高速钢的刀头焊接在中碳钢的刀柄上。

2. 钎焊

钎焊是用钎料熔入接头之间来连接工件的焊接方法。钎料是熔点比工件低的合金。按所用钎料的熔点不同，可把钎焊分为软钎焊和硬钎焊两类。

软钎焊所用钎料的熔点在 450℃ 以下。常用的软钎料是锡铅合金，焊接的接头强度一般不超过 70MPa。因为这种钎料的熔点低，熔液渗入接头间隙的能力较强，所以具有较好的焊

接工艺性能。锡铅钎料还有良好的导电性。因此，软钎焊广泛应用于焊接受力不大的仪表、导电元件以及钢铁、铜和铜合金等材料的各种制品。

硬钎焊所用钎料的熔点都在500℃以上。常用的硬钎料是黄铜和银铜合金，焊接的接头强度都在200MPa以上。用银钎料焊接的接头具有较高的强度、导电性和耐蚀性，而且熔点较低，并能改善焊接工艺性能。但是银钎料的价格较贵，只用于要求较高的焊接件。钎焊耐热的高强度合金，需用镍铬合金为钎料，并含有适量硅、硼等元素，以改善焊接工艺性能。硬钎焊广泛应用于受力较大的钢铁和铜合金机件，以及某些工具的焊接。

钎焊机件的接头形式都适用板料搭接和管套件镶接，如图9-69所示。这样的接头之间有较大的结合面，以弥补钎料的强度不足，保证接头有足够的承载能力。接头之间还应有良好的配合，控制适当大小的间隙。间隙太大，不仅浪费钎料，而且会降低焊缝的强度。如果间隙太小，则会影响钎料熔液渗入，可能使结合面没有全部焊合。一般钎焊的接头间隙约为0.05~0.2mm。

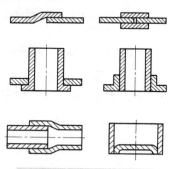

图9-69 钎焊接头形式

焊接前应把表面的污物清除，钎焊过程中还要应用溶剂清除被焊金属表面的氧化膜，并增进钎料熔液渗入接头间隙的能力，能保护钎料和工件接头表面免受氧化。软钎焊时，常用的溶剂为松香或氯化锌溶液。硬钎焊的主要溶剂是由硼砂、硼酸和碱性氟化物组成的。

软钎焊是应用高温烙铁来熔化钎料并加热接头，使钎料熔液借助毛细管作用被吸入并流布到全部接头间隙。硬钎焊时，先把片状钎料夹在焊缝之间，或用条状钎料置于焊缝边缘，然后用适当的方法加热工件并熔化钎料。硬钎焊的加热方法有火焰加热、电阻加热、感应加热和在炉中加热等。

与其他焊接方法相比，钎焊的主要优点如下：

1）钎焊过程中，工件的温升较小，因此工件的结晶组织和机械性能变化很小，而且焊接应力和变形也很小，容易保证焊件形状和尺寸的准确度。

2）钎焊可以焊接性能悬殊的异种金属，对工件厚度之差并无严格的限制。

3）整体加热钎焊时，可以同时焊合很多条焊缝，生产率较高。

4）钎焊接头外表光滑整齐，不需进行加工。

5）钎焊设备简单，生产投资较低。

但是，钎料的强度较低，所以接头的承载能力有限，而且热能力较差。一般钎料都是非铁金属材料及其合金，价格较贵。因此，钎焊不适用于一般结构钢和重载机件的焊接。钎焊主要应用于焊接精密仪表、电气零部件和异种金属焊件，以及制造某些复杂的薄板构件，如蜂窝构件、夹层构件和板式换热器等。

三、常用金属材料的焊接

由于各种金属材料的物理化学性能和力学性能不同，它们的焊接性也有明显的差别，因此在各种金属材料的焊接过程中，具有不同的特点。

（一）焊接性概念

金属材料的焊接性是指被焊金属在一般的焊接工艺条件下，获得优质焊接接头的能力。

在焊接过程中，有些金属材料容易产生某些焊接缺陷，如气孔、夹渣和开裂等，并使焊缝和近缝区性能变坏，所以往往需要采取特殊的工艺措施，应用特定的焊接方法，才能保证焊接质量。有些金属材料，如低碳钢，则在一般工艺条件下，应用各种焊接方法，都能获得满意的焊接接头。由此可见，不同的金属材料存在着焊接性优劣的差别。通常，把金属材料在焊接过程中产生裂纹的倾向，作为评价焊接性的主要指标。

在焊接结构生产中，常用的金属材料绝大多数是钢材。影响钢材焊接性的主要因素是化学成分，而在各种化学元素中，碳的影响最为显著。因此，钢材的焊接性常用碳当量法来进行估算。

碳素结构钢和低合金结构钢常用的碳当量计算公式如下

$$碳当量 = C + \frac{Mn}{6} + \frac{Cr}{5} + \frac{Mo}{5} + \frac{V}{5} + \frac{Cu}{15}$$

式中，各元素符号表示钢中含该元素的质量分数。

实践证明，随着碳当量的增加，钢材的焊接性逐渐变差。结构钢的焊接性大致可分为下列三种情况。

1）碳当量低于 0.4%。钢材的塑性良好，淬硬倾向不明显。一般工件焊接不会产生裂纹。这种钢材的焊接性属于良好。

2）碳当量为 0.4% ~ 0.6%。钢材的塑性良好，淬硬倾向逐渐增加。焊前工件需要适当预热，焊后注意缓冷，才能防止开裂。这种钢材的焊接性较差。

3）碳当量高于 0.6%。钢材的塑性较低，淬硬倾向很强。焊前工件必须预热到较高的温度，焊接时要采取减小内应力和防止开裂的工艺措施，焊后焊件还要进行适当的热处理。这种钢材的焊接性低劣。

用碳当量法来评定钢材的焊接性，仅供一般参考。对于具体钢种的实际焊接性，只能按照工件的实际情况，通过试件的实验来确定。

（二）钢的焊接

各种牌号的钢都能进行焊接。但是，高碳钢和高合金钢的焊接性十分低劣，焊接非常困难，因此很少用于焊接件生产。中碳钢和合金结构钢（指调质钢和渗碳钢等）的焊接性也较差，主要用于铸钢件、锻钢件等机件的焊接。广泛应用于焊接结构生产的材料，主要是低碳钢和普通低合金结构钢。

1. 碳素钢的焊接

（1）低碳钢的焊接 低碳钢的焊接件中，热影响区组织和性能的变化，对焊接接头并无显著的影响。因为低碳钢固有的塑性和韧性都很高，所以受粗晶的影响比较小，特别是热影响区不会产生淬硬组织。这类钢的屈服强度不高，如果出现较大的焊接应力，工件也能顺利地进行一些塑性变形，并不至于开裂。钢材变形是释放能量的表现，变形后的焊件中内应力自动下降，同时发生冷塑性变形的部分自动得到了强化。因此，在一般的生产情况下，对于低碳钢的焊接，在焊前不需预热，焊后也不必进行热处理（电渣焊和厚件除外），就能获得良好的焊接接头。

对于厚度大于 50mm 的低碳钢结构，需用大电流多层焊接，热影响区较大，焊接后应进行去应力退火。在低温环境下焊接较大刚度的结构时，由于焊件各部分的温差较大，变形又受到抑制，焊接过程中容易出现较大的内应力，可能导致焊件开裂，因此焊前应考虑适当的预热。

低碳钢可以用各种焊接方法进行焊接，最常用的方法是焊条电弧焊、埋弧焊、二氧化碳气体保护焊和电阻焊。

（2）中、高碳钢的焊接　中碳钢和高碳钢都属于易淬火钢。焊接过程中，热影响区超过淬火温度的部分，受工件低温部分的迅速冷却作用，会产生淬火马氏体组织。如果焊接应力较大，就会在淬火区出现裂纹。特别是靠近焊缝的粗晶区，脆性较大，很容易开裂。

由于工件母材的含碳量较高，焊件接头表面熔化区中的碳会渗入熔池，使焊缝的含碳量增加、塑性下降，因此焊缝的开裂倾向也较大。此外，对于强度要求较高的焊缝，氢脆比较敏感，也是增加焊缝开裂倾向的原因之一。

对于这类易淬火钢，焊前必须进行预热。使焊接时工件各部分的温差减小，以减小焊接应力，并使热影响区的冷却速度减慢，避免产生马氏体组织。中碳钢的预热温度一般为150~250℃，高碳钢则应预热到较高的温度。焊后的焊件还应当进行热处理，以获得符合要求的组织和性能。

焊接这类钢时，应该选用低氢焊条，并使用细焊条、小电流、开坡口进行多层焊。这样焊接，可以减少含碳量较高的母材熔入熔池，以免焊缝增碳过多；同时，还可减小热影响区，并有利于焊缝中氢的析出。

焊接中碳钢和高碳钢常采用焊条电弧焊。实际上，高碳钢的焊接一般只用于修补工作。

2. 合金钢的焊接

高合金钢中除奥氏体不锈钢外，很少用于焊接件生产。用于渗碳和调质等的合金结构钢，焊接性也较差，用于防止开裂的焊接工艺措施与中碳钢基本相同。

普通低合金结构钢在焊接结构生产中，应用得十分广泛。根据强度级别的高低，普通低合金结构钢可分为下列两类。

（1）低强度普通低合金结构钢的焊接　这类钢的强度等级低于400MPa，碳当量在0.4%以下。以16Mn为例，在常温下焊接可与低碳钢的焊接同样对待。但在低温环境或在大刚度、大厚度结构上进行小焊脚、短焊缝焊接时，热影响区有可能出现低碳马氏体，并在较大的焊接应力下产生裂纹。因此，需要适当增大焊接电流、减慢焊接速度，并选用低氢焊条或在焊前进行100~150℃的预热。对于压力容器等重要工件，板厚大于20mm时，焊后还应进行去应力退火。

（2）高强度普通低合金结构钢的焊接　这类钢的强度等级在450MPa以上，碳当量为0.40%~0.50%。焊接之前，工件一般需要预热到150℃以上。焊后还应及时进行去应力退火，退火也有助于氢向工件表面扩散析出。因为合金钢容易吸收氢，并对氢脆十分敏感，所以应尽量使用低氢焊条；在埋弧焊时，则应使用碱度较高的焊剂。

焊接各种牌号的普通低合金结构钢常采用焊条电弧焊、埋弧焊和二氧化碳气体保护焊。

四、焊接件的结构设计

设计焊接结构件时，一方面要考虑结构强度和工作条件等性能的要求，另一方面还应考虑到焊接工艺过程的特点，以利于用简便可靠的工艺来进行生产，并获得优质的产品。

（一）焊接结构件材料的选择

在满足工作性能要求的前提下，应该选用焊接性较好的材料来制造焊接结构件。低碳钢和强度等级较低的普通低合金结构钢具有良好的焊接性，而且价格低廉，因此应该优先考虑选用这类材料作为焊接结构件。

　　如果选用不同牌号的金属材料来进行焊接，则更应注意焊接性的好坏。当缺乏参考资料时，应该通过实验来确定是否可以焊接。实际上，牌号不同、性能相近的同类材料，一般都能进行焊接。如低碳钢与普通低合金结构钢的焊接，是能够获得满意接头的。对于两种性能相差悬殊的异类金属材料，采用熔化焊或压焊则往往是有困难的。如铸铁与低碳钢的焊接，即使能够勉强焊合，接头的机械性能也是难以令人满意的。因此，焊接结构中应该尽量选用相同的金属材料进行焊接。

　　焊接结构件的金属材料最好采用相等的厚度，这样容易获得优质的焊接接头。如果接头两侧的材料厚度相差较大，则承载时接头处会造成应力集中，而且由于接头两边的热容量不等，容易产生焊接缺陷。图 9-70 所示为不等厚金属材料焊接时的接头过渡形式。

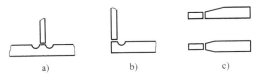

图 9-70　不等厚金属材料焊接接头的过渡形式

a）丁字接　b）角接　c）对接

　　在设计焊接结构件时，应该选用尺寸规格较大的原材料来进行焊接，以减少焊缝的数量。采用工字钢、槽钢、角钢和钢管等型材，不仅能减少焊缝数量并能简化焊接工艺，而且还有利于增加结构的强度和刚性。对于形状比较复杂的部分，则可以考虑采用铸钢件和锻钢件来焊接。图 9-71 所示为合理选材与减少焊缝数量的实例。

　　此外，考虑到节约用材，在设计焊接结构件的形状和尺寸时，还应注意到原材料的尺寸规格，以便下料时尽量减少边角废料。

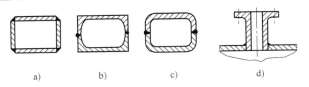

图 9-71　合理选材与减少焊缝

a）用四块钢板焊成　b）用两根槽钢焊成　c）用两块钢板弯曲焊成　d）容器上的铸钢件法兰

（二）焊接结构件上焊缝的布置

　　合理的焊缝布置是焊接结构设计的关键。它与产品的质量、成本、生产率，以及工人的劳动条件等都有密切的关系。一般的设计准则如下。

　　（1）焊缝的布置应尽可能分散　如图 9-72a、b、c 所示，焊缝重叠集中，这样会使焊接热影响区的金属组织严重过热，力学性能下降。因此两条平行焊缝之间，一般要求相距 100mm 以上。同样的原因，交叉焊缝也应该避免。图 9-73 所示为在设置

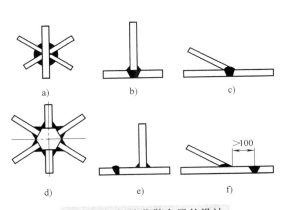

图 9-72　焊缝分散布置的设计

a）、b）、c）不合理　d）、e）、f）合理

加强筋板的构件上，避开与主板焊缝交叉的设计。三角筋板上小于 60° 的锐角尖端应该截平，否则承载时该处会出现应力集中容易被破坏，而且施焊时尖端极易烧穿。

（2）焊缝的布置应尽可能对称　图 9-74a 所示焊接件的焊缝位置偏于截面对称线的一侧，当焊缝收缩时，会造成较大的弯曲变形。图 9-74b 所示的焊缝位置对称，就不会产生明显的变形。实践证明，图 9-74c 所示的焊缝布置，焊后变形将是最小的。

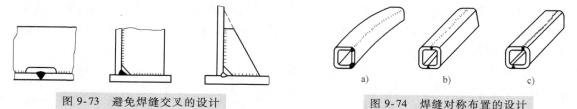

图 9-73　避免焊缝交叉的设计　　　　　图 9-74　焊缝对称布置的设计

（3）焊缝应尽可能避开最大应力和应力集中的位置　对于受力严重的焊接结构件，为了安全起见，在最大应力和应力集中的位置上不应该设置焊缝。例如，焊接大跨距的钢梁，如果原材料长度不够，则要增加一条焊缝，以便使焊缝避开最大应力的地方，如图 9-75b 所示。压力容器的封头，一般都设计成图 9-75d 所示形状，使焊缝避开应力集中的转角位置。

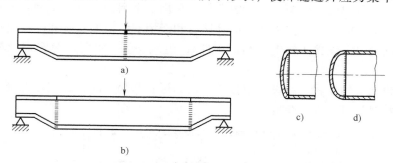

图 9-75　焊缝避开最大应力和应力集中的设计
a）、c）不合理　b）、d）合理

（4）焊缝位置与加工面的关系　焊接件整体有较高的精度要求时，如某些机床结构，应该在全部焊成之后进行去应力退火处理，最后进行机械加工，以免受焊接变形的影响。

有些焊接结构只是某些零件需要机械加工，如管配件、传动支架等，必须先加工然后焊接，则焊缝的位置应该离已加工的表面尽可能远一点。图 9-76a 所示的结构设计，由于焊缝靠近已加工的轴套内孔，因此焊接时会引起较大的变形而报废。

在表面粗糙度要求较高的加工表面上，不要设置焊缝。因为不仅焊缝中有可能存在着某些缺陷，而且焊缝的组织与母材等有差别，加工后不可能均匀地达到图 9-76a、c 所示的表面粗糙度要求，所以应当改为图 9-76b、d 所示的设计才合理。

（5）焊缝位置应考虑到焊接操作的方

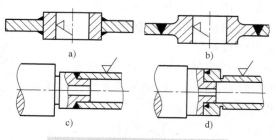

图 9-76　焊缝避开加工面的设计
a）、c）不合理　b）、d）合理

便性 焊缝位置应考虑到有足够的操作空间。对于图 9-77a、b、c 所示焊接件的内侧焊缝，焊条无法伸入，因此焊接操作困难。应当改成如图 9-77d、e、f 所示，才能进行焊接。

此外，焊缝的布置应能在水平位置上进行焊接，并减少或避免工件的翻转。良好的焊接结构设计，还应尽量使全部焊接部件（至少是主要部件）能在焊接前一次装配点固。这样能简化焊接工艺，缩短辅助时间，对提高生产率大为有利。

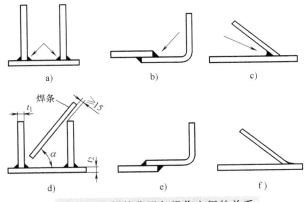

图 9-77 焊接位置与操作空间的关系

a)、b)、c) 不合理　d)、e)、f) 合理

复习思考题

9-1 何谓铸造成形？铸造成形的实质是什么？

9-2 铸造的特点是什么？

9-3 简述铸铁和铸钢的熔炼设备。

9-4 下列铸件在大批量生产时，最适宜采用哪一种铸造方法？
铝活塞、照相机机身、车床床身、铸铁水管、汽轮机叶片、缝纫机机头。

9-5 多晶体塑性变形有何特点？

9-6 何谓加工硬化？加工硬化对金属组织和性能有何影响？

9-7 何谓金属的再结晶？再结晶对金属组织和性能有何影响？

9-8 冷变形和热变形的区别是什么？

9-9 自由锻有哪些主要工序？

9-10 锤上模锻、摩擦压力机上模锻和曲柄压力机上模锻各有何特点？各适用于何种场合？

9-11 板料冲压的基本工序有哪些？各有何特点？

9-12 比较开式和闭式曲柄压力机结构上的异同处。曲柄压力机行程能否调节？

9-13 说明焊接的种类和特点。

9-14 说明焊条的组成及作用。

9-15 说明焊条的种类及焊条的选择原则。

9-16 说明焊接接头的组织与性能。

9-17 说明焊接应力产生的原因和消除焊接应力的措施。

9-18 何谓焊接性？影响焊接性的因素是什么？如何衡量钢材的焊接性？

第十章

金属切削加工

在工业生产中，几乎所有的机械零件都要经过各种不同的机械加工或特种加工，才能从毛坯变成尺寸、形状和结构都合乎设计要求的零件。为此，要掌握金属切削加工和特种加工的原理、方法、设备及工艺等基础知识。

第一节 金属切削原理

本节以车削为代表，简单介绍切削加工的基本规律以及如何利用切削规律来合理选择刀具材料、刀具角度、切削用量和切削液，怎样改善工件的切削加工性等问题。

一、切削运动和切削要素

（一）零件表面的形成与切削运动

1. 零件的各种表面

各种零件的形状虽然很多，但从几何角度来看，都是由圆柱面、圆锥面、平面和成形面等组成的。因此，只要能对这几种表面进行加工，就能完成所有零件的加工。

圆柱面——以直线为母线，以和它相垂直的平面上的圆为轨迹，做旋转运动所形成的表面（图 10-1a）。

圆锥面——以直线为母线，以圆为轨迹，且母线与轨迹平面成一定的角度做旋转运动所形成的表面。也是直线运动和圆周运动组合的结果（图 10-1b）。

平面——以直线为母线，以另一直线为轨迹做平移运动的结果（图 10-1c）。

成形面——以曲线为母线，以圆为轨迹做旋转运动或以直线为轨迹做平移运动的结果

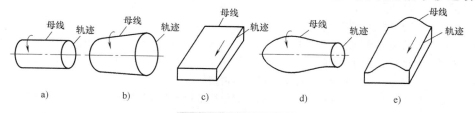

图 10-1 表面的形成

a）圆柱面 b）圆锥面 c）平面 d）、e）成形面

（图 10-1d、e）。

此外，根据使用和制造上的要求，零件上还常有各种沟槽。沟槽实际上是由平面或曲面组成的，常用的各种沟槽如图 10-2 所示。

要加工以上各种表面，就要求刀具与工件之间必须有一定的相对运动，即所谓的切削运动，如图 10-3 所示。

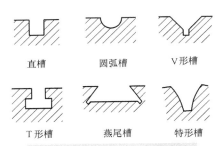

| 直槽 | 圆弧槽 | V形槽 |

| T形槽 | 燕尾槽 | 特形槽 |

图 10-2　常用的各种沟槽形状

2. 切削运动

切削运动分主运动和进给运动。

（1）主运动　主运动是切下切屑所需的最基本的运动，一般情况下，它是切削运动中速度最高，消耗功率最多的运动。任何切削运动有且只有一个主运动。主运动可以是旋转运动，也可以是直线运动。如车削时工件的回转运动，刨削时刨刀的往复运动。

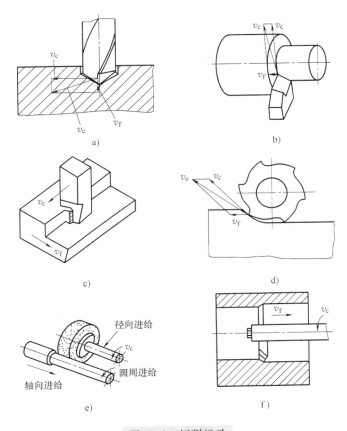

图 10-3　切削运动

a）钻削　b）车削　c）刨削　d）铣削　e）磨削　f）镗削

（2）进给运动　进给运动是使金属层不断地切削，以加工出完整表面所需的运动。进给运动可能有一或几个；进给运动可以是连续的（如车削），也可以是间歇的（如刨削）；

进给运动可以是直线运动，也可以是旋转运动（图10-3e）。进给运动速度低，消耗的功率也小。

（二）工件上形成的表面和切削三要素

1. 工件上形成的表面（图10-4）

1）待加工表面。工件上即将被加工的表面。

2）已加工表面。工件上已被切去切屑而形成的新表面。

3）过渡表面。工件上正在被加工的表面。

2. 切削三要素

切削速度、进给量和背吃刀量称为切削三要素，总称为切削用量。

1）切削速度。主运动的线速度，用 v_c 表示，单位为 m/s。当切削运动的主运动为旋转运动时，其切削速度计算如下

$$v_c = \frac{\pi d_{max} n}{60 \times 1000} \tag{10-1}$$

式中　n ——工件或刀具的转速，单位为 r/min；

d_{max} ——工件或刀具的最大直径，单位为 mm。

2）进给量。进给量用 f 表示，指在主运动的一个循环或单位时间内，刀具和工件之间沿运动方向相对移动的距离。如车床车削的进给量 f，为工件每转一转时，车刀沿进给方向移动的距离，单位为 mm/r。

3）背吃刀量。工件待加工表面与已加工表面之间的垂直距离，用符号 a_p 表示。背吃刀量直接影响切削载荷的大小。

3. 切削层参数

1）切削层。在切削加工中，每移动 f 后，由一个刀齿正在切除的金属层称为切削层。切削层的参数称为切削层参数，切削层的剖面形状和尺寸，在垂直于切削速度的基准面上度量，如图10-5所示。

2）切削厚度（h_D）。垂直于切削刃方向度量的切削层截面尺寸。

3）切削宽度（b_D）。沿切削刃度量的切削层截面尺寸。

4）切削面积（A_D）。即图10-5中阴影部分的面积。

二、金属切削刀具

（一）刀具的结构

外圆车刀的结构和形式一般有三种：焊接式、整体式和机夹式，如图10-6所示。

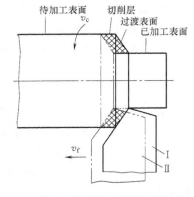

图10-4　工件上形成的表面和
切削运动、切削层

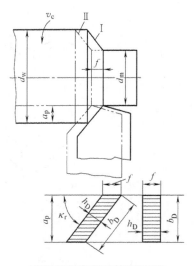

图10-5　外圆纵车时的
被切削层参数

各种刀具都可以看成是外圆车刀的演变。如镗刀和刨刀（图10-7），其切削部分的构造和刀体与外圆车刀同属一类型，只是切削方式不同；钻头（图10-8b）可以看成是两把一正一反对称安装在镗杆上的镗刀；铣刀（图10-9）虽形状复杂，但实际上也是由多把车刀组合而成的，一个刀齿可以看成是一把车刀。

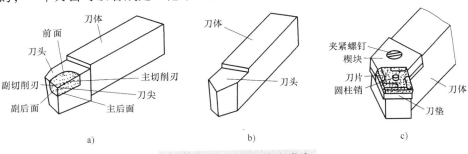

图 10-6　车刀的组成和形式

a）焊接式　b）整体式　c）机夹式

图 10-7　刨刀的结构

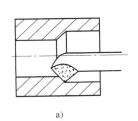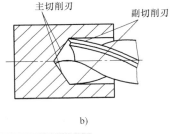

图 10-8　钻头与镗刀的对比

a）镗刀　b）钻头

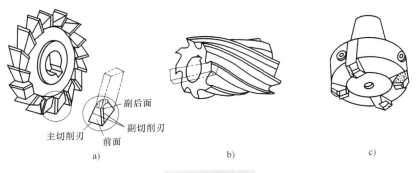

图 10-9　铣刀

a）三面刃铣刀　b）圆柱铣刀　c）面铣刀

（二）刀具材料

1．刀具材料应具备的性能

1）高的硬度。刀具要从工件上切除金属，其硬度必须大于工件材料的硬度。

2）足够的强度和韧性。刀具应具有承受切削力而不变形和承受冲击载荷而不断裂的能力。

3）好的耐磨性。刀具要具有抵抗磨损的能力。耐磨性是材料强度、硬度和组织结构的综合反映。一般硬度越高，耐磨性越好；颗粒越细，耐磨性越好。

4）高的热硬性。热硬性是表示刀具材料在高温下保持硬度、强度和韧性的性能。它是衡量刀具切削性能的主要指标。刀具的热硬性越高，刀具的切削性能越强，允许的切削速度也越高。

5）良好的导热性。良好的导热性能降低切削区的温度，减缓刀具的磨损。

6）工艺性。为了便于刀具的制造，要求刀具材料具有良好的工艺性，包括锻、轧、焊接、可加工性、热处理和可磨性等。

2．常见刀具材料的种类及应用

刀具常用的金属材料有碳素工具钢、合金工具钢、高速工具钢及硬质合金等；非金属材料有陶瓷、人造金刚石和立方氮化硼等。

（1）碳素工具钢　碳素工具钢是指碳的质量分数为0.65%~1.35%的优质碳素钢，常用牌号有T10A、T12A等。淬火硬度为61~64HRC。但耐热性差（200~250℃），淬火后容易产生裂纹和变形，允许切削速度很低（$v_c < 0.15 \text{m/s}$）。常用于制作简单的手工工具，如锉刀、刮刀、丝锥和板牙等。

（2）合金工具钢　合金工具钢是指在碳素工具钢中加入适量的合金元素Cr、W、Mn、Si等制造的钢。常用的牌号有9Si、CrWMn等。合金元素明显地提高了耐磨性、韧性和耐热性（350~400℃），减少了热变形。淬火硬度为61~65HRC。但切削速度不高（$v_c < 0.12 \text{m/s}$），一般用来制造丝锥、板牙和机用铰刀等。

（3）高速工具钢　高速工具钢是一种含有较高Cr、W、Mo、V等合金元素的高合金工具钢。常用的牌号有W18Cr4V、W6Mo5Cr4V2等。淬火硬度为62~66HRC，具有较高的抗弯强度和抗冲击性能，在550~600℃左右仍能保持其切削性能，具有热处理变形小，能锻造，容易磨锋利，切削速度高（$v_c < 0.5 \text{m/s}$）等特点，特别适合于制作形状复杂的刀具，如钻头、丝锥、铣刀、拉刀和齿轮刀具等。

（4）硬质合金　硬质合金是由难熔金属碳化物（WC、TiC等）和金属粘结剂（Co、Ni、Mo），在高温下烧结而成的粉末冶金制品。其特点是硬度、耐磨性、耐热性均高于工具钢。常温时硬度达89~94HRC，耐热温度达800~1000℃。切削钢时，切削速度为200m/min左右。在合金中加入熔点更高的TaC、NbC，可使耐热性提高到1000~1100℃，切削速度进一步提高到200~300m/min。最常用的硬质合金有钨钴类（如YG3X、YG6、YG8等）和钨钴钛类（如YT30、YT15、YT5等）。

（5）陶瓷　一般指以氧化铝为基体，在高温下烧结而成的陶瓷刀具材料。硬度可达93HRC，耐热温度高达1200~1450℃。但陶瓷的最大缺点是抗弯强度低，冲击韧性差。它主要用于一般金属材料和高硬度钢材的半精加工和精加工。

（6）人造金刚石　金刚石有天然的和人造的两种，都是碳的同素异形体。人造金刚石是在高压、高温和其他条件配合下由石墨转化而成的。金刚石的硬度很高，接近10000HV（硬质合金仅为1000~2000HV）。可用于加工硬度很高的硬质合金、陶瓷和玻璃等，还可以加工非铁金属材料及其合金和不锈钢。它是磨削硬质合金的特效工具。用人造金刚石高速精车非铁金属材料，表面粗糙度Ra值可达0.01~0.025μm。

（7）立方氮化硼（CBN）　氮化硼的性质、形状与石墨相似。石墨经过高温高压处理变成人造金刚石。用类似手段处理氮化硼（六方），就能得到立方氮化硼。硬度为 7000 ~ 9000HV，热稳定性远远高于金刚石。

（三）刀具几何角度

刀具角度是确定刀头几何形状与切削性能的重要参数。为了确定刀具角度，使其有一个统一、科学的评定标准和合理的数值，需要建立一个空间假定的坐标系。

用于确定刀具角度的参考系有两类：一类是标注角度参考系，它是设计计算、绘制刀具图及刃磨测量角度时的基准，需要预先假定刀具的运动条件和刀具的安装条件，以此确定刀具角度的参考系。用标注角度参考系定义的角度为标注角度；另一类是工作参考系，它是确定刀具切削运动中的角度基准，按切削工作的实际情况所确定的参考系，以此确定的刀具角度称为工作角度。

1. **刀具标注角度参考系**

1）基面（p_r）。通过切削刃上的某一选定点，且垂直于该点主运动方向的平面。

2）切削平面（p_s）。通过切削刃上的某一选定点，切于工件加工平面并垂直于基面。

3）正交平面（p_o）。通过切削刃上的某一选定点，并同时垂直于基面和切削平面的平面。

上述三个互相垂直的坐标平面，组成了标注和测量刀具角度的坐标系，如图 10-10 所示。图 10-11 所示为在标注和测量坐标系中车刀的主要角度。

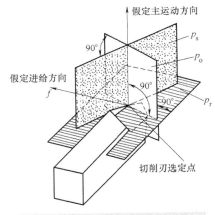

图 10-10　车刀的正交平面参考系

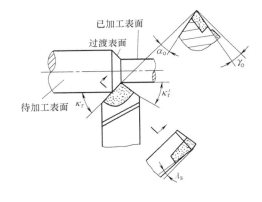

图 10-11　车刀的主要角度

坐标系建立的假设条件：

1）假设运动条件。只有主运动，没有进给运动，即 $f=0$。

2）假设安装条件。刀具刀尖与工件中心线等高，刀杆中心线垂直于进给方向。

2. **刀具标注角度的定义**

在设计、制造和测量刀具时，采用标注角度坐标系来标注刀具的角度，称为标注角度。

（1）在正交平面 p_o 内测量的角度

1）前角（γ_o）。前角即刀具前面与基面之间的夹角。较大的前角可以减小切屑的变形，降低切削力和切削温度，减少刀具的磨损，即刀具锋利，切削轻快。但前角过大，刀具导热体积减小且强度下降。

2）后角（α_o）。后角即刀具后面与切削平面之间的夹角。合适的后角可以减少加工面与后面的摩擦，减少后面的磨损，提高加工表面质量。

（2）投影到基面上测量的角度

1）主偏角（κ_r）。主切削刃与进给方向在基面上的投影所夹的角称为主偏角。在背吃刀量和进给量不变的情况下，改变主偏角的大小，可以改变切削刃参加切削的工作长度，并使切削厚度和切削宽度发生变化，如图 10-12 所示；改变主偏角的大小，同时也改变了背向力的大小，如图 10-13 所示。

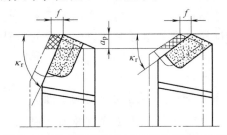

图 10-12　主偏角对切削宽度和切削厚度的影响

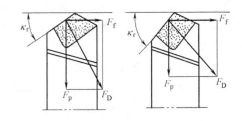

图 10-13　主偏角对背向力的影响

主偏角的大小要根据加工对象正确选择，车刀常用的主偏角有 45°、60°、75°、90°。

2）副偏角（κ_r'）。副切削刃与进给方向在基面上的投影所夹的角称为副偏角。增大副偏角，可以减小副后面与已加工表面间的摩擦。但过大的副偏角会影响刀尖强度和表面粗糙度（即影响残留面积高度，如图 10-14 所示）。

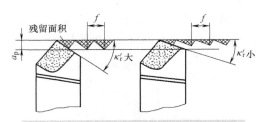

图 10-14　副偏角对残留面积高度的影响

（3）在切削平面内测量的角度　刃倾角（λ_s）是指主切削刃与基面的夹角。当刀尖是最高点时，λ_s 为正值；当刀尖是最低点时，λ_s 为负值。

刃倾角主要影响刀尖的强度和切屑的流动方向。如图 10-15 所示，λ_s 为 0°时，切屑向

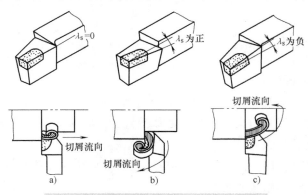

图 10-15　刃倾角对排屑方向的影响

a）$\lambda_s = 0$　b）$\lambda_s > 0$　c）$\lambda_s < 0$

着与主切削刃相垂直的方向流动；λ_s 为正值时，切屑向着待加工面的方向流动；当 λ_s 为负值时，切屑向着已加工面的方向流动。

三、金属切削的过程及物理现象

切削过程就是在切削运动过程中，从工件上切下多余的金属，形成已加工表面的过程。

（一）切屑的形成过程及切屑的种类

1. 切屑的形成过程

金属切削的过程也是切屑的形成过程，其实质是一种挤压过程，在挤压过程中，被切削的金属主要经过剪切滑移变形而形成切屑，如图 10-16 所示。

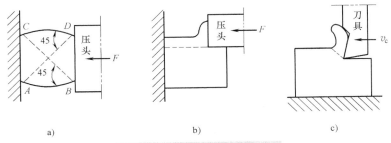

图 10-16　金属的挤压与切削

a）金属正挤压　b）金属偏挤压　c）金属切削

切削弹塑性材料时，当工件受到刀具挤压后，在接触处开始产生弹性变形。随着刀具继续切入，材料内部的应力、应变逐渐增大。当产生的应力达到材料的屈服强度时，则开始滑移而产生塑性变形，如图 10-17 所示。随着刀具连续的切入，原来处于始滑移面 OA 上的金属不断地向刀具靠近，当滑移过程进入终滑移面 OE 位置时，应力、应变达到最大值，若应力超过材料的强度极限时，材料被挤裂。越过 OE 面后切削层脱离工件母体，沿刀具前面流出形成切屑，完成切离阶段。

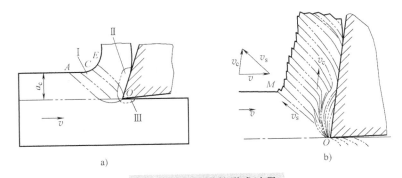

图 10-17　切屑的形成过程

a）切削过程的变形　b）切屑的形成

图 10-17a 中 OA 与 OE 之间是切削层的塑性变形区，变形最大，称为第 I 变形区，或称为基本变形区。在切削过程中，由于切削速度较高，OA、OE 之间相距很近，可以近似地用一个平面 OM（图 10-17b）来表示该变形区，这个平面称为剪切面。由于刀具前面对切屑的

挤压和摩擦作用，使切屑流出，同时其底层又一次产生塑性变形，称此变形区为第 Ⅱ 变形区。切屑经过此变形区时，其底层比上层伸长得多，发生了卷曲；因刀具刃口有一圆弧（半径为 r_a），故切削层内 O 点以下的金属 ΔA 并未与母体分离，留下来被刃口圆弧挤压（图 10-18）。此外，由于刀具的磨损，刀具后面 BE 段后角为零的棱面与已加工表面摩擦，以及弹性回复使已加工表面与后面的接触面加大，增加了挤压和摩擦。这些原因使已加工表面产生了强烈的塑性变形，这就是第 Ⅲ 变形区。由于已加工表面的塑性变形，使其表面产生加工硬化和残余应力。加工硬化使后道工序的加工增加了困难。

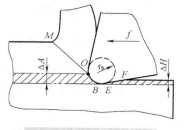

图 10-18 第Ⅲ变形区

2. 切屑的种类

切削时，由于被加工材料性能和切削条件的不同，滑移变形的程度有很大的不同，因而得到不同形状的切屑（图 10-19）。

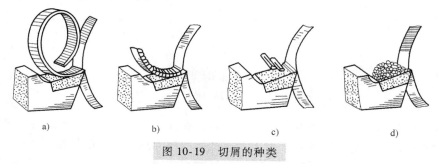

图 10-19 切屑的种类

a）带状切屑 b）节状切屑 c）粒状切屑 d）崩碎切屑

（1）带状切屑 内表面光滑，外表面呈微小的锯齿形，用较大前角的刀具在较高的切削速度、较小的进给量和背吃刀量的情况下，切削硬度较低的金属材料（如低碳钢），容易得到带状切屑（图10-19a）。由于材料塑性大，切削层金属经过终滑移面 OE 时，虽然产生较大的塑性变形，但未达到破裂程度即被切离工件母体，因此切屑连绵不断。带状切屑的形成过程经过弹性变形、塑性变形和切离三个阶段，切削比较平稳，切削力波动小，工件表面比较光滑。但它会缠绕在刀具或工件上，易损坏切削刃和刮伤工件，清除和运输也不方便。因此，常在刀具前面上磨出各种断屑槽，以使切屑被切断。

（2）节状切屑 用较小前角的刀具，以较低的切削速度粗加工中等硬度的弹塑性材料（如中碳钢），由于材料塑性较小和切削变形较大，当切削层金属到达 OE 面时，材料已经达到破裂程度，沿剪切角方向被一层一层地挤裂。但在切离母体时，切屑底层尚未裂开，形成节状切屑（图 10-19b），又称为挤裂切屑。这类切屑的顶面有明显的裂纹，呈锯齿状，其形成过程经过了弹性变形、塑性变形、挤裂和切离四个阶段，是最典型的切削过程。节状切屑的切削力较大，且有波动，工件表面较粗糙。

（3）粒状切屑 在形成节状切屑的过程中，进一步减小前角，降低切削速度，或增大切削厚度，则切屑在整个厚度上被挤裂，形成梯形的粒状切屑（图 10-19c），又称为单元切屑。形成粒状切屑时，切削力更大，波动也很大。

（4）崩碎切屑 在切削铸铁和黄铜等脆性材料时，由于材料的塑性极小，切削层金属受刀具挤压经过弹性变形以后就突然崩裂，形成不规则的碎块状屑片，即为崩碎切屑（图10-19d）。切屑的形成过程经过弹性变形、挤压和切离三个阶段。产生崩碎切屑时，切屑热和断续的切削力都集中在主切削刃和刀尖附近，刀尖容易磨损，并容易产生振动，影响表面粗糙度。

（二）切削力与切削功率

1. 切削力的构成

切削时工件要产生一系列的弹性变形和塑性变形，因此有变形抗力 $F_{n\gamma}$ 和 $F_{n\alpha}$ 分别垂直作用于刀具的前面和后面上。切屑沿前面流出，刀具与工件间有相对运动，所以有摩擦力 $F_{f\gamma}$ 和 $F_{f\alpha}$ 分别作用在刀具的前面、后面上。这些力的合力 F 就是作用在刀具上的总切削力，如图 10-20a 所示。

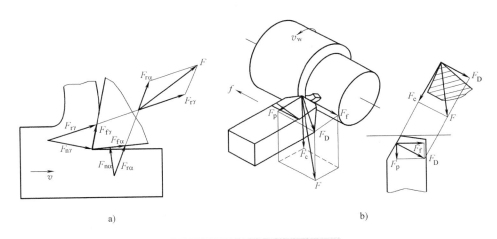

图 10-20 切削力的构成与分解

a）切削力的构成 b）切削力的分解

2. 切削力的分解

总切削力是一个空间力，为便于测量和计算，以适应设计机床和工艺分析的需要，常将总切削力分解为三个互相垂直的分力。车削外圆时，切削力的分解如图 10-20b 所示。

1）切削力 F_c。主切削力是指总切削力在切削速度方向上的分力，也称为切向力，约占总切削力的 80% ~ 90%。F_c 消耗的功率占总功率的 90% 以上。它是计算机床动力，设计主传动系统零件、刀具和夹具强度的依据。切削力过大会使刀杆产生弯曲变形，甚至使刀具崩刃；其反作用力作用在工件上，过大时可能发生闷车现象。

2）进给力 F_f。其方向与进给方向相反，车外圆时与轴线方向一致，又称为轴向力。F_f 一般只消耗总功率的 1% ~ 5%，是设计机床时验算进给系统零件刚度的依据。

3）背向力 F_p。其方向与进给方向垂直，车外圆时作用在工件的径向，又称为径向力。因为切削时在此方向上的运动速度为零，所以不做功。但其反作用力作用在工件上，容易使工件弯曲变形，特别是对于刚性差的工件，如细长轴等。F_p 不仅影响加工精度，还容易引起振动。

3. 影响切削力的因素

1）工件材料。工件材料的强度或硬度越高，则 F_c、F_f 和 F_p 越大。

2）切削用量。背吃刀量 a_p 和进给量 f 越大，F_c、F_f 和 F_p 越大，而切削速度 v_c 则对切削力的影响不大。

3）刀具角度。增大前角 γ_o 可使 F_c、F_f 和 F_p 减小；增大主偏角 κ_r 可使 F_f 增大，而使 F_p 减小。

（三）切削热和切削温度

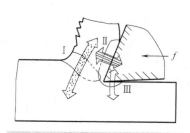

在切削过程中，由于绝大部分的切削功转变成热，所以有大量的热产生，这些热称为切削热。切削热来源于三个变形区，如图 10-21 所示。在第 I 变形区，由切削金属的弹性变形和塑性变形而产生的热，传给切屑和工件，也有一部分热通过切屑再传给刀具，这是主要热源。在第 II 变形区，由切屑与刀具前面摩擦所产生的热传给切屑和刀具。在第 III 变形区，由工件与刀具后面摩擦而产生的热传给工件和刀具。

图 10-21 切削热的产生与传散

切削热通过切屑、工件、刀具以及周围介质传散。不同的加工方式，切削热的传散情况是不同的。例如，不用切削液，以中等速度车削钢件时，切削热的 50%～86% 由切屑带走，10%～40% 传入工件，3%～9% 传入刀具，1% 传入空气；和上述条件一样，钻削钢材时，散热条件差，切削热的 28% 由切屑带走，14.5% 传入工件，52.5% 传入钻头，5% 左右传入介质。

传入切屑和介质的切削热越多，对加工越有利。传入刀具的热量虽不多，但因刀头体积小，刀头温度过高，将加快刀具磨损。传入工件的热会引起工件热变形，影响尺寸和形状精度。

（四）刀具磨损

在切削过程中，刀具在高压、高温和强烈的摩擦条件下，切削刃由锋利逐渐变钝以致失去正常切削能力。刀具磨损后，必须重磨，否则会引起振动并使加工质量下降。

1. 刀具磨损的形式

刀具正常磨损时，按其发生的部位不同，可以分为以下三种形式：

1）后面磨损。切削脆性材料或以较低的切削速度和较小的切削厚度切削弹塑性材料时，刀具前面上的压力和摩擦力不大，这时磨损主要发生在后面上，如图 10-22a 所示。

2）前面磨损。以较高的切削速度和较大的切削厚度切削弹塑性材料时，切屑对刀具前面的压力大，摩擦剧烈，温度高，所以在前面切削刃附近磨出月牙洼，如图 10-22b 所示。

3）前面、后面同时磨损。以中等切削速度和中等切削厚度切削弹塑性材料时，常会发生这种磨损，如图 10-22c 所示。

2. 刀具磨损过程

刀具磨损过程可分为三个阶段，即初期磨损 OA、正常磨损 AB 和急剧磨损 BC，如图 10-23 所示。

（五）切削用量的选择原则

切削用量是否合理，直接影响生产率和加工质量。切削用量的选择主要受工艺系统

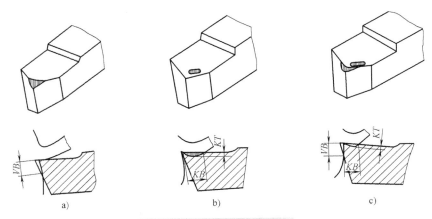

图 10-22　刀具磨损的形式

a）后面磨损　b）前面磨损　c）前面、后面同时磨损

（机床、刀具）的性能和工件技术要求（如加工精度、表面粗糙度）两方面的约束。

　　由实验可知，切削用量三要素中，切削速度对刀具寿命影响最大，背吃刀量影响最小，因此，在粗加工阶段，为提高生产率，应尽可能多地切除加工余量，把背吃刀量选得大些，其次选择较大的进给量，最后确定合适的切削速度。特别是有硬皮的铸件、锻件的第一刀，背吃刀量应大于硬皮深度。

　　当精加工时，为保证工件获得需要的尺寸精度和表面粗糙度，首先应选择合理的切削速度，其次确定较小的进给量，最后确定较小的背吃刀量。

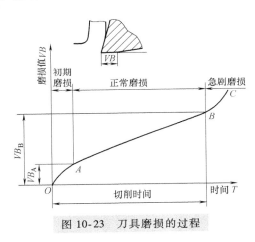

图 10-23　刀具磨损的过程

（六）切削液的合理选用

　　切削液主要用来降低切削温度和减小切削过程的摩擦。合理选用切削液对减轻刀具磨损、提高加工表面质量及加工精度起着重要作用。

　　1. 切削液的分类

　　常用切削液分为三大类：水溶液、乳化液和切削油。

　　1）水溶液。以水为主，适量加入防腐添加剂和油性添加剂，主要起冷却作用。

　　2）乳化液。将乳化油用 95%～98% 的水稀释，呈乳白色，具有良好的冷却作用，但润滑、防锈能力差。

　　3）切削油。主要成分为矿物油，少数采用动植物油，主要起润滑作用。

　　2. 切削液的合理选用

　　选择切削液时应综合考虑工件材料、刀具材料、加工方法和加工要求等情况。

　　1）从工件材料角度考虑。切削钢等弹塑性材料，需要切削液。切削铸铁、青铜类等脆性材料，不需要切削液，原因是作用不明显。

2）从刀具角度考虑。高速钢刀具耐热性差，应用切削液。硬质合金刀具耐热性好，一般不用切削液。

3）从加工方法角度考虑。钻孔、铰孔、攻螺纹和拉削等工序，因刀具与工件已加工表面的摩擦严重，宜加乳化液或切削油。成形刀具、齿轮刀具等价格昂贵，要求刀具使用寿命长，可采用切削油润滑。磨削加工时温度高，还会产生大量的碎屑及脱落的砂粒，因此要求切削液应具有良好的冷却作用和冲洗作用，常采用乳化液。

4）从加工要求方面考虑。粗加工时，金属切除量大，产生的热量多，应着重考虑降低温度，选用以冷却为主的乳化液。精加工时，主要要求加工精度和表面质量，应选用以润滑为主的切削油，减小刀具与工件的摩擦与粘结，抑制积屑瘤。

四、磨料切削与磨具

磨料切削加工是用磨具作为切削工具进行的加工。磨具是由许多细微、坚硬、形状不规则的磨粒制成的。磨料切削加工方法有磨削、珩磨、超精磨、研磨和抛光等。

（一）磨具

磨具的种类很多，有砂轮、油石、砂布和砂纸等，其中以砂轮的应用为最多。磨具的特征对加工精度、表面粗糙度和生产率影响最大，主要特征有磨料、粒度、结合剂、硬度、组织、形状和尺寸等。

1. 磨料

磨料是制造磨具的主要原料，直接担负着切削加工。磨料应具有高硬度、高耐热性和一定的韧性，在切削过程中承受切削力，破碎后还要能形成尖锐的棱角。常用的磨料有氧化系的棕刚玉和白刚玉、碳化物系的黑碳化硅和绿碳化硅、高硬磨料系的人造金刚石和立方氮化硼。

2. 粒度

粒度是指磨料颗粒的大小程度，分为磨粒和微粉两大类。磨料粒度按颗粒尺寸大小分为37个号，记作：F4、F5、F6、F7、F8、F10、F12、F14、F16、F18、F20、F22、F24、F30、F36、F40、F46、F54、F60、F70、F80、F90、F100、F120、F150、F180、F220、F230、F240、F280、F320、F360、F400、F500、F600、F800、F1000、F1200。

磨料粒度的选择主要根据工件的表面粗糙度和生产率。磨料颗粒越细，加工出的表面粗糙度值越低，而生产率也越低。一般地说，粗磨用较粗的磨粒，如 F30~F46；精磨选用较细的磨粒，如 F60~F120；螺纹和齿轮等成形磨削选用 F120~F220；微粉常用于镜面磨削和光整加工。

3. 结合剂

磨具中用以粘结磨料的物质称为结合剂。磨具的强度、抗冲击性、耐热性及抗腐蚀能力，主要取决于结合剂的性能。常用的结合剂有陶瓷结合剂、树脂结合剂和橡胶结合剂。

4. 硬度

磨具的硬度是指磨具表面的磨粒在外力的作用下脱落的难易程度，容易脱落的为软，反之为硬。磨具的硬度和磨料的硬度是两个不同的概念，同一种磨料可以制成硬度不同的磨具，这主要取决于结合剂的性能、分量以及磨具的制造工艺。

加工较硬金属时，为了使磨钝的磨粒能及时地脱落，从而露出具有尖锐棱角的新磨粒，应选用较软的磨具；加工较软的金属时，为了使磨粒不致过早地脱落而增加磨具的损耗，应选用较硬的磨具。在一般磨削中，选用中软和中硬级的砂轮。成形磨削和精密磨削为了较好地保持砂轮的形状精度，应选用较硬的砂轮。

5. 组织

磨具的组织是指磨具中磨粒、结合剂、气孔三者的体积比例关系，以磨粒率表示磨具的组织号。磨具的组织号越小，磨粒在磨具中所占的比例大，则气孔越小，组织越紧密；组织号越大，磨粒所占的比例越小，则气孔越大，组织越疏松。相同的磨粒、粒度和结合剂可以制成不同组织的磨具，如图 10-24 所示。

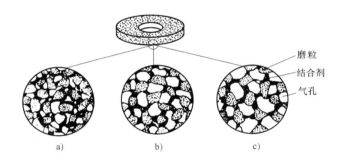

图 10-24 砂轮的组织举例

a）1#组织 b）6#组织 c）12#组织

6. 形状与尺寸

根据机床类型和加工的需要，应将磨具制成各种标准的形状和尺寸。常用的几种砂轮形状、代号和用途见表 10-1。

表 10-1 常用砂轮的形状、代号和用途

砂轮名称	简 图	代 号	用 途
平形砂轮		1	磨削外圆、内圆、平面，并用于无心磨
双斜边砂轮		4	磨削齿轮的齿形和螺纹
筒形砂轮		2	立轴端面平磨
杯形砂轮		6	磨削平面、内圆及刃磨刀具
碗形砂轮		11	刃磨刀具，并用于导轨磨
碟形砂轮		12	磨削铣刀、铰刀、拉刀及齿轮的齿形
薄片砂轮		41	切断和开槽

（二）磨削原理

磨削所用砂轮表面，杂乱无章地分布着很多的多棱尖角的磨粒（图 10-25）。磨粒一般用机械方法破碎，其形状多为不规则的多面体（图 10-26）。磨粒的每一个棱边都是一个微小的切削刃，由于磨粒的顶尖角 β_o 大多为 90°~120°，故磨粒工作通常是以负前角进行切削。

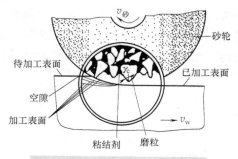

图 10-25　磨粒在砂轮上的分布

图 10-26　磨粒的形状

磨削过程是一个复杂的切削过程。可以近似这样看：砂轮上比较凸出的和比较锋利的磨粒，由于切入工件较深，起切削作用，其本质与刀具切削金属的过程相同（图 10-27a）。砂轮上凸起高度较小或较钝的磨粒起划刻作用（图 10-27b）。砂轮上磨钝的或比较凹下的磨粒，既不起切削作用也不起划刻作用，而只是与工件表面产生滑擦，起摩擦抛光作用（图 10-27c）。

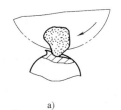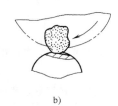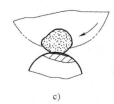

a)　　　　　　　　　b)　　　　　　　　　c)

图 10-27　磨粒的磨削作用

综上所述，磨削过程实际上是无数磨粒对工件表面进行错综复杂的切削、划刻和滑擦作用的综合过程。一般来说，粗磨时以切削为主；精磨时既有切削作用，又有摩擦抛光作用；超精磨和镜面磨削时摩擦抛光作用更为明显。

（三）磨削过程的物理现象

磨削过程与刀具切削加工过程一样，由于被磨削金属的剧烈变形以及磨粒与工件表面的剧烈摩擦，同样要产生磨削力、磨削热和加工硬化等物理现象。

1. 磨削力

磨削力来自于磨削层的弹性变形、塑性变形以及磨粒和工件表面之间的摩擦。磨削力和切削力一样，也可以分解为三个相互垂直的分力（图 10-28）。由于磨削的厚度较小，因此切削力 F_c 较小，进给力 F_f 更小。但由于砂轮与工件的接触宽度较宽，使

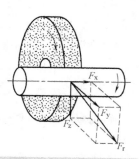

图 10-28　磨削力的分解

得背向力 F_p 较大。这是磨削过程的特点之一。较大的背向力易使工件弯曲变形，因此精磨时需要若干次无横向进给的光磨过程，以消除或减小形状误差。

2. 磨削热

磨削过程产生大量的磨削热。由于砂轮的导热性差且切屑切离的时间极短，使得磨削中产生的切削热不能较多地通过砂轮、切屑传散出去，有 70%～80% 的热量传入工件。所以，磨削时工件表面温度急剧升高，可达 800～1000℃，甚至更高。磨削时的高温容易引起工件表面烧伤和工件变形，还容易使淬火钢表层发生退火而影响使用性能。因此，在磨削加工中一般要喷注大量的切削液，以降低磨削温度。

3. 加工硬化和残余应力

磨削时工件表层金属产生剧烈塑性变形，必然产生加工硬化现象；磨削热大量地传入工件并经切削液的冷却，易使钢件表面产生淬火现象。所以磨削后的工件表层硬度将会提高。此外，磨削时因塑性变形的不均衡而产生的塑性变形应力和因磨削热产生的热变形应力均会使表层金属产生残余应力。

与刀具切削加工相比，虽然磨削的硬化层和残留应力层较浅，但其程度更为严重，这对零件加工工艺、加工精度和使用性能均有一定的影响。例如，机床床身在导轨磨床上磨削后，不宜再用刮研方法进行修正。磨削后表层的残余应力有可能使工件在磨削后产生变形，影响加工精度，有时还会产生细小的裂纹，降低零件的抗疲劳能力。

第二节　金属切削机床

金属切削机床（简称机床）是用切削方法加工金属零件的机器。它是制造机器的机器，所以又称为工作母机。在一般机械制造工厂中，机床约占机器总台数的 50%～70%，它担负的加工工作量约占机械制造总工作量的一半。

一、机床的分类和型号

机床的品种和规格繁多，为了便于区分、管理和使用，需要对机床进行分类和编制型号。

1. 机床的分类

按照国家标准 GB/T 15375—2008，机床按加工性质分为 11 类（表 10-2）：车床、钻床、镗床、磨床、齿轮加工机床、螺纹加工机床、铣床、刨插床、拉床、锯床和其他机床。在每一类机床中，又按工艺特点、布局形式和结构性能等不同，分为若干组。每一组中，又细分为若干系。

表 10-2　金属切削机床类、组划分

类别 ＼ 组别	0	1	2	3	4	5	6	7	8	9
车床 C	仪表小型车床	单轴自动车床	多轴自动、半自动车床	回转、转塔车床	曲轴及凸轮轴车床	立式车床	落地及卧式车床	仿形及多刀车床	轮、轴、辊、锭及铲齿车床	其他车床
钻床 Z		坐标镗钻床	深孔钻床	摇臂钻床	台式钻床	立式钻床	卧式钻床	铣钻床	中心孔钻床	其他钻床

（续）

组别 类别	0	1	2	3	4	5	6	7	8	9
镗床 T			深孔镗床		坐标镗床	立式镗床	卧式铣镗床	精镗床	汽车、拖拉机修理用镗床	其他镗床
磨床 M	仪表磨床	外圆磨床	内圆磨床	砂轮机	坐标磨床	导轨磨床	刀具刃磨床	平面及端面磨床	曲轴、凸轮轴、花键轴及轧辊磨床	工具磨床
磨床 2M		超精机	内圆珩磨机	外圆及其他珩磨机	抛光机	砂带抛光及磨削机床	刀具刃磨及研磨机床	可转位刀片磨削机床	研磨机	其他磨床
磨床 3M		球轴承套圈沟磨床	滚子轴承套圈滚道磨床	轴承套圈超精机		叶片磨削机床	滚子加工机床	钢球加工机床	气门、活塞及活塞环磨削机床	汽车、拖拉机修磨机床
齿轮加工机床 Y	仪表齿轮加工机		锥齿轮加工机	滚齿及铣齿机	剃齿及珩齿机	插齿机	花键轴铣床	齿轮磨齿机	其他齿轮加工机	齿轮倒角及检查机
螺纹加工机床 S				套丝机	攻丝机		螺纹铣床	螺纹磨床	螺纹车床	
铣床 X	仪表铣床	悬臂及滑枕铣床	龙门铣床	平面铣床	仿形铣床	立式升降台铣床	卧式升降台铣床	床身铣床	工具铣床	其他铣床
刨插床 B		悬臂刨床	龙门刨床			插床	牛头刨床		边缘及模具刨床	其他刨床
拉床 L			侧拉床	卧式外拉床	连续拉床	立式内拉床	卧式内拉床	立式外拉床	键槽、轴瓦及螺纹拉床	其他拉床
锯床 G			砂轮片锯床		卧式带锯床	立式带锯床	圆锯床	弓锯床	锉锯床	
其他机床 Q	其他仪表机床	管子加工机床	木螺钉加工机		刻线机	切断机	多功能机床			

2. 机床的型号

机床型号是机床产品的代号，由汉语拼音字母和阿拉伯数字按一定规律组成，以简明地形式表示机床的类型、主要技术参数、性能和结构特性以及制造厂家等。机床型号的次序是：类别代号（车床、钻床、镗床等用C、Z、T等表示，见表10-2），通用特性、结构特性代号（表10-3），组代号（表10-2），系代号（组内分若干系，见国家标准），主参数代号（车削工件的最大直径，最大钻头直径等），重大改进代号（按改进的先后次序用A、B、C、…表示）。

表 10-3　机床通用特性、结构特性代号

通用特性	高精度	精密	自动	半自动	数控	加工中心（自动换刀）	仿形	轻型	加重型	柔性加工单元	数显	高速
代号	G	M	Z	B	K	H	F	Q	C	R	X	S
读音	高	密	自	半	控	换	仿	轻	重	柔	显	速

现根据 GB/T 15375—2008，举例说明机床型号如下：

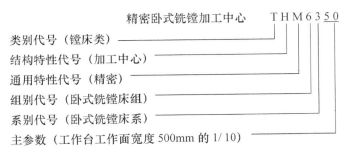

精密卧式铣镗加工中心　ＴＨＭ６３５０

类别代号（镗床类）
结构特性代号（加工中心）
通用特性代号（精密）
组别代号（卧式铣镗床组）
系别代号（卧式铣镗床系）
主参数（工作台工作面宽度 500mm 的 1/10）

CA6140 型卧式车床

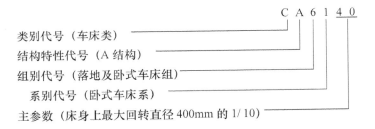

ＣＡ６１４０

类别代号（车床类）
结构特性代号（A 结构）
组别代号（落地及卧式车床组）
系别代号（卧式车床系）
主参数（床身上最大回转直径 400mm 的 1/10）

二、机床的传动

目前机床主要采用机械传动。机床的动力源是交流异步电动机、直流电动机、步进电动机或伺服电动机等。由动力源通过带、齿轮、齿条、丝杠与螺母等传动元件带动机床主轴、刀架和工作台等执行机构运动，实现切削加工所需的主运动和进给运动。

1. 传动系统图

机床传动系统图是将各种传动元件用简单的符号（参阅机床手册），按运动传递顺序依次排列，以展开图形式画在机床外形轮廓内的一张传动示意图。图 10-29 所示为卧式车床传动系统图，齿轮旁边的数字为齿轮的齿数。

2. 传动链

在机床传动系统图中，把动力源与执行机构连接起来，或把两个执行机构连接起来，用以传递运动和动力的传动联系称为传动链。机床的每一运动都有一条传动链。机床有几个运动，就相应有几条传动链。

图 10-29 所示车床有三条传动链。

（1）主运动传动链　主运动传动链是从电动机到车床主轴，其表达方式如下：

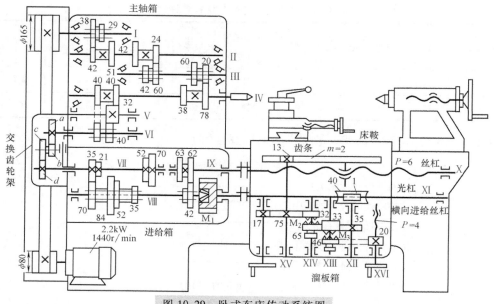

图 10-29 卧式车床传动系统图

$$\text{电动机} \begin{pmatrix} 2.2\text{kW} \\ 1440\text{r/min} \end{pmatrix} - \frac{\phi 80}{\phi 165} - \text{I} - \begin{Bmatrix} \dfrac{38}{42} \\ \dfrac{29}{51} \end{Bmatrix} - \text{II} - \begin{Bmatrix} \dfrac{42}{42} \\ \dfrac{24}{60} \end{Bmatrix} - \text{III} - \begin{Bmatrix} \dfrac{60}{38} \\ \dfrac{20}{78} \end{Bmatrix} - \text{主轴 IV}$$

主轴共有 $2 \times 2 \times 2 = 8$ 档转速。主轴的反转是通过电动机的反转来实现的。

（2）纵向进给传动链　纵向进给传动链是从车床主轴到车床床鞍。

（3）横向进给传动链　横向进给传动链是从车床主轴到车床中滑板。

这两条进给传动链可综合表达如下：

$$\text{主轴 IV} - \begin{Bmatrix} \dfrac{40}{40} \\ \dfrac{40}{32} \times \dfrac{32}{40} \end{Bmatrix} - \text{VI} - \frac{a}{b} \times \frac{c}{d} - \text{VII} - \begin{Bmatrix} \dfrac{70}{35} \\ \dfrac{52}{52} \\ \dfrac{35}{70} \\ \dfrac{21}{84} \end{Bmatrix} - \text{VIII} - \begin{cases} \begin{Bmatrix} \dfrac{42}{62} \\ \dfrac{42}{63} \end{Bmatrix} - \text{IX} - \text{丝杠 X} - \text{开合螺母} \\ \qquad - \text{床鞍纵向进给车螺纹} \\ \qquad\qquad P = 6\text{mm} \\ \\ \text{M}_1 - \text{光杠 XI} - \dfrac{1}{40} - \text{XII} \end{cases}$$

$$\dfrac{35}{33} \begin{cases} \text{M}_3 - \text{XIII} - \dfrac{46}{20} - \text{中滑板横进给丝杠 XVI} - \text{中滑板横进给,} \ P = 4\text{mm} \\ \\ \dfrac{33}{65} - \text{XIV} - \text{M}_2 - \dfrac{32}{75} - \text{XV} - \text{齿轮、齿条（} m = 2, \ z = 13 \text{）} - \text{床鞍纵向进给} \end{cases}$$

在上述进给传动链中，车床主轴Ⅳ和Ⅵ之间的齿轮副为变向机构（图 10-29）。当轴Ⅵ上的滑移齿轮处于图示位置时，它直接与主轴Ⅳ上双联齿轮的左侧齿轮（$z=40$）啮合，旋转方向与主轴相反。当轴Ⅵ上滑移齿轮右移到假想线位置时，运动由主轴Ⅳ上双联齿轮的右侧齿轮通过中间齿轮（$z=40$）传给轴Ⅵ，旋转方向与主轴相同。借助于变向机构，使丝杠得到不同的转向，以便车削右螺纹或左螺纹；使光杠得到不同的转向，以实现两个方向的纵向进给和横向进给。

调整图 10-29 交换齿轮架上的交换齿轮 a、b、c、d，可以获得所需车削螺纹的导程。通过轴Ⅶ与轴Ⅷ之间的滑移齿轮（其传动比为 2、1、1/2、1/4），可扩大机床车削螺纹导程的种类和纵、横向进给量的范围。

第三节　车　削　加　工

车削是切削加工中最基本的，也是使用范围最广的一种加工方法。本节阐述车削的加工范围，各种类型车床的结构及其加工工艺特点。

一、车削的加工范围

车削用于回转表面的加工。车削时工件回转是主运动，车刀平移是进给运动。卧式车床上能完成的各种加工如图 10-30 所示。

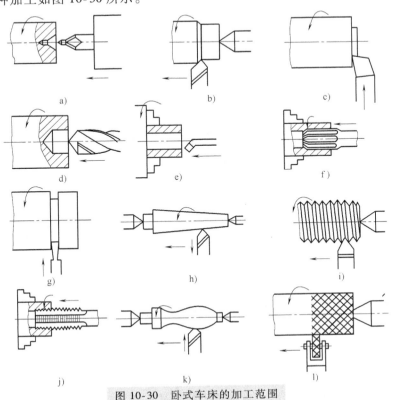

图 10-30　卧式车床的加工范围

a）钻中心孔　b）车外圆　c）车端面　d）钻孔　e）镗孔　f）铰孔　g）切槽或切断　h）车锥体
i）车螺纹　j）攻螺纹　k）车成形面　l）滚花

二、卧式车床车削

卧式车床车削时所用车刀的类型和用途如图 10-31 所示。卧式车床的自动化程度低，换刀比较麻烦，加工过程中花费的辅助时间较多，一般只适用于单件和小批量生产的场合。

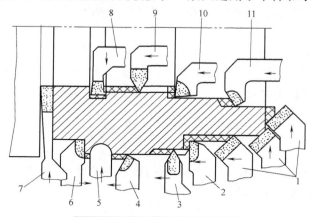

图 10-31　车刀的类型和用途

1—弯头车刀　2—90°偏刀　3—外螺纹车刀　4—75°外圆车刀　5—成形车刀　6—90°左偏刀

7—切断刀　8—内孔切槽刀　9—内螺纹车刀　10—闭孔镗刀　11—通孔镗刀

（一）CA6140 型卧式车床

图 10-32 所示为 CA6140 型卧式车床的外形。它的主要部件包括下面几项。

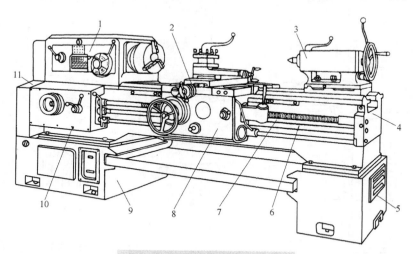

图 10-32　CA6140 型卧式车床

1—主轴箱　2—刀架　3—尾座　4—床身　5、9—床腿　6—光杠　7—丝杠

8—溜板箱　10—进给箱　11—交换齿轮变速机构

1. 主轴箱

主轴箱 1 固定在床身 4 的左端。主轴箱的功用是支承主轴，使它旋转、停止、变速、变向。主轴箱内装有变速机构和主轴。主轴是空心的，中间可以穿过棒料。主轴的前端装有卡

盘，用以夹持工件。车床的电动机经过 V 带传动，通过主轴箱内的变速机构，把动力传给主轴，以实现车削的主运动。

2. 刀架

刀架 2 装在床身 4 的床鞍导轨上。刀架的功用是安装车刀，一般可同时装四把车刀。床鞍的功用是使刀架做纵向、横向和斜向的运动。刀架位于三层滑板的顶端。最底层的滑板称为床鞍，它可以沿床身导轨做纵向运动，可以机动也可以手动，以带动刀架实现纵向进给。第二层为中滑板，它可沿床鞍顶部的导轨做垂直于主轴方向的横向运动，也可以机动或手动，以带动刀架实现横向进给。最上一层为小滑板，它与中滑板之间用转盘连接，因此，小滑板可在中滑板上转动，调整好某个方向后，可以带动刀架实现斜向手动进给。

3. 尾座

尾座 3 安装在床身 4 的尾座导轨上，可沿床身导轨纵向运动以调整其位置。尾座可在其底板上做少量的横向移动，通过此调整，可以在用后顶尖顶住的工件上车锥体。

4. 床身

床身 4 固定在左床腿 9 和右床腿 5 上，床身用来支承和安装车床的主轴箱 1、进给箱 10、溜板箱 8、刀架 2 和尾座 3 等，使它们在工作时保证准确的相对位置和运动轨迹。床身上面有两组导轨，即床鞍导轨和尾座导轨。床身前方床鞍导轨下装有长齿条，与溜板箱中的小齿轮啮合，以带动溜板箱纵向移动。

5. 溜板箱

溜板箱 8 固定在床鞍底部。它的功用是将丝杠 7 或光杠 6 的旋转运动，通过箱内的开合螺母和齿轮机构传动，使床鞍纵向移动，使中滑板横向移动。在溜板箱表面装有各种操纵手柄和按钮，用来实现手动或机动、进给或车螺纹、纵向进给或横向进给、快速进退或工作速度移动等。

6. 进给箱

进给箱 10 固定在床身 4 的左前侧。箱内装有进给运动变速机构。进给箱的功用是使丝杠或光杠旋转、改变机动进给的进给量和改变被加工螺纹的导程。

7. 丝杠

丝杠 7 的左端装在进给箱 10 上，右端装在床身右前侧的挂角脚上，中间穿过溜板箱 8。丝杠专门用来车螺纹。若溜板箱中的开合螺母合上，丝杠就带动床鞍移动车制螺纹。

8. 光杠

光杠 6 的左端也装在进给箱 10 上，右端也装在床身右前侧的挂角脚上，中间也穿过溜板箱 8。光杠专门用于实现车床的自动纵、横向进给。

9. 交换齿轮变速机构

交换齿轮变速机构 11 装在主轴箱 1 和进给箱 10 的左侧，其内部的交换齿轮连接主轴箱和进给箱。交换齿轮变速机构的用途是车削特殊的螺纹（寸制螺纹、径节螺纹、精密螺纹和非标螺纹等）时调换交换齿轮用。

（二）工件的装夹方式

在普通卧式车床上加工，工件的装夹方法有用自定心卡盘装夹、用单动卡盘装夹、用两顶尖装夹、一端用卡盘另一端用顶尖装夹、一端用卡盘另一端用中心架装夹、用花盘装夹。

1. 用自定心卡盘装夹

自定心卡盘（图 10-33）装夹工件时，三爪同时做等距离径向移动，所以自定心卡盘夹持零件能自动定心。它适合于圆棒料、六角棒料以及外圆表面为圆柱面的工件。用自定心卡盘夹持工件，其悬臂长度要小于三倍直径，否则刚性不足，车削时易产生振动。

2. 用单动卡盘装夹

单动卡盘（图 10-34）的四个卡爪可以分别单独径向移动，而且夹紧力大，所以它通常适合装夹毛坯、方形、长方形、椭圆和其他不规则形状的工件。使用单动卡盘时，要使工件加工表面的轴线与卡盘的旋转轴线相重合。这个找正过程需要较高的技术，并花费较多的时间，因此单动卡盘使用不太方便。

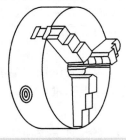

图 10-33　自定心卡盘

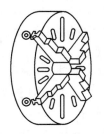

图 10-34　单动卡盘

3. 用两顶尖装夹

用顶尖装夹，必须先在工件的两端上用中心钻钻出两中心孔（图 10-35）。A 型是普通中心钻，60°锥孔部分与顶尖贴合起定心作用，前面圆柱孔的作用是不使顶尖尖端触及工件，以保证顶尖与锥孔的贴合。B 型是带护锥的中心钻，端部 120°护锥保护 60°锥面不被碰伤。精度要求较高、需要多次使用中心钻的工件，采用带护锥的中心钻。两顶尖装夹，需有鸡心夹头和拨盘夹紧来带动工件旋转（图 10-36）。前顶尖装在车床主轴锥孔中与主轴一起旋转。后顶尖装在尾座套筒锥孔内。后顶尖有固定顶尖和回转顶尖两种（图 10-37）。固定顶尖与工件中心孔发生摩擦，在接触表面上要加润滑脂润滑。固定顶尖定心准确、刚性好，适合于低速切削和工件精度要求较高的场合。回转顶尖随工件一起转动，与工件中心孔无摩擦，适用于高速切削，但定心精度不高。

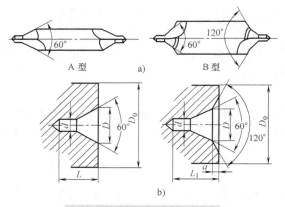

图 10-35　中心钻和中心孔

a）中心钻　b）中心孔

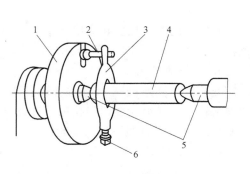

图 10-36　用两顶尖装夹工件

1—拨盘　2—拨杆　3—鸡心夹头　4—工件
5—顶尖　6—锁紧螺钉

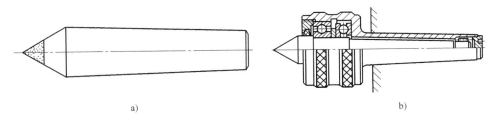

图 10-37　后顶尖

a）固定顶尖　b）回转顶尖

4. 一端用卡盘另一端用顶尖装夹

用两顶尖装夹长工件时，工件刚性差。所以，粗加工余量大且不均匀的工件时，宜一端用卡盘夹紧，另一端用顶尖顶住。

5. 一端用卡盘另一端用中心架装夹

对于较长、直径较大的工件（不能塞入卡盘孔、主轴孔内），若需要镗孔、车端面、车内螺纹或修研中心孔时，往往需要一端用卡盘另一端用中心架装夹（图 10-38）。

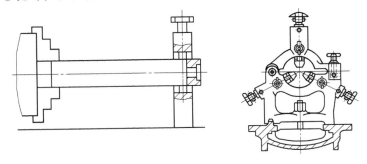

图 10-38　一端用卡盘另一端用中心架装夹

6. 用花盘装夹

单件、小批量生产时，在车床上加工不规则工件时，常用花盘来装夹。图 10-39 所示为

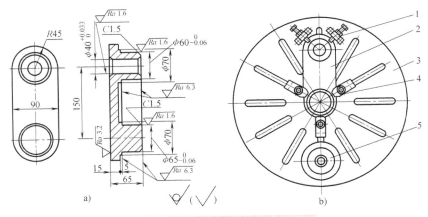

图 10-39　在花盘上车削不规则工件

a）工件　b）工件的装夹

1—定位工具　2—工件　3—花盘　4—压板　5—配重块

连杆工件装夹在花盘上车两个凸缘外圆和孔的情况。工件 2 的底面在花盘 3 的平面上定位，其有孔的凸缘靠在定位工具 1 上，找正另一凸缘外圆后用压板 4 压紧在花盘上。考虑到主轴的平衡，在工件的对面固定一个配重块 5。

第四节　铣削、刨削和拉削加工

铣削是加工平面、台阶、沟槽和成形表面最常用的一种加工方法。刨削和铣削的加工范围相似。拉削和刨削的主运动都是直线运动。

一、铣削运动和加工范围

铣削的主运动是刀具的旋转运动。进给运动是工件的纵向、横向移动或者是工件的旋转。铣削的加工范围如图 10-40 所示。

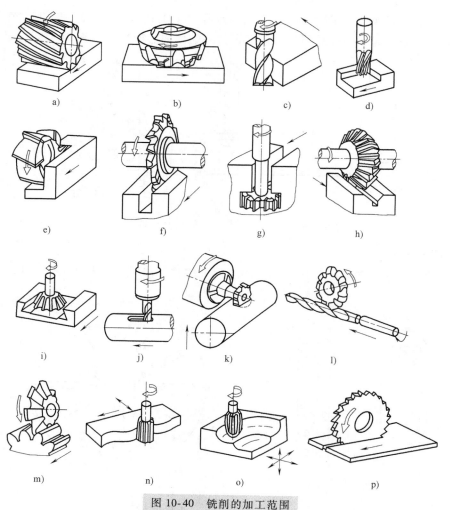

图 10-40　铣削的加工范围

a)、b)、c) 铣平面　d)、e) 铣台阶面　f)、g)、h)、i) 铣直槽　j)、k) 铣键槽　l) 铣螺旋槽
m)、n)、o) 铣成形面　p) 切断

铣削能达到的尺寸精度为 IT8~IT9，能达到的表面粗糙度 Ra 值为 1.6~3.2μm。

二、铣床

常用的铣床有卧式万能升降台铣床、立式升降台铣床和龙门铣床等。

(一) 卧式万能升降台铣床

卧式万能升降台铣床（图 10-41a）的主轴是卧式布置的，简称卧铣。床身 1 固定在底座 9 上，用于安装和支承铣床各部件。主轴 2 是一根空心的阶梯轴（图 10-41b），前端内部有7:24 锥孔（A 处），用来安装铣刀杆 4。前端外部还有一段精确的外圆柱面（D 处），在安装大直径面铣刀时用来定心。无论安装铣刀杆还是面铣刀，都用两个端面键 E 来传递转矩，并用穿过主轴中间孔的拉杆 C 和锁紧螺母 B 在轴向拉紧。床身顶部的导轨上装有悬梁 3（图 10-41a），可沿主轴方向调整其伸出位置，悬梁上装有刀杆支架 7，用于支承装入主轴内的铣刀杆 4 的悬伸端，以提高铣刀杆的刚度。升降台 8 安装在床身的垂直导轨上，可以垂直移动。升降台内装有进给运动变速传动机构及操纵机构等。升降台的横向水平导轨上装有床鞍 6，可沿平行于主轴的轴线方向横向移动。工作台 5 与床鞍 6 之间有一转台（图中未表示），工作台可在水平面内扳转一个角度（≤±45°），以便铣螺旋槽。当不扳动转角时，工作台可沿转台上面的导轨做垂直于主轴轴线方向的纵向移动。因此，固定在工作台上的工件，可在相互垂直的三个方向实现进给运动或调整位移，铣床在这三个方向都能手动、机动进给和快速移动。

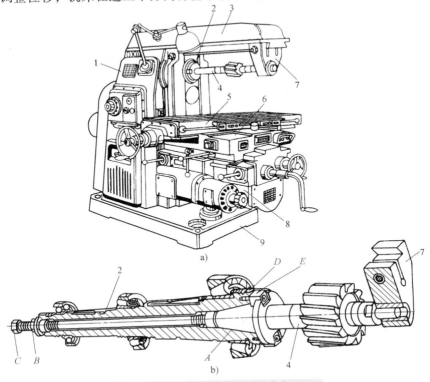

图 10-41 卧式万能升降台铣床及主轴

a) 卧式万能升降台铣床　b) 主轴

1—床身　2—主轴　3—悬梁　4—铣刀杆　5—工作台　6—床鞍　7—刀杆支架　8—升降台　9—底座

卧式万能升降台铣床主要用于铣削平面、沟槽和多齿零件等。

（二）立式升降台铣床

立式升降台铣床（图10-42）的主轴是垂直布置的，简称立铣。立铣头1可以根据加工需要在垂直面内扳转一个角度（≤45°）。主轴能沿轴向做手动进给或调整位置，至于工作台3、床鞍4和升降台5则与卧铣相同。

立式升降台铣床装上面铣刀或立铣刀可加工平面、台阶、沟槽、多齿零件和凸轮表面等。

（三）龙门铣床

龙门铣床（图10-43）是一种大型高效铣床，主要用于加工各类大型工件上的平面和沟槽。它因由顶梁6、立柱5和7、床身10组成龙门式框架而得名。龙门铣床上有四个铣头。每个铣头均有单独的驱动电动机、变速传动装置、主轴部件及操纵机构等。横梁3上的两个垂直铣头4和8，可在横梁上沿水平方向调整其位置。横梁3以及立柱5、7上的两个水平铣头2和9，可沿立柱的导轨调整其垂直方向上的位置。四个铣头上所装的铣刀，其背吃刀量均可由主轴套筒带动铣刀沿轴向移动来实现。加工时，工作台连同工件做纵向进给运动。龙门铣床可用多把铣刀同时加工几个表面，所以生产率高，在成批、大量生产中得到广泛应用。

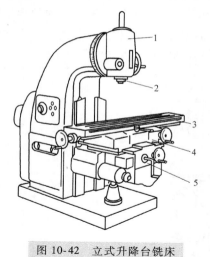

图10-42 立式升降台铣床

1—立铣头 2—主轴 3—工作台
4—床鞍 5—升降台

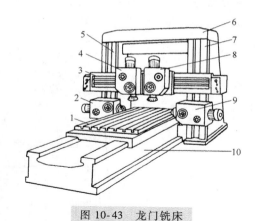

图10-43 龙门铣床

1—工作台 2、9—水平铣头 3—横梁
4、8—垂直铣头 5、7—立柱 6—顶梁 10—床身

三、铣刀

铣刀是多刃的旋转刀具，它有许多类型。常用的有圆柱铣刀、面铣刀、三面刃铣刀和锯片铣刀、立铣刀、键槽铣刀、角铣刀和成形铣刀等。

（一）圆柱铣刀

圆柱铣刀（图10-44）用在卧铣上加工宽度不大的平面。它的切削刃分布在圆柱面上，无副切削刃。圆柱铣刀有粗齿和细齿两种。粗齿齿数少、螺旋角大，适用于粗加工。细齿齿数多，切削平稳，适用于精加工。圆柱铣刀一般用高速钢制造。用圆柱铣刀铣平面，工件表面质量不太好，生产率也不高。

图 10-44 圆柱铣刀

a）粗齿 b）细齿

（二）面铣刀

面铣刀（图 10-45）主要用在立铣上加工大平面，也可以在卧铣上使用。它的主切削刃分布在圆柱面或圆锥面上，副切削刃分布在端面上。有两种结构：焊有硬质合金刀片的小刀机夹在铣刀盘上（图 10-45a），涂层硬质合金可转位刀片机夹在铣刀盘上（图 10-45b）。目前后者使用广泛。用面铣刀加工平面，生产率高，加工表面质量好，可加工带硬皮或淬硬的工件，所以它是铣削平面最常用的刀具。

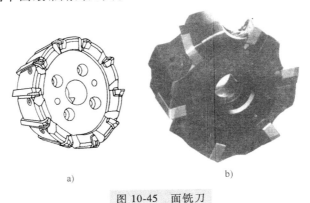

图 10-45 面铣刀

a）机夹、焊接式 b）可转位刀片式

（三）三面刃铣刀和锯片铣刀

三面刃铣刀（图 10-46）主要用于加工直槽（图 10-40f），也可加工台阶面（图 10-40e），三面刃铣刀主切削刃在圆柱面上，两个端面都有副切削刃。三面刃铣刀有直齿（图 10-46a）和错齿（图 10-46b）两种结构。后者圆柱面上主切削刃呈左、右旋交叉分布，切削刃逐步切入工件，切削平稳，两个端面上副切削刃数只有刀齿数的一半，副切削刃有前角，切削条件较好，故生产率高，加工质量也较好。图 10-46c 所示为镶有硬质合金刀片的三面刃铣刀，铣削生产率较高。

图 10-47 所示为锯片铣刀，用于铣削要求不高的窄槽和切断。

（四）立铣刀

立铣刀（图 10-48）主要用在立铣上加工沟槽，也可以用于铣削平面（图 10-40c）和二维曲面（图 10-40n）。它的主切削刃分布在圆柱面上，副切削刃分布在端面上。近年来，硬质合金可转位刀片立铣刀（图 10-48b）已用得越来越多。

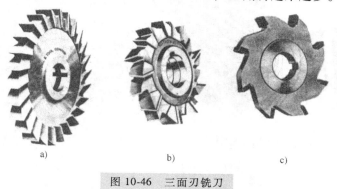

图 10-46　三面刃铣刀　　　　　图 10-47　锯片铣刀

a）直齿三面刃铣刀　b）错齿三面刃铣刀　c）硬质合金三面刃铣刀

图 10-48　立铣刀

a）高速钢立铣刀　b）硬质合金可转位刀片立铣刀

（五）键槽铣刀

图 10-49 所示为铣键槽（图 10-40j）的铣刀。它与立铣刀相似，但只有两个刀瓣，端面切削刃直达中心。它的直径就是平键的宽度。键槽铣刀兼有钻头和立铣刀的功能，铣平键时，先沿铣刀杆线对工件钻平底孔，然后沿工件轴线方向铣出键槽全长。

半圆键铣刀（图 10-40k）相当于一把盘铣刀，它的宽度就是半圆键的宽度。

（六）角铣刀

角铣刀（图 10-50）用于角度槽（图 10-40h、i）和斜面的加工。

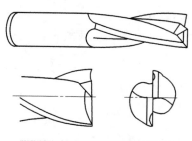

图 10-49　平键的键槽铣刀

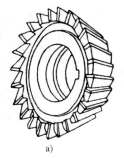
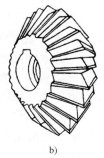

图 10-50　角铣刀

a）单角铣刀　b）对称双角铣刀　c）不对称双角铣刀

（七）铲齿成形铣刀

铲齿成形铣刀（图 10-51）的后面由成形车刀在铲齿车床上铲削而成。铣刀磨损后刃磨前面，可保持切削刃形状不变。铲齿成形铣刀是铣削成形表面的专用刀具。

图 10-51　铲齿成形铣刀

四、铣削加工工艺特点

（一）顺铣与逆铣

铣刀在铣削区内旋转的方向与工件进给方向相同时称为顺铣（图 10-52），相反则称为逆铣（图 10-53）。逆铣时，刀具作用给工件的水平力 F_h 的方向总是使丝杠和螺母在维持进给的那个工作侧面上靠紧，因此，丝杠与螺母之间的轴向间隙对铣削过程没什么影响。各种铣床都可以采用逆铣。而在顺铣时，作用在工作台上的水平切削力 F_h 的方向恰好与工作台的移动方向一致，有使丝杠和螺母的工作侧面脱离的趋势。如果在丝杠与螺母之间没有消隙机构使轴向间隙消除的情况下采用顺铣，则运动不平稳，影响加工表面质量，甚至会引起铣刀崩刃。但是，在逆铣时，刀齿切下的切屑从薄到厚，开始时刀齿不易切入工件，而在已加工硬化的表面上挤压和滑行，使铣刀磨损加剧，加工表面粗糙。在顺铣时则相反，刀齿切下的切屑从厚到薄，铣刀磨损减小。另外，从装夹工件的角度看，逆铣时作用在工件上的垂直切削力 F_v 是向上的，有把工件向上挑起的趋势，对夹紧不利。而顺铣正好相反，F_v 将工件压紧在夹具上，将夹具压紧在工作台上。

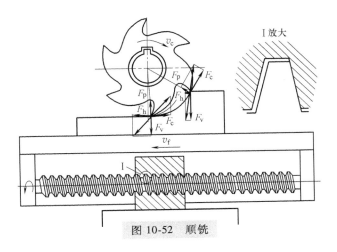

图 10-52　顺铣

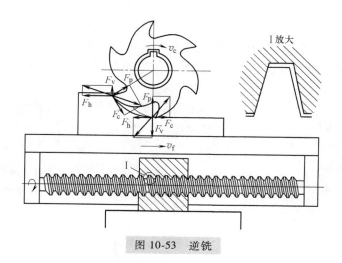

图 10-53 逆铣

总的来说，若工件表面没有硬皮，铣床上具备消隙机构，则应采用顺铣。因为这样刀具寿命长，加工质量好。铸、锻件毛坯的粗铣，铣床没有消隙时，要采用逆铣。目前我国逆铣还是用得较多的。

（二）平面的端铣与周铣

用面铣刀铣平面称为端铣，用圆柱铣刀铣平面称为周铣。较大的平面一般都用端铣。因为面铣刀采用涂层硬质合金刀片，允许的切削速度高、进给量大，所以生产率高；面铣刀的副切削刃能修光加工表面，所以加工质量好。

因为一般圆柱铣刀由高速钢制造，切削速度低，所以用圆柱铣刀周铣平面的生产率低；因为无副切削刃修光加工表面，所以加工质量差。

五、刨削加工

（一）刨削运动和加工范围

刨削的主运动是直线往复运动，进给运动是直线间歇运动。刨削的加工范围如图 10-54 所示。

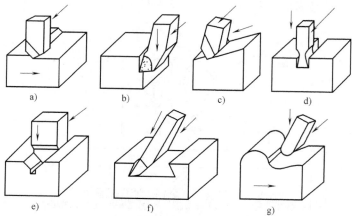

图 10-54 刨削的加工范围

a）刨水平面 b）刨垂直面 c）刨斜面 d）刨直槽 e）刨 V 形槽 f）刨燕尾槽 g）刨直母线成形面

刨削能达到的尺寸精度为 IT8～IT9，能达到的表面粗糙度 Ra 值为 $1.6～3.2\mu m$，与铣削相同。

由于刨削的主运动中存在返回空行程，而且往复运动不可能高速，所以刨削生产率低。但由于刨床便于调节，刨刀结构简单，因此通常在单件、小批量生产和修理工作中应用，特别是用来加工狭长的表面。

（二）刨床

刨床有牛头刨床和龙门刨床两类。

1. 牛头刨床

图 10-55 所示为牛头刨床外形图。工件装夹在工作台 6 上的机用虎钳中或直接用螺栓压板安装在工作台上。刀具装在滑枕 3 前端的刀架 1 上。滑枕带动刀具做直线往复运动为主运动。工作台 6 带动工件沿横梁 5 做间歇横向移动为进给运动。刀架 1 沿刀架座 2 的导轨上下运动为进给运动。刀架座可绕水平轴扳转角度，以便加工斜面或斜槽。横梁 5 能沿床身 4 前端的垂直导轨上下移动，以适应不同高度工件的加工需要。牛头刨床用于加工中、小型零件。

2. 龙门刨床

图 10-56 所示为龙门刨床外形图。工件用螺栓压板直接固定在工作台 9 上。工件和工作台沿床身 10 的导轨所做的直线运动是龙门刨削的主运动。床身两侧固定有立柱 3 和 7，两立柱用顶梁 4 连接，形成结构刚性较好的龙门框架。横梁 2 上装着两个垂直刀架 5 和 6，立柱 3 和 7 上分别装着侧刀架 1 和 8。刨刀随刀架 5、6 在横梁上的横向间歇运动，随刀架 1、8 在两侧立柱上的垂直间歇运动都是进给运动。各刀架上均有滑板可实现进给运动。各刀架也可绕水平轴线扳转角度，以刨削斜面和斜槽。横梁 2 可沿左、右立柱的导轨做垂直升降，以调整垂直刀架的位置，适应不同高度工件的加工需要。垂直刀架适于加工工件的顶面，而侧刀架适于加工工件的侧平面。

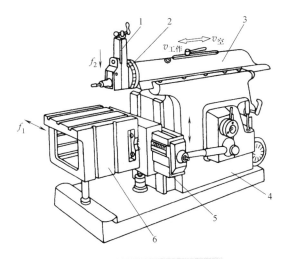

图 10-55　牛头刨床外形图

1—刀架　2—刀架座　3—滑枕
4—床身　5—横梁　6—工作台

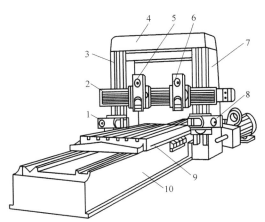

图 10-56　龙门刨床外形图

1、8—左、右侧刀架　2—横梁　3、7—左、右立柱
4—顶梁　5、6—左、右垂直刀架　9—工作台　10—床身

龙门刨床与前面讲过的龙门铣床外形相似，但龙门刨床的工作台的往复运动是主运动，速度较快，而龙门铣床的工作台的运动是进给运动，速度很慢。龙门刨床用于加工大型零件，如机床的床身。

3. 插床

插床（图10-57）实质上是立式刨床。滑枕2带动插刀垂直方向的往复运动为主运动。滑枕导轨座3可绕销轴4在小范围内调整角度，以便加工倾斜的内、外表面。工件固定在圆工作台1上，随床鞍6和滑板7分别做横向和纵向进给运动。圆工作台可绕垂直轴线旋转，以实现工件的圆周进给或分度。

插床主要用于单件、小批生产时加工内表面，如孔内键槽（图10-58）、方孔、多边孔和内花键等。

（三）刨削加工工艺特点

刨削是断续切削，刨刀切入工件时受到较大的冲击，所以硬质合金刀具常常取负刃倾角，较大的刀尖圆弧半径，较小的前角。另外，刨刀刀杆一般做成弯头（图10-59），当刨削过程中碰到工件中的硬点、凸点时，可避免刀尖扎入已加工表面。

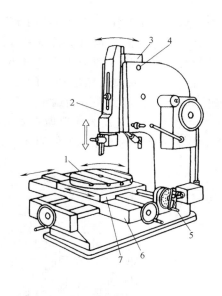

图10-57　插床外形图

1—圆工作台　2—滑枕　3—滑枕导轨座　4—销轴
5—分度装置　6—床鞍　7—滑板

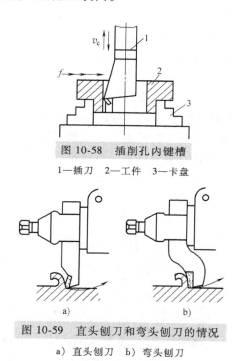

图10-58　插削孔内键槽

1—插刀　2—工件　3—卡盘

图10-59　直头刨刀和弯头刨刀的情况

a）直头刨刀　b）弯头刨刀

六、拉削加工

（一）拉削运动和加工范围

拉削是用拉刀在拉床上切削各种内、外表面（图10-60）的一种加工方法。拉削运动的主运动是拉刀的直线运动。拉削的进给是通过后一刀齿比前一刀齿高一个进给量来实现的。所以拉削加工只有一个主运动而没有进给运动。

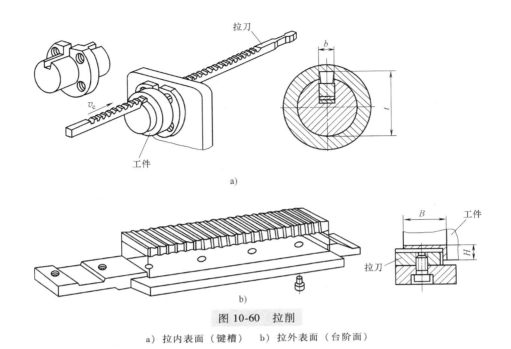

图 10-60 拉削

a) 拉内表面（键槽）　b) 拉外表面（台阶面）

拉削的加工范围如图 10-61 所示。拉削只能加工通孔和贯通的表面。

图 10-61 拉削的加工范围

a) 拉内孔　b) 拉方孔　c) 拉键槽　d) 拉内花键　e) 拉渐开线内花键　f) 拉台阶面　g) 拉成形表面

拉削加工能达到的尺寸精度为 IT7~IT8，能达到的表面粗糙度 Ra 值为 $0.8~3.2\mu m$。

（二）拉床

图 10-62 所示为卧式拉床结构示意图。床身 5 的左侧装有液压缸 1，由液压油驱动活塞，通过活塞杆 2 右部的刀架 4 夹持拉刀 6 沿水平方向向左做主运动。拉削时，工件 8 以其定

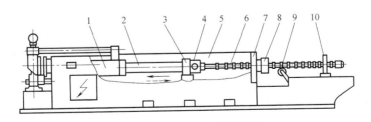

图 10-62 卧式拉床示意图

1—液压缸　2—活塞杆　3—随动支架　4—刀架　5—床身　6—拉刀　7—支承座
8—工件　9—支承滚柱　10—拉刀尾座支架

位面紧贴在拉床支承座 7 的端面上。拉刀尾座支架 10 和支承滚柱 9 用于承托拉刀。一件拉完后，拉床将拉刀送回到支承座右端，将工件穿入拉刀，将拉刀左移使其刀柄部穿过拉床支承座，插入刀架内，即可进行第二次拉削。

（三）拉刀

图 10-63 所示为常用的几种拉刀类型。拉刀虽有多种类型，但其主要组成部分类同。现以圆孔拉刀为例，介绍其结构和各组成部分（图 10-64）。

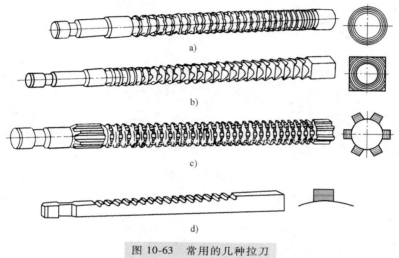

图 10-63　常用的几种拉刀

a）圆孔拉刀　b）方孔拉刀　c）内花键拉刀　d）键槽拉刀

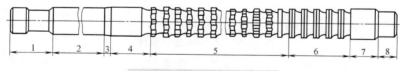

图 10-64　圆孔拉刀的组成

1—前柄部分　2—颈部　3—过渡锥　4—前导部　5—切削齿　6—校准齿　7—后导部　8—后柄部

1）前柄部分。与拉床连接，用以传递动力。

2）颈部。前颈部与过渡锥之间的连接部分，打标记处。

3）过渡锥。引导拉刀前导部分进入工件预制孔的锥体。

4）前导部。工件预制孔套在前导部上，用以保持孔与拉刀的同轴度，引导拉刀进入孔内，并能检查预制孔是否太小。

5）切削齿。粗切齿、过渡齿和精切齿的总称。各齿直径依次递增，用于切除全部拉削余量。

6）校准齿。拉刀最后几个尺寸、形状相同，起修光、校准尺寸和储备作用的刀齿。

7）后导部。与拉好的孔具有同样的尺寸和形状，保证拉刀切离工件时具有正确的位置。

8）后柄部。装在拉床尾座支架中，防止拉刀下垂。

（四）拉削加工工艺特点

拉削一次成形就能加工完一个工件，生产率特别高。工件尺寸和形状完全取决于拉刀。拉削在低速下进行，拉削精度较高。

拉削时工件无须夹紧，只是靠在拉床支承座的端面上。拉刀与拉床刀架是浮动连接的，受切削力作用，工件以它的端面紧靠在拉床支承座上，拉刀以工件的预制孔引导，自动定心，因此，拉削不能纠正原有孔的位置误差。当工件端面与预制孔的轴线有较大的垂直度误差时，可以使用球面垫圈支承（图10-65），以便在切削力的作用下，使工件预制孔的轴线自动调节到与拉刀的轴线一致。

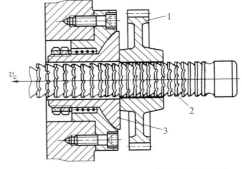

图 10-65　工件支承在球面垫圈上拉孔

1—工件　2—拉刀　3—球面垫圈

第五节　钻削和镗削加工

孔是各种机器零件上出现最多的几何表面之一。回转体工件中心的孔通常在车床上加工，非回转体工件上的孔，以及回转体工件上非中心位置的孔，通常在钻床和镗床上加工。

一、钻削运动和加工范围

钻床最基本的功能是用麻花钻在工件实体上钻孔。除钻孔外，钻床还可用于扩孔、铰孔、孔口加工和攻螺纹等（图10-66）。

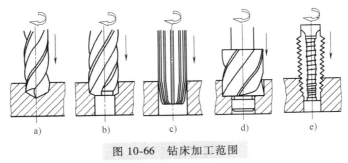

图 10-66　钻床加工范围

a）钻孔　b）扩孔　c）铰孔　d）孔口加工　e）攻螺纹

钻削的主运动是刀具的旋转运动，进给运动是刀具的轴向移动。钻孔能达到的尺寸精度为 IT11~IT12，能达到的表面粗糙度 Ra 值为 6.3~25μm。扩孔的尺寸精度是 IT9~IT10，表面粗糙度 Ra 值为 3.2~6.3μm。铰孔的尺寸精度为 IT6~IT8，表面粗糙度 Ra 值为 0.4~1.6μm。

二、钻床

常用的钻床有台式钻床、立式钻床和摇臂钻床三种。它们的共同特点是：工件固定在工作台上不动，刀具安装在机床主轴上，主轴一方面旋转做主运动，另一方面沿轴线方向移动做进给运动。

（一）台式钻床

台式钻床（图 10-67）是一种放在钳工桌上使用的小型钻床，适合在小型工件上加工 $\phi12mm$ 以下的小孔。主轴 1 靠塔形带轮 3 变速。主轴的进给为手动。为了适应不同高度工件的加工，头架 2 可沿立柱 5 上下调整其位置。调整前先移动保险环 4 并锁紧，以防止调节头架时头架掉落。小工件放在工作台 8 上加工。工作台也可沿立柱上下移动，并可以绕立柱转到任意位置，还可以利用转盘 7 左右倾斜 45° 角。工件较大时，可以把工作台转开，直接放在底座 6 上加工。

（二）立式钻床

立式钻床（图 10-68）的主轴在水平面上的位置是固定的，加工时为使刀具旋转轴线与被加工孔中心线重合，必须移动工件。因此，立式钻床只适合加工中、小型工件上的孔。立式钻床主轴箱 3 中装有主运动和进给运动的变速装置和操纵机构。加工时主轴箱是固定不动的，主轴 2 能够正反旋转；利用进给操纵机构 5 上的手柄，主轴随同主轴套筒能在主轴箱中上下移动，可实现手动快速升降、手动进给和接通、断开机动进给。工件直接或通过夹具安装在工作台 1 上。上下调整工作台位置，以适应不同高度工件加工的需要。

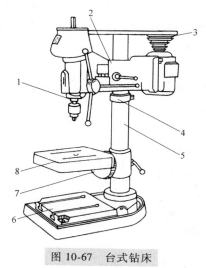

图 10-67　台式钻床

1—主轴　2—头架　3—塔形带轮　4—保险环
5—立柱　6—底座　7—转盘　8—工作台

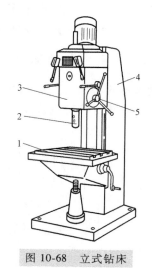

图 10-68　立式钻床

1—工作台　2—主轴　3—主轴箱
4—立柱　5—进给操纵机构

（三）摇臂钻床

在大而重的工件上钻孔，由于移动工件费力，找正困难，所以加工时希望工件固定而钻床主轴可以调整其位置来对准被加工孔的中心，这样就产生了摇臂钻床（图 10-69）。摇臂钻床的主轴箱 4 装在摇臂 3 上，可沿摇臂上的导轨做水平移动，而摇臂又可绕立柱 2 做 360°回转。这两项运动组合，可方便地将主轴 5 调节到机床尺寸范围内的任意位置。工件一般安装在箱形工作台 6 上。如果工件很高，可直接安装在底座 1 上。为了适应不同高度工件加工的需要，摇臂可沿立柱上下调整其位置。为使钻床在加工时有足够的刚度，并使调整好的主轴位置保持不变，立柱、摇臂和主轴都有锁紧机构，可以实现快速锁紧。摇臂钻床适合于加工大、中型工件上的孔。

三、钻孔、扩孔和铰孔

在钻床上加工孔的主要加工方式为钻孔、扩孔和铰孔。

（一）钻孔

钻孔是用钻头在实体材料上加工孔。钻孔属于粗加工，可达到的尺寸公差等级为 IT11 ～ IT12，表面粗糙度 Ra 值为 $6.3 \sim 25\mu m$。

1. 麻花钻

钻孔常用的刀具是麻花钻，如图 10-70 所示，麻花钻的工作部分包括切削部分和导向部

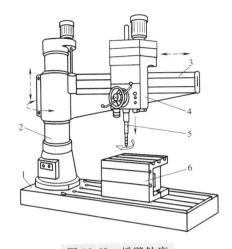

图 10-69　摇臂钻床

1—底座　2—立柱　3—摇臂　4—主轴箱
5—主轴　6—工作台

分。两个对称的螺旋槽用来形成切削刃和前角，并起着排屑和输送切削液的作用。沿螺旋槽边缘的两条棱边用以减小钻头与孔壁的摩擦面积。切削部分有两个主切削刃、两个副切削刃和一个横刃，如图 10-71 所示。麻花钻横刃处有很大的负前角，主切削刃上各点的前角、后角是变化的，钻芯处前角接近 0°，甚至是负值，对切削加工十分不利。

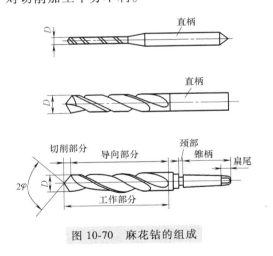

图 10-70　麻花钻的组成

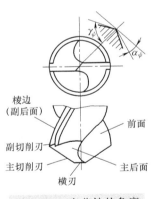

图 10-71　麻花钻的角度

2. 钻孔的工艺特点

钻孔与车削外圆相比，工作条件要困难得多。因为钻孔时，钻头工作部分大都处在已加工表面的包围中，所以引起一些特殊问题，如钻头的刚度和强度、容屑和排屑、导向和冷却润滑等，其特点可概括为以下几点。

（1）容易产生"引偏"　"引偏"是指加工时由于钻头弯曲而引起的孔径扩大、孔不圆（图 10-72a）或孔的轴线歪斜（图 10-72b）等。在实际加工中，常采用如下措施来减少"引偏"：

1）预钻锥形定心坑（图 10-73a）。首先用小顶角（$2\varphi = 90° \sim 100°$）、大直径短麻花钻，预先钻一个锥形坑，然后再用所需的钻头钻孔。由于预钻时钻头刚性好，锥形坑不易偏，以后再用所需的钻头钻孔时，这个坑就可以起定心作用。

2）用钻套为钻头导向（图 10-73b）。此措施可以减少钻孔开始时的"引偏"，特别是在斜面或曲面上钻孔时，更为必要。

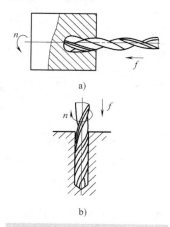

图 10-72 钻头钻孔"引偏"

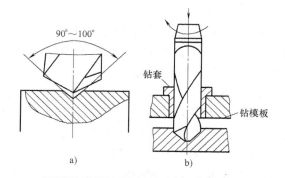

图 10-73 减少麻花钻"引偏"措施
a）预钻锥形定心坑 b）用钻套引导钻头钻孔

3）刃磨时，尽量把钻头的两个主切削刃磨得对称一致，使两主切削刃的径向切削力互相抵消，从而减少钻头的"引偏"。

（2）排屑困难 钻孔时，由于切屑较宽，容屑槽尺寸又受到限制，因而在排屑过程中，往往与孔壁发生圈套的摩擦，挤压、拉毛和刮伤已加工表面，降低表面质量。有时切屑可能阻塞在钻头的容屑槽里，卡死钻头，甚至将钻头扭断。为了改善排屑条件，钻钢料工件时，在钻头上修磨出分屑槽（图 10-74），将宽的切屑分成窄条，以利于排屑。当钻深孔（$L/D > 5 \sim 10$）时，应采用合适的深孔钻进行加工。

图 10-74 分屑槽

（3）切削热不易传散 由于钻削是一种半封闭式的切削，钻削时所产生的热量，虽然也由切屑、工件、刀具和周围介质传出，但它们的比例却和车削大不相同。如用标准麻花钻，不加切削液钻钢料时，工件吸收的热量约占 52.5%，钻头约占 14.5%，切屑约占 28%，而介质仅占 5% 左右。

钻削时，大量高温切屑不能及时排出，切削液难以注入切削区，切屑、刀具与工件之间的摩擦很大。因此，切削温度较高，致使刀具磨损加剧，这就限制了钻削用量和生产率的提高。

（二）扩孔

扩孔是用扩孔钻对工件上已有孔进行扩大加工，提高孔的精度和减小表面粗糙度 Ra 值。扩孔的尺寸公差等级为 IT9 ~ IT10，表面粗糙度 Ra 值为 $3.2 \sim 6.3\mu m$，属于半精加工。

扩孔方法如图 10-75 所示。扩孔时，加工余量比钻孔时小得多，因此扩孔钻的结构和切削情况比麻花钻要好。

扩孔钻（图 10-76）与麻花钻在结构上相比有以下特点：

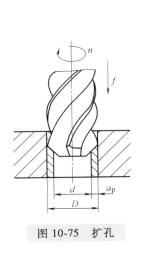

图 10-75　扩孔

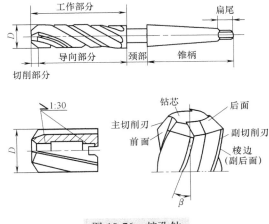

图 10-76　扩孔钻

1. 刚性较好

由于扩孔的背吃刀量 a_p 小，切屑少，容屑槽可做得浅而窄，使钻芯比较粗大，增加了工作部分的刚性。

2. 导向性较好

由于容屑槽浅而窄，可在刀体上做出 3~4 个刀齿，这样一方面可提高生产率，同时也增加了刀齿的棱边数，从而增强了扩孔时刀具的导向及修光作用，切削比较平衡。

3. 切削条件较好

扩孔钻的切削刃不必自外缘延续到中心，避免了横刃和由横刃引起的不良影响。进给力较小，可采用较大的进给量，生产率较高。此外，切屑少，排屑顺利，不易刮伤已加工表面。

由于上述原因，扩孔比钻孔的精度高，表面粗糙度 Ra 值小，且在一定程度上可校正原孔轴的偏斜。扩孔常作为铰孔前的预加工，对于质量要求不太高的孔，扩孔也可作为终加工。

（三）铰孔

铰孔是在扩孔或半精镗的基础上进行的，是应用较普遍的孔精加工方法之一。铰孔的尺寸公差等级为 IT6~IT8，表面粗糙度 Ra 值为 0.4~1.6μm。

铰孔所用刀具是铰刀，铰刀可分为手铰刀和机铰刀。手铰刀（图 10-77a）用于手工铰孔，柄部为直柄；机铰刀（图 10-77b）多为锥柄，装在钻床上或车床上进行铰孔。

铰刀由工作部分、颈部和柄部组成。工作部分包括切削部分和修光部分。切削部分为锥形，担负主要切削工作。修光部分有窄的棱边和倒锥，以减小与孔壁的摩擦和减小孔径扩张，同时校正孔径、修光孔壁和导向。手用铰刀修光部分较长，以增强导向作用。

铰刀铰孔有以下工艺特点：

1）铰刀为定径的精加工刀具，铰孔容易保证尺寸精度和形状精度，生产率也较高，但铰孔的适应性不如精镗孔，一种规格的铰刀只能加工一种尺寸和精度的孔，且不能铰削非标准孔、台阶孔和不通孔。

2）机铰刀在机床上常用浮动连接，这样可防止铰刀轴线与机床主轴轴线偏斜，造成孔的形状误差、轴线偏斜或孔径扩大等缺陷。但铰孔不能校正原孔轴线的偏斜，孔与其他表面的位置精度需由前道工序保证。

3）铰孔的精度和表面粗糙度不取决于机床的精度，而取决于铰刀的精度和安装方式以及加工余量、切削用量和切削液等条件。

4）铰削速度较低，这样可避免产生积屑瘤和引起振动。

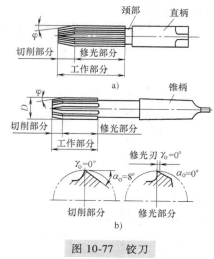

图 10-77　铰刀

a）手铰刀　b）机铰刀

5）钻—扩—铰是生产中典型的孔加工方案，但位置精度要求严格的箱体上的孔系则应采用镗削加工。

四、镗床、镗削运动和加工范围

（一）卧式铣镗床

图 10-78 所示为卧式铣镗床外形图。它是加工大、中型非回转体零件上孔系及其端面的通用机床，主要用于加工机座、箱体和支架等。卧式铣镗床的主要组成部分有以下几项。

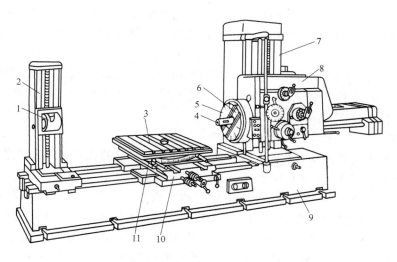

图 10-78　卧式铣镗床外形图

1—支承架　2—后立柱　3—工作台　4—主轴　5—平旋盘　6—径向刀架

7—前立柱　8—主轴箱　9—床身　10—下滑座　11—上滑座

（1）主轴和平旋盘 主轴 4 和平旋盘 5 可以分别旋转做主运动。在主轴的前端有莫氏锥孔，用于安装镗杆或铣刀、钻头等刀具。主轴可沿轴向移动，做纵向进给运动。装在平旋盘中间导轨上的径向刀架 6，除了随平旋盘一起旋转外，还能沿导轨移动，做径向进给运动以铣削平面（图10-79h）。

（2）主轴箱 主轴箱 8 装有主轴，主运动、进给运动的变速机构、变向机构及操纵机构。

（3）前立柱 前立柱 7 固定在床身 9 上，主轴箱可以沿前立柱的垂直导轨移动，调节其高低位置及做垂直进给运动。

（4）后立柱 后立柱 2 上装有支承架 1，用来支承较长的镗杆的悬伸端，以增加镗杆的刚性。支承架可沿后立柱上的垂直导轨与主轴箱同步升降，以保证其支承孔与主轴在同一轴线上。后立柱又可沿着床身导轨移动位置，以适应不同长度镗杆的需要。

（5）工作台部分 工作台部分由下滑座 10、上滑座 11 和工作台 3 组成。下滑座可沿床身导轨做平行于主轴轴线的移动，以实现纵向进给，上滑座可沿下滑座的导轨做垂直于主轴轴线的移动，以实现横向进给。工作台可沿上滑座上的环形导轨在水平面内回转360°，以调节工作台的角度位置。

（二）镗削运动和加工范围

镗削的主运动是装在主轴上或平旋盘上刀具的旋转运动。镗孔时的进给运动为刀具的轴向移动或工作台的纵向移动；面铣刀铣平面时的进给运动为工作台的横向移动和主轴箱的垂直移动（图 10-79g）；单刀铣平面时的进给运动为径向移动（图 10-79h）。

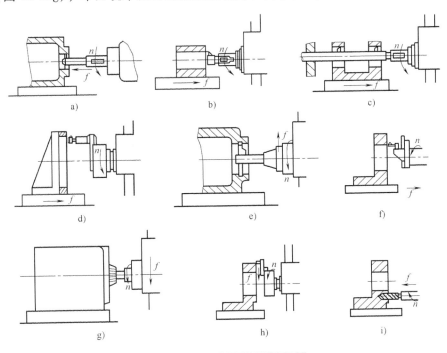

图 10-79 镗床的加工范围

a）主轴进给镗孔 b）工作台进给镗孔 c）镗同轴孔 d）用平旋盘镗大孔
e）镗内沟槽 f）镗内螺纹 g）面铣刀铣端面 h）单刀铣端面 i）钻孔

铣镗床除了镗孔以外，还可铣平面、钻孔和镗内螺纹等（图 10-79）。镗削加工除了能获得较高的尺寸精度和较小的表面粗糙度值外，还能保证孔轴线的平行度、垂直度和同轴度。镗削能达到的尺寸精度为 IT7～IT8，表面粗糙度 Ra 值为 $0.8～1.6\mu m$，孔精度可达 $\pm 0.01～\pm 0.04mm$。若用坐标镗床，则能达到更高的精度。

（三）坐标镗床

坐标镗床是一种高度精密机床，主要用于加工尺寸精度和位置精度都要求很高的孔系，如钻模、镗模和量具上的精密孔系，机床上具有坐标位置的精密测量装置，因此能精密地确定工作台、主轴箱等移动部件的位移量，实现工件和刀具间精确的坐标定位。坐标镗床除了镗孔外，还可进行钻、扩和铰孔等，以及用于精密刻度、样板划线、孔距和直线尺寸的精密测量等。

图 10-80 所示为立式坐标镗床的外形图。其主轴立式布置，与工作台台面垂直。

图 10-81 所示为卧式坐标镗床的外形图。其主轴卧式布置，与工作台台面平行。

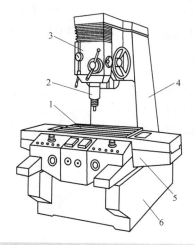

图 10-80　立式单柱坐标镗床的外形图

1—工作台　2—主轴　3—主轴箱
4—立柱　5—床鞍　6—床身

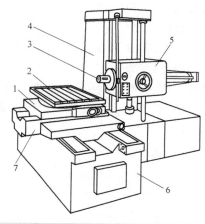

图 10-81　卧式单柱坐标镗床的外形图

1—上滑座　2—回转工作台　3—主轴
4—立柱　5—主轴箱　6—床身　7—下滑座

五、镗刀和镗削加工工艺特点

（一）镗刀

镗床上常用的镗刀有单刃镗刀和双刃镗刀两种。

1. 单刃镗刀

在单件小批生产中，对孔径小、精度低的孔，常采用单刃镗刀进行镗孔，如图 10-82 所示。孔径的尺寸和公差通过调整刀头伸出的长度来保证，一把镗刀可加工直径不同的孔，但调整困难，对工人技术水平的依赖性较大。

2. 双刃镗刀

双刃镗刀有固定式镗刀和浮动式镗刀两种。

（1）固定式镗刀　镗刀通过斜楔或两个方向倾斜的螺钉夹紧在镗杆上（图 10-83）。

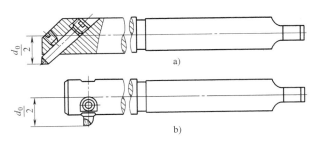

图 10-82 单刃镗刀

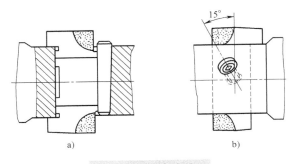

图 10-83 固定式镗刀

a）用斜楔夹紧 b）用双向倾斜的螺钉夹紧

（2）浮动式镗刀 浮动镗刀（图 10-84）装入镗杆的矩形孔中，无须夹紧，通过作用在两切削刃上的切削力来自动平衡其切削位置。因此，它能避免刀具安装误差与主轴偏差造成的加工误差，但不能纠正孔的位置误差。

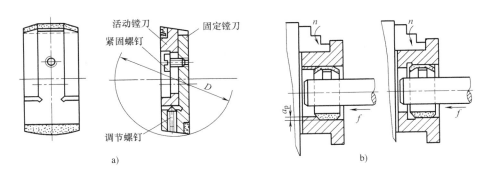

图 10-84 浮动式镗刀

a）浮动镗刀 b）浮动镗刀工作情况

（二）镗削加工工艺特点

1）镗削的适应范围广。镗削可在钻孔、铸孔和锻孔的基础上进行，可达到的尺寸公差等级和表面粗糙度 Ra 值的范围较广，除直径很小且较深的孔以外，各种直径及各种结构类型的孔均可镗削。

2）镗削可有效地校正原孔的轴线偏斜。但由于镗刀杆直径受孔径的限制一般刚性较差，易弯曲变形和振动，故镗削质量的控制（特别是细长孔）不如铰削方便。

3）镗削的生产率低。为减小镗杆的弯曲变形，需要采用较小的背吃刀量和进给量进行多次进给。镗床和铣床镗孔，需调整镗刀头在刀杆上的径向位置，操作复杂、费时。

4）镗削广泛用于单件小批生产中各类零件的加工。大批量生产中镗削支架、箱体的支承孔，需要使用镗模。用镗模镗削箱体的平行孔系，如图 10-85 所示，此镗模用两块模板，镗刀与镗床主轴浮动连接，靠导向套支承，依次镗削各排孔。

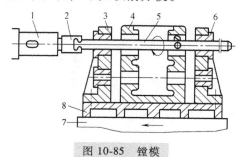

图 10-85 镗模

1—镗床主轴 2—浮动接头 3—模板 4—工件
5—镗刀杆 6—导向套 7—镗床工作台 8—底板

第六节 磨 削 加 工

由于各种高硬度和难切削材料的广泛应用，以及零件制造精度和表面质量要求的不断提高，磨削加工获得迅速的发展和越来越广泛的应用。目前，在工业发达国家中，磨床约占机床总数的 30% ~ 40%。磨削加工精度一般可达 IT5 ~ IT6；表面粗糙度 Ra 值可达 0.04 ~ 0.2μm。此外，磨削加工不仅可以用于精加工，而且可以用于粗加工，并能获得较高的生产率和良好的经济性。

一、磨削的类型、运动和加工特点

（一）磨削的类型和运动

常用的磨削类型如图 10-86 所示。磨削的主运动为砂轮的高速旋转运动，磨削的进给运动一般有三种。

（1）对于外圆磨削和内圆磨削（图 10-86a、b）

1）工件的旋转运动 v_w，称为周向进给运动。

2）工件相对砂轮的轴向进给运动 f_a。

3）砂轮径向进给运动 f_r，即砂轮切入工件的运动。

（2）对于平面磨削（图 10-86c）

1）工件的纵向进给运动 v_w，即工作台的往复运动。

2）砂轮相对工件的轴向进给运动 f_a。

3）砂轮径向进给运动 f_r。

（二）磨削加工的特点

磨削加工有以下一系列的特点：

1）砂轮上的磨粒小而多，经过修整后，砂轮表面得到锋利、等高的微刃，磨床的横向进给量很小，每个微刃只切削极薄的一微切屑，半钝的磨粒还具有抛光作用，而磨削速度又极高，因此磨削的尺寸精度可达 IT5 ~ IT6，表面粗糙度 Ra 值可达 0.01 ~ 0.8μm。

2）由于磨削速度极高，磨粒一般为负前角，因此磨削时切屑变形很大，摩擦很严重，

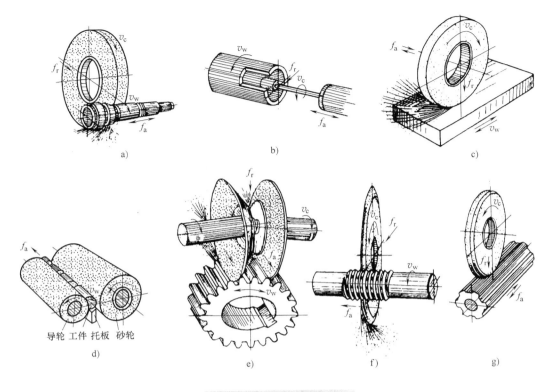

图 10-86　常用的磨削类型

a）外圆磨削　b）内圆磨削　c）平面磨削　d）无心磨削　e）齿轮磨削　f）螺纹磨削　g）花键磨削

产生很多热量，磨削点瞬时温度高达 800~1000℃，磨屑在空气中氧化成火花飞出，工件容易产生热变形和表面烧伤，所以，必须使用充足的切削液，以降低工件表面的温度。

3）由于磨削时同时工作的磨粒很多，而磨粒又是负前角切削，所以径向切削力很大，一般为切削力的 1.5~3 倍。因此磨削时要用中心架支承，以提高工件的刚性，减少因变形而引起的加工误差。

二、外圆磨削加工工艺

（一）万能外圆磨床

外圆磨床分普通外圆磨床和万能外圆磨床，在普通外圆磨床上可磨削工件的外圆柱面和外圆锥面，在万能外圆磨床上不仅能磨削外圆柱面和外圆锥面，而且能磨削内圆柱面、内圆锥面及端面。

万能外圆磨床由床身、头架、尾架、工作台、砂轮架和内圆磨头组成，如图 10-87 所示。

（1）床身　床身 1 为 T 形，在前部设有纵向导轨，供工作台纵向进给；在后部设有横向导轨，供砂轮架横向进给。

（2）头架　头架 2 安装在工作台顶面的左端。如图 10-88 所示，头架上设有主轴 3，可用顶尖或卡盘夹持工件并带动工件旋转。当工件支承在顶尖上磨削时，可以拧紧螺杆 1，靠摩擦力锁紧主轴，使主轴和前顶尖均固定不动，而借助于与主轴不相连的转（拨）盘 2 带

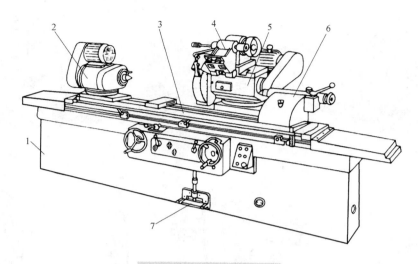

图 10-87　万能外圆磨床

1—床身　2—头架　3—工作台　4—内圆磨头　5—砂轮架　6—尾架　7—脚踏操纵板

动鸡心夹头使工件旋转。

（3）尾架　尾架 6 安装在工作台顶面的右端，用后顶尖和头架的前顶尖一起支承工件。

（4）工作台　工作台 3 由上下两层组成，上工作台可相对于下工作台在水平面内扳转一定角度，以便磨削锥度不大的长外圆锥面；下工作台可沿床身的纵导轨在液压缸的驱动下往复运动。

（5）砂轮架　砂轮架 5 上安装磨削外圆用的砂轮，由单独的电动机带动做高速旋转。砂轮架可沿床身上的横向导轨做间歇的横向进给，或做快速趋近或离开工件的横向移动。

（6）内圆磨头　内圆磨头 4 以铰链方式安装在砂轮架的前上方，需要磨内孔时翻下来（图 10-89），不用时翻上去。

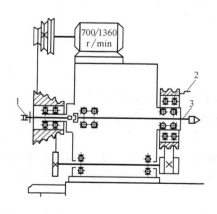

图 10-88　万能外圆磨床头架结构示意图

1—螺杆　2—转盘　3—主轴

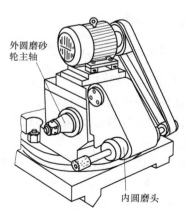

图 10-89　内圆磨头

（二）外圆磨削加工工艺特点

1. 工件的安装

用前、后顶尖安装轴类工件，并用拨盘和鸡心夹头带动工件旋转是外圆磨床上最常见的安装工件方式。当工件较细长时，为了避免工件的受力变形，可使用中心架辅助支承工件。

磨削套筒类工件时，常将工件套在心轴上，心轴再安装在磨床的前、后顶尖上，如图10-90所示。

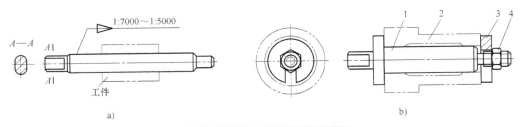

图 10-90　工件安装在心轴上

a）小锥度心轴　b）圆柱心轴

1—心轴　2—工件　3—C形垫圈　4—螺母

2. 磨外圆柱面

磨外圆柱面有纵磨法和横磨法两种方法（图10-91）。

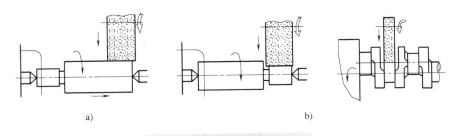

图 10-91　磨外圆柱面的方法

a）纵磨法　b）横磨法

纵磨法磨削，砂轮的旋转为主运动，工件的旋转为圆周进给运动，工件随工作台的直线往复运动为纵向进给运动，每单行程或往复行程终了时，砂轮做周期性的径向进给。由于每次的背吃刀量小，因而磨削力小，磨削热少。由于工件做纵向进给运动，故散热条件较好。在接近最后尺寸时可做几次无径向进给的"光磨"行程，直至火花消失为止，以减小工件因工艺系统弹性变形而引起的误差。因此，纵磨法的精度高，表面粗糙度值小。但纵磨生产率低，因而广泛适用于单件小批量生产及精磨中，特别适用于细长轴的磨削。

横磨法磨削，工件不做纵向进给运动，砂轮以缓慢的速度连续或断续地向工件做径向进给运动，直至磨去全部加工余量为止。横磨法的生产率高，但工件与砂轮的接触面积大，发热量大，散热条件差，工件容易产生热变形和烧伤现象，且因径向力大，工件易产生弯曲变形。由于无纵向进给运动，砂轮的修整精度直接影响工件的尺寸精度和开头精度，因此，有时在横磨的最后阶段做微量的纵向进给。横磨法一般用于大批大量生产中磨削直径大、长度较短、刚性较好的外圆以及两端都有台阶的轴颈。若将砂轮修整为成形砂轮，可利用横磨法磨削成形面。

3. 磨外圆锥面

磨外圆锥面有三种方法：

（1）扳转磨床上的工作台（图10-92） 采用纵磨法，适合于磨削锥度小而锥体长的工件。

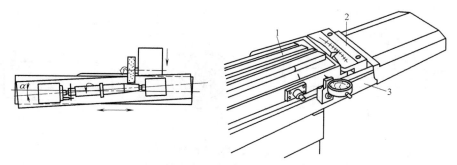

图 10-92　扳转磨床上的工作台磨削外圆锥面

1—上层工作台　2—刻度尺　3—下层工作台

（2）扳转磨床头架（图10-93） 此时工件采用卡盘安装，采用纵磨法，适合于磨削锥度大而锥体短的工件。

（3）扳转磨床砂轮架（图10-94） 采用横磨法，适合于磨削长工件上锥度大而锥体短的表面。

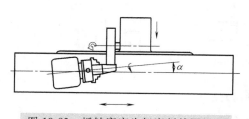

图 10-93　扳转磨床头架磨削外圆锥面

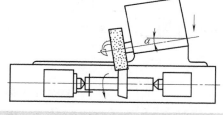

图 10-94　扳转磨床砂轮架磨削外圆锥面

三、内圆磨削加工工艺

磨削内圆除了在万能外圆磨床上利用内圆磨头进行外，主要采用内圆磨床。

（一）内圆磨床

图10-95所示为内圆磨床的外形图。头架3内装有主轴，主轴右端装有卡盘，卡盘上夹持工件。主轴旋转是圆周进给运动。砂轮架4上的砂轮高速旋转是主运动。砂轮架的横向移动是砂轮的切入运动。至于纵向进给运动，有两种情况。图10-95a所示的内圆磨床，头架3安装在工作台2上，随工作台一起往复移动是纵向进给运动。图10-95b所示的内圆磨床，则是砂轮架4安装在工作台2上，砂轮架往复运动是纵向进给运动。这两种内圆磨床的头架都可以绕垂直轴线扳转一定角度，以便磨削锥孔。

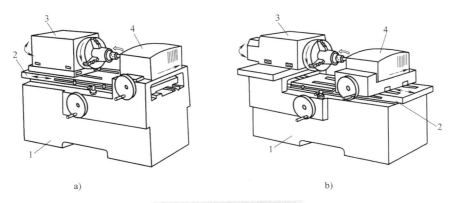

图 10-95　内圆磨床外形图

a）头架做纵向进给　b）砂轮架做纵向进给
1—床身　2—工作台　3—头架　4—砂轮架

（二）内圆磨削加工工艺特点

磨内圆时，砂轮直径为孔径的 50%～90%。当孔径较小时，砂轮直径很小，所以砂轮的转速一般为 10000～20000r/min。即使这样，磨削速度也只有普通外圆磨削的一半左右，所以工件表面不易磨光，磨削效率也不高。另外，由于砂轮轴直径较小、悬伸较长、刚性差，磨削后的内孔易产生圆柱度误差（锥度）。

四、平面磨削加工工艺

（一）平面磨削的形式

平面磨削有四种形式：

1）在矩台卧轴平面磨床上磨平面（图 10-96a）。

2）在圆台卧轴平面磨床上磨平面（图 10-96b）。

3）在圆台立轴平面磨床上磨平面（图 10-96c）。

4）在矩台立轴平面磨床上磨平面（图 10-96d）。

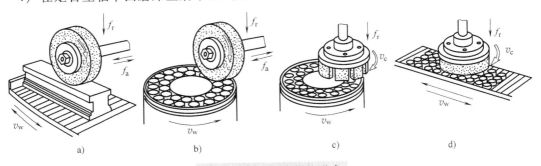

图 10-96　平面磨削的形式

这四种磨削形式中，图 10-96a、b 是用砂轮的圆周面磨削，简称周磨；图 10-96c、d 是用砂轮的端面磨削，简称端磨。端磨时磨床的砂轮轴受压力，刚性好，可以采用较大的磨削用量，且砂轮与工件的接触面积大，同时参与磨削的磨粒多，因此磨削效率高。但由于磨削热大，切削液不易进入磨削区域，排除磨屑和脱落的磨粒比较困难，而且砂轮端面不同直径处各点的线速度不等，磨粒磨损不均匀，因此磨削质量较差，一般用于粗磨。周磨时砂轮与工件的接触面积比端磨小得多，而且磨削处的冷却和排屑条件也比端磨好，砂轮表面各点线速度相等，磨削质量较高。但磨床的砂轮轴受弯曲力作用，刚性不好，所以磨削深度和进给量均不能太大，且同时参与磨削的磨粒较少，因此磨削效率较低，一般适合于精磨。

（二）卧式矩台平面磨床

图 10-97 所示为卧式矩台平面磨床的外形图。砂轮架 1 内装有电动机，直接驱动砂轮轴旋转，做主运动。砂轮架可以随滑鞍 2 一起沿立柱 4 上的垂直导轨上下移动，作调节位置或切入运动用。工作台 5 由液压驱动在床身导轨上做往复运动，属于纵向进给运动。横向进给可通过摇动横向进给手轮移动工作台实现。

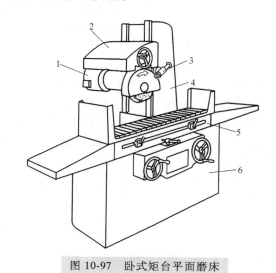

图 10-97　卧式矩台平面磨床

1—砂轮架　2—滑鞍　3—砂轮修整装置　4—立柱
5—工作台　6—床身

（三）平面磨削加工工艺特点

在平面磨削钢、铸铁等磁性材料工件时，均使用磁性工作台安装工件。当磨削非磁性材料工件时，工件常装夹在机用虎钳中，而机用虎钳则被吸在磁性工作台上。

复习思考题

10-1　什么是主运动和进给运动？

10-2　说明切削用量三要素的意义。车削时，切削速度怎样计算？

10-3　外圆车刀的五个基本角度的主要作用是什么？应如何选择？

10-4　说明切屑的形成过程。切屑可分哪几种？它们对切削过程有何影响？

10-5　磨具的主要特征有哪些？

10-6　描述磨削加工过程的机理和特点。

10-7　指出下列型号机床各为何种机床？

MM7132A　T4163B　XK5040　B2021A　MGB1432　Z5125A　L6120　Y3150E　CG6125　X6132

10-8 简述车床的主要组成部分及其作用。

10-9 车床能完成哪些工作？

10-10 车削加工中有多少种装夹方式？各用于何种场合？

10-11 钻床能完成哪些工作？

10-12 试述钻孔的工艺特点。

10-13 比较车床钻孔和钻床钻孔。

10-14 牛头刨床、龙门刨床和插床运动有何不同？

10-15 加工平面时何时用刨、何时用铣、何时用拉、何时用周铣、何时用端铣？

10-16 卧式镗床上可完成哪些工作？如何实现主运动和进给运动？

10-17 磨削加工有何特点？

10-18 在万能外圆磨床上如何安装工件？如何磨削外圆柱面、外圆锥面和内孔？

第十一章

机械制造工艺基础

机械制造工艺是指各种机械的制造方法和过程的总称。它包括零件的毛坯制造、机械加工、热处理和产品的装配等。习惯上，机械制造工艺多指零件的机械加工和产品的装配的制造方法和过程。在制定零件或产品的机械制造工艺时，所考虑的核心问题是产品的质量、生产率和工艺成本，同时还要考虑环境保护和工人的劳动保护等问题。

第一节　工艺过程和工艺规程

一、生产过程和工艺过程

1. 生产过程

机械产品生产过程是指从原材料到该机械产品出厂的全部劳动过程。它既包括：毛坯制造、机械加工、热处理、装配、检验、试车、油漆等主要劳动过程，又包括：包装、储运等辅助劳动过程。机械产品的生产过程（流程）如图 11-1 所示。

图 11-1　机械产品的一般生产过程

2. 工艺过程

在机械产品生产过程中，直接改变生产对象形状、尺寸、性能及位置的过程称为工艺过程。它包括铸、锻、焊、冲压、电镀、热处理、机械加工、装配等工艺过程。其中，采用机械加工的方法，按一定的顺序，逐步改变毛坯形状、尺寸和表面质量的过程称为机械加工工艺过程。机械加工工艺过程是生产过程的一部分。

二、机械加工工艺过程的组成

一个零件的机械加工工艺过程往往是比较复杂的。为了便于组织和管理生产，为了保证零件的加工质量，生产中常常针对零件的结构特点和技术要求，采用不同的加工方法和设备，将机械加工工艺过程分为若干道工序，即毛坯到零件的转变过程是由一个或若干个按一定顺序排列的工序所组成的，并依次完成所有加工内容。

机械加工工艺过程由若干个工序组成。每道工序又可依次细分为安装、工位、工步和走刀。

1. 工序

一个（或一组）工人在一个工作地点对一个（或同时对几个）工件连续完成的那一部分工艺过程。划分工序的主要依据是工作地是否变动和工作是否连续。同一零件，同样的加工内容可以有不同的工序安排，例如，图 11-2 所示零件可以安排在两个工序中完成（表 11-1），也可以安排在四个工序中完成（表 11-2），还可以有其他安排。工序的安排和工序数目的确定

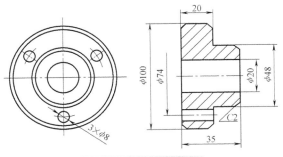

图 11-2　圆盘零件图

与零件的技术要求、零件的数量和现有的工艺条件有关。

表 11-1　圆盘零件安排在两个工序中

工序号	工序名称	安装	工步	工序内容	设备
1	车削	I	1 2 3 4	（用自定心卡盘夹紧毛坯小端外圆） 车大端端面 车大端外圆至 $\phi100$mm 钻 $\phi20$mm 孔 倒角	车床
		II	5 6 7	（工件调头，用自定心卡盘夹紧毛坯大端外圆） 车小端端面，保证尺寸 35mm 车小端外圆至 $\phi48$mm，保证尺寸 20mm 倒角	
2	钻削	I	1 2	（用通用夹具装夹工件） 依次加工 $3\times\phi8$mm 孔 修去孔口的锐边及毛刺	钻床

2. 安装

如果在每一个工序中需要对工件进行几次装夹，则每次装夹下完成的那部分工序内容称为一个安装。例如，表 1-1 中的工序 1，在一次装夹后不能完成所有表面的工序内容，尚需再次装夹，才能完成所有表面的工序内容，因此该工序共有两个安装。

3. 工位

为了减少安装次数，常采用回转工作台、回转夹具或移动夹具。在工件的一次安装中，通过分度（或移位）装置，使工件相对于机床床身变换加工位置，把每一加工位置上的加工内容称为工位。在每一个安装中，可能只有一个工位，也可以需要几个工位。

表 11-2　圆盘零件安排在四个工序中

工序号	工序名称	安装	工步	工序内容	设备
1	车削	I	1 2 3 4	（用自定心卡盘夹紧毛坯小端外圆） 车大端端面 车大端外圆至 φ100mm 钻 φ20mm 孔 倒角	车床
2	车削	I	1 2 3	（以大端面及内孔定位，用心轴装夹） 车小端端面，保证尺寸 35mm 车小端外圆至 φ48mm，保证尺寸 20mm 倒角	车床
3	钻削	I	1	用专用钻床夹具装夹工件 钻 3×φ8mm 孔	钻床
4	钳	I	1	修去孔口的锐边及毛刺	钳工台

图 11-3 所示为立轴式回转工作台使工件变换位置的例子。在该例中有四个工位，分别为装卸（工位1）、钻孔（工位 2）、扩孔（工位 3）和铰孔（工位4），实现了一次安装中完成钻、扩和铰加工。

4. 工步

加工表面、切削刀具、切削速度和进给量都不变的情况下所完成的加工内容，称为一个工步，其实质即为工序的加工内容。表 11-1 和表 11-2 中的车削工序包含了多个工步。

5. 走刀

切削刀具在加工表面上切削一次所完成的工步内

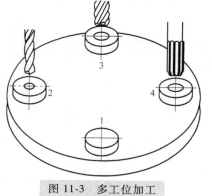

图 11-3　多工位加工

容，称为一次走刀。当需要切去的金属太厚，不能在一次切削下完成时，则需要分几次走刀。

三、生产纲领和生产类型

机械加工工艺规程的制定不仅与零件的技术要求有关，还与生产类型有关。生产纲领的大小决定着产品（或零件）的生产类型，而各种生产类型又有不同的工艺特征，制定工艺规程必须符合其相应的工艺特征。因此，生产纲领是制定和修改工艺规程的重要依据。

1. 生产纲领

企业根据市场需要和自身的生产能力决定生产计划。在计划期内应当生产的产品数量和进度计划称为生产纲领。计划期一般为一年，所以生产纲领一般为年产量。零件的生产纲领常按下式计算

$$N = Qn(1+\alpha+\beta)$$

式中　N——零件的年产量，单位为件/年；

Q——产品的年产量，单位为台/年；

n——每台产品中该零件的数量，单位为件/台；

α——备品率；

β——废品率。

2. 生产类型及其工艺特征

生产类型是指工厂（或车间、工段、班组和工作地）生产的专业化程度。机械产品的生产一般分为三种类型，即单件生产、成批生产和大量生产。

（1）单件生产 单个地制造某一种零件（或产品），很少重复或不重复生产，称为单件生产。例如，重型机器厂、修配厂及新产品的试制等。

（2）成批生产 成批地制造相同的零件，一般是周期性地重复进行生产，称为成批生产。每批投入或产出的同一零件的数量，称为批量。按照批量的大小和产品的特征，成批生产又可分为小批生产、中批生产和大批生产。

（3）大量生产 产品的年产量很大，大多数工作地点长期只进行某一零件的某一工序的加工，如汽车、轴承、自行车等的生产都属于大量生产。

由于小批生产与单件生产的工艺特点相似，大批生产与大量生产的工艺特点比较接近。因此，生产中常将其合在一起，称为单件小批、大批大量生产，而成批生产仅指中批生产，如机床厂的生产。

生产纲领和生产类型的关系还与产品的大小和复杂程度有关，各种生产类型的典型划分见表11-3。

生产类型不同，产品（或零件）制造的工艺方法、工艺工装、所用设备和生产的组织形式等均不同。大批大量生产应尽可能采用高效率设备和工艺方法，以提高生产率；单件小批生产应采用通用设备和工艺装备，也可以采用数控机床，以降低生产成本。各种生产类型的工艺特征见表11-4。

表 11-3 各种生产类型的典型划分 （单位：件/年）

生产类型	零件的年生产纲领		
	重型机械	中型机械	轻型机械
单件生产	≤5	≤20	≤100
小批生产	>5~100	>20~200	>100~500
中批生产	>100~300	>200~500	>500~5000
大批生产	>300~1000	>500~5000	>5000~50000
大量生产	>1000	>5000	>50000

四、机械加工工艺规程

1. 工艺规程的概念

零件的机械加工工艺规程就是根据零件的结构特点和技术要求，结合毛坯、生产批量、现有生产条件等资料，进行综合分析，制定出相应的加工方法、加工过程，并将它们以文件的形式规定下来，经审批后用于指导和组织生产，这便称为工艺规程。

2. 工艺规程的作用

工艺规程是在总结前人实践经验的基础上，依据科学的理论和计算以及必要的工艺实验

表 11-4　各种生产类型的工艺特征

特点　类型 项目	单件小批生产	中批生产	大批大量生产
加工对象	经常变换	周期性变换	固定不变
毛坯及余量	木模手工造型,自由锻。毛坯精度低,加工余量大	部分铸件金属模,部分模锻。毛坯精度和加工余量中等	广泛采用金属模机器造型和模锻。毛坯精度高,加工余量小
机床设备	通用机床,机群式排列,数控机床	部分专用机床,部分流水线排列,部分数控机床	广泛采用专用机床,按流水线或自动线布置
工艺装备	通用工艺装备为主,必要时采用专用夹具	广泛采用专用夹具,可调夹具。部分采用专用刀具、量具	广泛采用高效专用工艺装备
装夹方式	通用夹具和划线找正	广泛采用专用夹具装夹,少量采用划线找正	全部采用夹具装夹
装配方法	广泛采用修配法	大多采用互换法	互换法
操作工人技术水平	高	一般	较低
工艺文件	工艺过程卡片	工艺卡片,内容详细	工艺过程卡片、工序卡片,内容详细
生产率	低	一般	高
成本	高	一般	低

而制定的工艺文件。一般地说,大批大量生产类型要求有细致和严密的组织工作,因此要求有比较详细的工艺规程;单件小批生产由于分工比较粗糙,因此其工艺规程可以简单一些。但是,不论何种生产类型,都必须有章可循,即都必须有工艺规程。合理的工艺规程有如下几方面的作用:

(1) 工艺规程是指导生产的主要文件　生产的计划、调度离不开工艺规程;工人的具体操作也离不开工艺文件。

(2) 工艺规程是新产品投产前进行技术准备和生产准备的指导文件　新产品投产前刀具、夹具、量具的设计、制造、采购,原材料、半成品、外购件的供应,机床负荷的调整,作业计划的编排,人员的配备,生产成本的核算等,都是以工艺规程为依据的。

(3) 工艺规程是新建、扩建工厂、车间的原始资料　在新建、扩建工厂、车间时,只有根据工艺规程才能正确处理确定生产所需的机床和其他设备的型号、规格和数量,车间的面积,机床的布置形式,人员数量及投资额等。

3. 机械加工工艺规程的制定原则、步骤和内容

(1) 机械加工工艺规程的设计原则

1) 必须可靠地保证零件图样所有技术的实现。

2) 在规定的生产纲领和生产批量下,要求工艺成本最低。

3）充分利用现有生产条件，做到少花钱，多办事。

4）尽量减轻工人的劳动强度，保证生产安全。

（2）设计机械加工工艺规程的步骤和内容

1）阅读装配图和零件图。了解产品的用途、性能要求和工作条件；熟悉零件在产品中的地位和作用。

2）工艺审查。审查图样上的尺寸、视图和技术要求是否完整、正确；找出主要技术要求和分析关键工序和关键技术问题；审查零件的结构工艺性。

所谓零件的结构工艺性是指在满足使用要求的前提下，制造该零件的可能性和经济性。所谓工艺性好，是指在现有工艺条件下既能方便地制造，又有较低的成本。

3）熟悉或确定毛坯。毛坯通常由产品设计者来完成，工艺人员在设计机加工工艺前，要熟悉毛坯的特点。例如，对铸件要了解其分型面、浇口和冒口的位置，铸件的公差和起模斜度等。毛坯的种类、质量和精度与机械加工关系密切。

4）拟定机械加工工艺路线。这是制定机械加工工艺规程的核心。其主要内容有：选择定位基准、确定加工方法、安排加工顺序以及安排热处理、检验等工序。

机械加工工艺路线的最终确定，一般要通过一定范围内的论证，即通过对几条工艺路线的分析比较，从中选出一条适合本厂条件的，能确保质量、高效和低成本的最佳工艺路线。

5）确定各工序的工装。

6）确定各主要工序的技术要求和检验方法。

7）确定各工序的加工余量、计算工序尺寸和公差。

8）确定切削余量。在单件小批生产中，切削余量由操作者自行决定。在中批生产中，特别是大批大量生产中，为保证生产的合理性和节奏均匀，必须规定切削余量。

9）确定工时定额。

10）填写工艺文件。

4. 机械加工工艺规程的格式

通常，机械加工工艺规程制成表格（卡片）形式。在单件小批生产中，一般只编写简单的机械加工工艺过程卡片（表 11-5）；在中批生产中，多采用机械加工工艺卡片；在大批大量生产中，要求除填写工艺过程卡片之外，各道工序都要有机械加工工序卡片（表11-6）。

表 11-5 机械加工工艺过程卡片

（工厂名）	机械加工工艺过程卡片	产品名称及型号		零件名称		零件图号				
		材料	名称	毛坯	种类	零件重量/kg	毛重		第　页	
			牌号		尺寸		净重		共　页	
			性能	每料件数		每台件数				
工序号	工序内容			加工车间	设备名称及编号	工艺装备名称及编号			技术等级	工时定额/min
						夹具	刀具	量具		单件　准备—终结
更改内容										
编制		抄写		校对		审核			批准	

表 11-6　机械加工工序卡片

（工厂名）	机械加工工序卡号		产品名称及型号	零件名称	零件图号	工序名称	工序号	第　页
								共　页
			车　间	工　段	材料名称	材料牌号	力学性能	
			同时加工件数	每料件级	技术等级	单件时间/min	准备—终结时间/min	
（画工序简图处）			设备名称	设备编号	夹具名称	夹具编号	工作液	
			更改内容					

工步号	工具内容	计算数据/mm				切削用量				工时定额/min			刀量具及辅助工具				
		直径或长度	进给长度	单边余量	进给次数	背吃刀量/mm	进给量/(mm/r)或(mm/min)	切削速度/(r/min)或(双行程数/min)	切削速度/(m/min)	基本时间	辅助时间	工作地点服务时间	工步号	名称	规格	编号	数量

编制		抄写		校对		审核		批准	

第二节　工件的装夹

机械加工时，为使工件的被加工表面获得规定的尺寸、形状和相互位置，必须使工件在机床上或夹具中占有某一正确的位置，这个过程称为定位。在机械加工过程中，工件在各种力的作用下应当保持这一正确位置，这需要夹紧。工件的装夹过程就是工件在机床上或夹具中定位和夹紧的过程。装夹是否正确、稳固、迅速和方便，对加工质量、生产率和经济性均有较大影响，因此，工件的装夹是制定工艺规程时必须认真考虑的问题之一。

一、基准及其分类

工件装夹时必须依据一定的基准，下面先讨论基准的概念。

任何一个零件都是由若干个表面组成的，这些表面之间有一定的尺寸和相互位置要求。因此，在零件设计、加工、测量或装配过程中，也必须以某个或某几个表面为依据来标注、加工、测量或装配，零件表面之间的这种相互依赖关系，就引出了基准的概念。

基准是零件（或部件）上用来确定其他点、线、面位置所依据的那些点、线、面。基准是机械制造中应用非常广泛的一个概念。

从设计和工艺两方面看基准，可以把基准分为两大类，即设计基准和工艺基准。

（一）设计基准

在零件图上用以确定其他点、线、面的位置所依据的那些点、线、面称为设计基准。如图 11-4a 所示的钻套轴线 O-O 是各外圆表面和内孔表面的设计基准，端面 A 是端面 B 和端面

C 的设计基准；内孔表面的轴心线是 $\phi40h6$ 表面的径向圆跳动和端面 B 的轴向圆跳动的设计基准。同样，图 11-4b 中的 F 面是 C 面和 E 面的设计基准，也是两孔垂直度和 C 面平行度的设计基准；A 面为 B 面的距离尺寸和平行度的设计基准。

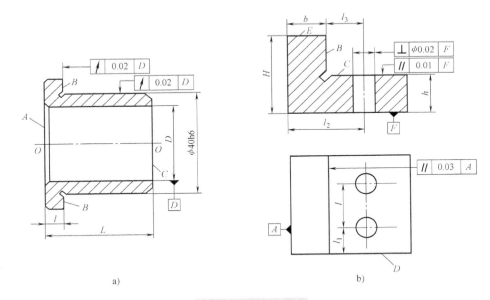

图 11-4　设计基准

（二）工艺基准

零件在加工过程中所采用的基准称为工艺基准。工艺基准又可分为工序基准、定位基准、测量基准和装配基准。

1. 工序基准

在工序图上用来确定本工序所加工表面加工后的尺寸、形状、位置的基准，称为工序基准。工序基准的选择应主要考虑如下几个方面的问题：

1）尽可能用设计基准作为工序基准。当采用设计基准为工序基准有困难时，可另选基准，但必须可靠地保证零件的设计尺寸和技术要求。

2）所选工序基准应尽可能用于工件的定位和工序尺寸的测量。

3）工序基准并不独立存在，它必然与设计基准、定位基准或测量基准之一重合。

2. 定位基准

在加工时用于工件定位的基准，称为定位基准。定位基准是获得零件尺寸的直接基准，占有重要的位置。作为定位基准的点、线、面在工件上不一定是具体轮廓（如孔、外圆的中心线、轴线，对称线、对称面），而常常由具体的表面来体现。因此，定位基准的选择实际上是定位基准面的选择。

定位基准还可以进一步分为：粗基准、精基准，另外还有附加基准。

1）粗基准和精基准。未经加工过的定位基准称为粗基准，经过加工的定位基准称为精基准。机械加工工艺规程中第一道工序的定位基准都是粗基准。

2）附加基准。零件上根据机械加工工艺需要而专门设计的定位基准，称为附加基准。

例如，轴类零件的中心孔，箱体类零件一面两孔的两孔。

3. 测量基准

在加工中和加工后用来测量工件形状、位置和尺寸误差所采用的基准，称为测量基准。

4. 装配基准

在装配时用来确定零件或部件在产品中的相对位置所采用的基准，称为装配基准。

上述各基准应尽可能使之重合。例如，设计机器零件时，应尽量以装配基准作为设计基准，以便直接保证装配技术要求；在制定加工工艺规程时，应尽量以设计基准作为工序基准，以便直接保证零件的设计尺寸；在加工、测量时，应尽量使定位基准及测量基准与工序基准重合，以消除因基准不重合而带来的误差。

二、工件的装夹方式

在加工零件时，要考虑的最重要问题之一是怎样将工件装夹在机床上或夹具中。这里装夹有两种含义，即定位和夹紧。如上所述，定位是指使工件在机床或夹具中获得正确位置的过程；夹紧是指工件定位后将其固定，使工件在加工过程中保持定位位置不变的操作。

1. 工件定位的概念

机床、夹具、刀具和工件构成一个工艺系统。工件的加工面相对工序基准的位置精度（如同轴度、平行度、垂直度）和尺寸精度是由工艺系统内各部分之间的正确位置关系来保证的。工件在机床中的正确位置决定位置精度，工件与刀具之间的相对位置决定尺寸精度。因此，加工前应首先确定工件在机床中的正确位置，即工件的定位，然后调整工件与刀具之间的位置关系（尺寸），也可以看作刀具在机床中的定位。另外，在调整法加工中，尺寸精度的获得也需要工件在机床或夹具中正确定位。

工件定位的实质，就是零件加工面的工序基准在工艺系统中占据一个正确位置。

如图 11-4a 所示零件，为了保证外圆表面 $\phi40h6$ 的径向圆跳动要求，工件定位时必须使其设计基准 $O\text{-}O$（这里选择工序基准与设计基准重合，以下也如此）与机床主轴轴线 $O_1\text{-}O_1$ 重合，如图 11-5a 所示。对于图 11-5b 所示零件为了保证加工表面 B 与其设计基准 A 的平行度要求，工件定位时必须使设计基准 A 与机床工作台的纵向直线运动方向平行，如图 11-5b 所示；在孔加工时，为了保证孔与其设计基准（底面 F）的垂直度要求，工件定位时必须使设计基准 F 面与机床主轴中心线垂直，如图 11-5c 所示。

2. 工件的装夹方式

工件在机床或夹具中装夹有三种方法：

（1）直接找正装夹　工件的定位过程可以由操作工人直接在机床上利用千分表、划针盘等工具，找正有相互位置要求的表面，然后夹紧工件，称之为直接找正法。例如，在图 11-6 中，为了保证所要磨削的内孔与已加工大端外圆的同轴度，可以采用直接找正法找正。将千分表架固定在床身上，表头顶在工件的外圆表面上，转动自定心卡盘，同时调整零件相对卡盘的位置，如果表针基本不动，则说明工件外圆表面与主轴回转中心同轴，间接保证了工件所要加工的内孔与大端外圆的同轴度。

（2）划线找正装夹　这种装夹方法是按图样要求在工件的表面划出位置线、加工线和找正线，装夹工件时，先在机床上按找正线找正工件的位置，然后夹紧工件。图 11-7 所示

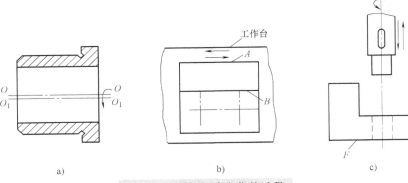

图 11-5　工件正确定位的过程

为在牛头刨床上按划线找正装夹。找正时可在工件底面垫上适当厚度的铜片，以获得正确的位置，也可将工件支承在几个千斤顶上，调整千斤顶的高低，用划针检查找正线，找正后夹紧工件。此时，支承工件的底面不起定位作用，定位基准面即为所划的找正线。由于线宽的存在（一般在 0.1mm 左右），划线找正装夹定位精度不高，适用于单件小批、中批生产中的复杂铸件或铸件精度较低的粗加工工序中。

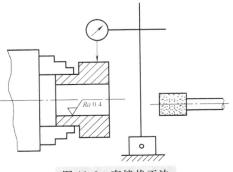

图 11-6　直接找正法

（3）夹具装夹　为保证加工精度和提高生产率，通常多采用夹具装夹。用夹具装夹工件，不需要划线和找正，直接由夹具来保证工件在机床上的正确位置，并在夹具上夹紧。一般情况下操作比较简单，也比较容易保证加工精度要求，在各类生产类型中都有应用。

如图 11-8 所示的钻模就是专用夹具装夹工件的一个例子。从图中可以看出，工件 4 以其内孔和左端面为定位基准装在定位销轴 2 上，用螺母和压板夹紧工件，钻头通过钻套 3 引导，在工件上钻出孔来。

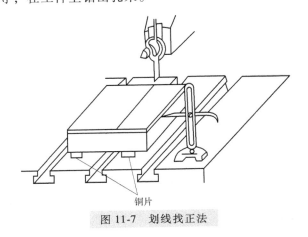

图 11-7　划线找正法

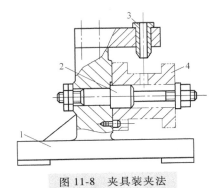

图 11-8　夹具装夹法

1—夹具体　2—定位销轴　3—钻套　4—工件

上述三种装夹方法，都遇到工件应怎样定位的问题，下面介绍怎样实现工件的定位。

三、定位原理

1. 六点定位规则

一个物体在空间有 6 个自由度，以图 11-9 所示的长方体为例，它在直角坐标系 $Oxyz$ 中可以有 3 个平动和 3 个转动。3 个平动分别是沿 x、y、z 轴的平行移动，记为 $\vec{x}$、$\vec{y}$、$\vec{z}$；3 个转动分别是绕 x、y、z 轴的转动，记为 $\overset{\frown}{x}$、$\overset{\frown}{y}$、$\overset{\frown}{z}$。习惯上，把上述 6 个独立运动称为 6 个自由度。如果采取一定的约束措施，消除物体的 6 个自由度，则物体被完全定位。例如，在讨论长方体工件的定位时，可以在其底面布置 3 个不共线的约束点 1、2、3（图 11-10a）；在其侧面布置 2 个约束点 4、5，并在端面布置 1 个约束点 6，则约束点 1、2、3 可以限制 $\vec{z}$、$\overset{\frown}{x}$ 和 $\overset{\frown}{y}$ 3 个自由度；约束点 4、5 可以限制 $\vec{y}$ 和 $\overset{\frown}{z}$ 2 个自由度；约束点 6 可以限制 $\vec{x}$ 1 个自由度。这就完全限制了长方体工件的 6 个自由度。

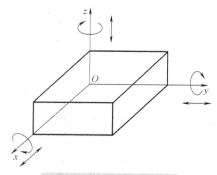

图 11-9　自由度示意图

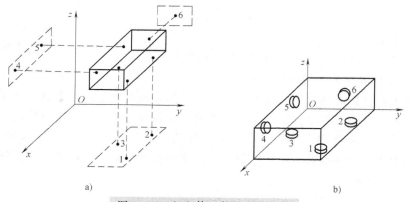

a)　　　　　　　　　　　　　　　b)

图 11-10　长方体工件的定位分析

在实际应用中，常把接触面积很小的支承钉看作是约束点，即按上述位置布置 6 个支承钉，可以限制长方体工件的 6 个自由度（图 11-10b）。

采用 6 个按一定规则布置的约束点，可以限制工件的 6 个自由度，实现完全定位，称为六点定位原理。

2. 实际定位元件所限制的自由度

由于工件的形状是千变万化的，用于代替约束点的定位元件的种类也是各式各样，除了支承钉外，常用的还有支承板、长销、短销、长 V 形块、短 V 形块、固定锥销、浮动锥销等。直接分析这些元件可以限制哪些自由度，以及分析它们的组合可以限制哪几个自由度的情况，对研究定位问题更有实际意义。把这些分析结果归纳在表 11-7 中，供分析研究工件定位时参考。

表 11-7　典型定位元件的定位析

工件的定位面		夹具的定位元件			
平面	支承钉	定位情况	1 个支承钉	2 个支承钉	3 个支承钉
		图示	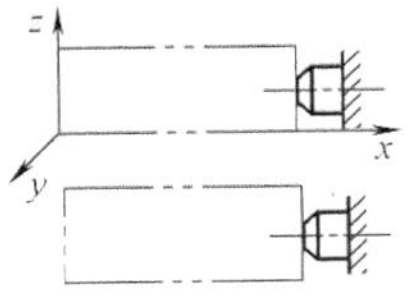	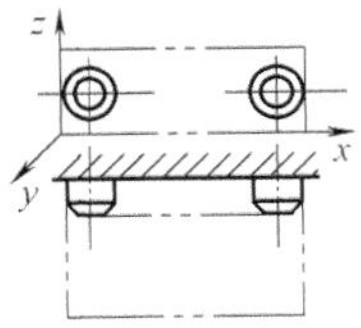	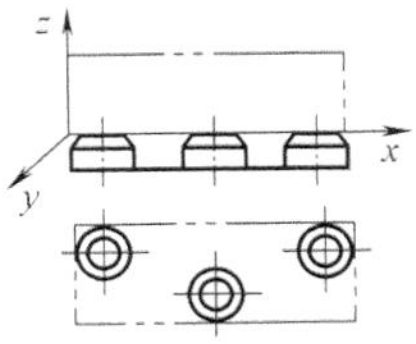
		限制的自由度	$\vec{x}$	$\vec{y}$ $\vec{z}$	$\vec{z}$ $\vec{x}$ $\vec{y}$
	支承板	定位情况	1 块条形支承板	2 块条形支承板	1 块矩形支承板
		图示	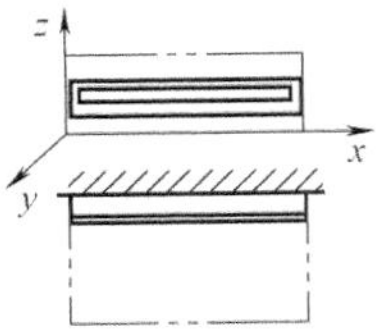	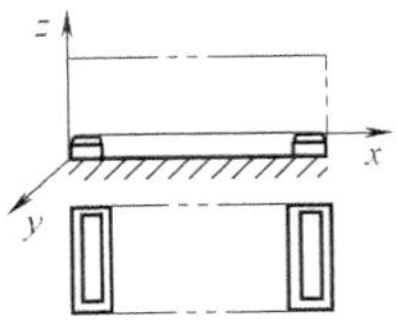	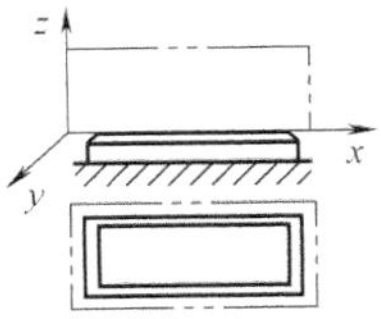
		限制的自由度	$\vec{y}$ $\vec{z}$	$\vec{z}$ $\vec{x}$ $\vec{y}$	$\vec{z}$ $\vec{x}$ $\vec{y}$
圆孔	圆柱销	定位情况	短圆柱销	长圆柱销	两段短圆柱销
		图示	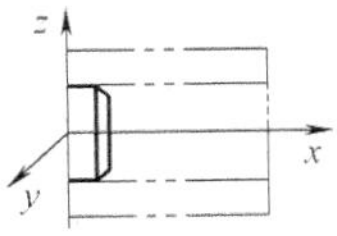	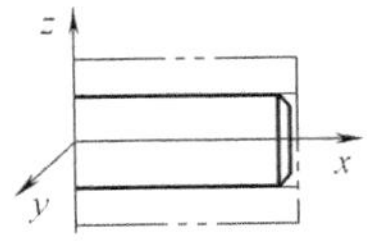	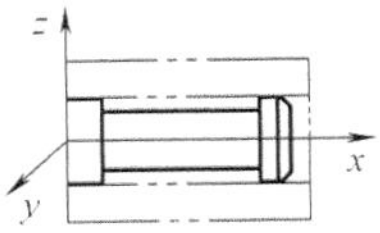
		限制的自由度	$\vec{y}$ $\vec{z}$	$\vec{y}$ $\vec{z}$ $\vec{y}$ $\vec{z}$	$\vec{y}$ $\vec{z}$ $\vec{y}$ $\vec{z}$
		定位情况	菱形销	长销小端面组合	短销大端面组合
		图示	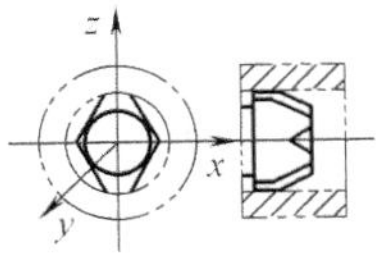	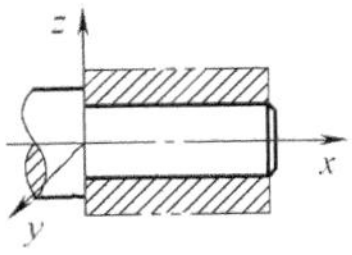	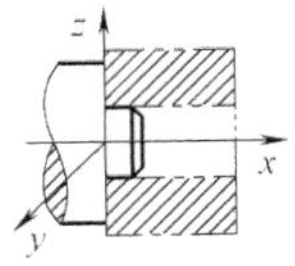
		限制的自由度	$\vec{z}$	$\vec{x}$ $\vec{y}$ $\vec{z}$ $\vec{y}$ $\vec{z}$	$\vec{x}$ $\vec{y}$ $\vec{z}$ $\vec{y}$ $\vec{z}$
	圆锥销	定位情况	固定锥销	浮动锥销	固定锥销与浮动锥销组合
		图示	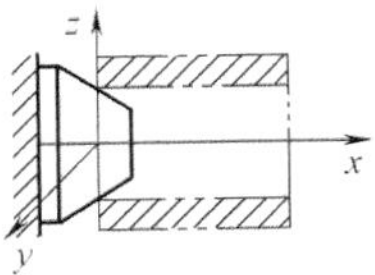	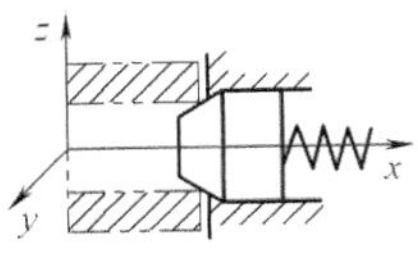	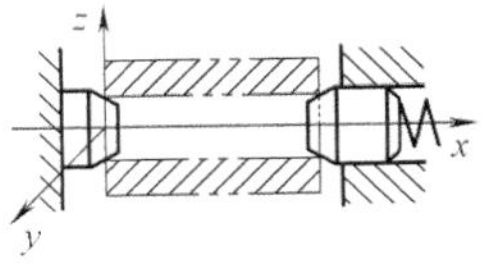
		限制的自由度	$\vec{x}$ $\vec{y}$ $\vec{z}$	$\vec{y}$ $\vec{z}$	$\vec{x}$ $\vec{y}$ $\vec{z}$ $\vec{y}$ $\vec{z}$
	心轴	定位情况	长圆柱心轴	短圆柱心轴	小锥度心轴
		图示	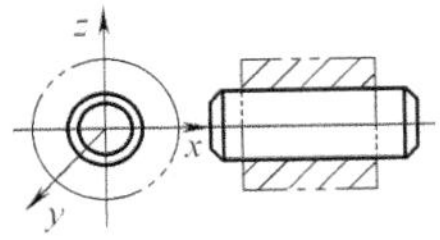	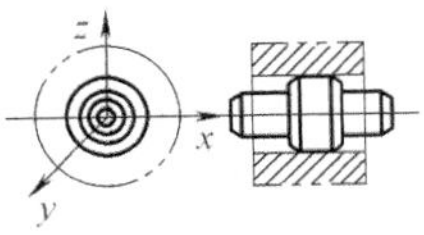	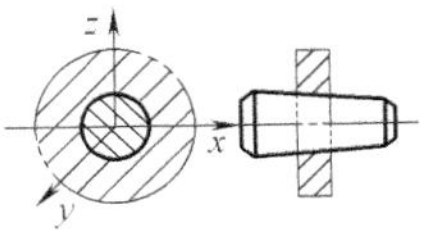
		限制的自由度	$\vec{x}$ $\vec{z}$ $\vec{x}$ $\vec{z}$	$\vec{x}$ $\vec{z}$	$\vec{x}$ $\vec{z}$

（续）

工件的定位面		定位情况	固定顶尖	浮动顶尖	锥度心轴
圆锥孔	锥顶尖和锥度心轴	图示			
		限制的自由度	$\vec{x}$ $\vec{y}$ $\vec{z}$	$\vec{y}$ $\vec{z}$	$\vec{x}$ $\vec{y}$ $\vec{z}$ $\widehat{y}$ $\widehat{z}$
外圆柱面	V形块	定位情况	1块短V形块	2块短V形块	1块长V形块
		图示	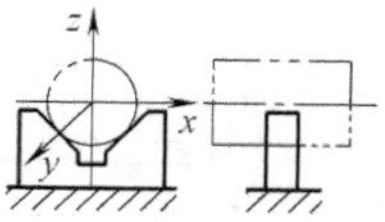	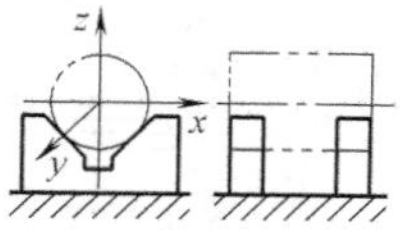	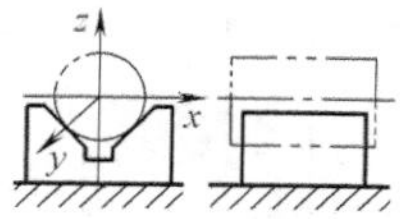
		限制的自由度	$\vec{x}$ $\vec{z}$	$\vec{x}$ $\vec{z}$ $\widehat{x}$ $\widehat{z}$	$\vec{x}$ $\vec{z}$ $\widehat{x}$ $\widehat{z}$
	定位套	定位情况	1块短定位套	2块短定位套	1块长定位套
		图示	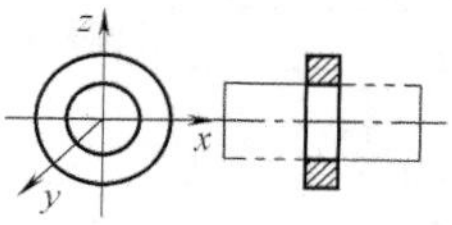	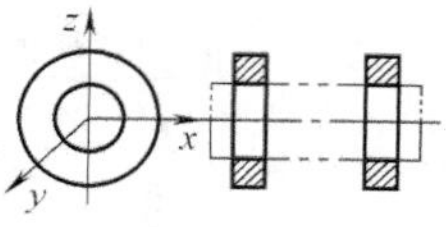	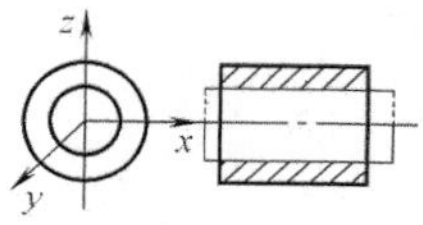
		限制的自由度	$\vec{x}$ $\vec{z}$	$\vec{x}$ $\vec{z}$ $\widehat{x}$ $\widehat{z}$	$\vec{x}$ $\vec{z}$ $\widehat{x}$ $\widehat{z}$

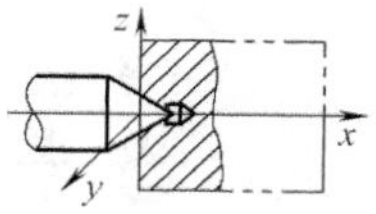

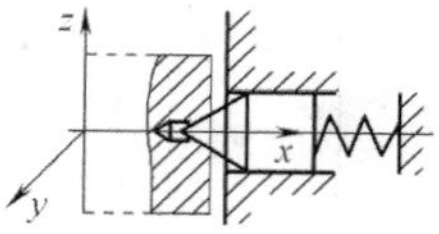

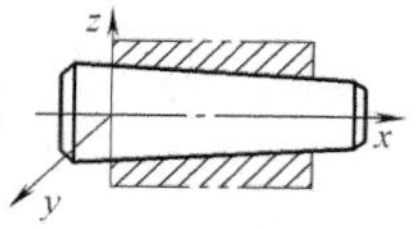

3. 完全定位和不完全定位

根据工件加工面的位置度（包括位置尺寸）要求，有时需要限制6个自由度，有时仅需要限制1个或几个自由度。前者称为完全定位，后者称为不完全定位。有位置尺寸要求的自由度必须加以限制，无位置尺寸要求的自由度可以不限制，但有时为了使定位元件帮助承受切削力、夹紧力或为保证一批工件的进给长度的一致，常对无位置尺寸要求的自由度也加以限制。

4. 欠定位和过定位

（1）欠定位　根据加工面位置度要求必须限制的自由度没有得到全面限制，这样的定位称为欠定位。欠定位是不允许的。例如，图11-11a所示的长方体上铣台阶，要求台阶面的高度尺寸为A，宽度尺寸为B。根据这一要求，在图示坐标系下，应限制$\vec{x}$、$\vec{z}$、$\widehat{x}$、$\widehat{y}$和$\widehat{z}$，而按图中所示，只限制了$\vec{z}$、$\widehat{x}$和$\widehat{y}$ 3个自由度，属于欠定位，难以保证位置尺寸B的要求。而按图11-11b所示，加一块支承板后，补充限制$\vec{x}$和$\widehat{z}$ 2个自由度，才能使位置尺寸A和B都得到保证。

（2）过定位　工件定位时，同一自由度同时被两个或两个以上的约束点约束，这样的定位称为过定位。过定位是否允许要看具体情况。一般情况下，定位面是毛坯面是不允许的。如果定位面是经过加工的精基准面，则过定位不但对工件加工面的位置精度影响不大，反而可以增强加工时的刚度，这时候过定位是允许的。

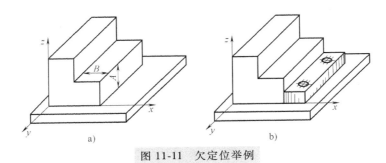

图 11-11　欠定位举例

综上所述，分析定位问题时主要应研究如下三个问题：

1）研究满足工件加工面位置要求所必须限制的自由度。

2）从承受切削力、夹紧力以及提高生产率的角度分析，在不完全定位中还应限制哪些自由度。

3）在定位方案中是否有欠定位和过定位问题；过定位是否允许存在，如何消除过定位。

第三节　工艺路线的制定

制定工艺路线时需要考虑的主要问题有：怎样选择定位基准；怎样选择加工方法；怎样安排加工顺序及热处理、检验等工序。

一、定位基准的选择

1. 粗基准的选择

（1）保证相互位置要求原则　如果必须保证工件上加工面与不加工面的相互位置要求，则以不加工面作为粗基准。例如，图 11-12 所示零件。

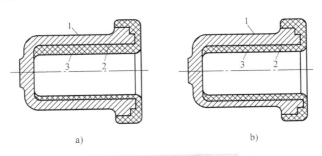

图 11-12　两种粗基准比较

a）以外圆 1 为粗基准，孔的加工余量不均，但加工后壁厚均匀

b）以毛坯孔为粗基准，孔的加工余量均匀，但加工后壁厚不均

1—外圆面　2—加工面　3—毛坯孔

（2）保证加工表面加工余量合理分配原则　如果必须保证重要表面的加工余量均匀，应选择该表面的毛坯面为基准。例如，在车床床身加工中，导轨面是重要表面，它不仅精度

高，而且要求导轨面有均匀的金相组织和较高的耐磨性，因此，希望加工时导轨面去除余量小且均匀。此时应以导轨面为粗基准，先加工底面，然后再以底面为基准，加工导轨面（图11-13a）。这样就可以保证导轨面的加工余量均匀。否则，必将造成导轨加工余量的不均匀（图11-13b）。

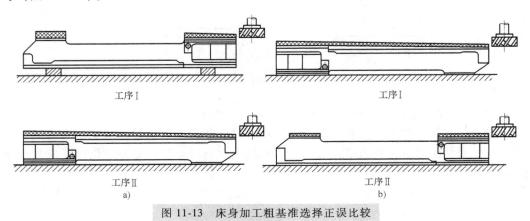

图 11-13　床身加工粗基准选择正误比较

（3）粗基准一般不重复使用原则　如果能够使用精基准，则粗基准一般不被重复利用，有的零件在前面几道工序中虽已经加工出一些表面，但对某些自由度而言，还没有精基准可以利用，在这种情况下可以使用粗基准来限制这些自由度，但同一自由度不能用两次以上的粗基准来限制。

2. 精基准的选择

选择精基准的目的是使装夹方便正确可靠，以保证加工精度。为此一般遵循如下原则：

（1）基准重合原则　应尽可能地选择被加工零件的工序基准为定位的精基准，称之为基准重合原则。特别是当位置公差要求很小时，一般不应违反这一原则。否则产生基准不重合误差，增大加工难度。

如图11-14所示的键槽加工，如以中心孔定位，并按尺寸 L 调整铣刀位置，工序尺寸为 $t = R + L$，由于定位基准与工序基准不重合，因此 R 和 L 两尺寸的误差都将影响键槽深度尺寸精度。如采用图11-15所示的定位方式，工件以外圆下母线 B 为定位基准，则定位基准与工序基准重合，就容易保证尺寸 t 的加工精度。

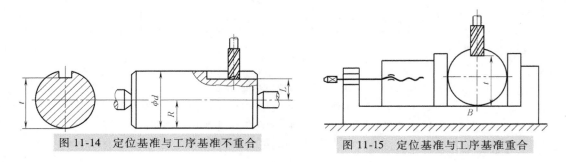

图 11-14　定位基准与工序基准不重合　　　图 11-15　定位基准与工序基准重合

（2）统一基准原则　当工件以某一精基准定位，可以较方便地加工出其他大多数表面时，则应尽早地把这一基准面加工出来，并达到精度，以后工序均以它为精基准加工其他表面。这称之为统一基准原则，如轴类零件的中心孔、盘套类零件的内孔、箱体类零件的一面两孔。

采用统一基准原则可以简化夹具设计，可以减少工件的搬动次数和翻转次数。

应当指出，统一基准原则常常带来基准不重合问题。在这种情况下，要针对具体问题认真分析计算，在满足设计要求的前提下，决定最终的精基准。

（3）自为基准原则　为了减小表面粗糙度值，减小加工余量和保证加工余量的均匀，常以加工面本身为基准进行加工，称为自为基准原则。例如，床身导轨面的磨削（图11-16）。

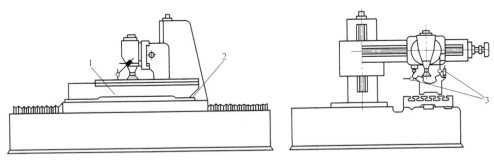

图 11-16　床身导轨面自为基准定位

1—工件　2—调整用楔铁　3—找正用百分表

（4）互为基准原则　某些位置精度要求很高的表面，常采用互为基准原则反复加工的办法来达到位置精度要求。这称之为互为基准原则。例如，主轴的前后轴颈与前后锥孔有严格的位置度要求（图11-17），为达到这一要求，工艺一般都遵循互为基准原则。

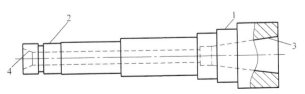

图 11-17　主轴前后轴颈与前后锥孔互为基准

1、2—前后轴颈　3、4—前后锥孔

二、加工经济精度与加工方法的选择

1. 加工经济精度

一般而言，各种加工方法所能达到的加工精度和表面质量在一定范围内。但任何一种加工方法，只要精心操作，细致调整，其加工精度就可以得到提高，其加工表面粗糙度值就可以减小。不过，加工精度提高的越高，表面粗糙度值减小得越小，则所耗费的时间与成本也会越大。

加工经济精度是指在正常加工条件下（不是刻意去追求）所能保证的加工精度和表面粗糙度。

2. 加工方法的选择

一般情况下，根据零件的精度和表面粗糙度的要求，结合本车间或本厂的现有工艺条件，考虑加工经济精度的因素选择加工方法。表 11-8～表 11-10 介绍了各种表面的加工方法及其加工经济精度和表面粗糙度，供选择加工方法时参考。

表 11-8　外圆加工方法的加工经济精度及表面粗糙度

加工方法	加工性质	加工经济精度	表面粗糙度 Ra 值 /μm
车	粗车	IT12～IT13	10～80
	半精车	IT10～IT11	2.5～10
	精车	IT7～IT8	1.25～5
	金刚石车	IT5～IT6	0.02～1.25
外磨	粗磨	IT8～IT9	1.25～10
	半精磨	IT7～IT8	0.63～2.5
	精磨	IT6～IT7	0.16～1.25
	精密磨	IT5～IT6	0.08～0.32
	镜面磨	IT5	0.008～0.08
研磨	粗研	IT5～IT6	0.16～0.63
	精研	IT5	0.04～0.32
超精加工	精	IT5	0.08～0.32
	精密	IT5	0.01～0.16
砂带磨	精磨	IT5～IT6	0.02～0.16
	精密磨	IT5	0.01～0.04
滚压		IT6～IT7	0.16～1.25

表 11-9　孔加工方法的加工经济精度及表面粗糙度

加工方法	加工性质	加工经济精度	表面粗糙度 Ra 值 /μm
钻	实心材料	IT11～IT12	2.5～20
扩	粗扩	IT12	10～20
	铸或冲孔后一次扩	IT11～IT12	
	精扩	IT10	2.5～10
铰	半精铰	IT10～IT11	5～10
	精铰	IT8～IT9	1.25～5
	细铰	IT6～IT7	0.32～1.25
拉	粗拉	IT10～IT11	2.5～5
	精拉	IT7～IT9	0.63～2.5
镗	粗镗	IT12	10～20
	半精镗	IT11	5～10
	精镗	IT8～IT10	1.25～5
	细镗	IT6～IT7	0.32～1.25
磨	粗磨	IT9	0.32～1.25
	精磨	IT7～IT8	0.04～0.32

（续）

加工方法	加工性质	加工经济精度	表面粗糙度 Ra 值 /μm
珩	粗珩 精珩	IT5 ~ IT6 IT5	0.32 ~ 1.25 0.04 ~ 0.32
研	粗研 精研	IT5 ~ IT6 IT5	0.32 ~ 1.25 0.01 ~ 0.32
滚压		IT7 ~ IT8	0.16 ~ 0.63

表 11-10 平面加工方法的加工经济精度及表面粗糙度

加工方法	加工性质	加工经济精度	表面粗糙度 Ra 值 /μm
周铣	粗铣 精铣	IT11 ~ IT12 IT10	5 ~ 20 1.25 ~ 5
端铣	粗铣 精铣	IT11 ~ IT12 IT9 ~ IT10	5 ~ 20 0.63 ~ 5
车	半精车 精车 细车（金刚石车）	IT10 ~ IT11 IT9 IT7 ~ IT8	5 ~ 10 2.5 ~ 10 0.63 ~ 1.25
刨	粗刨 精刨 宽刀精刨	IT11 ~ IT12 IT9 ~ IT10 IT7 ~ IT9	10 ~ 20 2.5 ~ 10 0.32 ~ 1.25
平磨	粗磨 半精磨 精磨 精密磨	IT9 IT7 ~ IT8 IT7 IT6	2.5 ~ 5 1.25 ~ 2.5 0.16 ~ 0.63 0.016 ~ 0.16
刮研	手工刮研	10 ~ 20 点/25mm×25mm	0.16 ~ 1.25
研磨	粗研 精研	IT6 ~ IT7 IT5	0.32 ~ 0.63 0.08 ~ 0.32

三、加工阶段的划分

通常可将高精度零件的工艺过程划分为几个阶段：

（1）粗加工阶段 在这一阶段中，切除大部分的加工余量，使毛坯在形状和尺寸上尽快接近成品，为半精加工提供精基准，重点关注的是如何提高生产率。

（2）半精加工阶段 减小粗加工留下的误差，为精加工做准备。次要表面的加工在此阶段完成。

（3）精加工阶段 达到零件图样上尺寸、形状、位置精度要求。

（4）精密、超精密或光整加工阶段 对于精度要求很高，表面粗糙度值要求很小的零件表面，还要有专门的光整加工阶段。光整加工阶段以提高加工表面的尺寸精度和减小加工表面粗糙度值为主，一般不用以纠正形状精度和位置精度。

根据零件的精度要求选择需要的加工阶段。对于加工精度要求较高的零件，应当将整个工艺过程划分成粗加工、半精加工、精加工等几个阶段，并在各个阶段之间安排热处理。

四、工序顺序的安排

零件上的全部加工表面应安排在一个合理的加工顺序中加工，这样对保证零件质量、提高生产率、降低成本都至关重要。

1. 机加工顺序的安排

（1）先加工基准面，后加工其他表面　工艺路线中开始安排的加工表面，应该是选作后续工序定位基准的精基准面，然后再以该基准面定位，加工其他表面。例如，轴类零件第一道工序一般为铣端面、钻中心孔，然后以中心孔定位加工其他表面。再如箱体类零件类常常先加工基准平面和其上的两个小孔，再以一面两孔为精基准，加工其他平面。

（2）一般情况下，先加工平面，后加工孔　当零件上有较大的平面可以用来作为定位基准时，总是先加工平面，再以平面定位加工孔，保证孔与平面之间的位置精度，这样定位比较稳定，装夹也比较方便。同时，若在毛坯表面上钻孔，钻头容易引偏，所以从保证孔的加工精度出发，也应当先加工平面再加工该平面上的孔。

（3）先加工主要平面，后加工次要平面　零件上的加工表面一般可以分为主要表面和次要表面两大类。主要表面通常是指位置精度要求较高的基准面和工作表面；而次要表面则是指那些精度要求较低，对零件整个工艺过程影响较小的辅助表面，如键槽、螺纹、螺孔、紧固小孔等。这些次要表面与主要表面之间也有一定的位置精度要求，一般是先加工主要表面，再以主要表面定位加工次要表面。对于整个工艺过程而言，次要表面的加工一般放在主要表面最终精加工之前。

（4）先安排粗加工，后精加工　如前所述，对于精度要求较高的零件，加工应划分粗精加工阶段。这一点对于刚性较差的零件，尤其不能忽视。

2. 热处理工序的安排

1）为了改善切削性能的热处理工序（退火、正火），应安排在切削加工前。

2）为了消除内应力的热处理（如人工时效、退火等），最好排在粗加工后。有时为了减少运输工作量，对精度要求不太高的零件，把去除内应力的人工时效、退火安排在切削加工前。调质处理最好放在粗加工后，但也可以放在粗加工前。

3）为了改善材料的力学性能、物理性质的热处理，放在半精加工之后，精加工之前。对整体淬火的零件，淬火前应将所有表面的切削加工加工完。

4）为了提高零件表面的耐磨性或耐蚀性的热处理工序（如镀铬、镀锌、发黑、发蓝等）一般都放在工艺过程的最后。

五、工序的集中和分散

同一工件，同样的加工内容，可以安排两种不同形式的工艺规程：一种是工序集中，另一种是工序分散。所谓工序集中是每个工序中包括尽可能多的工步内容，因而使总的工序数目减少，工件的安装次数也相应地减少；所谓工序分散是将工艺路线中的工步内容分散到更多的工序中去完成，因而，每道工序的工步少，工艺路线长。

工序集中有利于保证各加工面之间的相互位置度要求，有利于采用高效率机床，节省装夹时间，减少搬运次数。工序分散可使每道工序所使用的设备和夹具比较简单，调整、对刀也比较容易，对操作人员的技术要求较低。

传统的流水线、自动线生产多采用工序分散的组织形式。采用高效自动化机床，以工序集中的形式组织生产是发展趋势。

箱体类零件适宜工序集中，特殊零件（轴承、连杆）必须工序分散（无法集中，且效率也不低）。

第四节　机器装配工艺简介

一、机器装配的概念

组成机器的基本元件是零件。为了便于装配，通常将机器分成若干个独立的装配单元。

零件是组成机器的最小单元，它由整块金属和其他材料制成。零件一般先装成套件、组件、部件后才装到机器上，直接装入机器的零件并不太多。

套件是在一个基准零件上，装上一个或若干个零件构成的。例如，装配式齿轮（图11-18），由于加工工艺或节约材料原因，分成几个零件，再套装在一起，在以后的装配过程中，作为一个最小的装配单元，一般不再分开。为形成套件而进行的装配工作称为套装。

组件是在一个基准零件上，装上若干个套件和零件构成的。例如，机床主轴箱中的主轴，在基准轴上装上齿轮、轴套、轴承及键的组合件就是组件。为形成组件而进行的装配工作称为组装。

部件是在一个基准零件上，装上若干个组件、套件和零件构成的。部件在机器上能完成一定的、完整的功用。为形成部件而进行的装配工作称为部装。例如，车床主轴箱的装配就是部装。主轴箱体为部装的基准零件。

在一个基准零件上，装上若干部件、组件、套件和零件就成为机器，这个装配过程称为总装。例如，卧式车床就是以床身为基准零件，装上主轴箱、进给箱、溜板箱等部件及其他组件、套件、零件所组成的。

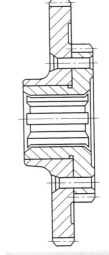

图11-18　装配式齿轮

装配是机器制造工艺过程中的重要的、最后的一个环节。机器的质量固然与零件的制造质量密切相关，但更依赖于装配的质量。用合格的零件装配出来的机器并不一定是合格产品。所以，对于产品质量来说，零件是基础，装配是关键。

二、机器的装配精度

装配精度不仅影响机器或部件的工作性能，而且影响它们的使用寿命。对于机床，装配精度将直接影响在机床上加工的零件精度。

正确地规定机器、部件的装配精度要求，是产品设计的重要环节之一，它不仅关系到产品的质量，也关系到产品制造的难度和经济性。它是制定工艺规程的主要依据，也是确定零件加工精度的依据。

1. 装配精度的内容

（1）相互位置精度 相互位置精度是指产品中相关零部件间的尺寸精度和位置精度，如机床主轴箱装配时，相关轴间中心距尺寸精度和平行度、垂直度和同轴度等。

（2）相互运动精度 相互运动精度是指产品中有相对运动的零部件间在运动方向和相对运动速度上的精度。运动方向精度常表现为部件间相对运动的平行度和垂直度，如溜板箱在车床导轨上移动，溜板箱移动轨迹对主轴中心线的平行度。相对运动速度精度即传动精度，如滚齿机滚刀与工作台的相对运动精度，它将直接影响滚齿机的加工精度。

（3）相互配合精度 相互配合精度包括配合表面的配合质量和接触质量。配合质量简单讲就是配合间隙或过盈的程度，它影响配合性质；接触质量是指两配合或连接表面间达到规定的接触面积大小和接触斑点分布情况，它影响接触刚度，也影响配合质量。

不难看出，各装配精度间有密切的关系，相互位置精度是相互运动精度的基础，相互配合精度对相互位置精度和相互运动精度有较大的影响。

2. 装配精度与零件精度的关系

机器或部件是由许多零件装配而成的，零件加工误差的累积将会影响产品的装配精度。例如图 11-19 所示卧式车床主轴顶尖中心线与尾座顶尖中心线对床身导轨的等高度要求。这项精度与主轴箱、尾座、底板等零部件的加工精度有关。在加工条件允许时，可以合理地规定有关零件的加工精度，使它们的累积误差不超过装配精度所规定的范围，从而简化装配过程，这对大批大量生产很有必要。

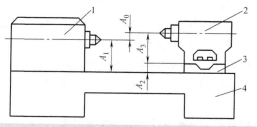

图 11-19　主轴箱与尾座套中心线等高装配简图
1—主轴箱　2—尾座体　3—尾座底板　4—床身

但是，零件的加工精度受工艺条件、经济性的制约，不能简单地按装配精度要求分配给零件的加工精度来加工，常常是，零件还是按工艺条件、经济性加工，在装配时采取一定的工艺措施，即不同的装配方法（如修配、调整）来保证最终装配精度。

在不同的装配方法中，零件的加工精度与机器的装配精度之间具有不同的相互关系，为了定量地分析这种关系，常将尺寸链的基本原理应用于装配过程，即建立尺寸链，通过解算尺寸链，最后确定零件加工精度与装配精度之间的定量关系。

三、装配方法

机械产品的精度，最终是靠装配精度来实现的。用较低的零件精度，达到较高的装配精度，用较高的生产率来达到规定的装配精度，即合理地选择装配方法，是装配工艺的核心问题。常用的装配方法有：互换法、选择法、修配法和调整法。

1. 互换装配法

互换装配法是在装配过程中，零件互换后仍能达到装配精度要求的装配方法。产品采用互换法时，装配精度主要取决于零件的加工精度，装配时不经任何的调整和修配，就可以达到装配精度。互换法的实质就是用控制零件的加工精度来保证装配精度。

根据零件的互换程度不同，互换法又可分完全互换法和大数互换法。

采用完全互换法装配时，装配尺寸链采用极值法计算。各组成环的公差之和应小于或等

于封闭环的公差，即

$$\sum_{i=1}^{n-1} T_i \leqslant T_0 \qquad\qquad (11\text{-}1)$$

式中 n——尺寸链总环数。

采用大数互换法装配时，装配尺寸链采用统计公差公式计算。各组成环公差的二次方和应小于或等于封闭环公差的二次方，即

$$\sum_{i=1}^{n-1} T_i^2 \leqslant T_0^2 \qquad\qquad (11\text{-}2)$$

互换法的特点是装配过程简单，效率高。但当装配精度较高，尤其是组成环数较多时，零件难以按经济精度加工。

2. 选择装配法

选择装配法是将装配尺寸链中组成环的公差放大到经济可行的程度，然后选择合适的零件进行装配，以保证装配精度的要求。

选择装配法有三种不同的形式：直接选配法、分组装配法和复合选配法。

（1）直接选配法 在装配时，工人从许多待装配的零件中，直接选择合适的零件进行装配，其优点是可以获得很高的装配精度，缺点是装配精度依赖于装配工人的技术水平和经验，装配时间不易控制，因此不宜用于生产节拍要求较严的大批大量生产中。

另外，采用直接选配法装配时，一批零件严格按同一精度装配时，最后可能出现无法满足要求的"剩余零件"。

（2）分组装配法 当装配精度要求很高，采用互换法解尺寸链，组成环公差非常小，使得零件的加工非常困难而又不经济。这时，在零件加工时，常常将各组成环的公差相对互换法所要求的公差数值放大数倍，使其尺寸能按经济精度加工，再按实际测量尺寸将零件分组，按对应组别进行装配，以达到装配精度要求。由于同组内零件可以互换，故这种方法又称为分组互换法。

这种装配方法可以降低组成环的加工精度，而不降低装配精度，但却增加了测量、分组和配套的工作量。当组成环数较多时，就变得复杂，因此，分组装配法常用于装配精度要求很高而组成环数又较少的成批或大批大量生产中。

现以汽车发动机中活塞销轴与活塞销孔的装配为例，说明分组装配法和装配过程。

活塞销和活塞销孔的装配关系如图 11-20 所示。它们的基本尺寸为 $\phi28$mm，按装配精度要求，在冷态装配时应有 0.0025 ~ 0.0075mm 的过盈量，此为装配精度要求，即封闭环的公差

$$T_0 = 0.0075\text{mm} - 0.0025\text{mm} = 0.0050\text{mm}$$

由于销轴与两个零件配合，所以选择销轴为基准轴（h），以销孔为协调环，则

$$d = \phi28_{-0.0025}^{0}\text{mm}$$
$$D = \phi28_{-0.0075}^{-0.0050}\text{mm}$$

如果采用完全互换法装配，则分配到销和孔的平均公差仅为 0.0025mm。显然制造这样精度的销与孔既困难又不经济。在实际生产中，采用分组装配法，将销轴与销孔的公差在相同方向放大四倍（采用上极限偏差不动，变动下极限偏差），即

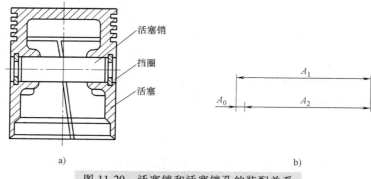

图 11-20　活塞销和活塞销孔的装配关系

$$d = \phi 28^{\ 0}_{-0.010}\,\text{mm}$$
$$D = \phi 28^{-0.005}_{-0.015}\,\text{mm}$$

这样的精度就可以经济地加工了，然后用精密量规测量其尺寸，并按尺寸大小分成四组，涂上不同的颜色加以区别，或分别装入不同的容器，以便分组装配，表 11-11 所列为分组情况。

表 11-11　活塞销与活塞孔的分组尺寸　　　　　　　　（单位：mm）

组　别	标志颜色	活塞销直径	活塞孔直径
I	蓝	$\phi 28^{-0}_{-0.0025}$	$\phi 28^{-0.0050}_{-0.0075}$
II	红	$\phi 28^{+0.0025}_{-0.0050}$	$\phi 28^{-0.0075}_{-0.0100}$
III	白	$\phi 28^{-0.0050}_{-0.0075}$	$\phi 28^{-0.0100}_{-0.0125}$
IV	黑	$\phi 28^{-0.0075}_{-0.0100}$	$\phi 28^{-0.0125}_{-0.0150}$

采用分组装配时应注意以下几点：

1）为保证分组装配后的配合性质和配合精度与原装配精度要求相同，应使配合件的公差相等，公差增大的方向一致，增大倍数应等于分组数，如图 11-21 所示。

2）配合件的形状精度和相互位置精度及表面粗糙度，不能随尺寸公差的放大而放大，应与分组公差相适应。

3）分组数不宜过多，零件的公差只要放大到经济精度即可，否则工作量增加。

4）为保证零件分组后数量相匹配，应使配合件的公差分布为相同的对称分布（如正态分布）。

（3）复合选配法　复合选配法是分组装配法与直接选配法的复合，即零件加工后先测量分组，装配时再在各对应组内凭工人经验直接选配。这种装配方法的特点是配合件的公差可以不等，装配质量高，装配速度较快，能满足一定的生产节拍要求。

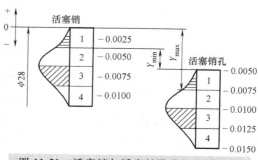

图 11-21　活塞销与活塞销孔分组公差带图

3. 修配装配法

修配装配法是在装配时修去指定零件上余留的修配量以达到装配精度的方法，简称修配法。

单件或成批生产中，当装配精度要求高、组成环数又较多时，若按互换法装配，对组成环的公差要求过严，从而造成加工困难。而采用分组装配法又因生产零件数量少，种类多而难以分组。这时候，常采用修配装配法来保证装配精度的要求。

采用修配法时，尺寸链中各尺寸均按经济加工精度加工。在装配时，累积在封闭环上的总误差必然超出其公差。为了达到规定的装配精度，必须对尺寸链中指定的组成环进行修配，以补偿超差部分的误差，这个组成环称为修配环，也称为补偿环。如图 11-19 所示，为了保证卧式车床主轴顶尖中心线与尾座顶尖中心线相对床身导轨的等高度要求，即可采用修配法，指定的修配零件为尾座底板 3。

采用修配法装配时，首先应正确选择补偿环。作为补偿环的零件一般应满足以下要求：

1）易于修配并且装卸方便。

2）不是公共环（修配后不影响其他零、部件的尺寸或位置）。

3）不要求表面处理的零件。

修配法的优点是能够获得很高的装配精度，而零件的制造精度却可以放宽。缺点是增加了修配工序，难以实现装配的机械化、自动化，管理上也比较麻烦，多用于中、小型生产中零件较多而装配精度又较高的部件。

4. 调整装配法

调整装配法是在装配时用改变产品中可调整零件的相对位置或选用合适的调整件以达到装配精度的方法。

调整装配法与修配装配法的实质相同，即有关零件仍可按加工经济精度确定公差，并且仍选定一个组成环为补偿环（也称为调整环），但在改变补偿环尺寸的方法上有所不同。修配法采用补充加工的方法除去补偿件的金属层，而调整法则采用调整的方法改变补偿环的实际尺寸和位置，以补偿由于各组成环公差扩大后所产生的累积误差，从而保证加工精度要求。

图 11-22a 所示组件，为保证规定的间隙 N，可在轴向调整套筒 1 的位置。这种方法称为活动调整法。

同样，为保证规定的间隙 N，在图 11-22b 中，将调整件 2 的厚度 A 制成若干不同尺寸的零件，根据实际装配间隙的大小，从中选出尺寸合适的一件装入，即获得规定的间隙 N。图中套筒 1 和调整件 2 在轴上的固定方法，为使图简化，未予画出。

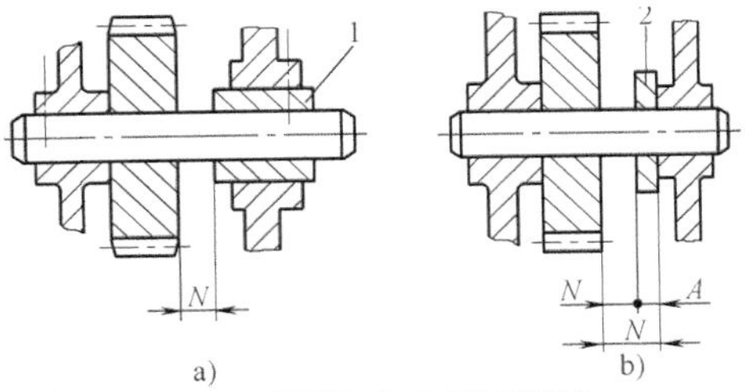

调整法的优点与修配法相同。此外，它还可以补偿在使用过程中因磨损或内应力、热变形而引起的误差。其缺点是产品结构上增加了一个调整件。

图 11-22 调整装配法
1—套筒　2—调整件

四、装配系统图和装配顺序

产品装配要获得较高的装配质量、生产率、经济效益和较低的劳动强度，必须制定和执行合理的装配工艺。装配工艺制定的主要内容是确定装配顺序和装配方法。在确定装配顺序之前，首先要划分装配单元和绘制装配系统图。装配单元是指可以进行独立装配的套件、组件或部件；装配系统图是指表明产品零、部件相互装配关系及装配流程的示意图。在绘制装配系统图时，每一个零件用一个方格来表示，在方格上表明零件的名称、编号及数量，如图 11-23 所示。这种方框不仅可以表示零件，也可以表示套件、组件和部件等装配单元。

图 11-24～图 11-27 分别表示套件、组件、部件和机器的装配工艺系统图。从图中看出，装配时由基准零件开始，沿水平线自左向右进行，一般将零件画在上方，套件、组件和部件画在下方，其排列次序表示装配次序。

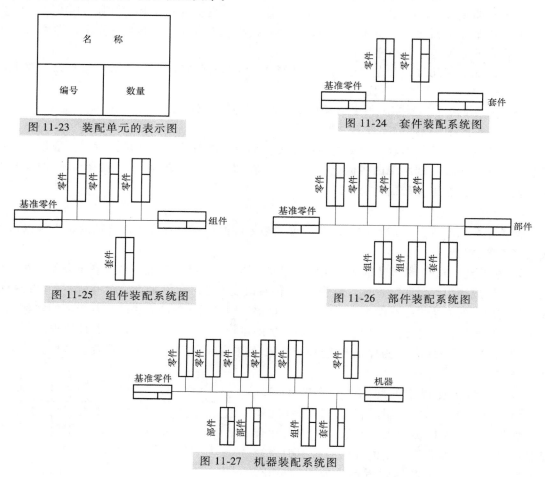

图 11-23　装配单元的表示图

图 11-24　套件装配系统图

图 11-25　组件装配系统图

图 11-26　部件装配系统图

图 11-27　机器装配系统图

五、装配工作的基本内容

1. 清洗

为了除去零件表面的污垢和杂质，以保证产品质量和延长使用寿命，零件装配前要进行严格的清洗。单件小批生产多用手工清洗；成批大量生产多用机器清洗。清洗方法有浸洗、压力喷洗、电化学清洗、超声波清洗等。传统的清洗液有煤油、汽油和三氟乙烷等。

2．连接

连接工作在装配总工作量中占据较大比重。连接方式有可拆卸连接和不可拆卸连接两种。

常用的可拆卸连接有螺纹联接、键联接和销钉联接等，以螺纹联接应用最为广泛。

常用的不可拆卸连接有焊接、铆接、胶接和过盈连接等。

过盈连接的装配方法有：

（1）压装　用锤子或压力机把配合零件中的其中一件压入另一件。此法用于一般机械的装配。

（2）热装（加热包容件法）　把包容件置于水槽或油槽中，加热到 $70 \sim 400℃$ ，使其尺寸膨胀，再将被包容体装入到包容件中，冷却到室温，获得过盈配合的效果，一般用于大尺寸的包容件。

（3）冷装（冷却被包容件法）　把被包容件置于固体二氧化碳当中，冷却到 $-190 \sim -70℃$ ，使其尺寸收缩，再将被包容体装入到包容件中，温升至室温，也获得过盈配合的效果，一般用于小尺寸的被包容件紧配于大型包容件。

3．找正、调整

找正、调整工作是指利用工具和仪器，根据有关基准找出零件或部件在装配时的正确相互位置关系，对配合间隙或松紧程度进行调节，使之符合规定的装配质量要求。例如，调节车床主轴轴线与尾座套筒轴线的等高度（图11-19），调整滚动轴承的游隙等，都属于找正、调整的工作范畴。

在找正、调整时，还要做一些补充的钳工或机械加工工作。例如，为了达到上述车床的"等高度"要求，就需对尾座底板3进行磨削工作，称之为配磨。此外，还有配钻、配铰和刮配等工作，统称为配作。配作在单件小批生产的装配中应用较多。即使在大、中批量生产时，也有不少配作工作。这是因为完全依靠零件的制造精度来保证装配精度，是不经济的，有时甚至是不可能的。

4．零、部件的平衡试验

高速回转及运转平稳性要求较高的零、部件，在装配时必须进行平衡试验，以消除其不平衡质量，避免机器运转时因离心力而引起的振动和噪声。

5．气密性试验和压力试验

凡是使用过程中承受各种介质（液体或气体）压力作用的零、部件，在装配前或装配后，均需进行气密性试验和压力试验。压力试验用的压力一般为额定压力的 $1.25 \sim 1.5$ 倍。

6．整机试验

产品装配完成以后，必须按照有关技术标准和规范对产品进行全面的检测和试验。

复习思考题

11-1　何谓生产过程、工艺过程？

11-2　何谓工序、工步？它们各自的划分依据是什么？

11-3　何谓工艺规程？它有何作用？

11-4　在选择表面的加工方法时，主要考虑哪些因素？它们的关系是什么？

11-5　机械加工过程为何要划分阶段？

11-6 何谓工序集中和工序分散？工序集中或工序分散的程度主要取决于哪些因素？

11-7 何谓工件的装夹？工件的装夹方法有哪几种？

11-8 何谓六点定位原理？

11-9 何谓完全定位和不完全定位？何谓过定位和欠定位？试举例说明。

11-10 产品的装配精度包含哪几项？

11-11 保证装配精度的方法有哪几种？它们是如何保证装配精度的？

11-12 机械产品的装配工作包含哪些基本内容？

11-13 到生产现场观察 1~2 个零件的机械加工工艺过程，了解并分析：

（1）零件的主要技术要求（区分主要表面和次要表面）。

（2）毛坯状况（精度、制造方法）。

（3）各个表面采用的加工方法及加工方案，加工设备和工艺装备。

（4）各个表面的加工顺序，工序集中或分散程度，加工阶段的划分情况。

（5）采用的热处理方法及使用目的，该工序安排的位置。

（6）安排了哪些检验工序及它们的作用。

（7）搜集现场使用的各种工艺文件。

（8）对现场的工艺过程做出评估。

11-14 参观一个部件（或结构不太复杂的产品）的实际装配工艺过程，了解主要装配技术要求和装配方法，并绘制出装配单元系统图。

第十二章

机器设备寿命估算

第一节　概　　述

机器设备的寿命是指设备从开始使用到被淘汰的整个时间过程。导致设备淘汰的原因，可能是由于自然磨损使得设备不能正常工作，或技术进步使得设备功能落后，或经济上不合算等。因此，设备的寿命可分为自然寿命、技术寿命和经济寿命。

一、自然寿命

自然寿命也称物理寿命，是指设备在规定的使用条件下，从投入使用到因物质损耗而报废所经历的时间。自然寿命受自然磨损（物质磨损）的影响。引起设备物质磨损的原因很多，如摩擦损耗、疲劳损耗、腐蚀、蠕变、冲击、温度、日照和霉变等。简单的机器可能只受一种形式的损耗，其自然寿命一般根据所受损耗的形式来计算。如以摩擦损耗为主的机器，自然寿命是根据其磨损寿命来确定的；受疲劳载荷作用的机器设备，自然寿命是根据疲劳寿命来确定的。复杂的机器往往同时承受多种损耗。

对设备的正确使用、维护和修理可以延长自然寿命。相反，不正确的使用、不良的维护和修理会缩短设备的自然寿命。

二、技术寿命

技术寿命是设备从投入使用到因技术落后而被淘汰所经历的时间。对设备进行技术改造可延长其技术寿命。

三、经济寿命

经济寿命是指设备从投入使用到因继续使用不经济而退出使用所经历的时间。

设备到了自然寿命的后期，由于设备的不断老化，必须支出的维修费用和能源消耗费用也越来越高。依据设备的维持费用来决定设备的更新周期即为设备的经济寿命。

本章仅介绍自然寿命的几种估算方法。

第二节　磨　损　寿　命

磨损主要发生在具有相对运动的零部件上，如轴承、齿轮和机床轨道等，其后果是破坏零部件的配合尺寸和强度，当磨损量超过允许极限时，将导致设备的失效。它是机器设备实体性损耗的主要形式之一。据统计，世界 1/3 以上的能源消耗在各种摩擦损耗上，80% 的机器零部件是由于磨损而报废的。

一、磨损的基本概念

磨损是指固体相对运动时，在摩擦的作用下，摩擦面上的物质不断损耗的现象。它是诸多因素相互影响的复杂过程，是伴随摩擦而产生的必然结果。其主要表现形式为物体尺寸或几何形状的改变、表面质量的变化。它使机器零件丧失精度，并影响其使用寿命和可靠度。

二、典型的磨损过程

1. 典型的磨损过程

正常的磨损过程分为三个阶段，如图 12-1 所示，即为初期磨损阶段（第Ⅰ阶段）、正常磨损阶段（第Ⅱ阶段）和急剧磨损阶段（第Ⅲ阶段）。

在初期磨损阶段，设备各零部件表面的宏观几何形状和微观几何形状都发生了明显变化。原因是零件在加工制造过程中，其表面不可避免地具有一定的表面粗糙度。用放大镜观察可发现其表面上有许多"凸峰"，当相互配合做相对运动时，表面上的凸峰由于摩擦很快被磨平，因而此阶段磨损很快，一般发生在设备调试和初期使用阶段。

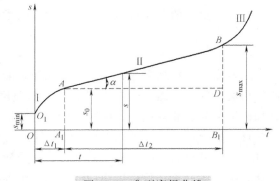

图 12-1　典型磨损曲线

处于正常磨损阶段的零部件表面上的高低不平及不耐磨的表层组织已被磨去，故磨损较以前缓慢，磨损情况较稳定，磨损量基本随着时间的推移均匀增加。

急剧磨损阶段的出现往往是由于零部件已经达到它的使用寿命（自然寿命）而仍继续使用，破坏了正常磨损关系，使磨损加剧，磨损量急剧上升，造成机器设备的精度、技术性能和生产率明显下降。

分析设备磨损规律可知：

1）如果设备使用合理，同时加强维护可以延长设备正常使用阶段的期限，从而可保证加工质量和提高经济效益。

2）对设备要定期检查。在进入急剧磨损阶段之前就进行修理，以免使设备遭受破坏。

3）机器设备在正常磨损阶段的磨损与时间或加工数量成正比，因此设备的磨损可通过试验或统计分析法计算出正常条件下的磨损率和使用期限。

2. 磨损方程

（1）第Ⅰ阶段磨损方程　从典型磨损曲线可以看出，第Ⅰ阶段的磨损时间 Δt_1 与整个磨损寿命相比，所占时间较短，而磨损速度较快；当磨损曲线到达 A 点以后，磨损速度趋缓。第Ⅰ阶段的磨损量为 $s_0 - s_{min}$。如果将 O_1A 曲线简化为直线处理，这一阶段的磨损曲线方程可简化为

$$s = s_{min} + t(s_0 - s_{min})/\Delta t_1 \tag{12-1}$$

式中　s——配合间隙；

　　　s_{min}——最小配合间隙；

　　　t——时间历程；

　　　s_0——第Ⅰ阶段结束时的配合间隙；

　　　Δt_1——第Ⅰ阶段磨损时间。

（2）第Ⅱ阶段磨损方程　第Ⅱ阶段所对应的磨损曲线 AB 段基本上为一直线，磨损强度 $\tan\alpha$ 的数值决定了磨损速度，即材料的耐磨性差，则 $\tan\alpha$ 大，磨损速度也快。这一阶段的磨损曲线方程为

$$\begin{aligned} s &= s_0 + (t - \Delta t_1) \times \tan\alpha \\ &= s_0 + (t - \Delta t_1) \times (s_{max} - s_0)/\Delta t_2 \quad (\Delta t_1 \le t \le \Delta t_1 + \Delta t_2) \end{aligned} \tag{12-2}$$

式中　s_{max}——最大磨损极限；

　　　Δt_2——第Ⅱ阶段磨损时间。

零件进入急剧磨损阶段（第Ⅲ阶段）后，必须进行修复或更换，当到达曲线 B 点后，则标志着设备磨损寿命的终结。

（3）简化的磨损方程　在实际的工程计算中，经常采用简化的磨损方程。如图 12-1 所示，在正常使用情况下，零件大部分时间工作在第Ⅱ阶段。如果将第Ⅰ阶段忽略不计，即 $\Delta t_1 \approx 0$，$s_0 \approx s_{min}$，则简化后的磨损方程式为

$$s = s_0 + t \times \tan\alpha = s_0 + t \times (s_{max} - s_0)/\Delta t_2 \tag{12-3}$$

3. 磨损寿命

由图 12-1 可知，设备的正常磨损寿命 T 应该为第Ⅰ阶段和第Ⅱ阶段磨损时间之和，即

$$T = \Delta t_1 + \Delta t_2 \tag{12-4}$$

根据简化的磨损方程式（12-3），磨损寿命可由下式计算

$$T \approx \Delta t_2 = (s_{max} - s_0)/\tan\alpha = \Delta s_{max}/\tan\alpha \tag{12-5}$$

式中　Δs_{max}——最大允许磨损量。

由式（12-5）可知，材料的抗磨强度越大，$\tan\alpha$ 越小，零件的工作时间就越长。

4. 磨损率

磨损率是指零件实际磨损量与极限磨损量（即最大允许磨损量）之比，若将第Ⅰ阶段忽略不计，按简化的磨损方程式计算，则磨损率的计算公式为

$$\alpha_m = (s - s_0)/(s_{max} - s_0) = \Delta s/\Delta s_{max} \tag{12-6}$$

式中　α_m——磨损率；

　　　Δs——实际磨损量。

三、剩余磨损寿命的计算

对以磨损为主的机器或零部件，可以根据磨损曲线计算其剩余磨损寿命或磨损率。

对新机器或零部件磨损寿命的估算，首先要确定材料的磨损强度 $\tan\alpha$ 和最大磨损极限 s_{max}，由式（12-5）可得设备总的磨损寿命为

$$T = (s_{max} - s_0)/\tan\alpha = \Delta s_{max}/\tan\alpha$$

对在用机器设备的磨损强度可以根据历史数据估算。首先应确定实际磨损量 Δs 和已运行时间 Δt，根据上述参数估算磨损强度 $\tan\alpha$，得

$$\tan\alpha = \Delta s/\Delta t$$

然后根据磨损方程计算剩余磨损寿命 T_s，得

$$T_s = (\Delta s_{max} - \Delta s)/\tan\alpha$$

例 12-1　已知磨损强度为 0.5mm/a，且设备运行 3 年后，磨损率为 1/4，求该设备的剩余寿命及极限磨损量。

解　总寿命为 $\dfrac{3a}{1/4} = 12a$

剩余寿命为 $12a - 3a = 9a$

极限磨损量为 $12a \times 0.5mm/a = 6mm$

第三节　疲劳寿命及疲劳强度

一、基本概念

1. 载荷

在理想的平稳工作条件下，作用在机器零件或构件上的载荷称为名义载荷。然而在机器运转时，零件还会受到各种附加载荷，通常用载荷系数 K（有时只考虑工作情况的影响，则用工作情况系数 K_A）来估计这些因素的影响。载荷系数与名义载荷的乘积，称为计算载荷。按照计算载荷求得的应力，称为计算应力。

2. 应力

零件或构件在载荷（外力）的作用下，其内部必然产生与外力相平衡的内力。应力是指作用在零件或构件某一截面上的单位面积上的内力。垂直于截面方向的应力分量称为正应力，用 σ 表示；平行于截面方向的应力分量称为切应力（或剪应力），用 τ 表示。正应力表示零件内部相邻两截面间拉伸或压缩的作用，切应力表示相互错动的作用。正应力和切应力是度量零件强度的两个物理量，常用单位是兆帕（MPa）。

按照应力随时间变化的情况不同，应力可分为静应力和变应力。

不随时间变化的应力称为静应力（图 12-2a）。纯粹的静应力是不存在的，只要变化缓慢的应力就可看作静应力。

随时间变化的应力称为变应力。具有周期性的变应力称为循环变应力，图 12-2b 所示为一般的循环变应力。从图 12-2b 可知

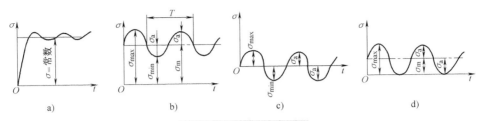

图 12-2 应力的种类

平均应力

$$\sigma_m = \frac{\sigma_{max} + \sigma_{min}}{2}$$

应力幅

$$\sigma_a = \frac{\sigma_{max} - \sigma_{min}}{2}$$

(12-7)

应力循环中的最小应力与最大应力之比，可用来表示变应力中应力的变化情况，通常称为变应力的循环特征，用 r 表示，即 $r = \sigma_{min}/\sigma_{max}$。

当 $\sigma_{max} = -\sigma_{min}$ 时，循环特征 $r = -1$，称为对称循环变应力（图 12-2c），其 $\sigma_a = \sigma_{max} = -\sigma_{min}$，$\sigma_m = 0$；当 $\sigma_{max} \neq 0$，$\sigma_{min} = 0$ 时，循环特征 $r = 0$，称为脉动循环变应力（图 12-2d），其 $\sigma_a = \sigma_m = \frac{1}{2}\sigma_{max}$。

3. 许用应力

（1）静应力下的许用应力　在静应力作用下，零件或构件有两种失效形式：塑性变形和断裂。对于由弹塑性材料制成的零件或构件，可按不发生塑性变形的条件计算。这时应取材料的屈服强度 R_{eL} 作为极限应力，故许用应力为

$$[\sigma] = \frac{R_{eL}}{S}$$

(12-8)

式中　S——安全系数。

对于脆性材料制成的零件或构件，应取材料的强度极限 R_m 作为极限应力，故许用应力为

$$[\sigma] = \frac{R_m}{S}$$

(12-9)

（2）变应力下的许用应力　在变应力作用下，零件或构件的失效形式为疲劳断裂。在变应力作用下，如何确定零件或构件的许用应力，将在下述的疲劳破坏及疲劳寿命内容中介绍。

二、疲劳破坏及疲劳寿命

疲劳损伤发生在受变应力作用的零件或构件上，如起重机的桥架和其他结构件、压力容器、机器的轴和齿轮等。零件或构件在低于材料静强度（屈服强度）的变应力的反复作用下，经过一定时间的循环次数后，在应力集中处产生裂纹，裂纹在一定条件下扩展，最终突

然断裂，这一失效过程称为疲劳破坏。

疲劳断裂不同于一般静力断裂，它是材料损伤到一定程度后，即裂纹扩展到一定程度后，才发生的无明显塑性变形的突然断裂。所以疲劳断裂与应力的循环次数密切相关。

1. 疲劳曲线

在给定循环特征的条件下，表示应力与应力循环次数之间关系的曲线称为疲劳曲线或 σ-N 曲线。如图 12-3 所示，横坐标表示循环次数 N，纵坐标表示断裂时的循环应力 σ，从图中可以看出，应力越小，试件在疲劳破坏前能经受的循环次数就越多。

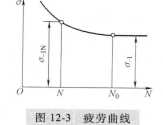

图 12-3　疲劳曲线

如将图 12-3 所示的疲劳曲线用方程式表示，则为

$$\sigma_{rN}^m N = C \tag{12-10}$$

式中　σ_{rN}——对应于循环次数 N 的疲劳极限；

m、C——材料常数。

从大多数钢铁材料的疲劳试验可知，当循环次数 N 超过某一数值 N_0 后，曲线趋向水平（图 12-3）。N_0 称为循环基数，对于钢通常取 $N_0 \approx 10^7$。对应于 N_0 的应力称为材料的疲劳极限，各种材料的疲劳极限在不同的循环特征 r 值时是不同的，故统一用 σ_r 表示。对称循环应力条件下的疲劳极限用 σ_{-1} 表示，这个值比材料的静强度极限低得多。此时，方程式（12-10）变为

$$\sigma_{rN}^m N = \sigma_{-1}^m N_0 = C \tag{12-11}$$

2. 影响机器零件疲劳强度的主要因素

在变应力条件下，影响机器零件疲劳强度的因素很多，有集中应力、零件尺寸、表面状况、环境介质、加载顺序和频率等，其中以前三项最为重要。

（1）应力集中的影响　由于结构要求，实际零件一般都有截面形状的突然变化（如孔、倒角、键槽和缺口等），零件受载时，它们都会引起应力集中。常用有效应力集中系数 k_σ 来表示疲劳强度的真正降低程度。

（2）绝对尺寸的影响　当其他条件相同时，零件尺寸越大，其疲劳强度越低。由于尺寸大时，材料晶粒粗，出现缺陷的概率大，机械加工后表面冷作硬化层相对较薄，疲劳裂纹容易形成。

截面绝对尺寸对疲劳极限的影响，可用绝对尺寸系数 ε_σ 表示。

（3）表面状态的影响　零件的表面状态包括表面粗糙度和表面处理的情况。零件表面光滑或经过各种强化处理（喷丸、碾压或表面热处理等），可以提高零件的疲劳强度。表面状态对疲劳极限的影响，可用表面状态系数 β 表示。

3. 许用应力

在变应力下确定许用应力，应取材料的疲劳极限作为极限应力，同时还应考虑零件的应力集中、绝对尺寸和表面状态等的影响。

当应力是对称循环变化时，许用应力为

$$[\sigma_{-1}] = \frac{\varepsilon_\sigma \beta \sigma_{-1}}{k_\sigma S} \tag{12-12}$$

当应力是脉动循环变化时，许用应力为

$$[\sigma_0] = \frac{\varepsilon_\sigma \beta \sigma_0}{k_\sigma S} \qquad (12-13)$$

式中　σ_0——材料的脉动循环疲劳极限。

4. 疲劳寿命

材料在疲劳破坏前所经历的应力循环次数称为疲劳寿命。从图 12-3 可以看出，疲劳曲线分为两个区域：无限寿命区和有限寿命区。$N \geqslant N_0$ 为无限寿命区，是指只要作用在零件上的变应力的最大值小于疲劳极限，则可获得无限寿命；$N < N_0$ 为有限寿命区，是指作用在零件上的变应力的最大值小于静强度，则可获得有限寿命。下面通过例子来说明疲劳寿命的计算。

例 12-2　某标准试件，已知 $\sigma_{-1} = 300\mathrm{MPa}$，$N_0 = 10^7$，$m = 9$。试计算在对称循环交变应力 $\sigma_1 = 500\mathrm{MPa}$ 和 $\sigma_2 = 260\mathrm{MPa}$ 作用下的疲劳寿命。

解　1）由于 $\sigma_1 = 500\mathrm{MPa} > \sigma_{-1} = 300\mathrm{MPa}$，属疲劳曲线的有限寿命区。

由式（12-11），首先可计算出材料的常数 C，即

$$C = \sigma_{\mathrm{rN}}^m N = \sigma_{-1}^m N_0 = 300^9 \times 10^7 = 19683 \times 10^{25}$$

则在应力 $\sigma_1 = 500\mathrm{MPa}$ 作用下的疲劳循环次数为

$$N_1 = \frac{C}{\sigma_1^m} = \frac{19683 \times 10^{25}}{500^9} = 1.01 \times 10^5$$

2）由于 $\sigma_2 = 260\mathrm{MPa} < \sigma_{-1} = 300\mathrm{MPa}$，属于疲劳曲线的无限寿命区，不产生疲劳破坏，零件为无限寿命。

三、疲劳损伤积累理论

疲劳损伤积累理论认为：当零件所受应力高于疲劳极限时，每一次的循环载荷都将对零件造成一定程度的损伤，并且这种损伤是可以积累的；当损伤积累到临界值时，零件将发生疲劳破坏，属于不稳定变应力引起的疲劳破坏。疲劳损伤积累理论和计算方法种类很多，较重要的有线性和非线性疲劳损伤积累理论。线性疲劳损伤积累理论认为，每一次循环载荷所产生的疲劳损伤是相互独立的，总损伤是每一次疲劳损伤的线性累加，最具有代表性的理论是帕姆格伦-迈因纳（Palmgren-Miner）定理。非线性疲劳损伤积累理论认为，每一次损伤是非独立的，每一次循环载荷形成的损伤与已发生的载荷大小及次数有关，其代表性的理论有柯尔顿（Colton）理论、多兰（Dolan）理论。另外还有其他损伤积累理论，但大多数是通过实验推导的经验或半经验公式。目前，应用最多的是线性疲劳损伤积累理论。

帕姆格伦-迈因纳（Palmgren-Miner）**定理**。设在载荷谱中，有应力幅为 σ_1，σ_2，…，σ_i 等各级应力，其循环次数分别为 n_1，n_2，…，n_i。根据材料的 S-N 曲线，可以查到对应于各级应力到达疲劳破坏的循环次数 N_1，N_2，…，N_i。根据疲劳损伤积累为线性关系的理论，比值 n_i/N_i 为材料受到应力 σ_i 的损伤率。发生疲劳破坏，即损伤率到达100%的条件为

$$\sum \frac{n_i}{N_i} = 1 \qquad (12-14)$$

这就是线性疲劳损伤积累理论（帕姆格伦-迈因纳定理）的表达式。令 N 为用循环次数表示的疲劳寿命，则上式可改写为

$$N = \frac{1}{\sum \left(\frac{1}{N_i} \cdot \frac{n_i}{N} \right)} \qquad (12-15)$$

式中　n_i/N ——应力 σ_i 的循环次数在载荷谱的总循环数中所占的比例，可以在载荷谱中求得；

　　　　N_i ——对应于 σ_i 的循环次数，可以从 S-N 曲线求得。

线性疲劳损伤积累理论与实际情况并不完全相符，当发生疲劳破坏时，$\sum n_i/N_i$ 并不恰好等于1。但该理论简单，比较接近实际，故得到广泛应用。

例 12-3 某零件的载荷谱中，有三种交变载荷，对应的应力幅分别为 σ_1、σ_2、σ_3，其出现的频度分别为 10%、60%、30%，如果已查到对应于三个应力达到疲劳破坏的循环次数分别为 10^3、10^4、10^6，试计算该零件在上述载荷谱作用下达到疲劳破坏的循环次数。

解　根据帕姆格伦-迈因纳定理，可知

$$N = \frac{1}{\sum \frac{1}{N_i} \cdot \frac{n_i}{N}}$$

$$= \frac{1}{\left(\frac{1}{10^3} \times 10\% + \frac{1}{10^4} \times 60\% + \frac{1}{10^6} \times 30\% \right)} = 6.238 \times 10^3$$

该零件在给定载荷谱的作用下，可以承受 6.238×10^3 次循环。

四、疲劳寿命理论的应用

在机器设备中，几乎所有机器设备的结构部分都承受交变载荷，它们的主要失效形式是疲劳破坏，如起重机的主梁、飞机的机体等的失效。一般来说，设备的结构寿命是决定整个设备自然寿命的基础。如起重机报废标准中规定：主梁报废即标志着安全使用寿命的终结，可申请整车报废。在机器设备评估中，疲劳寿命理论主要用于估算疲劳寿命和疲劳损伤。

20 世纪 90 年代以后生产的新设备，其主要结构件一般都已进行过疲劳寿命设计。这些设备在设计时就确定了设备的设计使用寿命。这个设计使用寿命是根据可能承受的实际载荷的强度和频度来确定的。但在实际使用中，机器设备所承受的实际载荷可能与设计时考虑的情况有很大的不同。因此，在评估中，重要设备的实际疲劳损伤程度和剩余寿命，需要根据设备所承受的实际载荷，使用疲劳寿命理论进行计算确定。

早期生产的机器设备，设计时一般只进行强度计算，未进行寿命计算。这些设备的安全系数取值较大，很多已经超过服役年龄但仍在使用。疲劳寿命理论可以用来估算这些设备的剩余物理寿命。这无疑对于企业的安全生产起着非常重要的作用。

对于已经进行疲劳寿命设计的机器设备，考虑到使用时的机器设备所承受的实际载荷可能与设计情况有差异，对于重要设备的安全评估，必须根据设备所承受的实际载荷，使用疲劳寿命理论对设备的实际损伤程度和剩余寿命进行计算。其基本步骤如下：

1）统计计算危险截面各种载荷所对应的计算应力 σ_i 及作用次数 n_i。

2）根据疲劳曲线确定每一载荷所对应的应力 σ_i 下，达到疲劳破坏的循环次数 N_i。

3）根据疲劳损伤积累理论计算每一应力 σ_i 下的损伤率 n_i/N_i。

4）计算总损伤率 $\sum n_i/N_i$。

例 12-4　某起重机部件，每天各种载荷所对应的危险截面应力及出现次数见表 12-1，循环基数 $N_0 = 10^7$。该部件已运行了 380 天，试计算其疲劳损伤率。在负荷强度相同的情况下，该起重机的剩余寿命为多少？

解　1）根据每天各种载荷出现的次数和已运行的天数，计算各种载荷的作用次数 n_i，填入表 12-2 中。

2）计算每一应力 σ_i 下的损伤率 n_i/N_i，填入表 12-2 中。

3）计算总损伤率 $\sum n_i/N_i$。

表　12-1

序号	应力 σ_i/MPa	每天出现的次数	对应的疲劳破坏循环次数 N_i
1	236	5	1.0×10^4
2	198	9	4.15×10^4
3	135	28	9.3×10^5
4	101	55	9.9×10^6
5	80	89	$\geq10^7$

表　12-2

序号	应力 σ_i/MPa	每天出现的次数	对应的疲劳破坏循环次数 N_i	对应载荷的总作用次数 n_i	对应应力 σ_i 下的损伤率 n_i/N_i
1	236	5	1.0×10^4	1.9×10^3	0.19
2	198	9	4.15×10^4	3.42×10^3	0.082
3	135	28	9.3×10^5	1.06×10^4	0.011
4	101	55	9.9×10^6	2.09×10^4	0.002
5	80	89	$\geq10^7$	3.38×10^4	不产生疲劳损伤

$$\sum n_i/N_i = 0.285 \ (i=1,2,3,4,5)$$

4）计算剩余疲劳寿命。

总使用寿命 = 380 天/0.285 = 1333 天

剩余疲劳寿命 = 1333 天 − 380 天 = 953 天

对于未进行疲劳寿命设计的机器设备，疲劳寿命理论可以用来估算这些设备的剩余寿命，其基本步骤如下：

1）确定危险截面。有限寿命计算需要先知道应力值。计算时，首先分析承受载荷的情况，确定危险截面及其所承受应力的变化规律，并对这个截面进行疲劳寿命计算。如危险截面无法完全确定，则应对几个可能截面进行计算分析。

2）确定应力。计算每一载荷对应的应力值。

3）计算应力循环次数。统计每一载荷所对应的应力循环次数。

4）确定各系数。考虑实际零件的形状、尺寸及表面状态，确定应力集中系数 k_σ、绝对尺寸系数 ε_σ 和表面状态系数 β。

5）计算修正后的疲劳极限。根据应力集中系数、绝对尺寸系数和表面状态系数计算修正后零件的疲劳极限。

6）计算疲劳损伤或疲劳寿命。查与 σ_i 对应的 N_i，并计算疲劳损伤或疲劳寿命。

第四节　损伤零件寿命估算

常规的疲劳寿命计算都是在假定材料没有任何缺陷的条件下进行的。但是，在评估中所遇到的设备，特别是设备通常带有某些缺陷，如使用过程中形成的裂纹或制造中形成的裂纹、夹渣等。这些缺陷的存在，并不意味着设备已经丧失其使用价值。一般来讲，它还有一定的安全使用寿命。故在评估一些造价很高的大型结构件及大型压力容器等设备的价值和安全性时，要求评估人员能够科学地估算其剩余自然寿命。

估算存在缺陷设备的剩余自然寿命，一般以断裂力学理论为基础，采用断裂韧度试验和无损检测技术手段进行。

一、基本理论

断裂力学理论认为：零件或构件的缺陷在循环载荷的作用下会逐步扩大。当缺陷扩大到临界尺寸后将发生断裂破坏。这个过程被称之为疲劳断裂过程。

疲劳断裂过程大致可分为四个阶段：成核、微观裂纹扩展、宏观裂纹扩展及断裂。其中，第一阶段为裂纹萌生阶段；第二、三阶段为裂纹的亚临界扩展阶段。评估中，通常采用断裂力学理论研究亚临界疲劳扩展规律，主要通过建立裂纹扩展速度与断裂力学参量之间的关系来计算带缺陷零件的剩余自然寿命。

帕利斯（Paris）定理　对裂纹扩展规律的研究，断裂力学从研究裂纹尖端附近的应力场和应变场出发，导出裂纹体在受载条件下裂纹尖端附近应力场和应变场的特征量来进行。这个特征量用应力强度因子 K 表示。K 值的变化幅度也是控制裂纹扩展速度 da/dN 的主要参量。在考虑了材料性能参量对裂纹扩展速度的影响后，帕利斯提出了以下裂纹扩展速度的半经验公式

$$da/dN = A\ (\Delta K)^n \qquad (12\text{-}16)$$

式中　ΔK——应力强度因子幅值，它是衡量裂纹尖端附近应力场的力学参数，代表应力场对裂纹扩展速度的影响；

　　A、n——材料的常数；

　　a——裂纹尺寸；

　　N——载荷循环次数。

二、损伤零件疲劳寿命估算

由帕利斯公式可以得到

$$dN = \frac{da}{A \ (\Delta K)^n}$$

对上式两边进行积分求得疲劳寿命为

$$N = \int_{a_0}^{a_c} \frac{1}{A \ (\Delta K)^n} da \qquad (12\text{-}17)$$

式中　a_0——初始裂纹尺寸；

　　　a_c——临界裂纹尺寸。

例 12-5　某机器轴上存在表面裂纹，初始裂纹尺寸 $a_0 = 3\text{mm}$，与裂纹平面垂直的应力 $\sigma = 300\text{MPa}$，在裂纹扩展速度的半经验公式 $\dfrac{da}{dN} = A \ (\Delta K)^n$ 中，$A = 10^{-15}$，$\Delta K = 0.66\sigma \sqrt{\pi a}$，$n = 4$。若临界裂纹尺寸 $a_c = 9.38\text{mm}$，且每天平均出现 20 次应力循环，试计算该轴的剩余使用寿命。

解　根据帕利斯公式可以得到

$$dN = \frac{da}{A \ (\Delta K)^n}$$

对上式两边积分得剩余疲劳寿命为

$$\begin{aligned}
N &= \int_{a_0}^{a_c} \frac{1}{A \ (\Delta K)^n} da \\
&= \int_3^{9.38} \frac{1}{10^{-15} \times (0.66 \times 300)^4 \pi^2 a^2} da \\
&= 14959 \ \text{次}
\end{aligned}$$

若按每天 20 次循环应力计算，则

$$剩余使用寿命 = \frac{14959}{20 \times 365} = 2.05\text{a}$$

复习思考题

12-1　何谓自然寿命、技术寿命、经济寿命？

12-2　什么是磨损？如何根据磨损方程计算磨损寿命？

12-3　某起重机卷筒的主要损耗形式是钢丝绳与卷筒的摩擦对卷筒的磨损。该卷筒的原始壁厚为 20mm，现在的壁厚为 18.5mm。根据起重机卷筒的报废标准，筒壁的最大磨损允许极限是原筒壁厚度的 20%。该起重机已运行 4 年，试估算卷筒的剩余磨损寿命和磨损率。

12-4　什么是疲劳破坏？什么是疲劳寿命？

12-5　零件的疲劳极限除了和材料有关以外，还受到什么的影响？

12-6　某金属结构梁，受对称循环载荷作用，其危险断面的载荷谱简化为二级，各级交变正应力及循环次数 n_i 见表 12-3。

表 12-3

	应力 σ_i/MPa	循环次数 n_i
1	280	260
2	200	5000

已知上述材料的循环基数为 10^7，疲劳极限 $\sigma_{-1} = 100\text{MPa}$，材料常数 $m = 9$。

设若再以对称循环应力 $\sigma_3 = 1600\text{MPa}$ 作用，试根据迈因纳定理确定其使用寿命（次）。

12-7 若已知 $n = 4$，$\Delta K = 0.66\sigma\sqrt{\pi a}$。当与裂纹平面垂直的应力为 300MPa 时，相应的寿命为 15000 次。根据帕利斯定理，在其他条件不变的情况下，当与裂纹平面垂直的应力增加到 450MPa 时，相应的寿命是多少次？

第十三章

设备故障诊断技术

现代生产对设备的依赖程度越来越高，机器设备已形成了一个庞大的系统，这使得设备的维修管理尤为重要。根据设备的技术状态组织维修，以实现安全生产及设备寿命周期费用最经济、最有效的目的，已成为现代设备管理的主要内容。而要了解设备的状态，必须以先进的设备故障诊断技术作为基本手段。

第一节　设备故障概述

一、故障及其分类

设备在工作过程中，因某种原因丧失规定功能的现象称为故障。这里所指的设备可以是元件、零件、部件、产品或系统；这里所指的规定功能是指在产品技术文件中明确规定的功能。为了进一步揭示故障的实质，以利于选择合适的诊断手段，有必要对故障进行分类。研究故障的角度不同，其分类的方法也不同，下面所述的是与故障诊断密切相关的两种分类方法。

（一）按故障发生、发展的进程分类

1. 突发性故障

此种故障的发生是由设备的多种内在不利因素及偶然性环境因素综合作用的结果。故障在发生之前无明显的可察征兆，而是突然发生的，具有较大的破坏性。

其实突发性故障仍然具有从量变到质变的过程，只不过需要采用精密的测量仪器及先进的测试方法才能检测出来。为了避免突发性故障，需要对设备的重要部位进行连续监测。

2. 渐发性故障

由于设备中某些零件的技术指标逐渐恶化，最终超过允许范围（或极限）而引发的故障称为渐发性故障。大部分的设备故障都属于这一类故障。这类故障的发生与设备的机械零部件及电气元件的磨损、腐蚀、疲劳等密切相关。其特点是：

1）故障发生的时间一般出现在零部件、元器件有效寿命的后期。

2）有规律性，可预防。

3）故障发生的概率与设备的运行时间有关。设备的运行时间越长，发生故障的概率越大，损坏的程度也越大。

（二）按故障的性质分类

1. 自然故障

自然故障是在设备运行过程中，因自身原因所造成的故障，分正常自然故障和异常自然故障。正常自然故障一般具有规律性，如设备正常工作磨损引起的故障就属于这类故障，此类故障会对设备的自然寿命产生影响。异常自然故障是因设计和制造的不恰当造成设备中存在某些薄弱环节而引发的故障，显然此类故障带有偶然性，有时又具有突发性。

2. 人为故障

人为故障是指设备运行中操作使用不当或意外情况造成的故障。为了避免这类故障的发生，设计时应尽量采用避免人为故障的结构，并将行为科学和心理学应用于排除人为故障中，即将人、机作为一个系统加以考虑，以有效地诊断和控制故障。

二、引起故障的外因

可以将引起设备故障的外因归纳为三个方面，即环境因素、人为因素和时间因素。

（一）环境因素

环境因素包括力、能、温度、湿度、振动和污染物等外界因素。这些因素将以各种能量形式对设备产生作用，使机件发生磨损、变形、裂纹和腐蚀等各种形式的损伤，最终导致故障的发生。表 13-1 中列出了主要环境因素对机器设备的影响及由此而产生的典型故障。

表 13-1　环境影响及引起的故障

环境因素	主 要 影 响	典 型 故 障
机械能	产生振动、冲击、压力、加速度、机械应力等	机械强度降低、功率受影响、磨损加剧、过量变形、疲劳破坏、机件断裂
热能	产生热老化、氧化、软化、熔化、粘性变化、固化、脆化、热胀冷缩及热应力等	电气性能变化、润滑性能降低、机械应力增加、磨损加剧、机械强度降低、腐蚀加速、热疲劳破坏、密封性能破坏
化学能	产生受潮、干燥、脆化、腐蚀、电蚀、化学反应及污染等	动能受影响、电气性能下降、机械性能降低、保护层损坏、表面变质、化学反应加剧、机件断裂
其他能量	产生脆化、加热、蜕化、电离及磁化等	表面变质、材料褪色、热老化、氧化、材料的物理、化学、电气性能发生变化

（二）人为因素

设备在设计、制造、使用和维护过程中，始终都包含着人为因素的作用，特别是早期故障的发生大部分可以归因于人为因素。

1. 设计不良

设计中往往会受到条件的限制或存在着考虑不周、设计差错等。如在新产品设计时，常常会遇到许多未知因素。对于一些未知因素，往往根据现有资料和经验来确定其设计方法，致使产品存在着潜在的故障因数。各种设计条件的限制，如材料的限制、所选标准的限制和重量的限制等，都会给产品带来不可靠的因素，从而造成产品较高的故障率。

2. 质量偏差

由于加工设备、仪器精度以及技术水平等条件的限制，使制造工程中各种因素的组合并不十分理想，因此任何一个工艺过程都有可能产生缺陷，当然也会存在一些漏检的缺陷。漏检的缺陷在所谓合格的机件中隐藏下来，很可能成为机件使用中故障发生的根源。

3. 使用不当

一台设备，在其整个生命周期内合理的运输和保管条件、使用条件和使用方法、维护保养和修理制度以及操作人员的技术水平等，对实际故障率将产生很大的影响。

在上述各项人为因素中，对故障率影响最大的人为因素是使用不当。

（三）时间因素

上述的环境因素、人为因素是促使设备发生故障的诱因。在考虑环境因素和人为因素时需将时间因素考虑在内，如施加应力的先后顺序、单位时间内应力循环次数、疲劳裂纹扩展的速度以及有负荷时间与无负荷时间的比例，都是故障诱因的时间因素。常见的磨损、变形、裂纹和腐蚀等故障机理都与时间有密切关系。尽管机件中存在着故障隐患及形成故障的其他外因，但如果没有时间的延续，故障不一定会发生。可见，时间也是形成故障的主要外因之一。

设备故障中，除了意外的突发性故障外，大多数属于渐发性故障，也即时间依存性故障。只有这类故障才能为故障诊断提供可能。通过状态监测与故障诊断，掌握故障的形成与时间的变化规律，从而可以采取有效的措施使不希望发生的变化过程减慢，推迟故障的发生和减小故障发生的后果。

三、描述故障的特征参量

设备状态在演变过程中所出现的各种迹象都表征设备内部存在着隐患。在故障诊断技术中，根据各种故障迹象，采用相应的故障特征参量所提供的信息来判断设备的技术状态，以对其存在的故障做出诊断。虽然设备运行的状态千差万别，其故障迹象也是多种多样的，但描述故障的特征参量可归纳为两大类，即直接特征参量和间接特征参量。

（一）直接特征参量

直接特征参量包括设备或部件的输出参数和设备零部件的损伤量。

1. 设备或部件的输出参数

设备或部件的输出参数包括设备的输出（如机床精度的变化、机械生产率的变化和油泵效率的变化），输出与输入的关系（如柴油发电机组的耗油量与输出的关系等）以及设备两个输出变量之间的关系（如热交换器的温差与流量的关系、泵的流量与压力的关系等）。利用设备或部件的输出参数可以判断设备所处的运行状态，并可预示故障是否存在。一般来说，设备或部件的输出参数是比较容易检测的，但各种输出参数指标对于设备早期故障的反应往往并不很灵敏。如一些主要零件在影响设备性能之前可能就存在缺陷，但不一定已反映到输出参数上。因此以设备或部件的输出参数作为故障特征参量，一般难以发现早期故障。另外，这类故障特征参量只能用以判断设备工作能力的强弱，只表明有无故障，而无法判断故障部位、故障形式及故障原因。

2. 设备零部件的损伤量

引起设备故障的各种损伤量，如变形量、磨损量、裂纹大小和锈蚀程度等都是判断设备技术状态的特征参量。这类特征参量都是引起故障的直接原因，它们不仅可以表示故障的存在、发生故障的原因及部位，而且其数量值可以表示故障的严重程度及发展趋势。虽然这类特征参量能对故障做出较全面的描述，但由于这类特征参量在复杂设备里大量存在，不可能同时对它们逐个加以检测，所以，利用这类特征参量来判断设备故障，通常是在故障诊断的第二阶段。即在检测了设备输出参数或其他故障信息以后，认为有必要进一步查明设备工作能力降低或故障发生的直接原因时，才进行损伤量的测量。

（二）间接特征参量

间接特征参量即二次效应参数。在故障诊断技术中，作为设备故障信号的二次效应，主要有设备在运行过程中产生的振动、声音、温度和电量等。另外，即使对于同一类二次效应，描述它的特征参量也有多个。例如，振动可用位移、速度、加速度描述；声音可用噪声、超声、声发射描述；温度可用温差、热像、温度场描述；电量可用电压、电流、功率、频率、相位、电阻、电感、电容等描述。可见，作为故障信号的二次效应参数较多，而且对于不同的故障和频率范围，二次效应参数与故障判断之间的灵敏度和有效性也不完全相同。因而，在故障诊断中，就存在着一个合理选择特征参量的问题。

用间接特征参量进行故障诊断的主要优点是可以在设备运行中以及不做任何拆卸的条件下进行诊断。其缺点是间接特征参量与故障间常存在某种随机性。

第二节　设备故障诊断技术及其实施过程

一、设备故障诊断技术的定义及其实施过程

测取设备在运行中或相对静止条件下的状态信息，对所测信号进行处理和分析。并结合设备的历史状况，定量识别设备及其零部件的实时技术状态，预知有关异常、故障和预测未来技术状态，从而确定必要的对策的技术即为设备故障诊断技术。

按照上述设备故障诊断技术的定义，设备故障诊断通常包括状态信息的提取、状态的识别、对未来的预测及确定必要的对策等。可以将诊断过程划分为三个阶段：状态监测、分析诊断和治理预防，如图 13-1 所示。

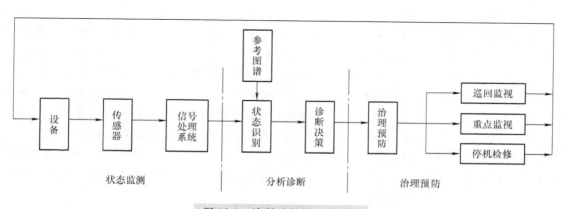

图 13-1　诊断过程的三个阶段

（一）状态监测

对设备故障进行诊断，首先要通过传感器采集设备在运行中的各种信息，将其变为电信

号，再将获取的信号输入到信号处理系统进行处理，以便得到能反映设备运行状态的参数。在传感器采集到的信号中，除了含有能反映设备故障部位症状的有用信号外，往往还含有不是诊断所需要的无用信号（或干扰信号）。如何将征兆信号提取出来，获得诊断决策的可靠依据是信号处理要完成的一项重要工作。

（二）分析诊断

分析诊断包括状态识别和诊断决策，即根据状态监测得到的能反映设备运行状态的征兆（或特征参量）的变化情况，将征兆（或特征参量）与某故障状态参数（模式）进行比较，来识别设备是否存在故障，判断故障的性质和程度及产生的原因、发生的部位，并预测设备的性能和故障发展趋势。

（三）治理预防

根据分析诊断得出的结论来确定治理修正和预防的办法，包括调度、改变操作、更换和停机检修等。如果认定设备尚可继续运行一段时间，那么需要对故障的发展情况做重点监视或巡回监视，以保证设备运行的可靠性。

二、状态监测与故障诊断的区别与联系

状态监测是故障诊断的基础和前提，没有监测就谈不上诊断；故障诊断是对监测结果的进一步分析和处理，诊断是目的。

状态监测通常是指通过监测手段监视和测量设备或零部件的运行信息和特征参量（如振动、声响和温度等）。当监测结果不需要更进一步的分析和处理，而是以有限的几个指标就能确定设备的状态（例如，当特征参数小于允许值时便认为是正常，否者为异常；以超过允许值多少表示故障严重程度；当达到某一设定值或极限值时就要停机检修等）时，这就是简易诊断。所采用的系统常称为监测系统或简易诊断系统。由此可见，状态监测与故障诊断是相互关联的。

故障诊断不仅要检查出设备是否发生了故障，还要对设备发生故障的部位，产生故障的原因、性质和程度等做出正确的判断，即要做出精密诊断。故障诊断人员不仅要了解监测、诊断仪器及系统，而且对设备的结构、特性、动态过程、故障机理及发生故障后的维修、管理工作等更要有比较深入的了解。从这一角度来看，故障诊断和状态监测是有区别的。

三、故障诊断技术的分类

设备故障诊断技术的分类方法比较多，下面主要叙述三种分类方法。

（一）按诊断的目的、要求和条件的不同分类

1. 功能诊断和运行诊断

对于新安装的或刚维修的设备及部件，需要判断它们的运行工况和功能是否正常，并根据检测与判断的结果对其进行调整，这就是功能诊断。而运行诊断是对正在运行的设备或系统进行状态监测，以便对异常的发生和发展进行早期诊断。

2. 定期诊断和连续监测

间隔一定时间对服役中的设备或系统进行一次常规检查和诊断即为定期诊断。而连续监测则是采用仪器仪表和计算机信号处理系统对设备或系统的运行状态进行连续监视和检测。这两种方法的选用需根据诊断对象的关键程度、故障的严重程度、运行中设备或系统性能的

下降快慢程度及其故障发生和发展的可预测性来确定。

3. 直接诊断和间接诊断

直接诊断是直接根据关键零部件的状态信息来确定其所处的状态，如轴承间隙、齿面磨损、轴或叶片的裂纹以及在腐蚀条件下管道的壁厚等。直接诊断迅速可靠，但往往受到机械结构和工作条件的限制而无法实现。间接诊断是通过设备运行中的二次效应参数来间接判断关键零部件的状态变化。由于多数二次效应参数属于综合信息，因此在间接诊断中出现伪检或漏检的可能性会增加。

4. 在线诊断和离线诊断

在线诊断一般是指对现场正在运行的设备进行的自动实时诊断。而离线诊断则是指通过磁带记录仪将现场测量的状态信号记录下来，带回实验室后再结合诊断对象的历史档案进行进一步的分析诊断，或通过网络进行的诊断。

5. 常规诊断和特殊诊断

常规诊断是在设备正常服役条件下进行的诊断，大多数诊断属于这一类型诊断。但个别情况下，需要创造特殊的服役条件来采集信号。例如，动力机组的起动和停机过程的振动信号，停车对诊断其故障是必须的，所要求的振动信号在常规诊断中是采集不到的，因而需要采用特殊诊断。

6. 简易诊断和精密诊断

简易诊断一般由现场作业人员进行。凭着听、摸、看、闻来检查、判断设备是否出现故障。也可通过便携式简单诊断仪器，如测振仪、声级计、工业内窥镜和红外测温仪等对设备进行人工监测，根据设定的标准或凭人的经验确定设备是否处于正常状态。若发现异常，则通过监测数据进一步确定发展趋势。精密诊断一般要由从事精密诊断的专业人员来实施。采用先进的传感器采集现场信号，然后采用精密诊断仪器和各种先进分析手段进行综合分析，确定故障类型、程度、部位和产生故障的原因，了解故障的发展趋势。

（二）按诊断的物理参数分类

从研究故障诊断技术的角度，常按诊断的物理参数分类。具体的分类方法见表13-2。

表 13-2　按诊断的物理参数分类

诊断技术名称	状态检测参数
振动诊断技术	平衡振动、瞬态振动、机械导纳及模态参数等
声学诊断技术	噪声、声阻以及声发射等
温度诊断技术	温度、温差、温度场及热像等
污染诊断技术	气、液、固体的成分变化,泄漏及残留物等
无损诊断技术	裂纹、变形、斑点及色泽等
压力诊断技术	压差、压力及压力脉动等
强度诊断技术	力、扭矩、应力及应变等
电参量诊断技术	电信号、功率及磁特性等
趋向诊断技术	设备的各种技术性能指标
综合诊断技术	各种物理参数的组合与交叉

（三）按诊断的直接对象分类

从学科的工程应用角度，多按诊断的直接对象分类。具体的分类方法见表 13-3。

表 13-3　按直接诊断对象分类

诊断技术名称	直接诊断对象
机械零件诊断技术	齿轮、轴承、转轴、钢丝绳、连接件等
液压系统诊断技术	泵、阀、液压元件及液压系统等
旋转机械诊断技术	转子、轴系、叶片、风机、泵、离心机、汽轮发电机组及水轮发电机组等
往复机械诊断技术	内燃机、压缩机、活塞及曲柄连杆机构等
工程结构诊断技术	金属结构、框架、桥梁、容器、建筑物、静止电气设备等
工艺流程诊断技术	各种生产工艺过程
生产系统诊断技术	各种生产系统、生产线
电器设备诊断技术	发电机、电动机、变压器、开关电器等

第三节　设备故障诊断的常用方法

这里主要介绍应用比较广泛的基础性的故障诊断方法。在进行设备故障诊断时，应结合故障的特点及获取故障征兆信号的有效性，进行正确选择。

一、振动测量法

组成设备的零、部件以及用于安装设备的基础都可以认为是弹性系统。在一定的条件下，弹性系统都会在其平衡位置附近做往复直线运动、旋转运动。这种每隔一定时间的往复性微小运动称为机械振动。机械振动在不同程度上反映出设备所处的工作状态。利用振动测量及其对测量结果的分析来识别设备故障，这是一种常用的有效的故障诊断方法。因此，多年来一直为人们所沿用。

（一）振动的分类

振动的分类如图 13-2 所示。按能否用确定的函数关系式描述，将振动分为两大类，即

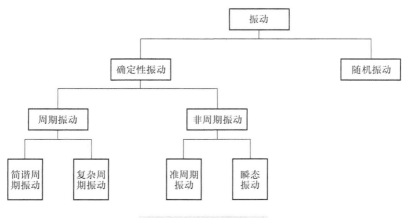

图 13-2　振动的分类

确定性振动和随机振动（非确定性振动）。确定性振动能用确定的数学关系式来描述，对于指定的某一时间，可以确定一相应的函数值。随机振动具有随机特点，每次观测的结果都不相同，无法用精确的数学关系式来描述，不能预测未来任何瞬间的精确值，而只能用概率统计的方法来描述它的规律。例如，地震就是一种随机振动。

确定性振动又分为周期性振动和非周期性振动。周期性振动包括简谐周期振动和复杂周期振动。简谐周期振动只含有一种振动频率。而复杂周期振动含有多种振动频率，其中任意两个振动频率之比都是有理数。非周期性振动包括准周期振动和瞬态振动。准周期振动没有周期性，在所包含的多种振动频率中至少有一个振动频率与另一个振动频率之比为无理数。瞬态振动是一些可用各种脉冲函数或衰减函数描述的振动。

（二）振动的基本参数

振动的幅值、频率和相位是振动的三个基本参数，称为振动三要素。以简谐周期振动为例，如图 13-3 所示，其位移时间方程可以表示为

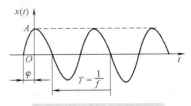

图 13-3　简谐周期振动

$$x(t) = A\sin\left(\frac{2\pi}{T}t + \varphi\right) = A\sin\left(2\pi f t + \varphi\right) = A\sin\left(\omega t + \varphi\right) \tag{13-1}$$

式中　$x(t)$——振动位移；

　　　　t——时间；

　　　　A——振动幅值；

　　　　T——振动周期，为振动频率的倒数$\left(T = \frac{1}{f}\right)$；

　　　　ω——振动角频率；

　　　　φ——初始相位角。

振动的运动规律除了可以用位移的时间方程描述外，还可以用速度和加速度的时间方程来描述。仍以简谐周期振动为例，如果以 v 和 a 分别表示简谐周期振动的速度和加速度，那么

$$v = \frac{\mathrm{d}x(t)}{\mathrm{d}t} = \omega A\cos(2\pi f t + \varphi) \tag{13-2}$$

$$a = \frac{\mathrm{d}v}{\mathrm{d}t} = -\omega^2 A\sin(2\pi f t + \varphi) = -\omega^2 x(t) \tag{13-3}$$

比较式（13-1）、式（13-2）和式（13-3），不难看出，速度超前位移 90°，加速度超前速度 90°。

（三）常用的测振传感器

振动测量通常采用机械方法、光学方法和电测方法。其中，电测方法是应用范围最广泛的一种方法。不管采用哪种测量方法，都要采用相应的测振传感器。采用电测法测量振动，传感器的作用是感受被测振动参数，将其转换为电量。按所测振动参数的不同，分别有测量振动加速度的加速度传感器，测量振动速度的速度传感器和测量振动位移的位移传感器。可用于振动测量的传感器比较多，下面介绍几种应用广泛的典型传感器。

1. 压电式加速度计

某些晶体在一定方向上受力变形时，其内部会产生极化现象，同时在它的两个表面上产生符号相反的电荷；当去除外力以后，又重新恢复到不带电荷状态，这种现象称为压电效应，具有压电效应的晶体称为压电晶体，常用的压电晶体有石英、压电陶瓷等。压电式加速度计是基于压电晶体的压电效应工作的。常见的结构形式为中心压缩式。它分为正置压缩型、倒置压缩型、环形剪切型和三角剪切型等，如图 13-4 所示。不管是哪一种结构形式的加速度计，均包括压紧弹簧、质量块、压电晶片和计座等基本部分。其中压电晶片是加速度计的核心。测量时，将加速度计座与被测对象刚性固定在一起。当随被测对象一起振动时，加速度计把被测加速度转换成作用在压电晶片上的力，通过压电晶片的力—电转换把加速度变成电量输出。

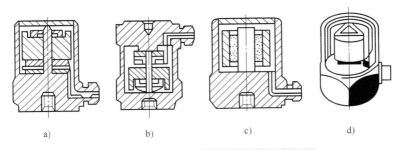

图 13-4 压电加速度传感器结构示意图

a）正置压缩型 b）倒置压缩型 c）环形剪切型 d）三角形剪切型

振动加速度计属于能量转换型传感器，即发电型传感器，它直接将被测振动加速度转换为电量输出，而不需要电源供电。振动加速度计的可测频率范围宽（0.1Hz~20kHz），灵敏度高而且稳定，有比较理想的线性。

2. 磁电式速度传感器

这种传感器是利用电磁感应原理，将振动速度转换为线圈中的感应电动势输出。如同压电式加速度计，它的工作也不需要外加电源，而且直接从被测对象吸取机械能量，并将其转换成电量输出。因此，它也是一种典型的能量转换型传感器，即发电型传感器。这种传感器输出功率大，因而可以大大简化所配用的二次仪表电路。另外，它的性能比较稳定，可以针对不同测量场合做成不同结构形式，因此在工程中获得较普遍的应用。

图 13-5 所示为磁电速度传感器的结构示意图。测振时，将传感器固定或压紧在被测设备的指定位置，磁钢 5 与壳体 7 一起随被测系统的振动而振动，线圈 3 和磁场之间产生相对运动，切割磁力线而产生感应电动势，从而输出与振动速度成正比的电压。

3. 电涡流位移传感器

这是一种非接触式位移传感器，它基于金属体在交变磁场中的电涡流效应工作。电涡流位移传感器的示意图如图 13-6 所示，其核心部

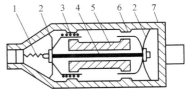

图 13-5 磁电速度传感器结构示意图

1—输出线 2—弹簧片 3—线圈 4—心轴
5—磁钢 6—阻尼环 7—壳体

分是线圈。测量时，将传感器（顶端）移近被测物体（金属材料），被测物体表面与传感器（顶端）之间距离的变化被转换成与之成正比的电信号。电涡流位移传感器属于能量控制型传感器，它必须借助于电源才能将位移转换为电信号。这种传感器具有结构简单、线性范围宽、灵敏度高、频率范围宽、抗干扰能力强、不受油污等介质影响以及非接触测量等特点。

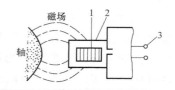

图 13-6 电涡流位移传感器示意图
1—线圈 2—壳体 3—引线

（四）异常振动分析方法

1. 以振动总值法判别异常振动

这是一种最直接的方法，把传感器放在设备应测量的部位，测量其振动值。振动值可用加速度、速度或位移来表示，通常选用振动速度这个参数。将测得的数据用表格或图样表示其趋势，对照异常振动判断基准，判别实际测量值是否超过界限或极限规定值，以评价设备工作状态的正常与否。在这种诊断方法中，制定判断标准是最主要的基础工作。表 13-4 所列为 ISO 异常振动判断标准。

表 13-4 ISO 异常振动判断标准

振动速度	机 械 分 类			
方均根值 /（mm/s）	小型机械 Ⅰ类	中型机械 Ⅱ类	大型机械（坚固基础） Ⅲ类	大型机械（柔软基础） Ⅳ类
≤0.28	好	好	好	好
>0.28~0.45	好	好	好	好
>0.45~0.71	好	好	好	好
>0.71~1.12	较好	好	好	好
>1.12~1.80	较好	较好	好	好
>1.80~2.80	较差	较好	较好	好
>2.80~4.50	较差	较差	较好	较好
>4.50~7.10	较差	较差	较差	较好
>7.10~11.20	差	较差	较差	较差
>11.20~18	差	差	较差	较差
>18~28	差	差	差	较差
>28~45	差	差	差	差
>45~71	差	差	差	差

2. 通过频谱分析诊断异常振动

用振动总值法能判断整机或部件的异常振动。如要进一步查出异常的原因和出现的部位，则需对振动信号进行频谱分析。所谓频谱分析就是利用傅里叶变换这一数学方法。

将时域信号变换为频域信号，得到频谱图，从而获得信号的频率结构。

频谱分析通常由频谱分析仪完成，图 13-7 所示为一数字式频谱分析仪的功能框图。

在异常振动分析中，通常先采用测振仪进行振动总值的检测，当发现振动总值有较快增

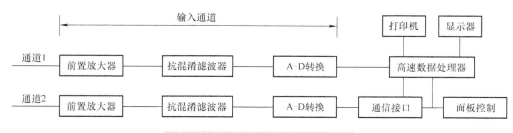

图 13-7　数字式频谱分析仪框图

大，并接近或超出最大允许界限值的趋向时，再采用分析仪对实测振动信号进行频谱分析。由于一台设备中处于工作状态的零部件都具有确定的振动频率，因此用做出的频谱图与其正常频谱图进行比较，通过被诊断设备特征频率及其幅值的变化就能较为方便地寻找振源，诊断出故障部位和严重程度。当频谱图上出现新的谱线时，就要考虑到设备是否发生了新的故障。

3. 以振动脉冲测量法判断异常振动

振动脉冲测量法专门用于滚动轴承的磨损和损伤的故障诊断。其测量原理是：滚动轴承的失效形式之一是轴承的内外圈滚道因锈蚀、疲劳剥落等使其出现凹坑。当滚动体与这些凹坑接触时，轴承将会产生冲击力。这些冲击力一方面会加大轴承振动的有效值，另一方面也会加大轴承振动的峰值，且加大的倍数更大。这种冲击脉冲经设备本体传至压电传感器，压电传感器输出信号峰值，该信号峰值基本上只与冲击脉冲的幅值有关，对其他因素相对来说并不敏感。因此，当测量系统对冲击效应进行放大时，不会受普通机器振动的影响。根据实际冲击水平与正常冲击水平之差（即冲击水平增加值）来判断轴承性能水平的好坏。

二、噪声测量法

任何设备不是处在空气中，就是处在其他介质中，机械振动使介质振动，形成波。设备噪声就是不规则的机械振动在空气中引起的振动波。设备噪声也能在不同程度上反映设备所处的工作状态。因此，通过噪声测量及对测量结果的分析来识别设备故障是设备故障诊断的又一种常用方法。

（一）噪声测量的主要参数

进行噪声测量时，常使用声压级、声强级和声功率级表示其强弱，也可以用人的主观感受，如响度进行度量。

1. 声压、声强、声功率

（1）声压　在声波传播过程中，空气质点也随之振动，产生压力波动。一般把没有声波存在时媒质的压力称为静压力，用 P_0 表示。有声波存在时，空气压力就在大气压附近起伏变化，出现压强增量，这个压强增量就是声压，用 P 表示，其单位为 Pa。仪器检测到的声压为有效声压，它是声压的方均根值。

（2）声强　单位时间内，通过垂直于传播方向上的单位面积的声波能量称为声强，用 I 表示，单位为 W/m²。

（3）声功率　声功率是指声源在单位时间内辐射出来的总声能，单位为 W。

2. 分贝与声级

引起听觉的可听声频率在 20~20000Hz 之间，但在此范围内的某一声波可以有不同的声压或声强。当频率为 1000Hz 时，正常人耳开始能听到的声压为 $2×10^{-5}$Pa，称为听阈声压。频率为 1000Hz，声压为 20Pa 时，能使人耳开始产生痛感，称之为痛阈声压。可见，从听阈到痛阈，声压的绝对值数量级之比为 1：10^6，即相差 100 万倍。若用声强表示，其绝对值之比为 1：10^{12}，即相差亿万倍。可见，用声压的绝对值表示声音的强弱以及用声强的绝对值表示能量的大小很不方便。而且人耳听觉响应并不与强度成正比，而是更接近于与强度的对数成正比。因此，在声学中采用成倍比的对数标度，即用"级"来度量声压和声强，并称为声压级、声强级，还有声功率级。其中，声压级是最常用的噪声测量参数。

（1）声压级　声波的声压级是声波的声压与基准声压之比以 10 为底的对数的 20 倍，即

$$L_P = 20\lg \frac{P}{P_0} \qquad (13-4)$$

式中　L_P——声压级，单位为 dB；

P——声压，单位为 Pa；

P_0——基准声压，$P_0 = 2×10^5$Pa。

声压级的单位为分贝，记作 dB。例如，P_0 的声压级为

$$L_{P_0} = 20\lg \frac{P_0}{P_0} = 0dB$$

即级的起点，对应于人耳听阈所能听到的起始声压。人耳所能承受的最大声压约为 20Pa，称为痛阈声压，其声压级为

$$L_P = 20\lg \frac{P}{2×10^{-5}} = 120dB$$

（2）声强级　声波的声强级是声波的声强与基准声强之比以 10 为底的对数的 10 倍，即

$$L_I = 10\lg \frac{I}{I_0} \qquad (13-5)$$

式中　L_I——声强级，单位为 dB；

I——实测声强，单位为 W/m²；

I_0——基准声强，为最低可听到的 1000Hz 纯音声强，即 10^{-12}W/m²。

（3）声功率级　声波的声功率级是声波的功率与基准功率之比以 10 为底的对数的 10 倍，即

$$L_W = 10\lg \frac{W}{W_0} \qquad (13-6)$$

式中　L_W——声功率级，单位为 dB；

W——声波的功率，单位为 W；

W_0——基准功率，$W_0 = 10^{-12}$W。

一般声功率不能直接测量，而是根据测量的声压级换算而得的。

3. 噪声的主观量度——响度、响度级、等响曲线

人耳感觉到的声音的强弱不仅与声压有关，而且还与声音的频率有关。人耳所能接受的声音频率范围为 20~20000Hz，但反应最为灵敏的频率范围为 1000~5000Hz。而且，声音微

弱时，人耳对不同频率的声音会感觉出较大的差别，随着声音变大，这种感觉会变得迟钝。响度或响度级就是根据人耳的特性，仿照声压级的概念引出的与频率有关的反映主观感觉的量。

要确定噪声的响度，选用频率为 1000Hz 的纯音作为基准音，调节 1000Hz 纯音的声压级，使它和所要确定的噪声听起来有同样的响度，则该噪声的响度级就等于这个纯音的声压级（dB）值，单位为方（Phon）。例如，噪声听起来与频率为 1000Hz 的声压级为 80dB 的基准音一样响，则该噪声的响度级即为 80 方。

如前所述，听阈和痛阈的数值都是定义在 1000Hz 纯音条件下的量，当声音的频率发生变化时听阈和痛阈的数值也随之变化。为使在任何频率下主观量都能统一，需要在各个频率下对人的听力进行试验，试验得出的曲线即为等响度曲线。图 13-8 所示就是经过大量试验测得的纯音的等响曲线。该曲线表达了典型听者认为响度相同的纯音的声压级与频率之间的关系。图 13-8 中的纵坐标是声压级，横坐标是频率。因为频率不同，人耳的主观感觉也不同，所以对应每个频率都有各自的听阈声压级和痛阈声压级。把各个频率的听阈声压级和痛阈声压级连起来便可得到听阈线和痛阈线。听阈线和痛阈线之间按响度不同又可分为 13 个响度级，听阈线为零方响度线，痛阈线为 120 方响度线。同一条曲线上的各点，虽然代表着不同频率和声压级，但其响度相同，故称为等响曲线。每条等响曲线所代表的响度级（方）的大小，由该曲线在 1000Hz 时的声压级确定。

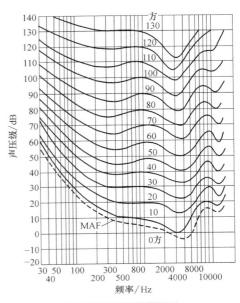

图 13-8　等响曲线

（二）噪声测量仪器

噪声测量中，最常使用的仪器是传声器和声级计。

1. 传声器

传声器是噪声测量系统中的第一个环节，噪声测量系统的性能在很大程度上取决于传声器的性能。传声器的作用如同人的耳膜，由它将声能（声信号）转化为电能（电信号）。其转换过程是：首先由接收器将声能转换为机械能，然后由机电转换器将机械能转换为电能。

通常用薄膜片作为接收器来感受声压，将声压的变化变成膜片的振动。

根据膜片振动转换成电能的方式不同，传声器可以分成三类：动圈式传声器，它利用磁场耦合的方式将膜片的振动转换成电量；压电式传声器，它通过声压使压电晶体产生电荷；电容式传声器，它利用电场耦合方式将膜片的振动转换成电量。电容式传声器具有较多的优点，因此广泛应用于精密和标准声级计中。而普通声级计一般采用压电式传声器。现在动圈式传声器已很少使用。

（1）电容式传声器　电容式传声器的基本结构是一个电容器，它主要由感受声压的膜片和与其平行的金属后极板（背板）组成，如图13-9所示。膜片很薄，一般由镍片、铝合金或镀铜的涤纶薄膜等制成，后极板与外壳的材料为不锈钢，绝缘体为玻璃或石英。膜片与后极板在电气上绝缘，构成一个以空气为介质的电容器的两极。当有直流电压加在两电极上时，电容被充电，所加电压称为极化电压。一旦有声压作用到膜片上，绷紧的膜片将产生与外界声波信号一致的振动，使膜片与后极板间距离改变，从而引发电容量的变化，在负载电阻上将有一个交变的电压输出。显然，电容式传声器为能量控制型传感器。

电容式传声器灵敏度高，动态范围广，输出特性稳定，对周围环境适应性强，外形尺寸也较小。

（2）压电式传声器　压电式传声器又称为晶体传声器，它由具有压电效应的压电晶体来完成声能转换。换能元件由压电晶体在某一方向上的切片制成，当切片受到压力而变形时，在切片两侧产生电量相等的异性电荷，形成电位差，其结构如图13-10所示。显然，压电式传声器属于能量转换型传感器。压电式传声器具有结构简单、成本低、输出阻抗小、电容量大、灵敏度较高等优点。但也有受温度、湿度影响较大等缺点。

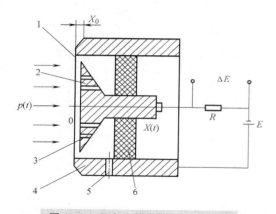

图13-9　电容式传声器结构原理图

1—膜片　2—后极板　3—阻尼孔
4—外壳　5—均压孔
6—绝缘体

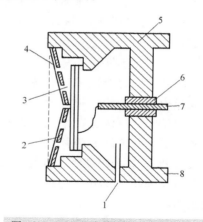

图13-10　压电式传声器结构原理图

1—均压孔　2—背极　3—晶体切片　4—膜片
5—壳体　6—绝缘体　7、8—输出电极

2. 声级计

声级计是噪声测量中使用最为广泛、最简便的仪器。它不仅用来测量声级，还能与各种辅助仪器配合进行频谱分析、记录噪声的时间特性和测量振动等。

声级计的基本组成框图如图13-11所示。其工作原理是：被测的声压信号通过传声器转换成电压信号，该电压信号经过衰减器、放大器以及相应的计权网络（或外接滤波器），或输入外接记录仪器，或者经过方均根值检波器直接推动以分贝标定的指示表头。计权网络是基于等响曲线设计出的滤波电路，分为A、B、C、D四种。通过计权网络测得的声压级称为计权声压级。对应四种计权网络测得的声压级称为A声级（L_A）、B声级（L_B）、C声级（L_C）、D声级（L_D），分别记为dB（A）、dB（B）、dB（C）和dB（D）。

图13-12所示为声级计中常用的A、B、C计权网络的衰减曲线。A、B、C计权网络分

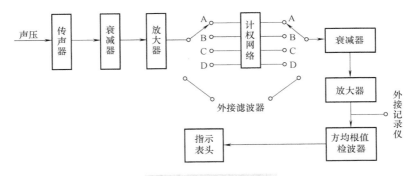

图 13-11　声级计框图

别近似模拟了 40 方、70 方和 100 方三条等响曲线。由图可见，三种计权网络对低频噪声有不同程度的衰减，A 衰减最强，B 次之，C 最弱。其中，A 计权网络除对低频噪声衰减最强外，对高频噪声的反应最敏感，这正与人耳对噪声的感觉（对低频段，即 500Hz 以下不敏感，而对 1000～5000Hz 声音敏感）相接近。故在对人耳有害噪声测量中，都采用 A 声级作为评定标准。

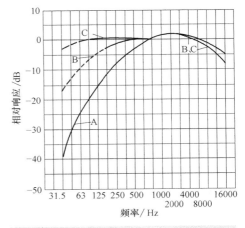

图 13-12　A、B、C 计权网络的衰减曲线

（三）故障的噪声识别方法

设备通常包括很多运动零部件，这些运动着的零部件都有可能产生振动，发出声波。这些不同声强、不同频率的声波无规律地组合便形成噪声。噪声是设备的固有信息，它的存在不等于存在故障。只有描述其特性的特征参数发生变化，而且这种变化越过一定的范围，才能判断可能发生了故障。因此，可以根据噪声信号的特征制定一定限值作为有无故障的标准，来对是否存在故障进行判断。但要识别故障的性质，确定故障的部位及故障程度，就需要对提取的噪声信号做频谱分析。

利用噪声（或振动）信号特征量的变化及其程度进行故障诊断有三种标准：绝对标准、相对标准和类比标准。在绝对标准中，利用测取的噪声信号的特征量值与标准特征量值进行比较；在相对标准中，利用测取的噪声信号的特征量值与正常运行时的特征量值进行比较；在类比标准中，将同类设备在相同工况条件下的噪声信号的特征量值进行比较。

三、温度测量法

设备中机械零部件工作位置的不正确或过载运行，轴承在磨损状态下运转或润滑不良等都会产生异常热，电气系统中工作机件的摩擦、磨损，绝缘层破坏，负载过大，电阻值变化，电缆接头老化、松动、接触不良等都会使系统内各薄弱环节产生异常温度。当机件的温度超过温升极限时，将会引起热变形、热膨胀、烧蚀、烧伤、裂纹、渗漏和结胶等热故障。

许多受了损伤的机件，其温度升高总是先于故障的出现。通常，当机件温度超过其额定工作温度且发生急剧变化时，将预示着故障的存在和恶化。因此，监测机件的工作温度，根据其测定值是否超过温升极限值就可判断其所处的技术状态；若将采集到的温度数据制成图表，并逐点连成直线，利用该直线的斜率可对机件进行温度趋势分析；利用求出的直线斜率值，还可推算出某一时间的温度值，将此温度值与机件的最高温度限制值做比较，可以预报机件实际温度的变化余量，以便发出必要的报警。在某些情况下，如果温度变化速度太快，可能引起无法修复的故障，必须中断设备运行。

由上述可知，通过温度测量可以找出机件的缺陷并能诊断出各种由热应力引起的故障。不仅如此，温度测量法还可以弥补射线、超声、涡流等无损探测法的不足，用来探测机件内部的各种故障隐患。研究和应用实例表明，温度测量法是目前故障诊断中一项十分重要而有效的诊断方法。

（一）测温仪表

测量温度的仪器通常称为温度计，分为接触式和非接触式两大类。采用接触式温度计时，需要使测温元件与被测对象保持热接触，使两者进行充分的热交换而达到同一温度，根据测温元件的温度来确定被测对象的温度。采用非接触式温度计测量时，无须使测温元件与被测对象直接接触，热量通过被测对象的热辐射或对流传到测温元件上，以达到测温的目的。温度计的分类如图 13-13 所示。

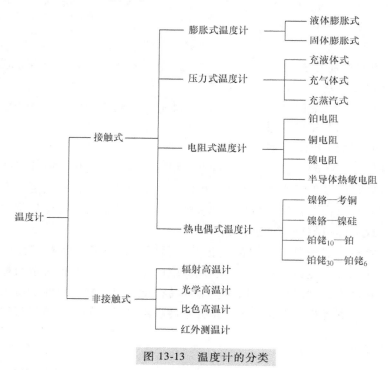

图 13-13　温度计的分类

1. 热电偶

热电偶是广泛应用于各种设备温度测量的一种传统温度传感器。热电偶与后续仪表配套可以直接测量出 $0 \sim 1000\,℃$ 范围内液体、气体内部以及固体表面的温度。热电偶具有精度高，测量范围广，便于远距离和多点测量等优点。

热电偶是基于热电效应进行测量的。当两种不同材料的导体组成一闭合回路时，如果两端结点温度不同，则在两者之间产生电动势，并在回路中形成电流。其电动势大小与两导体的性质和结点温度有关。这一物理现象称为热电效应。如图 13-14 所示，热电偶由两根不同材料的导体 A、B 焊接而成。焊合的一端 T 为工作端（热端），用以插入被测介质中测温；连接导线的另一端 T_0 为自由端（冷端）。若两端所处温度不同，则所产生的热电动势由仪表指

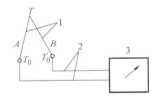

图 13-14　热电偶测温原理图

1—热电偶　2—导线　3—测量仪表

示。如上所述，热电偶的热电动势与热电偶的材料、两端温度 T、T_0 有关，但与热电极长度、直径无关。在冷端温度 T_0 不变，热电偶材料已定的情况下，其热电动势只是被测温度的函数。根据所测得的热电动势便可确定被测温度值。

2. 热电阻温度计

在设备的温度测量中，还经常使用热电阻温度计。热电阻温度计利用材料的电阻率随温度变化而变化的特性，与电桥相配合，将温度按一定的函数关系转换为电量。按敏感材料的不同，热电阻温度计分为金属热电阻温度计和半导体热电阻温度计两种。常用的金属热电阻有铂热电阻、铜热电阻和镍热电阻等。

半导体热电阻材料是将各种氧化物（如锰、镍、铜和铁的氧化物）按一定比例混合压制而成的。半导体热电阻的温度测量范围为 $100 \sim 300^\circ C$。其主要特点是电阻温度系数大，电阻率高，感温元件可做得很小，可根据需要做成片状、棒状和珠状，可测空隙、腔体和内孔等处的温度。但其性能不够稳定，互换性差，使其应用受到一定限制。

3. 红外测温仪器

红外测温仪器是利用红外辐射原理，采用非接触方式，对被测物体表面进行观测，并能记录其温度变化的设备。红外测温仪器的核心是红外探测器，它能把入射的红外辐射能转变为便于监测的电能。按对辐射响应方式的不同，将红外探测器分为光电探测器和热敏探测器两大类。两类探测器的特性比较见表 13-5。

表 13-5　光电、热敏探测器性能比较

	灵敏度	响应速度	制冷	使用方法	其　他
光电探测器	高	快	需要	不太方便	灵敏度随长度变化
热敏探测器	低	慢	不需要	方便	耐用、价低、对波长响应变化微弱

红外测温仪器还必须包括红外光学系统。红外光学系统用于汇聚被测对象的辐通量，并将其传输到红外探测器上，它与探测器一起决定该仪器的现场和空间分辨率。实际应用中有反射式、折射式和折-反射式等不同类型的光学系统。

除了红外探测器和光学系统外，红外测温仪器还应包括信号处理系统和显示系统。

用于红外测温的仪器有多种，下面介绍比较常用的两种。

（1）红外测温仪　它是红外测温仪器中最简单的一种，具有品种多、用途广泛、价格低廉等优点，用于测量物体"点"的温度。

（2）红外热像仪 它能把被测物体发出的红外辐射转换成可见图像，这种图像称为热像图或温度图。由于热像图包含了被测物体的热状态信息，因而通过对热像图的观察和分析，可以获得物体表面或近表面层的温度分布及其所处的热状态。由于这种测温方法简便、直观、精确、有效，且不受测温对象的限制，因此，在温度测量中得到比较广泛的应用，并有着宽广的应用前景。

图 13-15 红外热像仪（光机扫描）原理图

现有的热成像系统主要分两类：一类是光机扫描成像系统，称为红外热像仪；另一类是热释电红外摄像管成像系统，称为红外热电视。图 13-15 所示为红外热像仪的原理框图。被测对象的红外辐射经光学系统汇聚、滤波、聚焦到红外探测器上，其间由光学-机械扫描系统将被测对象观测面上各点的红外辐通量按时间顺序排列，经红外探测器变成电脉冲，通过视频信号处理送到显示器显示出热像图。

（二）通过温度测量所能发现的常见故障

通过温度测量不仅可以检查工艺过程中的温度变化，据此判断控制过程是否良好，是否存在故障，还可以掌握机件的受热状况，据此判断机件各种热故障的部位和原因。通过温度测量能发现的常见故障可归纳为以下几类。

1. 轴承损坏

滚动轴承零件损坏，接触表面擦伤、烧伤，由磨损引起的面接触等原因引起故障时，将会使其内部发热量增加，而内部发热量的增加将使轴承表面温度升高。因此通过轴承内部或外部的温度测量，便可发现轴承损坏故障。

2. 流体系统故障

液压系统、润滑系统、冷却系统和燃油系统等流体系统，常会因液压泵故障，传动不良，管路、阀或过滤器阻塞，热交换器损坏等原因而使相应机件的表面温度上升。通过温度测量很容易检查出流体系统中的这类故障。

3. 发热量异常

当内燃机、加热炉内燃烧不正常时，其外壳将会出现不均匀的温度分布。如果在外壳适当部位安装一定数量的温度传感器，对其温度输出做扫描记录，便可了解温度分布的不均匀性或变化过程，从而发现发热量异常故障。采用红外热像仪可更方便地进行大面积快速温度测量。

4. 污染物积聚

当管道内有水垢，锅炉或烟道内结灰渣、积聚腐蚀性污染物等异常状况发生时，因隔热层厚度有了变化而改变了这些设备外表面的温度分布。这些异常可以采用热像仪扫描方法来检查。

5. 保温材料的损坏

各种高温设备中耐火材料衬里的开裂和保温层的破坏，将会出现局部过热点。利用红外热像仪显示的图像很容易检查出其损坏部位。

6. 电气元件故障

电气元件接触不良会使接触电阻增加，当有电流流过时会因发热量增大而形成局部过热；与此相反，整流管、晶闸管等器件存在损伤时，将不再发热而出现冷点。这种局部过热及出现的冷点也可以用红外热像仪查出。例如，采用红外热像仪对高压输电线的电缆、接头、绝缘子、电容器、变压器以及输变电网的电气元件和设备进行探查。

7. 非金属部件故障

碳化硅陶瓷管热交换器的管壁存在分层缺陷时，其热传导率特性将发生变化，而热传导率又与温度梯度有关，通常传导率每变化 10%，能获得大约 1°C 的温差变化。利用红外热像仪显示的热像图能发现这类非金属部件热传导特性的异常，从而发现故障隐患。

8. 机件内部缺陷

当机件内部存在缺陷时，由于缺陷部位阻挡或传导均匀热流，堆积热量而形成"热点"或疏散热量而产生"冷点"，使机件表面的温度场出现局部的微量温度变化，只要探测到这种温度变化，即可判断机件内部缺陷的存在，如常见的腐蚀、破裂、减薄和堵塞等各种缺陷。

9. 裂纹探测

采用红外温度检测技术还可以检查裂纹和裂纹扩展，连续监测裂纹的发展过程，确定机件在使用中表面或近表面的裂纹及其位置。

四、裂纹的无损探测法

设备零部件中最严重的缺陷是出现裂纹，裂纹产生的原因是多种多样的，主要有：制造阶段原材料产生的裂纹，加工制造阶段零件产生的裂纹，设备在使用过程中零件产生的裂纹等。

对设备零部件裂纹的检查，主要采用无损探测法。利用无损探测技术不仅能发现机件的裂纹及腐蚀、机械性能超差等变化，而且还可以根据机件损伤的种类、形状、大小、产生部位、应力水平和应力方向等信息，预测损伤或缺陷的发展趋势，以便及时采取措施，排除隐患。

目前，已有多种无损探测法供选用，如目视——光学检测法、渗透探测法、磁粉探测法、射线探测法、超声波探测法、声发射探测法和涡流探测法等。

（一）目视——光学检测法

依靠人的五官功能直接查找机件故障的方法有目视法、听诊法、触摸法和闻味法。这些方法简单易行，常常是精密诊断前预检的主要方法。特别是目视检查，能发现破损、变形、松动、渗漏、磨损、腐蚀、变色、污秽、异物以及动作异常等多种故障。在目测法的基础上，采用各种光学仪器来扩大和延伸其检测能力，便形成了目视——光学检测法。

当外露结构中的零件距离人眼较近时，使用放大倍数为 2~10 倍的放大镜和放大倍数为 8~40 倍的显微镜进行目视——光学检测，可以发现反差较大的大尺寸缺陷，除了裂纹外还可以发现表面腐蚀和浸蚀损伤、压伤、外露缩孔、划伤、擦伤、油漆层和电镀层缺陷等，还可以对渗透、磁粉或其他无损探测法发现的缺陷进行定性分析。

对于距离人眼较远的外露结构零件，采用放大倍数为 4 倍的望远放大镜或放大倍数为

2.6~6倍的双筒望远镜进行目视——光学检测，观察距离为0.6~0.8m。

对于封闭结构内部不能直接观察的零件，主要使用工业内窥镜进行目视——光学检测。工业内窥镜按其壳体的形状和刚度分为软式和硬式两类。在故障诊断中，软式工业内窥镜应用更广泛。利用工业内窥镜能够发现可达性很差部位零件的断裂、大裂纹，以及拉伤、烧损、变形等损伤或缺陷，但不能发现很小的疲劳裂纹。

（二）渗透探测法

渗透探测法是利用液体渗透的物理性能进行探测的方法。首先使着色渗透液或荧光渗透液渗入机件表面开口的裂纹内，然后清除表面的残余液，用吸附剂吸出裂纹内的渗透液，从而显示出缺陷图像的一种检验方法。这种方法可以检验钢铁、非铁金属材料、塑料等制件表面上的裂纹，以及疏松、针孔等缺陷。该检验方法不需要大型仪器，操作方便，灵敏度高，适用于无电源、水源现场的检验。其缺点是不能检验机件的内部缺陷，对机件的表面粗糙度有一定要求，试剂对环境有一定的污染。

采用荧光渗透液，需要在紫外线照射下才能显示出缺陷的图像。因此，紫外灯是不可缺少的工具，而且必须在暗室内操作。采用着色渗透液，在自然光下便可观察到缺陷的有色图像，所采用的设备比荧光渗透检验要少得多。

（三）磁粉探测法

利用铁磁材料的磁性变化所建立的探测方法均称为磁性探测法。根据探测漏磁场的方式不同，可将磁性探测法分为磁粉探测法、探测线圈法、磁场测定法和磁带记录法。由于磁粉探测法所用设备简单，操作方便，监测灵敏度较高，所显示的磁粉痕迹与缺陷的实际形式十分相似，而且适用于各种形状的钢铁机件，这种探测法可以发现铁磁材料表面和近表面的裂纹，以及气孔、夹渣等缺陷。因此，在四种磁性探测法中，磁粉探测法应用最广泛。其缺点是这种探测法不能探测缺陷的深度。

当铁磁材料被磁化时，如果在铁磁材料的表面或近表面存在裂纹等缺陷，特别是表面开口裂纹，则磁力线会改变路径而大量地漏到空气中去，从而在缺陷处形成漏磁场。漏磁场能够吸附具有高磁导率的三氧化二铁、四氧化三铁等强磁性磁粉，从而显示出缺陷的位置和形状。

利用外加磁场尚未取消时的漏磁场进行磁粉检测称为连续探测法；利用外加磁场取消后的剩磁场进行磁粉检测称为剩磁探测法。显然，连续探测法所需外加磁场强度要比剩磁探测法所需的外加磁场强度低。图13-16所示为用磁粉探测法检测裂纹的示意图。

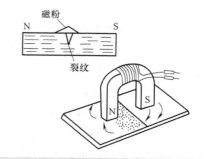

进行磁粉探测后的被检件具有剩磁，需要进行退磁处理，以便将被检件的剩磁减少到最低极限。

图13-16 用磁粉探测法检测裂纹示意图

（四）射线探测法

在设备故障诊断中，常用易于穿透物体的 X、γ 射线。当射线在穿透物体过程中，由于受到吸收和散射，使强度减弱，其衰减的程度与物体厚度、材料的性质及射线的种类有关。当物体有气孔等体积缺陷时，射线就容易通过；反之，若混有吸收射线的异物夹杂时，射线就难以通过。用强度均匀的射线照射所检物体，使透过的射线在照相底片上感光，通过对底片的观察来确定缺陷的种类、大小和分布状况，按照相应的标准来评价缺陷的危害程度。该方法多用来探测机件内部的气孔、夹渣、铸造的缩孔和缩松等立体缺陷，当裂纹方向与射线平行时也能被探测出来。

射线探测法的优点是探测的图像较直观，对缺陷尺寸和性质的判断比较容易，而且探测结果可以记录下来作为诊断档案资料长期保存。其缺点是，当裂纹面与射线接近垂直时就很难探测出来，对微小裂纹的探测灵敏度低，探测费用高，射线对人体有害，必须有防护措施。

（五）超声波探测法

此法是利用发射超频声波（1～10MHz）射入到被检测物体内部，如遇到内部缺陷，则一部分射入的超声波在缺陷处反射或衰减，然后经探头接收后再放大，由显示的波形来确定缺陷的部位及其大小，再根据相应的标准来评定缺陷的危害程度。该方法可以探测垂直于超声波的金属和非金属材料的平面状缺陷。其优点是可探测的厚度大、检测灵敏度高、仪器轻便便于携带、成本低，可实现自动检测，并且超声波对人体无害；其缺点是探测时有一定的近场盲区、探测结果不能记录、探测中采用的耦合剂易污染产品等。另外，超声波探测还需用成套的标准试块和对比试块调整仪器本身的性能和灵敏度。

（六）声发射探测法

声发射探测法的基本原理是物体在外部条件（如力、热、电、磁等）作用下会发声，根据物体的发声推断物体的状态或内部结构的变化。物体发射出来的每一个声音信号都包含着反映物体内部缺陷性质和状态变化的信息。声发射探测就是接收这些信号，加以处理、分析和研究，从而推断材料内部的状态变化。

材料中裂纹的形成和扩展过程、不同相界面间发生断裂以及复合材料内部缺陷的形成都能成为声发射源。通常，声发射探测都选择在某一频率范围内进行，这一频率范围称为声发射探测的"频率窗口"。金属材料研究领域常用的声发射探测的频率范围约为 $10^5 \sim 10^6$ Hz。

在常规的无损探测中，总是以某种方式向被测对象发出特定信号，然后再由仪器检测被测对象对该信号的反应，从中识别缺陷的存在及其性质，如超声波探测法就是如此。而在声发射探测中，信号是缺陷在应力作用下自发产生的，从接收的来自缺陷的声信号推知缺陷的存在及其所处状态。缺陷主动参与探测，这是声发射探测法与其他无损探测法的最大区别。

和常规的无损探测法相比较，声发射探测还具有如下特点：

1）声发射探测时需要对设备外加应力。它是一种动态检测，提供的是加载状态下缺陷活动的信息，因此，声发射探测法可更客观地评价运行中设备的安全性和可靠性。

2）声发射探测的灵敏度高，检查覆盖面大，不会漏检，可以远距离监测。

3）声发射探测可在设备运行状态下进行。

4）声发射探测不能反映静态缺陷。

（七）涡流探测法

涡流探测法是指利用电磁线圈产生交变磁场作用于被检测机件，由于电磁感应使被测机件表层产生电涡流，利用机件中缺陷的存在会改变电涡流的强弱，从而使形成的涡流磁场也发生变化来探测机件的缺陷的方法。该方法能探测钢铁、非铁金属材料机件表面的裂纹、凹坑等缺陷。与其他无损探测法相比，涡流探测法的特点是：

1）涡流探测适用范围广，尤其适用于导电材料表面或近表面的探测。灵敏度高，可自动显示、报警、标记和记录。

2）涡流探测使用电磁场信号，探头可以不接触机件，因此可以实现高速度、高效率、非接触自动探伤。

3）由于电磁场传播不受材料温度变化的影响，因此，涡流探测可用于高温探伤。

4）涡流探测还可以根据显示器或记录器的指示，估算出缺陷的位置和大小。有的还可以记录成像。检测结果可以保存备查。

5）由于涡流的趋肤效应，距离表面较深的裂纹难以查出。

6）影响涡流的因素较多，如材质的变化、传送装置的振动等，因此必须采取措施将干扰信号抑制掉，才能正确显示缺陷。

7）要准确判断缺陷的种类、形状和大小比较困难，需要模拟试验或做标准试块予以比较。

8）涡流对形状复杂零件的检测存在边界效应，探测比较困难。

五、磨损的油液污染监测法

污染诊断技术（表 13-2）是指以设备在工作过程中或故障形成过程中所产生的固体、液体和气体污染物为监测对象，以各种污染物的数量、成分、尺寸和形态等为检测参数，并依据检测参数的变化来判断设备所处技术状态的一种诊断技术。目前，已进入实用阶段的污染诊断技术主要有油液污染监测法和气体污染监测法。

油液污染监测法是通过对设备中循环流动的油液污染状况进行监测，获取机件运行状态的有关信息，从而判断设备的污染性故障和预测机件的剩余寿命。在故障诊断技术中，油液污染监测法所起的作用与医学检查、诊断中验血所起的作用颇为相似，而且与医学诊断中的验血检查一样，是应用最为广泛和最有发展前途的一种不解体检验方法。因此油液污染监测法是污染诊断技术中的主要研究方法。

磨损状态是机件故障、失效的一种常见形式。由于机器在正常传动和运行中，需要传递转速、转矩和功率，这就会在零部件间相互结合或接触部位产生不可避免的磨损，这种磨损造成的故障在机械设备故障中所占比重较大，同时事故带来的经济损失也较严重，所以开展磨损监测是十分必要的。

采用油液污染监测法进行磨损监测是一种行之有效的方法。各类设备的流体系统中的油液，均会因内部机件的磨损产物而产生污染。流体系统中被污染的油液带有机械技术状态的大量信息。根据监测和分析油液中污染物的元素成分、数量、尺寸和形态等物理化学性质的变化，便可以判断出是否发生了磨损以及磨损的程度。

（一）油液光谱分析法

油液光谱分析法是指利用原子发射光谱或原子吸收光谱分析油液中金属磨损产物的化学成分和含量，从而判断机件磨损的部位和磨损严重程度的一种污染诊断法。光谱分析法对分析油液中非铁金属材料磨损产物比较适用。

在光谱分析的应用中，根据光谱分析仪器激发表征辐射光谱方法的不同，分为原子发射光谱和原子吸收光谱两种，相应有原子发射光谱分析仪和原子吸收光谱分析仪。

对于油液内的某种磨损材料的浓度，可以用原子发射光谱分析仪来测定，也可以用原子吸收光谱分析仪来测定。在封闭的润滑系统和液压系统中，油液中沉淀着从零件表面上磨下来的金属微粒，定期对油液取样并测定其中的金属微粒的成分和含量，就可以确定零件的磨损程度和磨损源，如果发现某种特定的金属含量比例增大，就表示由该金属制成的零件发生过度磨损。用油液光谱分析磨损粒度一般能在小于 $10\mu m$ 进行取样，但不能给出磨损颗粒的尺寸和形状，因此适用于早期的精密的磨损诊断。

（二）油液铁谱分析法

铁谱分析技术是 20 世纪 70 年代发明的一种机械磨损检测技术。它能从油样中将微粒分离出来，并按照微粒大小排列在基片上，通过光学或电子显微镜读出大小微粒的相对浓度，并对微粒的物理性能做出进一步分析。油液铁谱分析能提供磨损产物的数量、粒度、形态和成分四种参数，通过研究即可掌握有关的磨损情况。

铁谱分析技术所使用的分析仪有铁谱分析仪和直读式铁谱分析仪。

（三）磁塞检查法

磁塞检查法是指利用带磁性的塞头插入润滑系统的管道内，收集润滑油中的磨粒残留物，用肉眼直接观察其大小、数量和形状，判断机器零件的磨损状态的方法。这是一种简便而有效的方法，适用于磨粒尺寸大于 $70\mu m$ 的情况。在一般的情况下，机器后期出现磨粒尺寸较大的残留物。因此，磁塞检查也是磨损监测中的重要手段之一。

油污的三种监测方法的使用范围如图 13-17 所示。

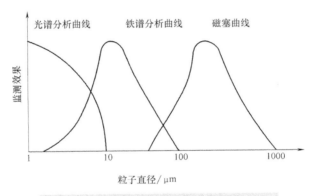

图 13-17 油污的三种监测方法的使用范围

复习思考题

13-1 何谓设备故障？何谓设备故障诊断技术？

13-2 何谓突发性故障？何谓渐发性故障？

13-3 何谓设备故障的直接参数？何谓设备故障的间接参数？试述采用间接特征参数进行设备故障诊断的优缺点？

13-4 试述设备故障诊断技术的实施过程以及状态监测与故障诊断的关系。

13-5 何谓确定性振动？何谓随机振动？简谐周期振动与复杂周期振动有何区别？

13-6 试述压电式加速度计的工作原理。

13-7 试述数字式频谱分析仪的组成及各组成部分的作用。

13-8 试述声压、声强、声功率与声压级、声强级、声功率级的区别。

13-9 利用噪声信号特征参数的变化及其程度进行故障诊断的标准有哪些？

13-10　什么是响度级？

13-11　半导体电阻有哪些特点？

13-12　试述采用温度测量法探测电气元件故障的原理及所采用的仪器。

13-13　与常规裂纹探测法相比，声发射探测法有哪些特点？

13-14　试述用油液污染监测法进行磨损监测的基本原理及常用方法。

参考文献

［1］孙学强. 机械制造基础［M］. 2版. 北京：机械工业出版社，2008.

［2］魏兵，王为. 机械基础［M］. 北京：高等教育出版社，2008.

［3］杨可桢，程光蕴，李仲生. 机械设计基础［M］. 5版. 北京：高等教育出版社，2006.

［4］盛善权. 机械制造［M］. 北京：机械工业出版社，2006.

［5］张绍甫，吴善元. 机械基础［M］. 北京：高等教育出版社，1994.

［6］戴枝荣，张远明. 工程材料［M］. 2版. 北京：高等教育出版社，2006.

［7］张万昌. 热加工工艺基础［M］. 北京：高等教育出版社，2001.

［8］章宏甲，黄谊. 液压传动［M］. 北京：机械工业出版社，2000.

［9］濮良贵，纪名刚. 机械设计［M］. 7版. 北京：高等教育出版社，2001.

［10］王章忠. 机械工程材料［M］. 北京：机械工业出版社，2007.

［11］全国注册资产评估师考试用书编写组. 机电设备评估基础［M］. 北京：经济科学出版社，2007.